普通高等教育机电类规划教材

电 气 控 制 技 术

主　编　齐占庆　王振臣
参　编　蔡满军　李惠光
主　审　李志刚

机 械 工 业 出 版 社

全书共分四大部分。第一部分电器控制部分，重点介绍了常用低压电器，典型电器控制线路组成及线路分析，电动机的保护，电器线路设计及电器元件选择。第二部分可编程序控制器及其应用，讲述其基础知识，基本原理。介绍了 PLC 的结构、工作方式、编程语言，编程指令，从应用角度出发，介绍了可编程序控制器系统的设计内容、步骤及举例。第三部分是直流电动机调速系统。从直流调速基础出发阐述了反馈控制的概念，无静差调速系统的组成，以电流环、速度环双闭环无静差（PID）系统为基础的基本调速理论，并介绍了可逆直流调速系统。第四部分交流电动机调速系统，从交直流各自的优势及交流应用越来越广泛角度出发，介绍了变频器的基本原理及其操作内容，并给出了变频器系统的实例。

这本教材在编写过程中，既注意反映我国控制技术的现状，也注意了新技术发展的需要。在教材内容上，不但注意了基础理论和实践相结合，以适应机械制造类各专业及其他非电类专业学习的需要。该教材也可供有关电类专业师生及从事电气技术方面的工程技术人员参考。

图书在版编目（CIP）数据

电气控制技术/齐占庆，王振臣主编．—北京：机械工业出版社，2002.5（2017.1 重印）

普通高等教育机电类规划教材

ISBN 978-7-111-09939-0

Ⅰ．电…　Ⅱ．①齐…②王…　Ⅲ．电气控制-高等学校：技术学校-教材　Ⅳ．TM921.5

中国版本图书馆 CIP 数据核字（2002）第 013211 号

机械工业出版社（北京市百万庄大街 22 号　邮政编码 100037）
责任编辑：刘小慧　版式设计：冉晓华　责任校对：张莉娟
封面设计：陈　沛　责任印制：常天培
北京京丰印刷厂印刷
2017 年 1 月第 1 版 · 第 13 次印刷
184mm×260mm · 14.25 印张 · 351 千字
标准书号：ISBN 978-7-111-09939-0
定价：28.00 元

凡购本书，如有缺页、倒页、脱页，由本社发行部调换

电话服务　　　　　　　　　　　网络服务
服务咨询热线：010－88379833　机 工 官 网：www.cmpbook.com
读者购书热线：010－88379649　机 工 官 博：weibo.com/cmp1952
　　　　　　　　　　　　　　　教育服务网：www.cmpedu.com
封面无防伪标均为盗版　　　　金　书　网：www.golden-book.com

前　言

《机床电气自动控制》第1版是在1980年出版的，1994年第3版时作了较大修改，并更名为《机床电气控制技术》。由于电气控制技术的迅速发展，尤其是可编程序控制器、交流调速等技术的发展与应用日臻完善。特别是当今科学技术的发展及应用“机电液”一体化需要，对掌握电气控制技术基础知识显得十分必要，为适应各专业拓宽专业面和对电气控制技术内容的需求，现将此教材改名为《电气控制技术》。

全书共分四章，其内容为低压电器及继电器控制系统；可编程序控制器及其应用；直流电动机调速控制系统；交流电动机调速系统等。这四大部分是电气控制技术不可缺少的内容，尤其是在控制技术应用方面，更是如此。

教材立足反映我国电气控制技术现状，也注意了新技术发展的需要，同时，也力求写得适合“非电类”专业学习“电气控制”的特点，以适应有关专业学习的需要。并注意基础理论和实际相结合，突出应用性，重视培养学生技术开发能力。

本书由燕山大学齐占庆、王振臣主编，蔡满军、李惠光参编。

本书由河北工业大学李志刚教授主审。在编写大纲以及编写教材过程中，开了小型审搞会，还请了许多院校教师进行了函审，在此一并谨致衷心感谢。

本书是普通高等教育机电类规划教材之一，可供普通高等工科院校高等职业技术教育院校，函授大学机械设计与制造、机械制造工艺与设备、机械电子工程（机电一体化）以及其他有关专业师生使用，也可供有关技术人员使用。

由于编者水平有限，本书难免有误漏和欠妥之处，敬请读者批评指正。

编者

2002年1月

目　录

第一章　继电接触器控制系统

第一节　常用低压电器

一、概述

低压电器是用于额定电压交流1200V或直流1500V及以下能够根据外界施加的信号或要求，自动或手动地接通和断开电路，从而断续或连续地改变电路参数或状态，以实现对电路或非电对象的切换、控制、检测、保护、变换以及调节的电器设备。低压电器的额定电压等级范围，随着技术的提高和生产发展的需要有相应提高的趋势。

低压电器的种类很多，分类方法也有多种。按动作方式，可分为自动切换电器和非自动切换电器。自动切换电器在完成接通、分断或起动、反向以及停止等动作时，依靠其本身参数的变化或外来信号自动进行工作；非自动切换电器主要依靠外力直接操作来进行切换等动作。按使用场合，低压电器可按表1-1划分。若按在电气线路中所处的地位和作用，低压电器可分为配电电器和控制电器，见表1-2。前者主要用于配电系统中，对其技术要求是分断能力强、限流效果好、动稳定和热稳定性高。后者主要用于生产机械和设备的电气控制系统。另外，还可按有无触头、灭弧介质、外壳防护等级、安装类别等进行分类。

表1-1　低压电器按使用场合分类表

类　　别	特点及适用场合
一般用途	正常条件下工作
化工用电器	防腐蚀，适用于有腐蚀性气体和粉尘的场合
矿用电器	防爆，适用于含煤尘、甲烷等爆炸性气体环境
船用电器	耐颠簸、振动和冲击，耐潮湿、抗盐雾和霉菌侵蚀
航空用电器	耐冲击、振动，可在任何位置上工作
牵引电器	工作环境温度较高，耐振动和冲击，通常用于电力机车
热带电器（使用环境温度40～50℃）	湿热带型：能工作在相对湿度为95%，且有凝露、烟雾和霉菌场合 干热带型：能防沙尘
高原电器	适用于海拔1000～4000m的高原地区

尽管低压电器种类繁多，工作原理和结构形式五花八门，但一般均有两个共同的基本部分：一是感受部分，它感受外界的信号，并通过转换、放大和判断，作出有规律的反应。在非自动切换电器中，它的感受部分有操作手柄、顶杆等多种形式。在有触头的自动切换电器中，感受部分大多是电磁机构。二是执行部分，它根据感受部分的指令，对电路执行“开”、“关”任务。有的低压电器具有把感受和执行两部分联系起来的中间传递部分，使它们协同一致，按一定规律动作，如断路器类的低压电器。

低压电器在现代工业生产和日常生活中起着非常重要的作用。据一般统计，发电厂发出的电能有80%以上是通过低压电器分配使用的；每新增加1万kW发电设备，约需使用4万件以上各类低压电器与之配套。在成套电器设备中，有时与主机配套的低压电器部分的成本接近甚至超过主机的成本。在电气控制设备的设计、运行和维护过程中，如果低压电器元器件的品种规格和性能参数选用不当，或者个别器件出故障，可能导致整个控制设备无法工作，有时甚至会造成重大的设备或人身事故。本节选择几种常用的低压电器，从应用角度对其工作原理、性能参数和选择方法作简要介绍。

表 1-2　低压电器产品按作用分类

分类	名称	主要品种	用　　途
控制电器	接触器	交流接触器 直流接触器	远距离频繁起动或控制交、直流电动机以及接通和分断正常工作的主电路和控制电路
	继电器	电压继电器 电流继电器 中间继电器 时间继电器 热继电器 压力继电器 速度继电器	主要用于控制系统中控制其他电器或作主电路的保护之用
	主令电器	按钮 限位开关 微动开关 万能转换开关 接近开关 光电开关	用来闭合和分断控制电路以发布命令
	控制器	凸轮控制器 平面控制器	转换主回路或励磁回路的接法，以达到电动机的起动、换向和调速目的
配电电器	断路器	塑料外壳断路器 漏电保护断路器	用作线路过载、短路、漏电或欠电压保护，也可用作不频繁接通和分断电路
	熔断器	有填料熔断器 无填料熔断器 半封闭插入式熔断器	用作线路和设备的短路和过载保护
	刀开关	负荷开关	主要用作电器隔离，也能接通分断额定电流

二、接触器

接触器是一种可频繁地接通和分断电路的控制电器。从输入输出能量关系看，它是一种功率放大器件。

1. 结构与工作原理

目前最常用的接触器是电磁接触器，它一般由电磁机构、触头与灭弧装置、释放弹簧机构、支架与底座等几部分组成。其结构示意图如图 1-1 所示。其工作原理是：当吸引线圈通电后，电磁系统即把电能转变为机械能，所产生的电磁力克服释放弹簧与触头弹簧的反力使铁心吸合，并带动触头支架使动、静触头接触闭合。当吸引线圈断电或电压显著下降时，由于电磁吸力消失或过小，衔铁在弹簧反力作用下返回原位，同时带动动触头脱离静触

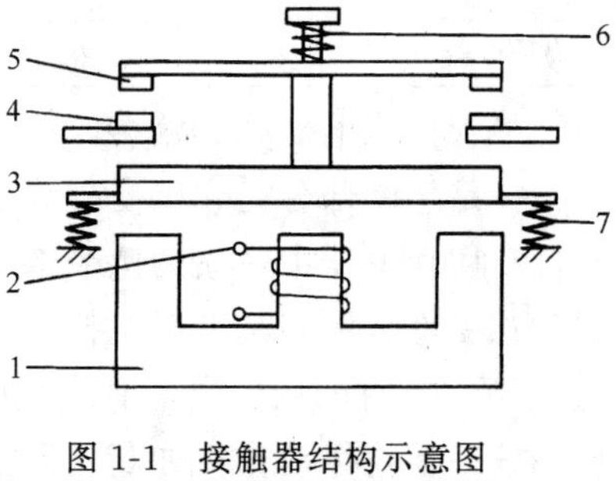

图 1-1　接触器结构示意图

1—铁心　2—线圈　3—衔铁　4—静触头　5—动触头　6—触头弹簧　7—释放弹簧

头，将电路切断。

如果电路中的电压超过 10～12V 和电流超过 80～100mA，则在动、静触头分离时在它们的气隙中间就会产生强烈的火花或电弧。电弧是一种高温高热的气体放电现象，其结果会使触头烧坏，缩短使用寿命，因此通常要设灭弧装置。灭弧装置有多种类型，如磁吹或电动力吹弧装置、灭弧罩与纵缝灭弧装置、栅片灭弧室等等，以及用多断点灭弧，如图 1-1 中的桥式触头。

给吸引线圈施加的操作电源可为交流也可为直流。当使用单相交流电源时，因交流电流要周期过零值，所以它产生的电磁吸力也要周期过零，这样在释放弹簧反力和电磁力的共同作用下衔铁就要产生振动。在交流（三相的除外）操作的电磁机构的铁心端面上要安装铜制的短路环，如图 1-2 所示。短路环的作用在于它产生的磁通 Φ_2 滞后于主磁通 Φ_1 一定相位，它们产生的电磁力 F_2 与 F_1 之间也就有一相位差。结果，F_2 与 F_1 的合力——磁极端面处的总磁力 F 就不会过零值，而在某一最大值与最小值之间周期性地变化。只要使得电磁力的最小值大于释放弹簧的反力，衔铁就不会振动了。

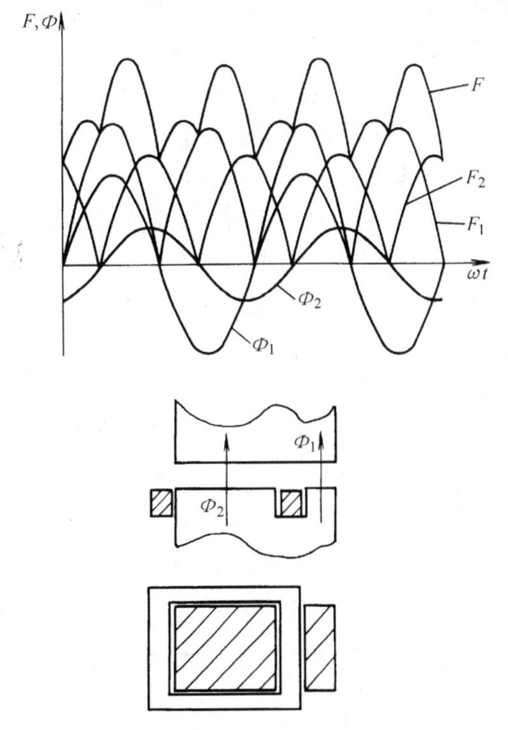

图 1-2　短路环的作用

2. 接触器的分类

如按主触头控制的电路中电流的种类划分，接触器可分为交流接触器和直流接触器；而按电磁机构的操作电源划分，则分为交流励磁操作和直流励磁操作的接触器两种。通常所说的交流/直流接触器是指前一种分类方法，两者不要混淆。此外，接触器还可按主触头的数目分为单极、二极、三极、四极和五极的几种。直流接触器通常为前两种，交流接触器通常为后三种。

3. 接触器的选用

要想正确地选用接触器，就必须了解接触器的主要技术数据。其主要技术数据有：

（1）电源种类：交流或直流；

（2）主触头额定电压、额定电流；

（3）辅助触头的种类、数量及触头的额定电流；

（4）电磁线圈的电源种类、频率和额定电压；

（5）额定操作频率（次/h），即允许每小时接通的最多次数。

选用时，一般交流负载用交流接触器，直流负载用直流接触器。当用交流接触器控制直流负载时，必须降额使用，因为直流灭弧比交流灭弧困难。频繁动作的负载，考虑到操作线圈的温升，宜选用直流励磁操作的接触器。

对于单相交流负载可采用多极并联（单个接触器自身的多触头并联）运行方式，但由于各极电流分布不可能均匀，同时各触头也不可能完全同步地接通和分断，所以允许工作电流应比各极允许工作电流之和小。

控制电动机时，一般根据电动机容量 P_d 计算接触器的主触头电流 I_c，即

$$I_c \geqslant \frac{P_d \times 10^3}{KU_{nom}} \tag{1-1}$$

式中 K——经验常数，一般取 1～1.4；

P_d——电动机功率（kW）；

U_{nom}——电动机额定线电压（V）；

I_c——接触器主触头电流（A）。

三、继电器

继电器是一种根据特定形式的输入信号而动作的自动电器。输入信号可以是电压、电流等电量，也可以是温度、速度、压力等非电量。其工作方式是当输入量变化到某一定值时继电器的触头即动作，接通或断开控制电路。由于控制电路消耗的功率一般不大，所以对继电器触头的分断电流的能力要求低，一般不需用特殊的灭弧装置。尽管继电器的种类繁多，但它们都具有一个共性——继电器特性，如图 1-3 所示。当输入量 x 从 0 开始增加但未达到 x_0 之前输出 $y=0$；当 x 到达 x_0 时 y 突变到 y_1。再进一步增加 x，y 仍保持 y_1 不变。而当输入量 x 减小时，在 $x=x_0$ 处 y 并不发生变化，只有当 x 降低到 x_r（$x_r \leqslant x_0$）时，y 才突变到 0；x 再减少，y 仍为 0。我们把 x_0 称为继电器的吸合值，x_r 称为继电器的释放值，两者之比 $k=x_r/x_0$ 称为继电器的返回系数，它们都是继电器的重要参数。不同场合要求不同的 k 值。

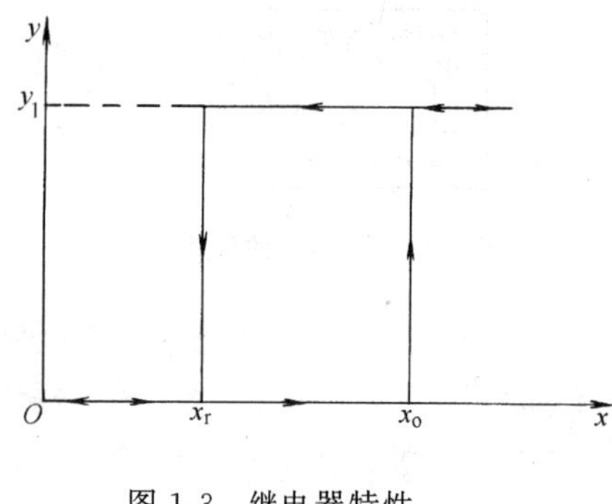

图 1-3 继电器特性

表 1-3 不同用途的继电器

名 称	主 要 用 途
电压继电器	用于电动机失压或欠电压保护以及制动和反转控制等
中间继电器	加在某一电器与被控电路之间，以扩大前一电器的触头数量和容量
电流继电器	用于电动机的过载及短路保护、直流电动机的磁场控制及失磁保护

下面介绍几种常用的继电器。

1. 电磁式继电器

电磁式继电器在电气控制系统中起控制、放大、联锁、保护与调节的作用，以实现控制过程的自动化。

按输入信号的性质，电磁式继电器可分为电压继电器和电流继电器；按用途前者又可划分出一类——中间继电器。电磁式继电器按用途分类如表 1-3 所示，继电器的动作参数可根据要求在一定范围内进行整定，见表 1-4。

电磁式继电器的结构与接触器相似，见图 1-4。其返回系数可通过调节螺母改变释放弹簧的弹力或改变非磁性垫片的厚度来实现。电流继电器与电压继电器的区别主要是线圈参数不同，前者为了检测负载电流，一般线圈要与之串联，因而匝数少而线径粗，以减少产生的压降；后者要检测负载电压，故线圈要与之并联，需要电抗大，故线圈匝数多而线径细。

选用继电器须综合考虑继电器的通用性、功能特点、使用环境、额定工作电压及电流，同

时还要考虑触头的数量、种类，以满足控制电路的要求。

表 1-4 电磁式继电器的整定参数

继电器类型	电流种类	可调参数	调整范围
电压继电器	直流	动作电压	吸合电压 30%～50%U_e 释放电压 7%～20%U_e
过电压继电器	交流	动作电压	105%～120%U_e
欠电流继电器	直流	动作电流	吸合电流 30%～65%I_e 释放电流 10%～20%I_e
过电流继电器	交流	动作电流	110%～350%I_e
	直流		70%～300%I_e

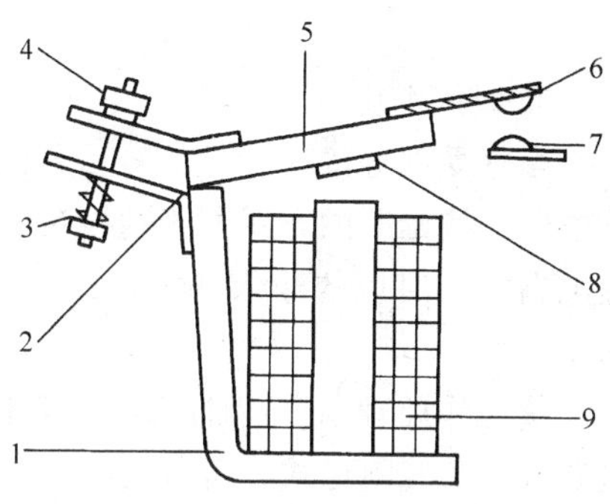

图 1-4 电磁继电器的结构
1—铁心 2—旋转棱角 3—释放弹簧
4—调节螺母 5—衔铁 6—动触头
7—静触头 8—非磁性垫片
9—线圈

2. 固态继电器

固态继电器是由固体半导体元件组成的无触头开关元件，它较之电磁继电器具有工作可靠、寿命长、对外界干扰小、能与逻辑电路兼容、抗干扰能力强、开关速度快、无火花、无动作噪声和使用方便等一系列优点，因而具有很宽的应用领域，有逐步取代传统电磁继电器之势，并进一步扩展到许多传统电磁继电器无法应用的领域，如计算机的输入输出接口、外围和终端设备。在一些要耐振、耐潮、耐腐蚀、防爆等特殊工作环境中以及要求高可靠的工作场合，都较之传统的电磁继电器有无可比拟的优越性。固态继电器的缺点是过载能力低，易受温度和辐射影响，通断阻抗比小。

固态继电器分为直流固态继电器和交流固态继电器，前者的输出采用晶体管，后者的输出采用晶闸管。

图 1-5a 是交流固态继电器的结构图，为四端有源器件，其中两个端子为输入控制端，另外两端为输出受控端。为实现输入和输出之间的电气隔离，器件中采用了高耐压的光电耦合器。当施加输入信号后，其输出呈导通状态，否则呈阻断状态。

交流固态继电器的触发形式可分为零压型和调相型两种。图 1-5b 是两种触发方式的工作波形图。零压型触发形式的交流固态继电器内部设有过零检测电路(调相型没有)，当施加输入信号后，只有当负载电源电压到达过零区时，输出级的晶闸管才能导通，所以可能产生最大半个电源周期的延时，输入信号撤销后，负载电流低于晶闸管的维持电流时晶闸管关断。由于负载工作电流近似正弦波，高次谐波干扰小，所以应用很广泛。调相型触发形式的交流固态继电器，当施加输入信号后，输出级的晶闸管立即导通；关断方式与前者相同。

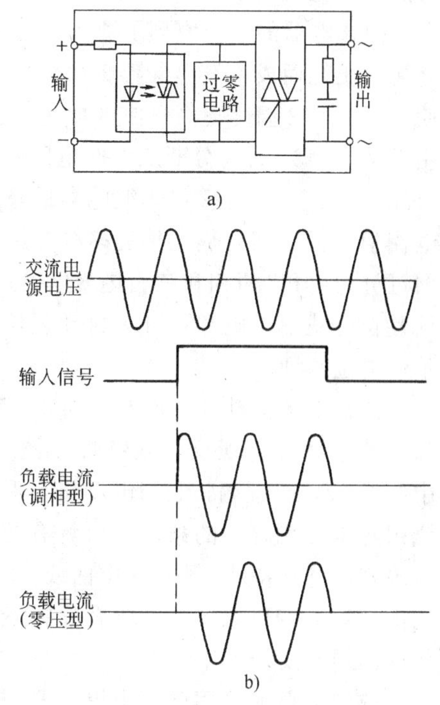

图 1-5 交流固态继电器的结构与工作方式

固态继电器的主要参数有输入电压、输入电流、输出电压、输出电流、输出漏电流等。

3. 时间继电器

当感受部分接受外界信号后，经过设定的延时时间才使执行部分动作的继电器称为时间继电器。按延时的方式分为通电延时型、断电延时型和带瞬动触头的通电（或断电）延时型继电器等，对应的输入/输出时序关系如图 1-6 所示。

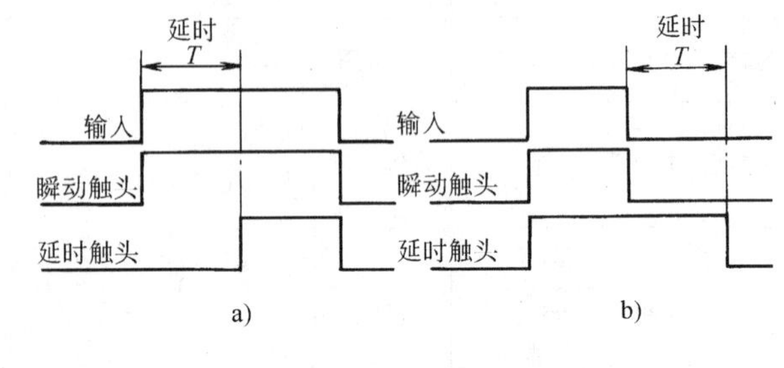

图 1-6 时间继电器的时序关系

a）通电延时型 b）断电延时型

按工作原理划分，时间继电器可分为电磁式、空气阻尼式、模拟电子式和数字电子式等。随着电子技术的飞跃发展，后两种特别是数字电子式时间继电器以其延时精度高、调节范围宽、功能多、体积小等优点而成为市场上的主导产品。

选择时间继电器，主要考虑控制回路所需要的延时触头的延时方式（通电延时还是断电延时），以及各类触头的数目，根据使用条件选择品种规格。

4. 热继电器

热继电器是依靠电流流过发热元件时产生的热，使双金属片发生弯曲而推动执行机构动作的一种电器，主要用于电动机的过载保护、断相及电流不平衡运行的保护及其他电气设备发热状态的控制。

热继电器的工作原理示意图如图 1-7 所示。热元件（双金属片）2 由膨胀系数不同的两种金属片压轧而成（设上层膨胀系数大）。当电流过大，与负载串联的加热元件 1 发热量增大，使双金属片 2 温度提高弯曲度加大，进而拨动扣板 3 使之与扣钩机构 5 脱开，在弹簧 10 的作用下动断触头 8、9 分断从而使电路停止工作，起到电路过载时保护电气设备的作用。通过调节压动螺钉 4 就可整定热继电器的整定电流值。根据拥有热元件的多少热继电器可分为单相、两相和三相热继电器；根据复位方式热继电器可分为自动复位和手动复位两种。

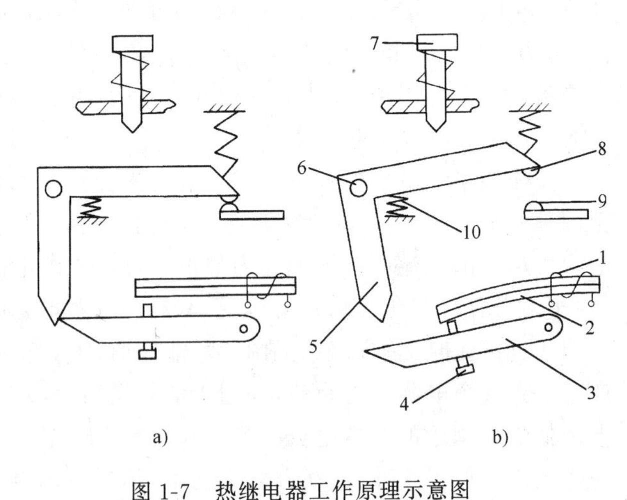

图 1-7 热继电器工作原理示意图

a）正常状态 b）过载状态

1—加热元件 2—双金属片 3—扣板 4—压动螺钉 5—扣钩 6—支点 7—复位按键 8—动触头 9—静触头 10—弹簧

热继电器的动作时间与通过电流之间的关系特性呈现反时限特性（图 1-8 中曲线 2），合理调整它与电动机在保证绕组正常使用寿命的条件下所具有的反时限容许过载特性（图 1-8 中曲线 1）之间的关系，就可保证电动机在发挥最大效能的同时安全工作。

热继电器的选用要注意以下几个方面：

1）长期工作制下，按电动机的额定

电流来确定热继电器的型号与规格。热元件的额定电流I_{RT}应接近或略大于电动机的额定电流I_{nom}，即

$$I_{RT}=(0.95\sim1.05)I_{nom} \tag{1-2}$$

使用时，热继电器的整定旋钮应调到电动机的额定电流值处，否则将不起保护作用。

2）对于星形接法电动机，因其相绕组电流与线电流相等，选用两相或三相普通的热继电器即可。

3）对于三角形接法的电动机，当在接近满载的情况下运行时，如果发生断相，最严重一相绕组中的相电流可达额定值的2.5倍左右，而流过热继电器的线电流也达其额定值的2倍以上，此时普通热继电器的动作时间已能满足保护电动机的要求。当负载率为58%时，若发生断相则流过承受全电压的相绕组的电流等于1.15倍额定相电流，处于过载运行，但此时未断相的线电流正好等于额定线电流，所以热继电器不会动作，最终电动机会损坏。因此，三角形接法的电动机在有可能不满载工作时，必须选用带断相保护功能的热继电器。

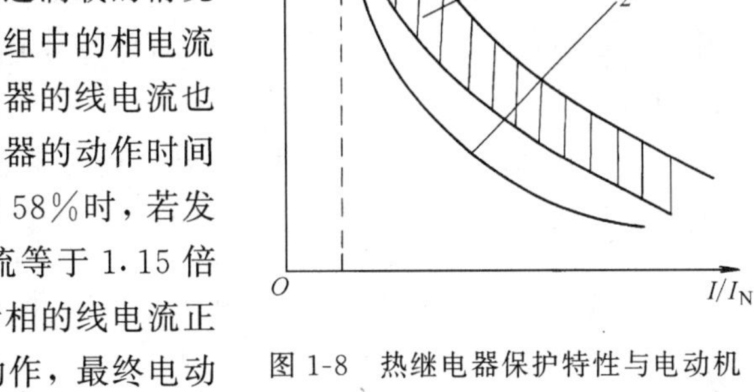

图 1-8 热继电器保护特性与电动机过载特性的配合
1—电动机的过载特性 2—热继电器的保护特性

当负载小于50%额定功率时，由于电流小，一相断线时也不会损坏电动机。

4）频繁正反转及频繁通断工作和短时工作的电动机不宜采用热继电器来保护。

5）如遇到下列情况，选择热继电器的整定电流要比电动机额定电流高一些来进行保护：

①电动机负载惯性转矩非常大，起动时间长；

②电动机所带动的设备不允许任意停电；

③电动机拖动的为冲击性负载，如冲床、剪床等设备。

四、熔断器

熔断器是当通过它的电流超过规定值达一定时间后，以它本身产生的热量使熔体熔化，从而分断电路的电器。熔断器的种类很多，结构也不同，有插入式熔断器、有/无填料封闭管式熔断器及快速熔断器等等。

通过熔体的电流与熔体熔化时间的关系称为熔化特性（亦称安秒特性），它和热继电器的保护特性一样，都是反时限的。

选择熔断器，主要是选择熔断器的种类、额定电压、熔断器额定电流等级和熔体的额定电流。

额定电压是根据所保护电路的电压来选择的。熔体电流的选择是熔断器选择的核心。

对于如照明线路等没有冲击电流的负载，应使熔体的额定电流等于或稍大于线路的工作电流I，即

$$I_R\geqslant I \tag{1-3}$$

式中 I_R——熔体额定电流。

对于一台异步电动机，熔体可按下列关系选择：

$$I_R=(1.5\sim2.5)I_{nom}\text{或}\ I_R=\frac{I_{st}}{2.5} \quad (1\text{-}4)$$

式中 I_{nom}——电动机的额定电流；

I_{st}——电动机的起动电流。

对于多台电动机由一个熔断器保护，熔体按下列关系选择：

$$I_R\geqslant\frac{I_m}{2.5} \quad (1\text{-}5)$$

式中 I_m——可能出现的最大电流。

如果几台电动机不同时起动，则 I_m 为容量最大一台电动机起动电流，加上其他各台电动机的额定电流。

例如，两台电动机不同时起动，一台电动机额定电流为14.6A；一台额定电流为4.64A，起动电流都为额定电流的7倍。则熔体电流为：

$$I_R\geqslant\frac{14.6\times7+4.64}{2.5}\text{A}=42.7\text{A}$$

可选用RL1-60型熔断器，配用50A的熔体。

五、速度继电器

速度继电器常用于电动机的反接制动电路中。它的结构原理如图1-9所示。2为转子，由永久磁铁做成，随电动机轴转动。3为定子，其上有短路绕组4，5为定子柄，可绕定轴摆动。按图中规定的转动方向，则6、7、8为正向触头，9、10、11为反向触头。当转子转动时，永久磁铁的磁场切割定子上的短路导体，并使其产生感应电流，永久磁铁与这个电流相互作用，将使定子向着轴的转动方向摆动，并通过定子柄拨动动触头。当轴的转速接近零时（约100r/min），定子柄在恢复力的作用下恢复到原来位置。

速度继电器的主要参数是额定工作转速，要根据电动机的额定转速进行选择。

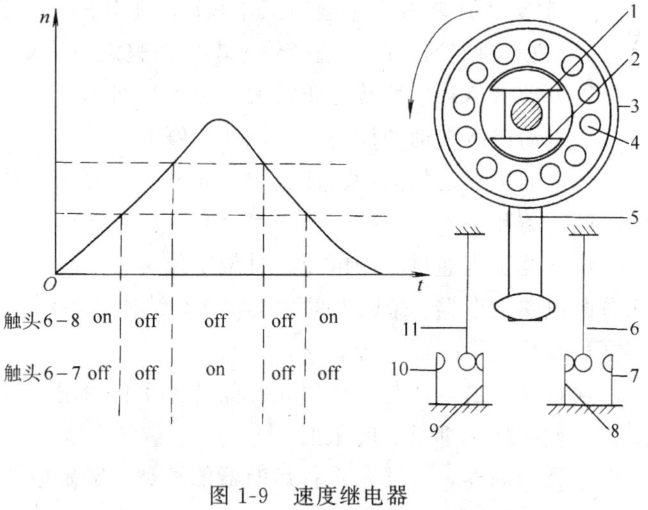

图1-9 速度继电器

1—转轴 2—转子 3—定子 4—定子短路绕组 5—定子柄 6、11—动触头 7、8、9、10—静触头

六、断路器

断路器又称自动开关，是能接通、承载以及分断正常电路条件下的电流，也能在规定的非正常电路条件（例如短路）下接通、承载一定时间并分断电流的开关电器。在功能上，它相当于刀闸开关、熔断器、热继电器、过电流继电器和欠电压继电器等的组合，其结构如图1-10a所示。

断路器的主触头是由操作机构（手动或电动）合闸的。由图1-10a可知，当电路发生过载、过电流或欠电压、失电压情况时，通过杠杆的作用使得锁扣与传动杆脱开，分断弹簧将动触头复位切断电路。安装分励脱扣器后，可用于远距离通过按钮SB来分断电路。漏电保护断路器内装有漏电脱扣器。热脱扣器与过电流脱扣器组合成复式脱扣器，使得断路器拥有如图1-10b所示的保护特性曲线。不同型号的断路器所配置的脱扣器的种类不同，有的拥有相应的附件供需要时选配。

选择断路器应考虑的主要参数：额定电压、额定电流和允许分断的极限电流等。断路器脱扣器的额定电流应等于或大于负载允许的长期平均电流；断路器的极限分断能力要大于，至少要等于电路最大短路电流；欠电压脱扣器额定电压应等于主电路额定电压；断路器脱扣器的整定应按下述原则：热脱扣器的整定电流应与被控对象（负载）额定电流相等；电流脱扣器的瞬时脱扣整定电流应大于负载正常工作时的尖峰电流；保护电动机时，电流脱扣器的瞬时脱扣整定电流为电动机起动电流的1.7倍。

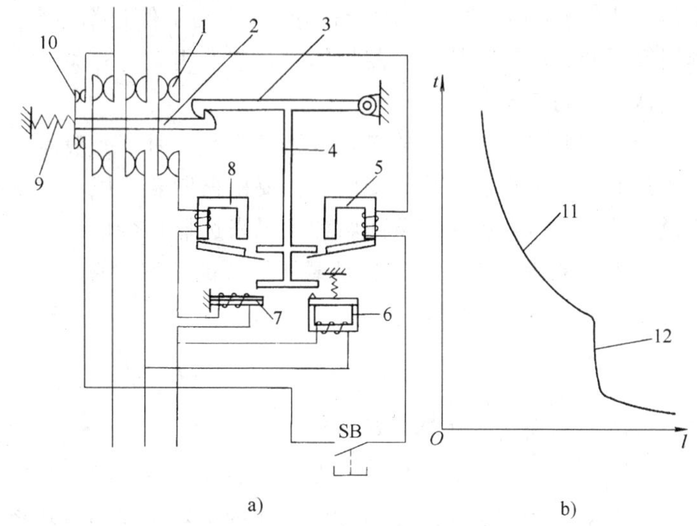

图1-10　断路器的结构及保护特性

a）结构示意图　b）保护特性曲线

1—主触头　2—传动杆　3—锁扣　4—杠杆　5—分励脱扣器　6—欠电压脱扣器　7—热脱扣器　8—过电流脱扣器　9—分断弹簧　10—辅助触头　11—热脱扣　12—过电流脱扣

七、主令电器

主令电器主要用于闭合、断开控制电路，以发布命令或信号，达到对电力拖动系统的控制或实现程序控制。属于主令电器的主要有：

1. 按钮

按钮通常是用来短时接通或断开小电流的控制电路的开关。按钮在结构上有多种形式：旋钮式——用手扭动旋转进行操作；指示灯式——按钮内可装入信号灯显示信号；紧急式——装有蘑菇形钮帽，以表示紧急操作；等等。

按钮主要是根据所需要的触头数、触头形式、使用的场合及颜色来选择。

2. 行程开关、接近开关和光电开关

行程开关是用来反映工作机械的行程，发出命令以控制其运动方向或行程大小的主令电器。如果把行程开关安装在工作机械行程终点处，以限制其行程，就称其为限位开关或终点开关

行程开关的种类很多，按动作方式分为瞬动型和蠕动型；按头部结构分为直动、滚轮直动、杠杆、单轮、双轮、滚轮摆杆可调、弹簧杆等。

接近开关是非接触式的检测装置，当运动着的物体接近它到一定距离范围内时，它就能发出信号，从而进行相应的操作。按工作原理分，接近开关有高频振荡型、霍尔效应型、电容型、超声波型等，其中以高频振荡型最为常用。接近开关的主要技术参数有：动作距离、重复精度、操作频率、复位行程等。

光电开关是另一种类型的非接触式检测装置，它有一对光的发射和接收装置。根据两者的位置和光的接收方式分为对射式和反射式，作用距离从几厘米到几十米不等。

选用时，要根据使用场合和控制对象确定检测元件的种类。例如，当被测对象运动速度不是太快，可选用一般用途的行程开关；而在工作频率很高对可靠性及精度要求也很高时，应选用接近开关；不能接近被测物体时，应选用光电开关。

八、控制变压器

当控制电路所用电器较多，线路较为复杂时，一般需采用经变压器降压的控制电源，提高线路的安全可靠性。控制变压器主要根据所需变压器容量及一次侧、二次侧的电压等级来选择。控制变压器可根据下面两种情况来选择其容量：

1. 依据控制电路最大工作负载所需要的功率计算

一般可根据下式计算：

$$P_T \geqslant K_T \Sigma P_{xc} \tag{1-6}$$

式中 P_T——所需变压器容量（VA）；

K_T——变压器容量储备系数，一般取 $K_T = 1.1 \sim 1.25$；

ΣP_{xc}——控制电路最大负载时工作的电器所需的总功率（VA）。

显然对于交流电器（交流接触器、交流中间继电器及交流电磁阀线圈等），ΣP_{xc}应取吸持功率值。

2. 变压器的容量应满足已吸合的电器在又起动吸合另一些电器时仍能吸合

可依据下面公式计算：

$$P_T \geqslant 0.6\Sigma P_{xc} + 1.5\Sigma P_{sT} \tag{1-7}$$

式中 ΣP_{sT}——同时起动的电器的总吸持功率（VA）。

关于式中的系数：变压器二次侧电压，由于电磁电器起动时负载电流的增加要下降，但一般在下降额定值的20%时，所有吸合电器不致释放，系数0.6就是从这一点而考虑的。式中第二项系数1.5为经验系数，它考虑到各电器的起动功率换算到吸持功率，以及电磁电器在保证起动吸合的条件下，变压器容量只是该器件的起动功率的一部分等因素。

最后所需变压器容量，应由式（1-6）和式（1-7）中所计算出的最大容量决定。

九、其他常用电器

1. 万能转换开关

万能转换开关是由多组相同结构的触头组件叠装而成的多回路控制电器。由于它能转换多种和多数量的线路，兼有用途广泛，故被称为“万能”转换开关。

2. 主令控制器

主令控制器亦称主令开关，它主要用于在控制系统中按照预定的程序来分合触头，以发布命令或实现与其他控制电路的联锁和转换。由于控制电路的容量一般都不大，所以主令控制器的触头也是按小电流设计的。

和万能转换开关一样，主令控制器也是借助于不同形状的凸轮使其触头按一定的次序接通和分断。因此，它们在结构上也大抵相同，只是主令控制器除了手动式产品外，还有由电动机驱动的产品。

第二节　电气控制电路图的绘制和分析方法

一、电气控制电路图的绘制方法

电气控制电路是把某些电气元件（如接触器、继电器、按钮、行程开关）和电动机等用电设备按某种要求用导线联接起来的电气线路。为了设计、分析研究、安装维修时阅读方便，在绘制电气控制电路图时，必须使用国家统一规定的电气图形符号和文字符号。国家标准GB/T 6988.1～GB6988.7—1997《电气制图》规定了电气技术领域中各种图的编制方法；国家标准GB/T 4728.1～GB4728.13—（1985～1996）《电气图用图形符号》规定了绘制各种电气图用的图形符号总则：国家标准GB/T 7159—1987《电气技术中的文字符号制订通则》中规定了文字符号的组成规则。电气图常用图形符号及文字符号见附录A和附录B。

电气图的种类很多，下面介绍在电气控制中最常用的三种图：

1. 电路图

电路图用于详细表示电路、设备或成套装置的全部基本组成和连接关系，而不考虑各电器元件的实际安装位置和实际接线情况，其用途是：a）详细理解电路、设备或成套装置及其组成部分的作用原理；b）为测试和寻找故障提供信息；c）作为编制接线图的依据。

绘制电气电路图时，一般要遵循以下规则：

1）为便于分析看图，电路或元件应按功能布置，并尽可能按其工作顺序排列。对因果次序清楚的，其布局顺序应该是从左到右和从上到下。

2）电气控制电路分为主电路和控制电路，要分开来画。

3）电气控制电路中，同一电器元件的不同部分如线圈和触头常常不画在一起，但要用同一文字符号标注。

4）电气控制电路的全部触头都按“非激励”状态绘出。“非激励”状态对电操作元件如接触器、继电器等是指线圈未通电时的触头状态；对机械操作元件如按钮、行程开关等是指没有受到外力时的触头状态；对主令控制器是指手柄置于“零位”时各触头状态；断路器和隔离开关的触头处于断开状态。

2. 电气设备位置图

表示各项目（如元件、器件、部件、组件、成套设备等）在机械设备和电气控制柜中的实际安装位置，图中各项目的文字符号应与有关电路图中的符号相同。各项目的安装位置是由机械的结构和工作要求决定的，如电动机要和被拖动的机械部件在一起，行程开关应放在要取得信号的地方，操作元件放在便于操作的地方，一般电气元件应放在控制柜内。

3. 电气设备接线图

表示各项目之间实际接线情况，图中一般标示出：项目的相对位置、项目代号、端子号、导线号、导线类型、导线截面积、屏蔽和导线绞合等内容。绘制接线图时应把各电气元件的各个部分（如触头与线圈）画在一起；文字符号、元件连接顺序、线路号码编制都必须与电路图一致。电气设备位置图和接线图是用于安装接线、检查维修和施工的。

二、电气控制电路图的分析方法

任何生产设备或系统，不管它要做多么复杂的工作，都是在其电气控制系统的支配下按照一定规律完成的，是在组成电气控制系统的各个元器件间的相互协调、配合下实现的。而电路图以全景图的形式表现出它们之间的这种协作关系。各种元器件的图形符号就好比“单词”，它们之间的连线就好比“语法规则”和“修辞方法”，将“单词”组成了一条条语句叙述着系统的工作过程。因此，分析电路图的过程就是掌握系统工作情况的过程，这是日后的维护工作的基础；反过来，若先对系统的工作过程有了详细的了解，对分析电路图会起到引导作用，这也是设计电路图的前提。

要读懂电路图，首先要弄清电路图中的各个元件起什么样的作用。电路图中（除了配电部分）的电器元件，基本可以分成三类：执行元件、检测元件和运算元件。执行元件是用来操纵被控制对象的执行机构，这类元件包括电动机、接触器、电磁阀、电磁离合器等。检测元件可以把系统工作过程中的一些参量（如机械位移、压力、流量）的变化转换为电信号，这类元件有按钮开关、行程开关、压力继电器等。运算元件用来对检测元件的信号进行逻辑运算，判断系统工作过程的各个阶段，使每一阶段都有其所要求的执行元件工作，这类元件包括中间继电器、时间继电器等。在某些情况下，可以用检测元件直接控制执行元件，这时，检测元件兼有运算元件的功能。

一套设备或系统的工作过程，可以分拆成若干个时间上依次衔接的阶段，称为“工步”。在每工步内，由某些执行元件确定正在进行何种特定的工作，如“前进”、“后退”等。这些工步在检测元件的控制下产生转换。弄清了在系统的工作过程中究竟有哪些工步及各元件所呈现的状态和配合关系，就可以说我们读懂（或分析）了电路图的工作原理或系统的工作过程。

怎样来阐述这些工作过程呢？方法很多，主要有：

1. 文字叙述法

用自然语言平铺直叙地依次说明各元器件的行为和状态，是普遍采用的方法。叙述法可以非常全面、细腻地阐述电路的工作过程，可以使人了解每一个细节。但这种分析方法的缺点是不能直观、简明、形象地展现各元件在不同阶段所处的状态和系统工作的全过程。

2. 图形分析法

人们在调试、检修电子设备时常常要用示波器观察电路中一些点的电压、电流波形及它们之间的时序关系，从而了解和判断电路的工作状态，这就是图形分析法。图形，既简明直观又蕴含大量信息。电气控制电路中的元器件，绝大部分只存在于两种状态：对于线圈或得电或失电，对于触头或闭合或断开，这样就可用简单的线条或符号来标明它们的状态了。

图形分析法也有多种形式，常用的有：

(1)工作流程图　工作流程图又称工作循环图或工艺流程图。

我们以图 1-11 为例说明工作流程图的画法。图 1-11a 为被控对象示意图，其工作要求是：当小车停在原位 ST1 处时，若按下起动按钮 SB，小车前进。到达 ST2 处时停止，停留 2min

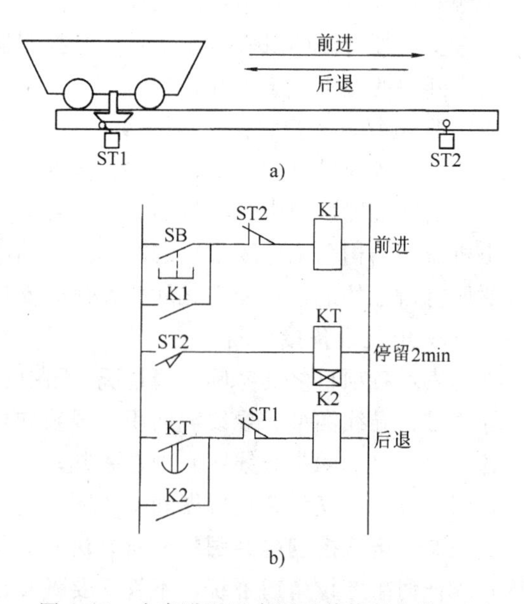

图 1-11　小车进退示意图及其控制电路

后小车退回到ST1处停止。图1-11b是实现这种要求的控制电路，假设继电器K1得电使小车前进，K2得电使小车后退（暂不考虑实际怎样使小车运动）。

控制电路的工作过程是（文字叙述法）：按下起动按钮SB使K1线圈得电，小车前进；此时松开SB会使K1线圈失电，与SB并联的K1的动合触头用来维持K1线圈自身继续得电。当小车运动到ST2处时，ST2的动断触头断开使K1线圈失电，小车停止，同时ST2的动合触头闭合使时间继电器KT线圈得电开始计时。2min后，时间继电器KT的延时动合触头闭合使K2线圈得电，小车后退。当小车离开ST2时其动合触头断开，时间继电器KT将失电，其延时动合触头的立即断开会使K2线圈失电，使用K2动合触头与ST2并联后就可避免这种情况发生。小车退回到原位ST1处时ST1的动断触头断开，切断K2线圈的供电电路，小车停止。

同样的工作过程可以用称为工作流程图的阶梯状图形加以描述，如图1-12所示。

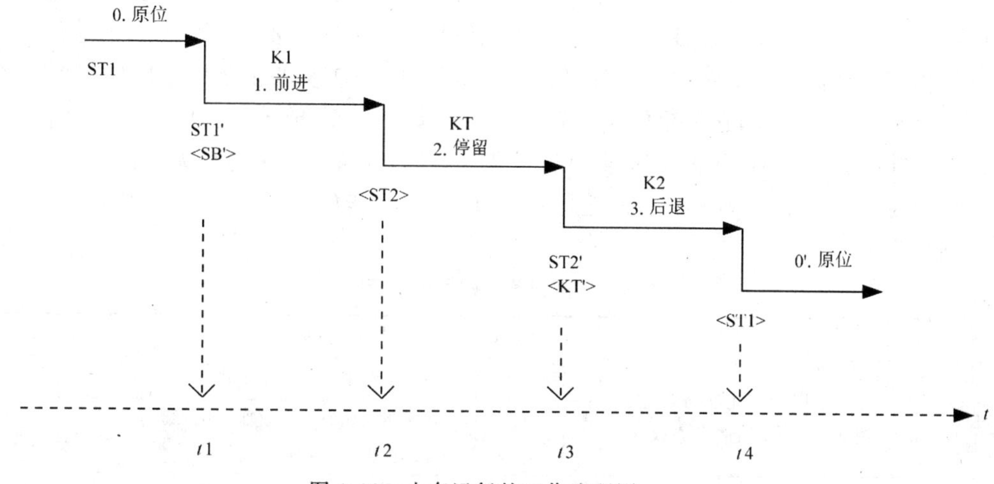

图1-12　小车运行的工作流程图

如将图1-12中的阶梯图向时间轴（图中虚线轴）投影，阶梯转折处对应于时间轴上的某一时刻，相邻时刻之间的一段时间内系统处于一种特定的工作状态（这种特定的状态即为一个工步）。因此，这种图实际上是电路中各个元件的状态在时间轴上的标示，反映了它们的状态之间的时序关系，它简明直观地反映了电路工作的全过程。

工作流程图的含义和画法如图1-13所示。说明如下：

1）工作流程图由各工步依次衔接而成（有时会出现分支）。

2）突出表达系统的相对稳态过程（除非专门讨论暂态过

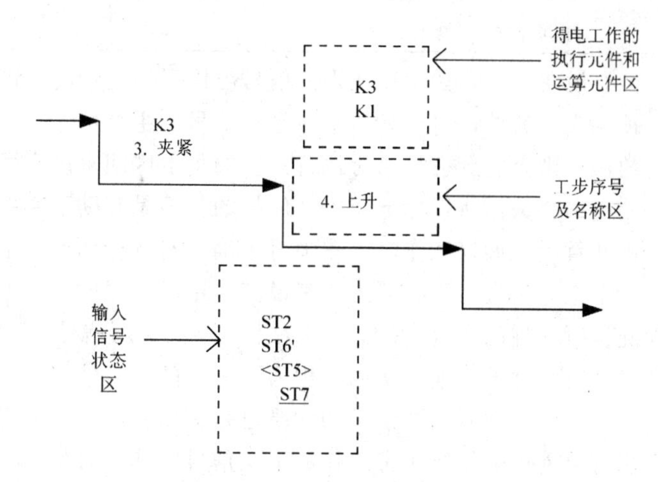

图1-13　工作流程图的画法

程），在各工步内执行元件的状态保持不变，即各工步是由执行元件的状态确定的。

3）在各工步名称的上方注明在该工步得电工作的执行元件和运算元件（如有必要）的名称，决定该步状态（刚得电）的执行元件的名称紧挨工步名称（如图 1-13 中的 K1）。若是由得电变为失电的则去掉该元件的名称，如为了突出其作用，可用取反后的文字符号（文字符号上加“—”）标注。

4）在工作流程图的阶梯处一定对应着某些执行元件的开启（得电）或关闭（失电），所以该点又称为执行元件的开关点。一个执行元件至少存在一对开关点。

5）在各工步的起始点下方标出输入信号的状态变化情况。输入信号主要由检测元件产生，有时一个执行元件的触头也可以作为其他执行元件的输入信号。

由于同一检测元件在不同的工步可能存在不同的作用和表现形式，所以要加以区分，采用不同的标记方法，如表 1-5 所示。表中“A”为元件的符号名。对于主令信号的符号名，可能是一般形式也可能是带取反号的形式，前者对应于当元件由非受激变为受激时发出信号的情况，电路中常采用其动合触头；后者与之正好相反。之所以要这样分类标记是因为检测元件的作用与表现形式与电路的结构直接相关。如上例，第 1 步的主令信号是 SB，它对继电器 K1 发出得电指令，但因它是短信号，为保证由它指定的 K1 能持续工作，电路中就用 K1 的辅助触头并联在 SB 的触头两端来维持自身得电（以后称这种用法的触头为自锁触头，相应的电路结构为自锁电路）。第 3 步的情况与此类似。而第 2 步的主令信号 ST2 因是长信号，就不用自锁触头了。

表 1-5　检测信号的划分与标记方法

<table>
<tr><th>类　别</th><th>作　用</th><th colspan="2">表现形式</th><th>标记方法</th></tr>
<tr><td rowspan="2">主令信号</td><td rowspan="2">在该时刻发生状态变化并引起某些执行元件状态改变</td><td>短信号</td><td>在该步结束前再次发生状态变化</td><td>〈A′〉或〈$\overline{A'}$〉</td></tr>
<tr><td>长信号</td><td>在该步内状态不再改变，并持续到下一步或更多步</td><td>〈A〉或〈$\overline{A}$〉</td></tr>
<tr><td rowspan="2">非主令信号</td><td rowspan="2">在上一步或之前已经存在不应引起执行元件状态改变</td><td>短信号</td><td>在该步结束前发生状态变化</td><td>A′</td></tr>
<tr><td>长信号</td><td>状态维持不变，持续到下一步或更多步</td><td>A</td></tr>
<tr><td>干扰信号</td><td>在该步内状态发生变化并可能破坏正常工作</td><td colspan="2">状态变化一次或多次</td><td>$\underline{A}$（加下划线）</td></tr>
</table>

需要说明的是，如果存在别的信号可以利用的情况，即使主令信号是短信号也可能不使用自锁触头。另外，对于某步来说是长信号的主令信号，如受其控制得电的执行元件跨多步得电的话，则该主令信号相对执行元件的得电区间来说有可能是短的，此时就可能仍需执行元件的自锁触头，所以标记非主令信号的长短是有助于判明这种情况的。

由此看出，如果工作流程图画得正确，对分析和设计电路益处极大。

一个主令信号对于相邻工步来说其作用是不同的，往前看，它是上一步的结束信号，往往伴随执行元件的失电，所以可称为上一步的关断信号；往后看，它是下一步的开始信号，往往伴随执行元件的得电，所以又称为下一步的开启信号。

一个检测元件发出的信号的性质也是在变化的，有时发出系统需要的主令信号，有时也会发出有可能影响系统正常工作的干扰信号；此一时是主令信号，彼一时如处理不好，也会影响系统工作，关键要看我们对它们的把握能力，最终从电路的结构上得到体现。

6）对于复杂的控制系统，检测信号很多，为了抓住精髓、突出重点，排除对思维的干扰，在输入信号状态区可以只标记对该步和相邻步有直接影响的检测元件的状态变化情况。有时甚至只标记主令信号，这种工作流程图对于分析顺序过程控制来说就足够了。

7）工作流程图只注重表达系统工作的主要过程，对于象超程、过载保护等环节需另行分析。

8）许多系统的工作过程是循环或可逆的，为了形象地表示出来，在工作流程图中常把相应部分画成相向的或者闭环的，如图 1-12 可以改画成图 1-14。

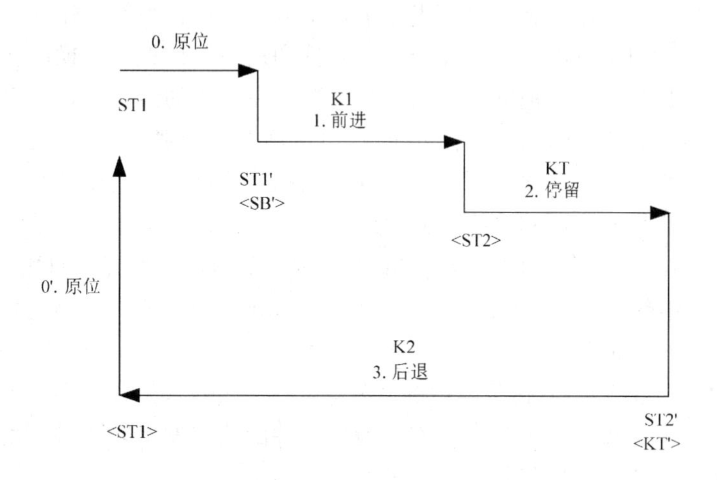

图 1-14　闭环的工作流程图

工作流程图结构清晰，随手可画，是分析和记忆系统工作过程和电气控制电路工作原理的简捷方法。如果想把各元件的状态及相互之间的时序关系表达得更清晰，可使用下面介绍的工作状态图法。

（2）工作状态图法　很容易将工作流程图转变成工作状态图。现将上例小车运行的工作流程图图 1-12 转变为小车运行的工作状态图，如图 1-15 所示。

关于工作状态图的画法和含义，说明如下：

1）工作状态图的结构　工作状态图采用表格的形式。在工作状态图中，纵线表示时间轴上的某一时刻，对应于工作流程图上的开关点，在这里称为执行元件的开关线。执行元件的状态在开关线处发生变化，而检测元件则不然。按照系统的工作顺序横向排列各工步，给出各工步的序号和名称以及各步的主令信号。竖向分类排列各电气元件，除写出元件的符号还可简要注明其在系统中所起的作用，以便于分析。

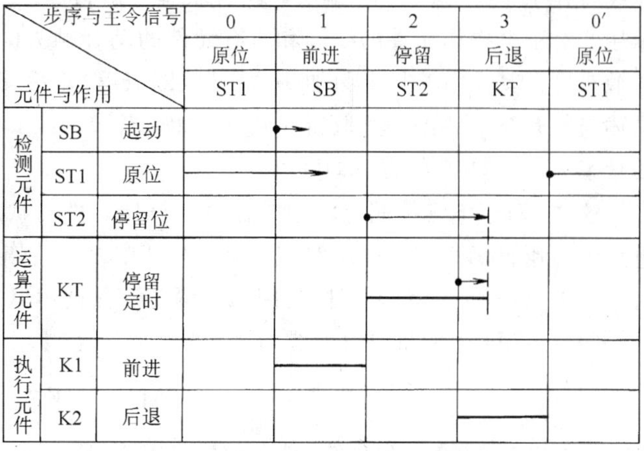

步序与主令信号 / 元件与作用			0	1	2	3	0′
			原位	前进	停留	后退	原位
			ST1	SB	ST2	KT	ST1
检测元件	SB	起动					
	ST1	原位					
	ST2	停留位					
运算元件	KT	停留定时					
执行元件	K1	前进					
	K2	后退					

图 1-15　小车运行的工作状态图

2）元件状态的表达方法　对于执行元件和运算元件，用横的粗实线表示其得电状态，空白表示其失电状态；对于检测元件，用带箭头的矢量线表示其受激状态的起止区间，作为主令信号的在其作用点处标记黑点，以便和其他信号相区别，因为检测元件的状态变化不一定就发出主令信号（有时甚至是干扰信号）。对于时间继电器，用横的粗线表示其线圈得电和瞬动触头动作区间（如有瞬动触头的话），而延时触头动作区间用矢量线表示。务必注意：一定要把检测元件之间状态变化的先后时序关系表示出来，因为这种时序关系往往决定电路的结构。

使用方法：显然，工作状态图清晰表达了各个电气元件在系统工作的各个阶段的状态变化情况。纵向看，可知某工步内有哪几个执行元件和运算元件得电；横向看，可知它们是怎样交替轮换的。这是从总体上把握系统的工作情况。在具体的细节上，可以找出一个元件与其他元件之间的相互关系。例如，我们想知道 K1 是如何受到控制的，就要找到它的开关线，首先沿着它的开启线观察，只要在这条线上发生状态变化（从非受激到受激或从受激到非受激）的检测元件、运算元件或其他执行元件都可能作为它的得电控制信号（要根据具体情况确定），在这里是 SB。因为 SB 的有效持续时间比 K1 的得电区间短，只用 SB 来控制显然是不行的，因此电路中使用了 K1 的自锁触头。使 K1 失电的信号自然要从它的关断线上找，马上看出应是 ST2。详细的用法在后面的例子中讲述。

也可以用“＋”号或“1”代替图中的实线，“－”号或“0”代替图中的空白，此时可称之为工作状态表。但当在一个工步内有多个检测元件的状态发生转变时，用状态表就难于表示出它们之间的时序关系，这是其不足之处。

3）功能表图法　也是一种常用的方法，关于它的一般画法见第二章。

将文字叙述法与图形分析法结合起来更有助于对电路工作原理的掌握。

3．逻辑函数法

前已述及，我们讨论的电气控制电路中的元器件只存在于两种状态之中，故完全可以利用逻辑代数来描述电气控制系统的运动规律。

我们规定：电气元件处于受激状态为“1”态，否则为“0”态。这样，对于电操作元件，其线圈得电为“1”态，失电为“0”态；对非电操作元件，如按钮按下时称其处于“1”态，释放后处于“0”态。对于触头，闭合状态规定为“1”态，否则为“0”态。元件的文字符号标注，对于电操作元件的线圈和所有元件的动合触头仍用一般标注法，而对于所有元件的动断触头要在其文字符号上面加一“－”（即取反），用反变量标注。这样做就使得元件的状态描述与其触头的状态描述取得一致。例如，当 $K=1$，即继电器 K 的线圈得电时，其动断触头的状态为 $\overline{K}=\overline{1}=0$ 状态，即断开。

这样，对于电气控制电路中的任一电操作元件的状态，都可以用逻辑函数式来表达了，即电路图与逻辑函数式建立了对应关系，对其中之一所作的研究，就是对另一个的研究。例如，对于图 1-16 中的 KM1，其控制回路是两个触头的串联，只有当 K1 与 K2 同时（“与”的关系）闭合 KM1 才能得电，而逻辑函数式

$$KM1=K1K2$$

中，只有当 K1 和 K2 相与等于 1，即要求 $K1=K2=1$，KM1 才能等于 1。这说明触头串联对应“与”逻辑运算。同样得出结论：触头并联对应“或”逻辑运算，即

$$KM2 = K1 + K2$$

逻辑函数式反映了执行元件或运算元件的动作条件，即其控制电路中各触头间的逻辑运算关系，我们在分析和设计电路时，就是要分析和找出这些元件的动作条件或输入信号间的逻辑运算关系。

注意：逻辑函数式等号右边的元件符号只代表元件的触头，逻辑函数式等号左边的元件符号通常表示其线圈（也可为指示灯、蜂鸣器等）。

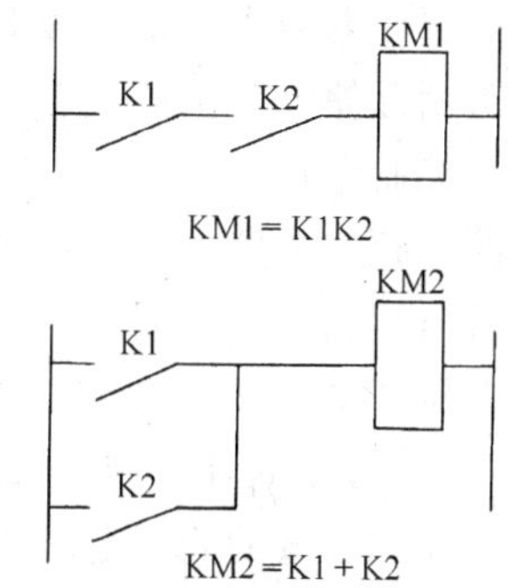

图 1-16　电路图与逻辑函数式

逻辑函数法在电路的分析方面不如前几种方法直观，但在电路的化简与设计方面十分有效。根据工作状态图按照一定规则可以写出运算元件和执行元件的逻辑函数式，从而得到电路图，这种设计电路的方法称为逻辑设计法，它可以解决任意复杂的电气控制电路的设计问题，是一种非常重要的设计方法。在第八节对此作初步介绍，有兴趣者可以参考有关资料。

第三节　笼型电动机的起动控制电路

笼型电动机有直接起动和减压起动两种方式。电工学课程中已讲授如何决定起动方式，我们这里只讨论电气控制电路如何满足各种起动要求。

一、直接起动控制电路

一些控制要求不高的简单机械如小型台钻、砂轮机、冷却泵等常采用开关起动控制电路，如图 1-17 所示。图中熔断器 FU 用作线路保护，开关 Q 可选刀开关、铁壳开关等。它适用于不频繁起动的小容量电动机，但不能实现远距离控制和自动控制。如 Q 选为电动机保护用断路器，则可实现电动机的过载保护并可不用熔断器 FU。

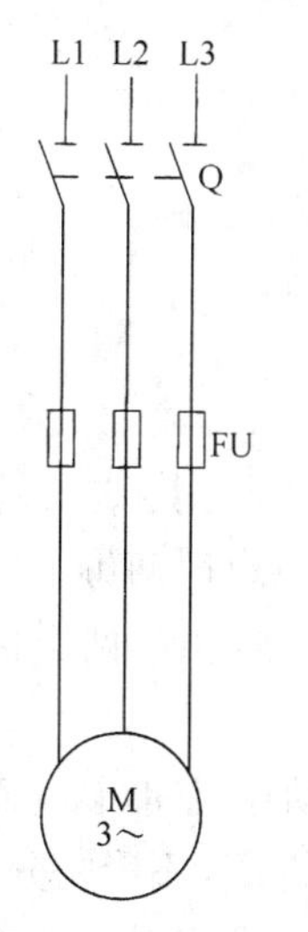

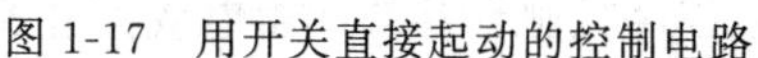
图 1-17　用开关直接起动的控制电路

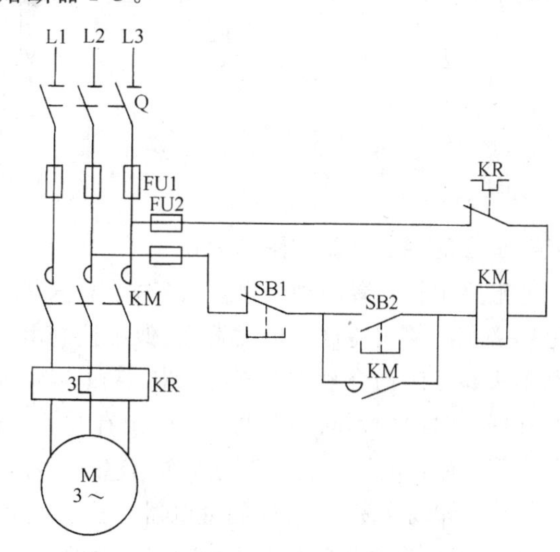

图 1-18　用接触器直接起动的电路

图 1-18 是采用接触器的直接起动电路。其中 Q 仅做分断电源用，电动机的起停由接触器 KM 控制。电路的工作原理是：合电源开关 Q，按下起动按钮 SB2，接触器 KM 的线圈得电，

其主触头闭合使电动机通电起动；与此同时并联在SB2两端的自锁触头KM也闭合给自身的线圈送电，使得即使松开SB2后，接触器KM的线圈仍能继续得电，以保证电动机工作。

要使电动机停止，按下停止按钮SB1，切断控制电路，使接触器KM释放，接触器的主触头断开使电动机停止工作，辅助触头断开解除自锁。

控制电路中的热继电器KR实现电动机的长期过载保护。熔断器FU1、FU2分别实现主电路与控制电路的短路保护。如果电动机容量小，可省去FU2。自锁电路在发生失电压或欠电压时起到保护作用，即当意外断电或电源电压跌落太大时接触器释放，因自锁解除，当电源电压恢复正常后电动机不会自动投入工作，防止意外事故发生。

二、减压起动控制电路

较大容量的笼型电动机一般都采用减压起动的方式起动，具体实现的方案有：定子串电阻或电抗器减压起动、星—三角变换减压起动、自耦变压器减压起动、延边三角形减压起动等。下面介绍常用的几种方案。

1. 星—三角变换减压起动控制电路

图1-19a是星—三角变换减压起动电气控制电路的主电路，其主导思想是：让全压工作时为三角形接法的电动机在起动时接成星形以降低电动机的绕组相电压限制起动电流，当反映起动过程结束的定时器发出指令时再将电动机改为三角形接法连接实现全压工作。实现这种方案的工作流程图如下：

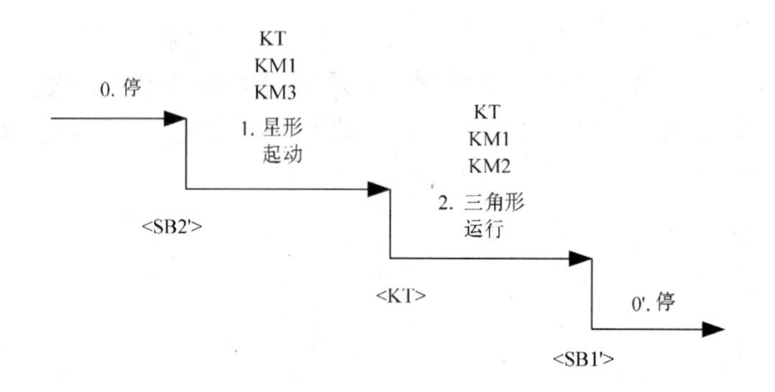

与其相适合的控制电路如图1-19b。

主电路中存在着一种隐患：如KM2与KM3的主触头同时闭合，则会造成电源短路，控制电路必须能够避免这种情况发生。似乎控制电路已经做到了这一点(时间继电器KT的延时动断触头和延时动合触头不会使KM3和KM2同时得电)。其实不然，由于两个接触器的吸合时间和释放时间的不同使得电路的输出存在着不确定性。

我们在分析电气控制电路的工作原理时，一般不用考虑元件的动作时间，认为只要一有输入信号其触头即动作完成(除时间继电器)。这在绝大多数情况下是允许的，不影响分析的结果。但实际上，由于电磁时间常数和机械时间常数的存在，任何继电器和接触器从线圈得电或失电到其触头完成动作都需要一定时间，即吸合时间和释放时间。吸合时间是指从线圈接收电信号到衔铁完全吸合时所需的时间；释放时间是指从线圈失电到衔铁完全释放时所需的时间。对于继电器来说一般为十几到几十毫秒，对于接触器来说则为几十到数百毫秒，要随电气元件的型号和机械结构的磨损程度而定。假设KM2的吸合时间是15ms，KM3的释放时间是25ms，时间继电器KT的延时动断触头和延时动合触头同时动作，那么在进行星—三角变换时主电路中的KM3和KM2的主触头就将有约10ms的时间是同时闭合的，这是绝对不许可的。若将KM3的动断触头串联在KM2的线圈控制电路中，则只有当KM3的衔铁释放完毕后才允许KM2得电，上述问题得到解决。这种关系可以在工作状态图的执行元件区用与逻辑关系KM2 $\overline{\text{KM3}}$表示（线圈得电为1态，KM2 $\overline{\text{KM3}}$=1意味着KM2=$\overline{\text{KM3}}$=1，即KM3=0，其线圈已失电，触头动作完成）。对KM3的线圈采用类似的方法，保证电路工作可靠。

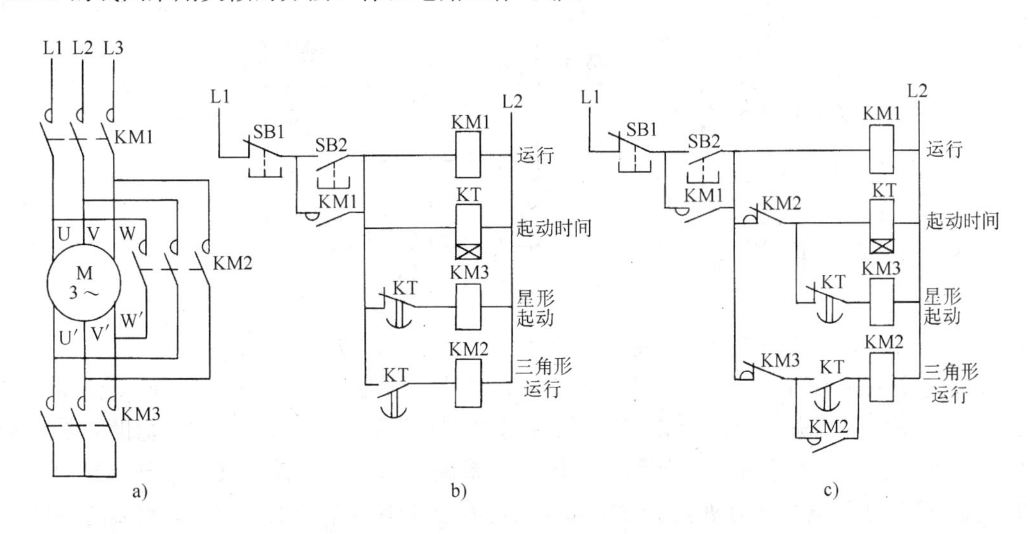

图1-19　星—三角变换减压起动控制电路（1）

a）主电路　b）控制电路的原型　c）实用控制电路

另外，在起动完成后，时间继电器KT已无得电的必要，但图1-19b中KT长期得电，浪费能源。改进后的电路的工作流程图如下：

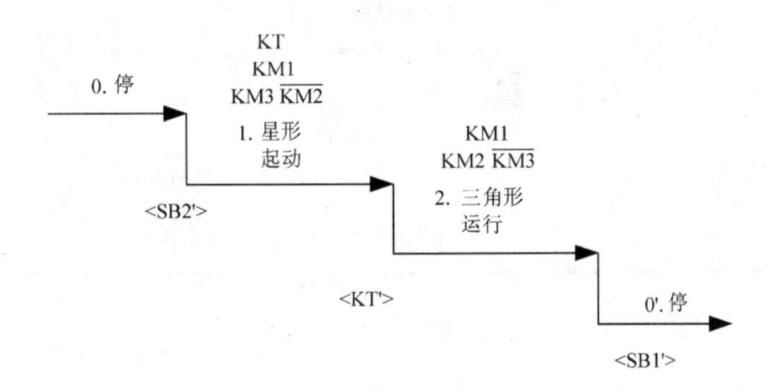

与其相适合的实用控制电路如图1-19c。

图1-20是用两个接触器和一个时间继电器进行星—三角变换的减压起动控制电路。电动机连成星形或三角形都是由接触器KM2完成的：KM2断电时电动机绕组由其动断辅助触头连接成星形进行起动，KM2通电后电动机绕组由其动合主触头连接成三角形正常运行。因辅

助触头容量限制，4～13kW 的电动机可采用该控制电路。电动机容量大时应采用三个接触器的控制电路。

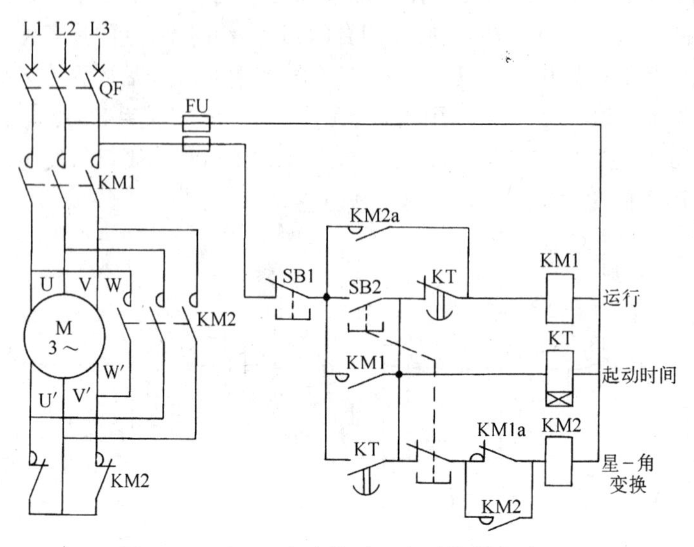

图 1-20　星—三角变换减压起动控制电路（2）

如果完全依靠 KM2 进行星—三角变换，其辅助动断触头在断开时就要承受分断负载电流，这将会缩短其寿命。如让 KM1 的主触头承担分断时的大电流，KM2 的辅助动断触头只在空载或小电流的情况下断开，就无忧虑了。从系统工作的全局看，只经过星形起动、星—三角变换（KM2 得电）电动机就正常工作了，但要弄清该电路的工作原理，需要考虑电路的暂态过程。因此，将电路的工作过程图的第二工步分成四个阶段，如下所示：

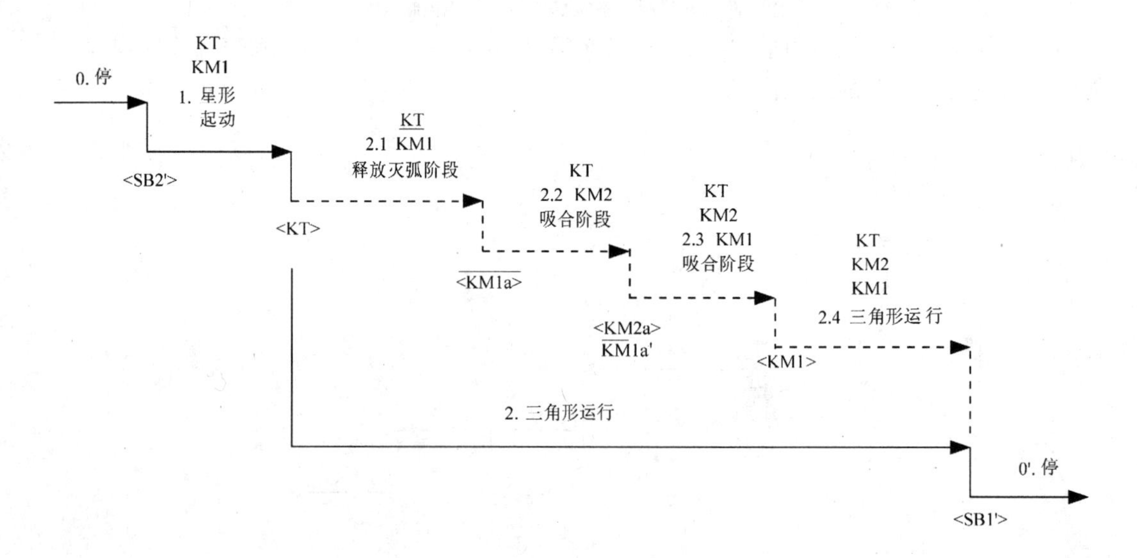

为了说明方便，给部分触头符号加了附注脚标。按下按钮 SB2 后电动机先进行星形起动。起动完成时，时间继电器动作，进入第二工步。在第二工步的第一阶段，时间继电器 KT 的延时动断触头首先使 KM1 线圈失电（时间继电器 KT 的延时动合触头在 KM1 的自锁触头断开

前已闭合，实现KT的自锁)，KM1的主触头断开开始分断电动机的负载电流，电弧在KM1的主触头间熄灭，而此时KM2的动断辅助触头闭合未动，该触头间无电弧产生。当KM1的主触头完全断开时，其辅助动断触头KM1a才闭合，进入第二阶段。在第二阶段，KM2的线圈得电衔铁吸合，主电路中进行星—三角变换；当其两个辅助动合触头闭合时，吸合（即变换）完成，进入第三阶段。在第三阶段，KM2a闭合使KM1线圈再次得电，同时KM2用另一个动合触头实现自锁。当KM1的主触头再次接通三相电源，电动机就在三角形接法下全压运行了，此时为第四阶段。

2. 定子串电阻减压起动控制电路

图1-21是定子串电阻减压起动控制电路。电动机起动时在三相定子电路中串接电阻可降低绕组电压限制起动电流；起动后再将电阻短路，电动机即可在全压下运行。这种起动方式由于不受电动机接线方式的限制，设备简单，因而得到广泛应用。在机械设备做点动调整时，也常采用这种限流方法以减轻对电网的冲击。图1-21b的控制电路的工作过程如图中所示。只要KM2得电就能使电动机正常运行。图1-21b中的KM1与KT在电动机起动后一直得电动作，这虽不妨碍电路工作，但浪费电能。图1-21c解决了这个问题：KM2得电后其动断触头使KM1和KT失电，KM2的辅助触头形成自锁，达到既节能又实现控制要求的目的。

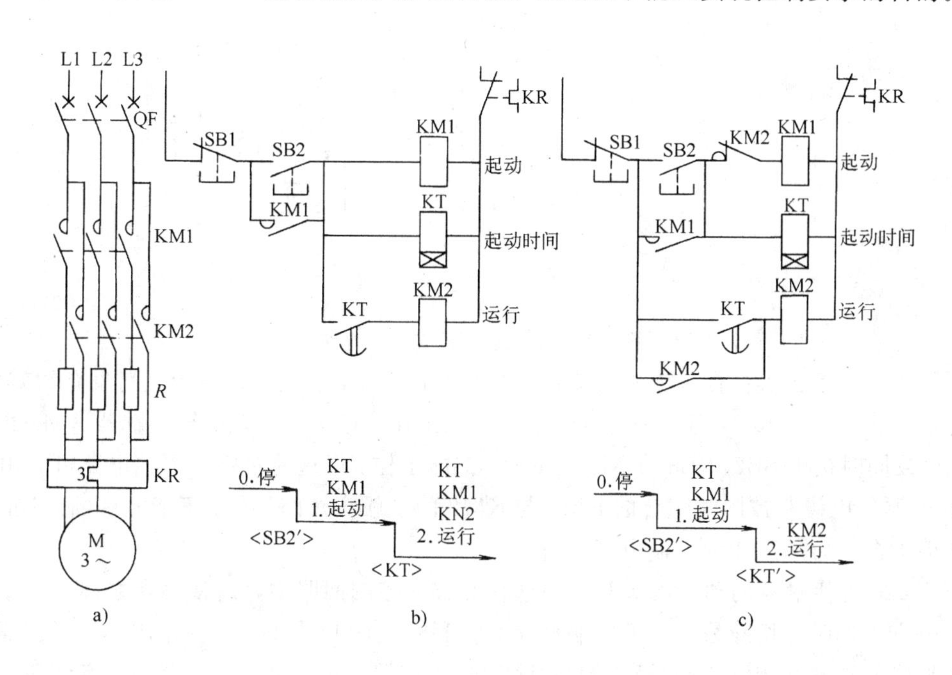

图1-21　电动机定子串电阻减压起动控制电路

第四节　电动机正反转控制电路

要求控制电路能对电动机做正、反转控制是生产机械的普遍需要，如大多数的机床的主轴或进给运动都需要拖动电动机能作正反转运行。在电工学课程中我们知道，只要把电动机定子三相绕组所接电源任意两相对调，即改变电动机的定子电源相序，就可改变电动机的转动方向。

如果用KM1和KM2来完成电动机定子绕组相序的改变，那么由正转与反转起动线路组合起来就构成了正反转控制电路。

一、电动机正反转线路

从图1-22中的主电路部分可知，若KM1和KM2分别闭合，则电动机的定子绕组所接U、W两相电源对调，结果电动机转向不同。关键要看控制电路部分如何工作。

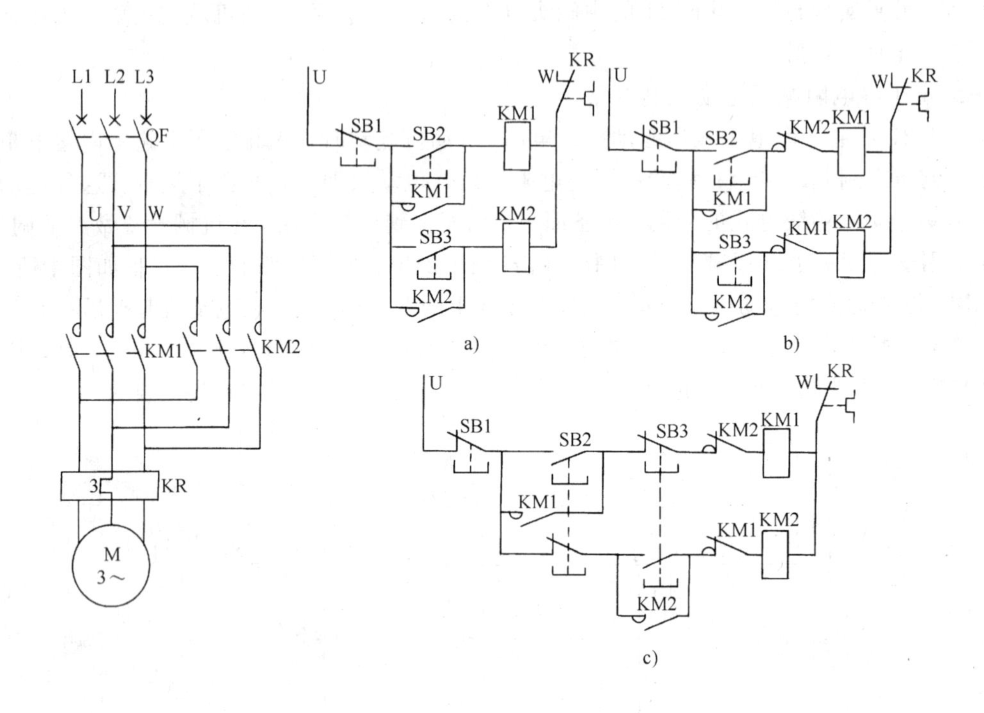

图1-22　电动机正反转控制电路

图1-22a由相互独立的正转和反转起动控制电路组成，也就是说两者之间没有约束关系，可以分别工作。按下SB2，正转接触器KM1得电工作；按下SB3，反转接触器KM2得电工作；先后或同时按下SB2、SB3，KM1与KM2都能工作，但这时观察一下主电路可看出：U、W两相电源供电线路被同时闭合的KM1与KM2的主触头短路。这是不能允许的。不能采用这种不能安全、可靠工作的控制电路。

图1-22b把接触器的动断触头互相串联在对方的控制回路中，就使两者之间产生了制约关系：一方工作时，切断另一方的控制回路，使另一方的起动按钮失去作用。接触器通过辅助触头形成的这种互相制约关系称为“联锁”或“互锁”。正、反转接触器通过互锁避免同时工作造成主电路短路。

在生产机械的控制电路中，这种联锁关系应用极为广泛。凡是有相反动作，如机床的工作台上下、左右移动；机床主轴电动机必须在液压泵电动机工作后才能起动，工作台才能移动等等，都需要类似的联锁控制。

在图1-22b中，正、反转切换的过程是

$$\text{正转}\underset{\text{按 SB2}}{\overset{\text{按 SB1}}{\rightleftharpoons}}\text{停}\underset{\text{按 SB1}}{\overset{\text{按 SB3}}{\rightleftharpoons}}\text{反转}$$

中间要经过停，显然操作不方便。图1-22c利用复合按钮SB2、SB3就可直接实现由正转变成反转，反之亦然。

显然，采用复合按钮还可起到联锁作用。这是由于按下 SB2 时，KM2 回路被切断，只有 KM1 可得电动作。同理可分析 SB3 的作用。

在图 1-22c 中如取消两接触器间的互锁触头，只用按钮进行联锁，是不可靠的。在实际中可能出现这种情况，由于负载短路或大电流的长期作用接触器的主触头被强烈的电弧“烧焊”在一起，或者接触器的机构失灵，使衔铁卡住总是处在吸合状态，这都可能使主触头不能断开，这时如果另一接触器动作，就会造成电源短路事故。采用接触器动断触头进行互锁，不论什么原因，只要一个接触器是吸合状态，它的互锁动断触头就必然将另一接触器线圈电路切断，这就能避免事故的发生。

有些类型的接触器备有机械联锁附件，将两只接触器用机械联锁附件联结起来，则当一只接触器的衔铁吸合动作时，通过机械联锁附件顶住另一只接触器的衔铁使之不能吸合，从而避免两只接触器同时动作。

二、正反转自动循环线路

图 1-23 是机床工作台往返循环的控制电路。实质上是用行程开关来自动实现电动机正反转的。组合机床、龙门刨床、铣床的工作台常用这种线路实现往返循环。

ST1、ST2、ST3、ST4 为行程开关，按要求安装在固定的位置上。其实这是按一定的行程用撞块压行程开关，代替了人工按按钮。

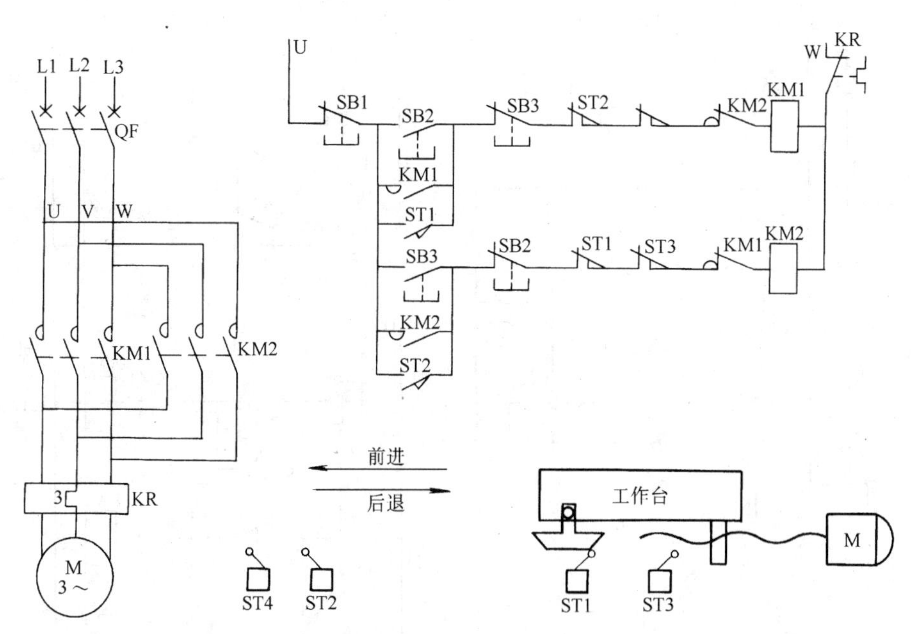

图 1-23　行程开关控制的正反转控制电路

按下正向起动按钮 SB2，接触器 KM1 得电动作并自锁，电动机正转使工作台前进。当运行到 ST2 位置时，撞块压下 ST2，ST2 动断触头使 KM1 断电，但 ST2 的动合触头使 KM2 得电动作并自锁，电动机反转使工作台后退。当工作台运动到右端点撞块压下 ST1 时，使 KM2 断电，KM1 又得电动作，电动机又正转使工作台前进，这样可一直循环下去。

SB1 为停止按钮。SB2 与 SB3 为不同方向的复合起动按钮。之所以用复合按钮，是为了满足改变工作台方向时，不按停止按钮可直接操作。行程开关 ST3 与 ST4 安装在极限位置，当由于某种故障，工作台到达 ST1（或 ST2）位置时未能切断 KM2（或 KM3），工作台将继续移动到极限位置，压下 ST3（或 ST4），此时最终把控制回路断开，使电动机停止，避免工作台由于越出允许位置所导致的事故。因此 ST3、ST4 起限位保护作用。

工作流程图可根据上述分析自行绘出。

上述这种用行程开关按照机械运动部件的位置或位置的变化所进行的控制，称作按行程原则的自动控制，或称行程控制。

第五节 电动机制动控制电路

许多生产机械、如万能铣床、卧式镗床、起重机械、搬运机械等，都要求能迅速停止和准确定位。这就要求对电动机进行制动，强迫其立即停车。制动停车的方式有两大类，即机械制动和电气制动。机械制动采用机械抱闸、液压或气压制动；电气制动有反接制动、能耗制动、电容制动等，其实质是使电动机产生一个与原来转子的转动方向相反的制动转矩。

一、能耗制动控制电路

能耗制动是在三相笼形电动机停车切断三相电源的同时，给定子绕组接通直流电源，在转速为零时再将其切除。这种制动方法实质是把转子原来储存的机械能转变为电能，并消耗在转子的制动上，所以称作能耗制动。

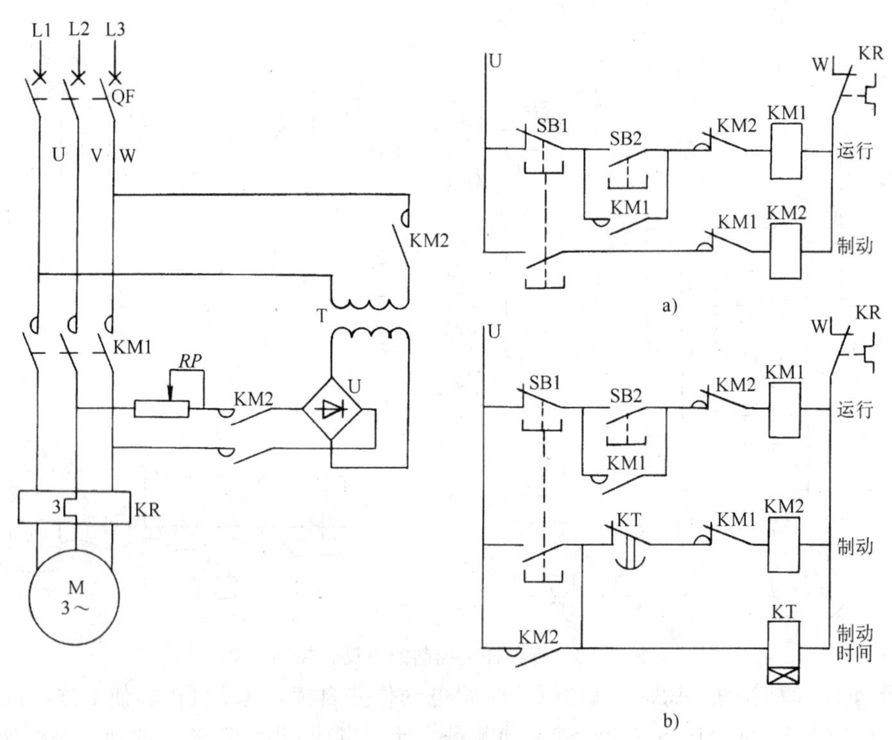

图 1-24 能耗制动控制电路

图 1-24 中用变压器 T 和整流器 U 为制动提供直流电源，KM2 为制动用接触器。主电路相同，但实现控制的策略可能有多种。图 1-24a 采用手动控制：要停车时按下 SB1 按钮，到制动结束才放开。电路简单，但操作不便。图 1-24b 中使用了时间继电器 KT，根据电动机带

负载后的制动过程时间长短设定 KT 的定时值，就可实现制动过程的自动控制。其制动过程是：

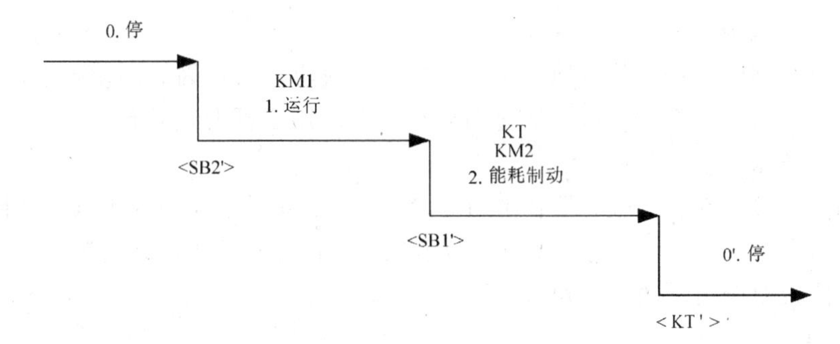

能耗制动的特点是制动作用的强弱与通入直流电流的大小和电动机的转速有关，在同样的转速下电流越大制动作用越强，电流一定时转速越高制动力矩越大。一般取直流电流为电动机空载电流的 3～4 倍，过大会使定子过热。可调节整流器输出端的可变电阻 RP，得到合适的制动电流。

二、反接制动控制电路

电工学课程中已经讲过，反接制动实质上是改变电动机定子绕组中的三相电源相序，产生与转子转动方向相反的转矩，因而起制动作用。

反接制动过程为：停车时，首先切换三相电源相序，当电动机的转速下降接近零时，令电动机断电自由停车。因为在电动机的转速下降到零时如不及时切除反接电源，则电动机就要从零速反向起动运行了。因此，需要根据电动机的转速进行反接制动的控制，自然要用速度继电器做检测元件了（用时间继电器间接反应制动过程很难准确停车，因负载转矩等的变化将影响减速过程的时间长短）。

图 1-25a、b 都为反接制动的控制电路。其中图 1-25a 的工作过程如下：

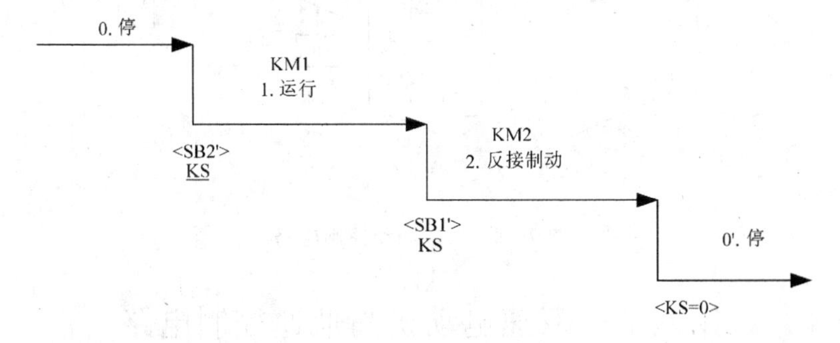

在第一工步，电动机运行后速度继电器 KS 的触头就已闭合，为制动做好了准备。但此时 KS 对系统来说是个干扰，不限制它，它就要影响系统正常工作。用串联 KM1 的动断触头的方法禁止它。

图 1-25a 存在这样一个问题：在停车期间，如为调整工件需用手转动机床主轴时，速度继电器的转子也将随着转动，其动合触头闭合，接触器 KM2 得电动作，电动机接通电源发生制动作用，不利于调整工作。线路图 1-25b 解决了这个问题。控制电路中停止按钮使用了复合按钮 SB1，并在其动合触头上并联了 KM2 的自锁触头。这样当用手转动电动机时，虽然 KS 的动合触头闭合，但只要不按停止按钮 SB1，KM2 就不会得电，电动机也就不会反接于电源；只

有按 SB1 时 KM2 才能得电，制动线路才能接通。

因电动机反接制动电流很大，故在主电路的制动回路中串入限流电阻 R，以防止制动时对电网的冲击和电动机绕组过热。

反接制动时，旋转磁场的相对速度很大，定子电流也很大，因此制动效果显著。但在制动过程中有冲击，对传动部件有害，能量消耗较大，故用于不太经常起、制动的设备，如铣床、镗床、中型车床主轴的制动。

能耗制动与反接制动相比较，具有制动准确、平稳、能量消耗小等优点。但制动力较弱，特别是在低速时尤为突出。另外它还需要直流电源。故适用于要求制动准确、平稳的场合，如磨床、龙门刨床及组合机床的主轴定位等。

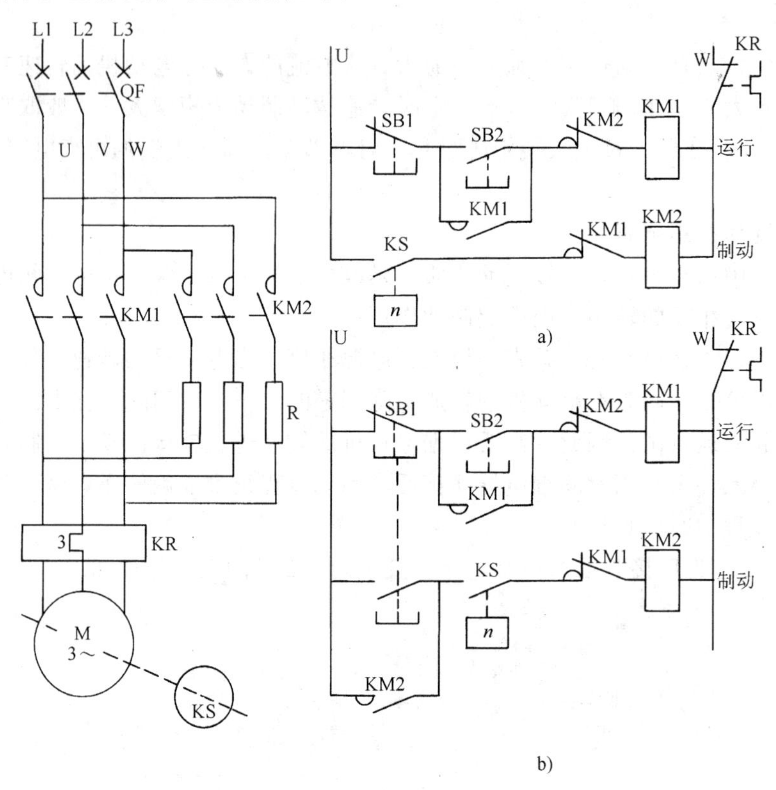

图 1-25　反接制动控制电路

第六节　双速电动机高低速控制电路

有些生产机械不需要连续变速，使用变速电动机即可满足其要求。与普通电动机不同的是，变速电动机的定子备有多组绕组，改变其接法，就可改变电动机的磁极对数，从而改变其转速。这里我们只讨论双速电动机的变速控制方法。

如图 1-26 所示，将双速电动机定子绕组的出线端 D1、D2、D3 接电源，D4、D5、D6 端悬空，则绕组为三角形接法，每相绕组中两个线圈串连，成四个极，电动机为低速；当出线端 D1、D2、D3 短接，而 D4、D5、D6 接电源，则绕组为双星形，每相绕组中两个线圈并联，成两个极，电动机为高速。

图 1-26 中给出三种双速电动机高、低速控制电路，其中 KM1 为控制低速的接触器，KMh 则控制高速。图 1-26a 用选择开关 SA 实现高、低速控制，转换过程中需重新按起动按钮 SB2。图 1-26b 用复合按钮 SB2 和 SB3 实现高、低速控制，两者间可直接转换，操作方便。

图 1-26c 用选择开关 SA 转换高、低速。接触器 KM1 动作，电动机为低速运行状态；接触器 KMh 和 KM 动作时，电动机为高速运行状态。当选择开关 SA 打到“高速”位置时，时间继电器 KT 的线圈立即得电，它的瞬动动合触头使低速接触器 KM1 动作，电动机在低速运行状态下起动，经过设定的延时时间，KT 的延时动断触头断开使 KM1 释放，同时 KT 的延时动合触头使 KM 得电，继而使 KMh 动作，电动机就进入了高速运行状态。这样做的目的是为了限制起动电流。对容量较大的电动机适合采用这种控制方式。

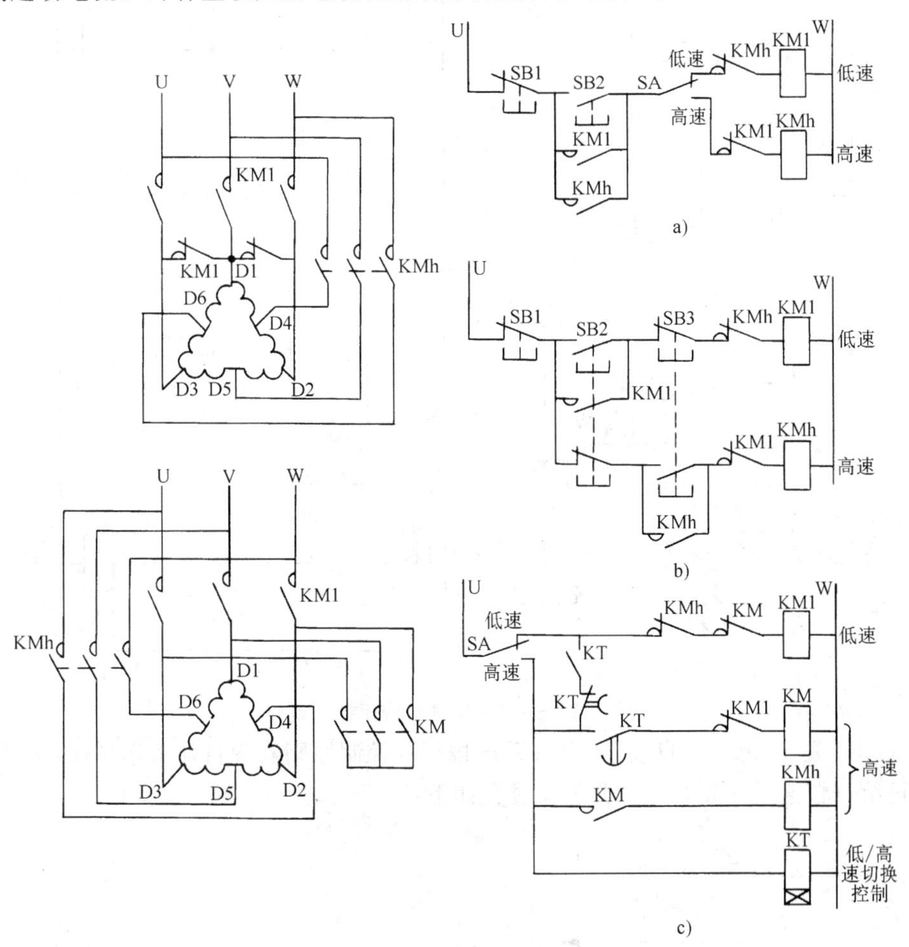

图 1-26　双速电动机高、低速控制电路

第七节　液压系统的电气控制

在生产的许多领域广泛采用液压传动或气压传动系统，完善、可靠的电气控制电路是发挥其作用的基础。

液压传动系统易获得较大的力矩，运动传递平稳、均匀，准确可靠，控制方便，易实现自动化。

一、液压动力头控制电路

动力头是既能完成进给运动，而且又能同时完成刀具切削运动的动力部件。液压动力头的自动工作循环是由控制电路控制液压系统来实现的。图 1-27 是一次工作进给液压系统和其电气控制电路图，因为电磁阀没有触头，对短信号无自锁能力，所以要使用中间继电器。系统可工作于自动和手动两种工作方式。

1. 自动工作方式

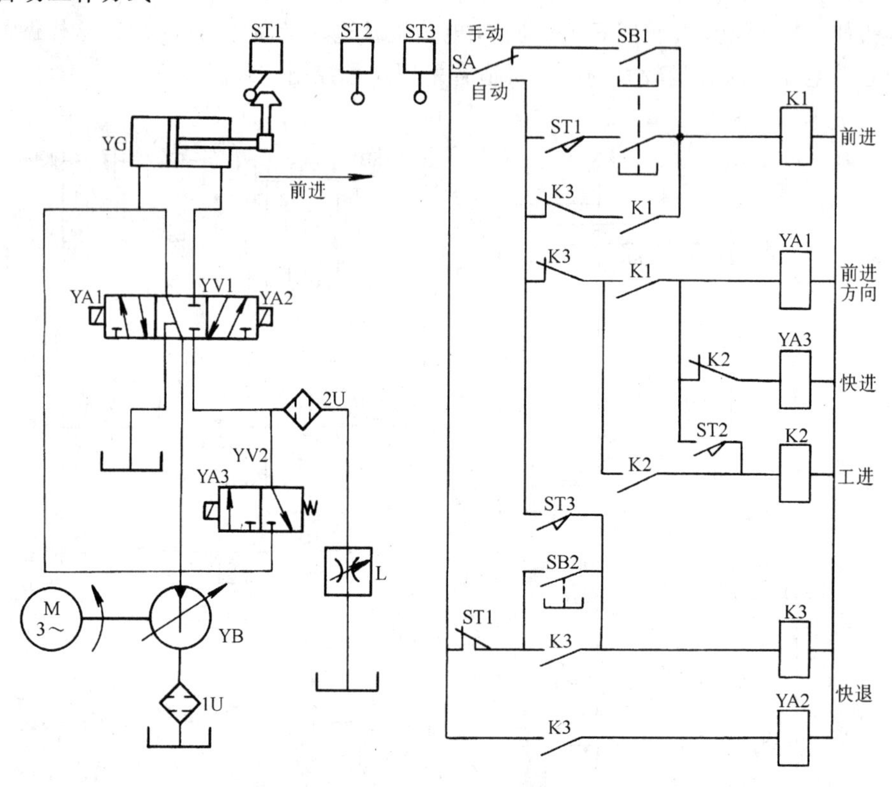

图 1-27　一次工作进给液压控制电路

把选择开关 SA 拨在“自动”位置，系统按行程控制原则实现自动工作循环：动力头快进→工作进给→快速退回到原位。其工作过程如下：

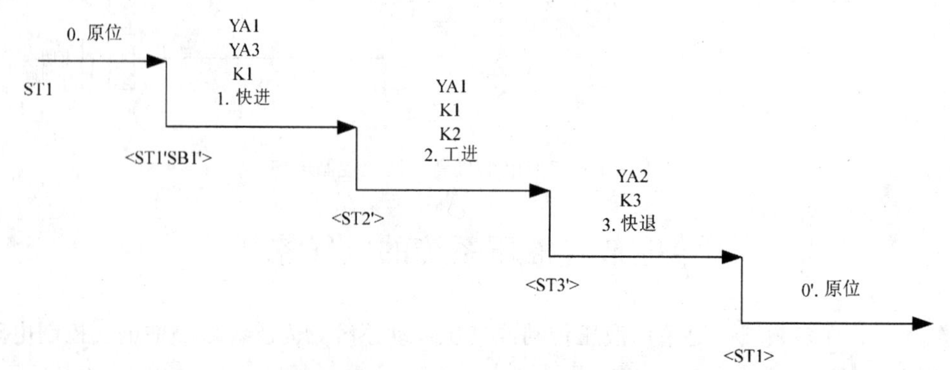

（1）动力头原位停止　动力头由液压缸 YG 带动，可做前后进给运动。当电磁阀线圈 YA1、YA2、YA3 都断电时，电磁阀 YV1 处于中间位置，动力头停止不动。动力头只有在原

位时，行程开关 ST1 被挡铁压动，其动合触头闭合，此时起动按钮 SB1 按下才能有效，在工作流程图中用 ST1 同 SB1 相“与”来表明这点。

（2）动力头快进　按起动按钮 SB1，中间继电器 K1 得电动作并自锁，其动合触头闭合使电磁阀线圈 YA1、YA3 通电。YA1 通电后液压油把液压缸的活塞推向右端，动力头向前运动。此时由于 YA3 也通电，除了工进油路外，还经阀 YV2 将液压缸小腔内的回油排入大腔，加大了油的流量，所以动力头快速向前运动。

（3）动力头工进　在动力头快进过程中，当挡铁压动行程开关 ST2 时，其动合触头闭合，使 K2 得电动作，K2 的动断触头断开，使 YA3 断电，使动力头自动转为工作进给状态。K2 的动合触头接通自锁电路（如果挡铁的长度超过行程开关 ST2 与 ST3 间的距离时，就不用此触头）。

（4）动力头快退　当动力头工作进给到期望点时，由行程开关 ST3 检测并发出信号，其动合触头闭合使 K3 得电动作并自锁。K3 动作的结果是：其动断触头断开，使 YA1、YA3 断电，动合触头闭合，使 YA2 得电，油路换向得以实现，液压缸活塞左移，动力头快速退回。动力头退回原位后，ST1 被压动，其动断触头断开，使 K3 断电，因此 YA2 也断电，动力头停止。

2. 手动工作方式

将选择开关 SA 拨在“手动”位置。此时按动按钮 SB1 也可接通 K1 使电磁阀线圈 YA1、YA3 通电，动力头快进。但由于 K1 不能自锁，因此放松 SB1 后，动力头立即停止。这种工作方式称为手动或点动。

SB2 是后退按钮。当动力头不在原位需要后退时，按下 SB2，使 K3 得电动作，YA2 得电，动力头做快退运动，直到退回原位，ST1 被压下，K3 断电，动力头停止。

二、半自动车床刀架纵进、横进、快退控制电路

图 1-28 及图 1-29 是半自动车床刀架的液压系统和电气控制电路图。图中 YG1 及 YG2 分别是纵向液压缸和横向液压缸，分别由电磁阀 YA1、YA2 控制，实现刀架纵向移动和横向移动及后退。M2 为液压泵电动机，M1 为主电动机，分别由接触器 KM1、KM2 控制。KT 是时间继电器，为了进行无进刀切削而设。

其工作过程如下：

1）按 SB3，液压泵起动工作。

2）按 SB4，中间继电器 K1 得电，一是接通 KM2，主轴转动；二是接通电磁阀 YA1，刀架纵向移动。

3）当刀架纵向移动到预定位置被机械限位，压合行程开关 ST1，使 K2 得电，其动合触头接通 YA2，刀架横向移动进行切削。

4）当刀架横向移到预定位置被机械限位，压合行程开关 ST2，时间继电器 KT 通电。这时进行无进刀切削，经过预定延时时间后，KT 的延时动合触头接通 K3，使 K1、K2 断电，其动合触头使 YA1、YA2 断电，刀架纵、横均后退，直至原位被限位。

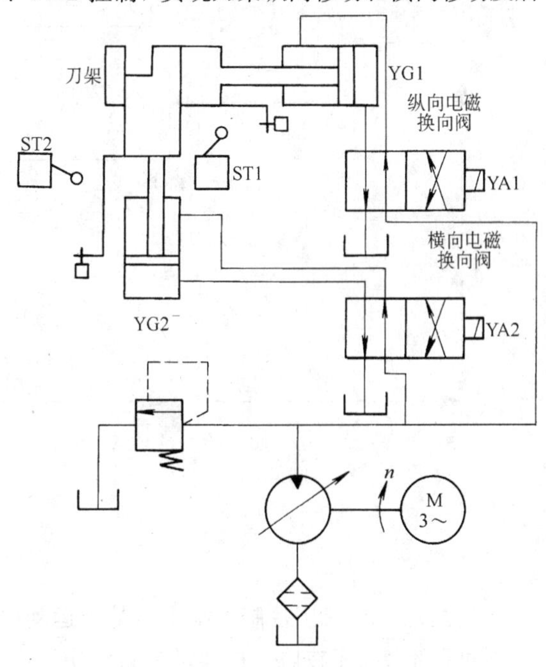

图 1-28　液压系统

5）当K1断电后，其动合触头使KM2断电，主轴电动机停转。按下SB1，液压泵停止工作；在此之前若按下SB4，则开始又一次循环。

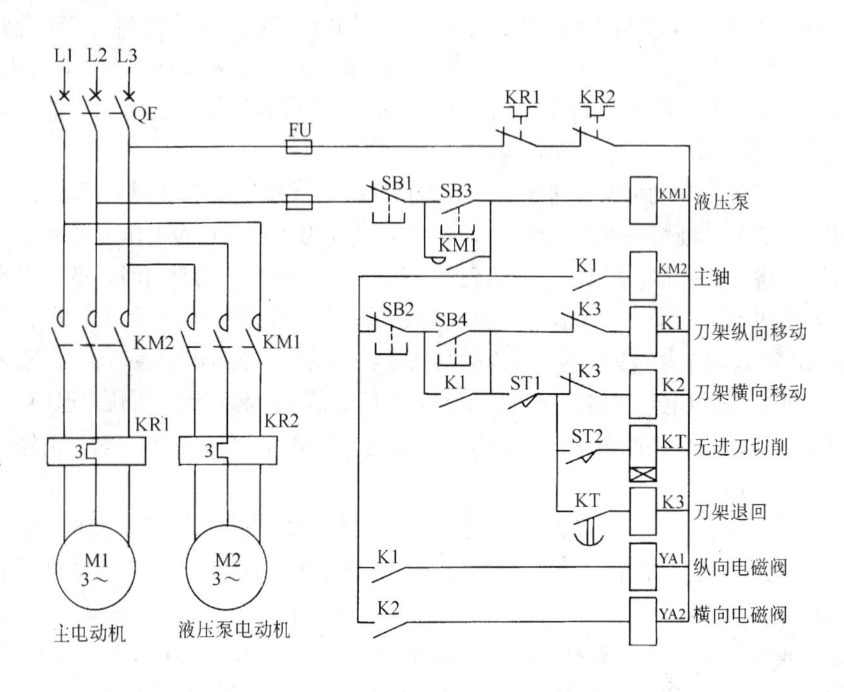

图 1-29　电气控制电路图

上述过程可用工作流程图表述为：

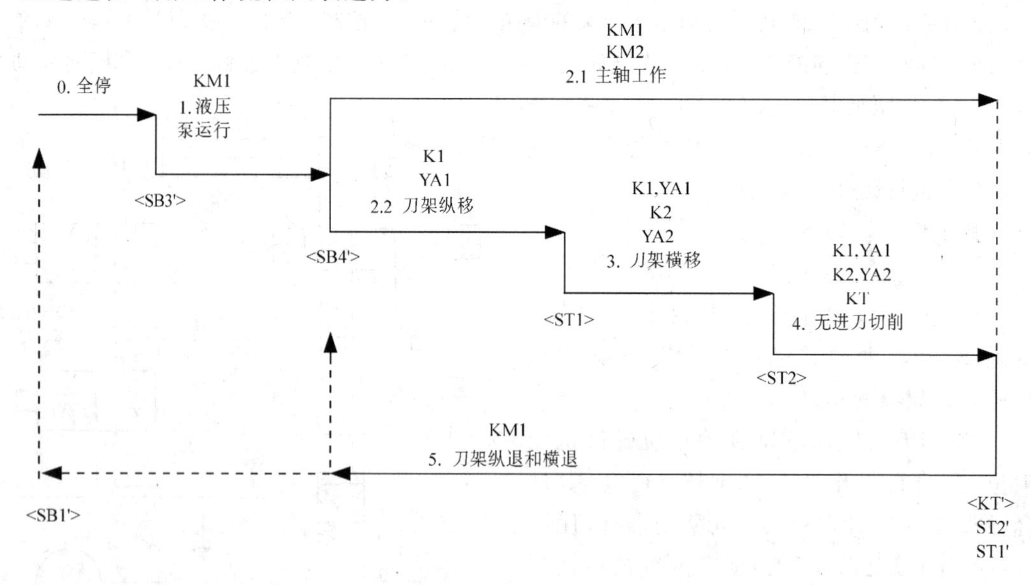

请注意：在液压控制系统中，某个运动停止（机械限停）前后该运动的控制元件的状态有时可以不变，而在电动机驱动的系统中则一般不行，因此前者的电气控制系统相对简单。若将本例中的纵、横运动改为电动机驱动，请自行比较结果。

第八节　控制电路的其他基本环节

一、点动控制

电动机在正常工作时多数需要连续不断地工作，即所谓长动。所谓点动，即按按钮时电动机转动工作；手放开按钮时，电动机即停止工作。点动常用于生产设备的调整，如机床的刀架、横梁、立柱的快速移动，机床的调整对刀等。

图 1-30a 为用按钮实现点动的控制电路；图 1-30b 为用选择开关实现点动与长动切换的控制电路；图 1-30c 为用中间继电器实现点动的控制电路。

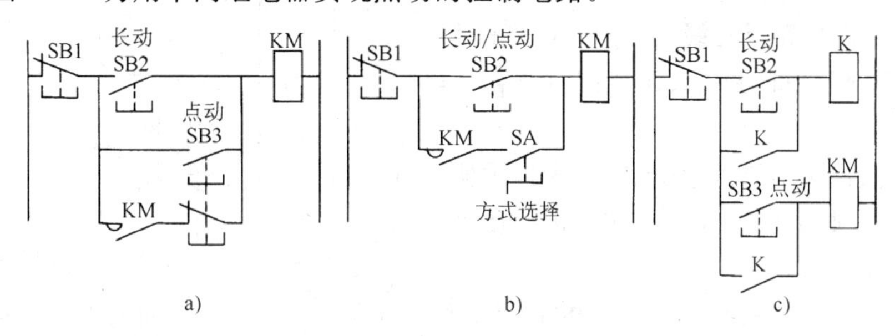

图 1-30　点动控制电路

长动与点动的主要区别是控制电器能否自锁。

二、联锁与互锁

1. 联锁

在机床控制电路中，经常要求电动机有顺序地起动，如某些机床主轴必须在液压泵工作后才能工作；龙门刨床工作台移动时，导轨内必须有足够的润滑油；在铣床的主轴旋转后，工作台方可移动，都要求有联锁关系。

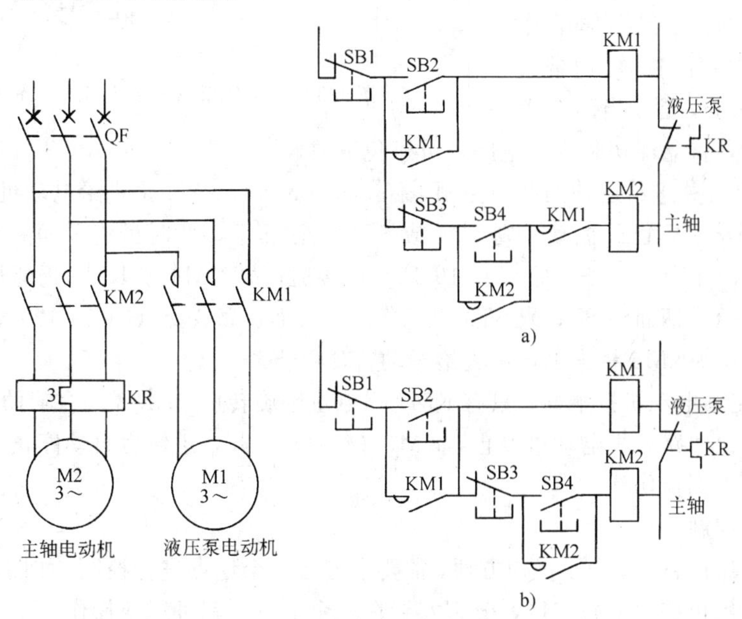

图 1-31　电动机的联锁

如图 1-31 所示，接触器KM2必须在接触器KM1工作后才能工作，即实现了液压泵电动机工作后主电动机才能工作的要求。

2. 互锁

互锁实际上是一种联锁关系，之所以这样称呼，是为了强调触头之间的互锁作用。例如，常常有这种要求，两台电动机M1和M2不准同时工作，如图1-32所示，KM1动作后，它的动断触头就将KM2接触器的线圈断开，这样就抑制了KM2再动作；反之也一样。此时，KM1和KM2的两对动断触头，常称做“互锁”触头。这种互锁关系在前述的电动机正反转线路中，可保证正反向接触器KM1和KM2的主触头不能同时闭合，以防止电源短路。

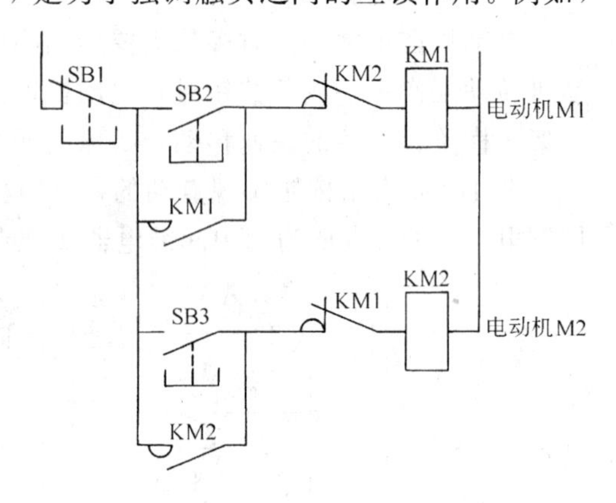

图 1-32　两台电动机的互锁控制

在操作比较复杂的机床中，常用操作手柄和行程开关形成联锁。下面以X62W铣床进给运动为例讲述这种联锁关系。

铣床工作台可做纵向（左右）、横向（前后）和垂直（上下）方向的进给运动。由纵向进给手柄操作纵向运动，横向与垂直方向的运动由另一进给手柄操纵。

铣床工作时，工作台的各向进给是不允许同时进行的，因此各方向的进给运动必须互相联锁。实际上，操纵进给的两个手柄都只能扳向一种操作位置，即接通一种进给，因此只要使两个操作手柄不能同时起到操作的作用，就达到了联锁的目的。通常采取的电气联锁方案是：当两个手柄同时扳动时，就立即切断进给电路，可避免事故。

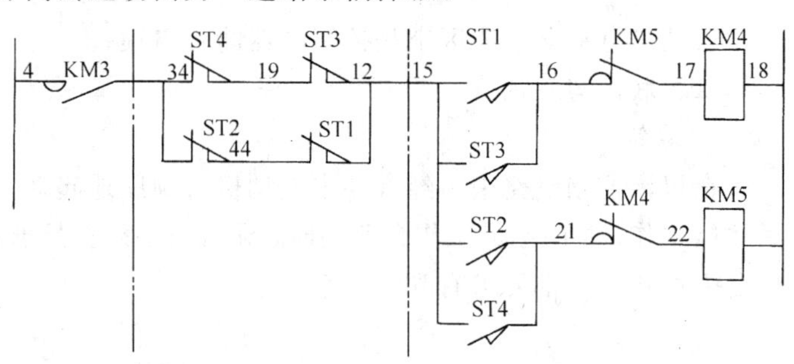

图 1-33　X62W 铣床进给运动的联锁控制

图 1-33 是有关进给运动的联锁控制电路。图中KM4、KM5是进给电动机正反转接触器。现假设纵向进给手柄已经扳动，则ST1或ST2已被压下，此时虽将下面一条支路（34-44-12）切断，但由于上面一条支路（34-19-12）仍接通，故KM4或KM5仍能得电。如果再扳动横向垂直进给手柄而使ST3或ST4也动作时，上面一条支路（34-19-12）也将被切断。因此接触器KM4或KM5将失电，使进给运动自动停止。

KM3是主轴电动机接触器，只有KM3得电主轴旋转后，KM3动合辅助触头（4-34）闭合才能接通进给回路。主电动机停止，KM3（4-34）打开，进给也自动停止。这种联锁以防止工件或机床受到损伤。

三、多点控制

在大型机床设备中，为了操作方便，常要求能在多个地点进行控制。如图1-34a把起动按钮并联连接，停止按钮串联连接，分别安置在三个地方，就可三地操作。

在大型机床上，为了保证操作安全，要求几个操作者都发出主令信号（按起动按钮），设备才能工作，如图 1-34b 所示。

四、工作循环自动控制

1. 动力头的自动循环控制

许多机床的自动循环控制都是靠行程控制来完成的。图 1-35 是动力头的行程控制电路，它是由行程开关按行程来实现动力头的往复运动的。

此控制电路完成了这样一个工作循环：首先是动力头 1 由位置 b 移到位置 a 停下；然后动力头 2 由位置 c 移到位置 d 停住；接着使动力头 1 和动力头 2 同时退回原位停下。

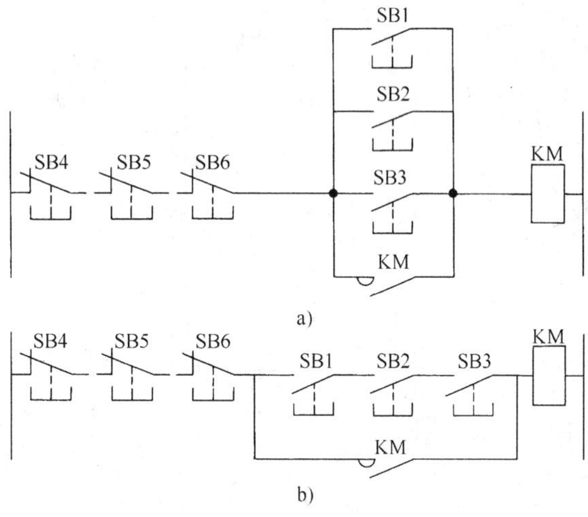

图 1-34　多点控制

行程开关 ST1、ST2、ST3、ST4 分别装在床身的 b、a、c、d 处。电动机 M1 带动动力头 1，电动机 M2 带动动力头 2。动力头 1 和 2 在原位时分别压在 ST1 和 ST3 上。线路的工作过程如下：

按起动按钮 SB2，接触器 KM1 得电并自锁，使电动机 M1 正转，动力头由原位 b 点向 a 点前进。

当动力头到 a 点位置时，ST2 行程开关被压下，使 KM1 失电，动力头 1 停止；同时使 KM2 得电动作，电动机 M2 正转，动力头 2 由原位 c 点向 d 点前进。

当动力头 2 到达 d 点时，ST4 被压下，使 KM2 失电，与此同时 KM3 和 KM4 得电动作并自锁，电动机 M1 和 M2 都反转，使动力头 1 与 2 都向原位退回。当退回到原位时，行程位开关 ST1、ST3 分别被压下，使 KM3 和 KM4 失电，两个动力头都停在原位。

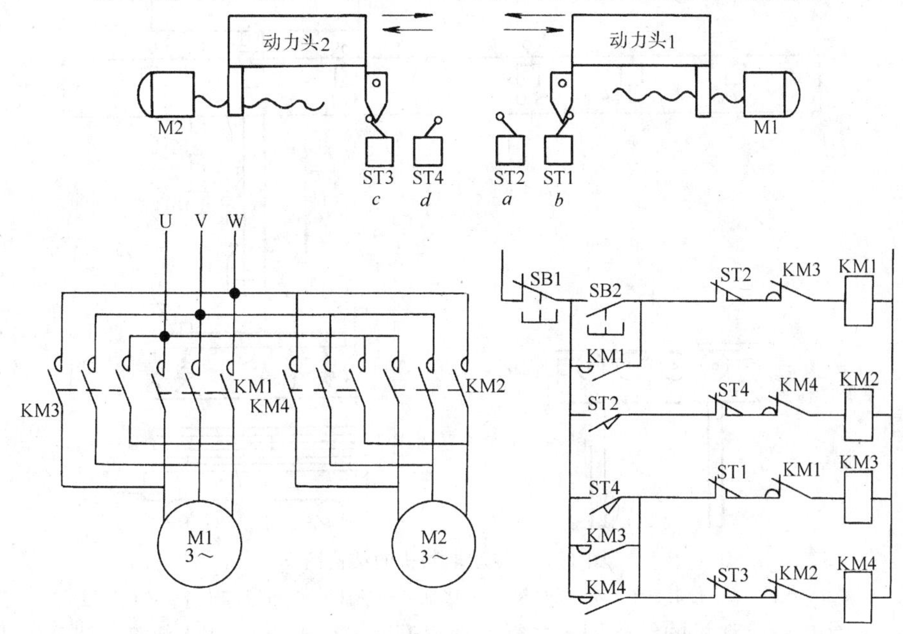

图 1-35　动力头的行程控制

接触器 KM3 和 KM4 的辅助动合触头分别起自锁作用，这样能够保障动力头 1 和 2 都确实回到原位。如果只有一个接触器的触头自锁，那另一个动力头就可能出现没退回到原位接触器就已失电。

工作流程图如下：

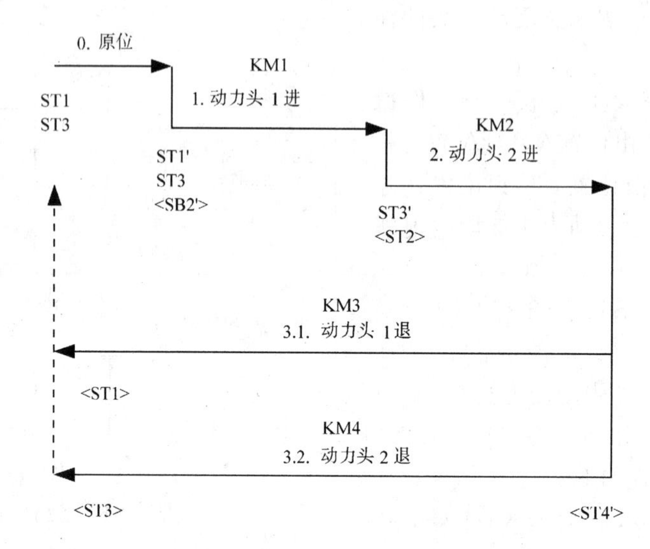

2．自动取料机的运行控制

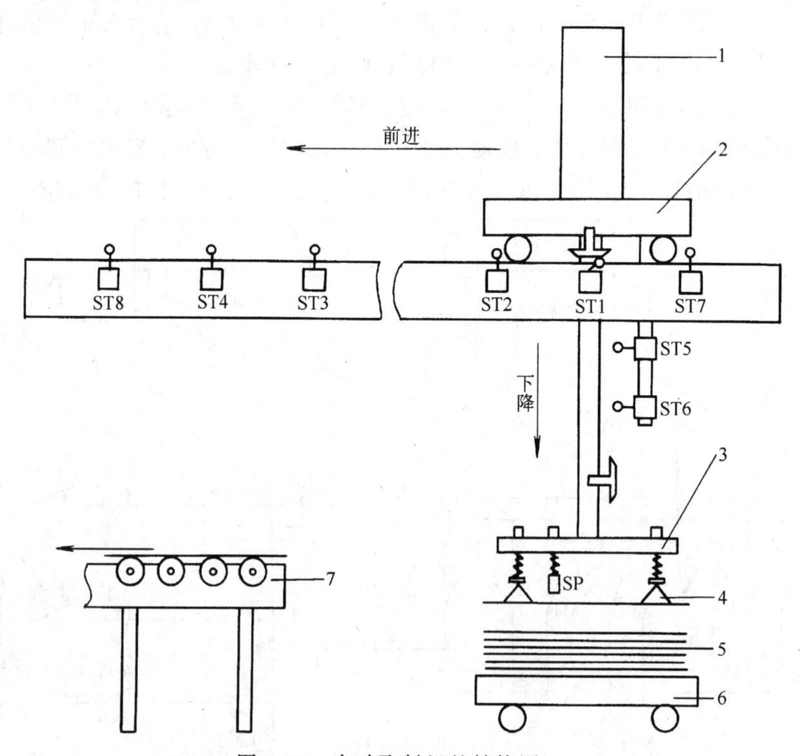

图 1-36　自动取料机的结构图

1—气缸　2—行走小车　3—吸盘架　4—吸盘　5—钢板　6—送料车　7—传送辊道

图 1-36 是自动取料机的结构图，主要由垂直升降、行走小车和吸盘架三部分组成。取料

机靠吸盘吸取钢板。装于取料架上的吸盘与钢板压紧后，通过二位二通换向阀的电磁阀线圈YA3控制负压发生器在吸盘中产生负压以便吸取钢板。利用三位四通电磁换向阀控制气缸的活塞杆运动来实现取料架的垂直升降，其中YA1得电取料架下降，YA2得电取料架上升，两者失电活塞杆不运动，据此读者可自行画出气动系统原理图。行走小车作水平往复运动，其驱动电动机的正、反转和调速靠变频器实现。为了提高效率和停车定位准确，要求小车的往返运行速度与位置检测行程开关的关系如图1-37a所示。不同型号的变频器的控制方式大同小异，本例采用的变频器的控制端口接线方法和控制方式如图1-37b、c所示。

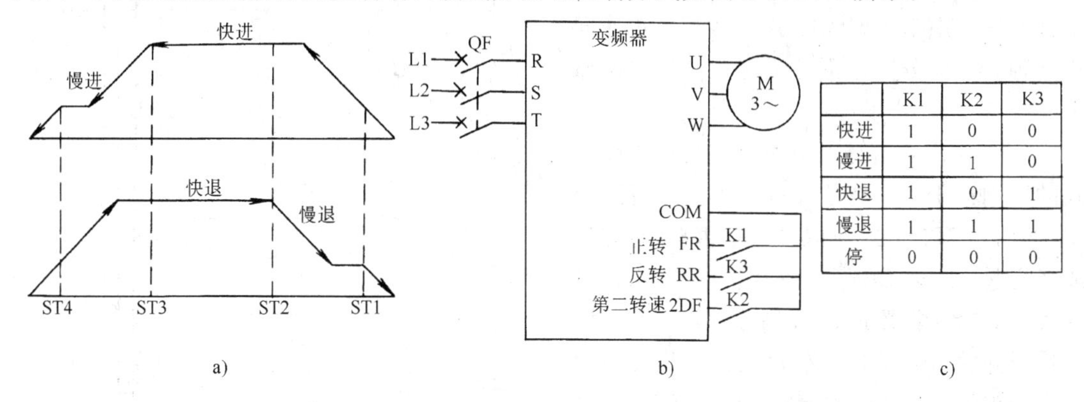

	K1	K2	K3
快进	1	0	0
慢进	1	1	0
快退	1	0	1
慢退	1	1	1
停	0	0	0

图1-37　变频器的控制端口接线方法和控制方式

在取料位置，由于送料车上的钢板堆层厚度是变化的，所以取料架下降的高度也是随之变化的，利用接近开关SP来检测取料架与钢板的相对位置；当取料架吸取钢板上升后由于重力作用钢板离开SP。ST5是取料架上升到位检测。在放料位置，当取料架下降到距离传送辊道较近距离时令吸盘释放钢板，这个高度是固定的，用行程开关ST6检测。在取料位置，ST6失效。行程开关ST7、ST8保护行走小车运行安全。

要求有两种运行方式：一种是单循环方式，按起动键SB1一次，完成一片钢板的运送。另一种是自动方式，按起动按钮SB1一次，取料机就周而复始地工作，直到取消自动方式或按下停止按钮。由选择开关SA切换两种工作方式。

取料机的工作流程如下：

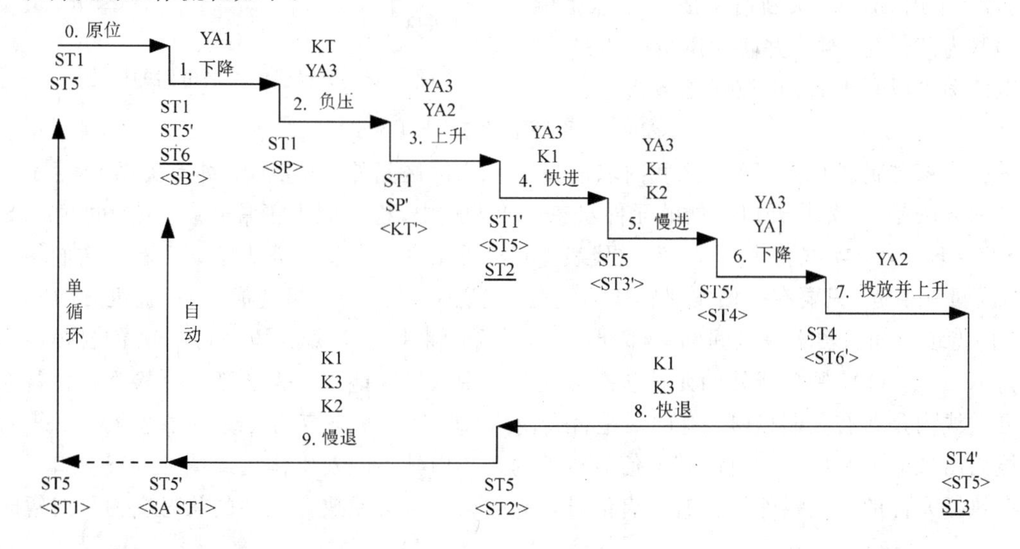

图 1-38 是取料机的控制电路的电路图。对于这种比较复杂的控制电路，为了更详细地了解其工作原理，可以借助工作状态图分析。图 1-39 是取料机的工作状态图。因为电磁阀线圈没有触头，因此用中间继电器扩展，图中将相关的电磁阀线圈和继电器画在了一起。因为 ST2 只用于行走小车后退时发出减速信号，很明显对于前进运行是干扰信号，所以在干扰发生处用垂直虚线标出；对 ST3 也作同样处理。下面分别讨论各执行元件的控制原理。

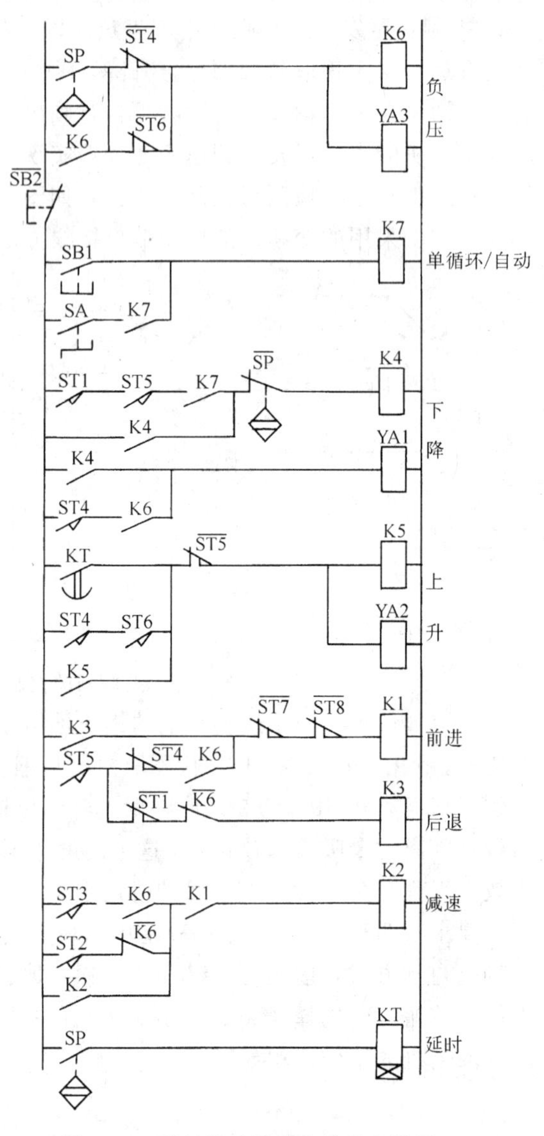

图 1-38　取料机的控制电路的电路图

1）工作方式选择　单循环与自动工作方式的区别在于当取料架和行走小车运行到原位（ST1=ST5=1）时取料架是否自动下降，或者说起动信号 SB1 是否持续有效。用选择开关 SA 与继电器 K7 配合来记忆起动信号。当选择开关 SA 置于“自动”位置时，SA 的动合触头闭合，继电器 K7 的自锁回路有效，可以记忆起动信号 SB1。否则 K7 与 SB1 的作用区间相同。

2）取料架下降（YA1）的控制　YA1 要在 1、6 工步中分别得电，对于这种分段得电的情况，要先分别对待，然后综合考虑。为讨论方便，在工作状态图中对分段得电的元件在不同的得电区间的状态，采用元件符号加下标的方式以示区别。

先看 $YA1_1$ 区间：$YA1_1$ 区间的开启信号是 K7（不用 SB1），关断信号是 SP。根据触头串联为逻辑与，触头并联为逻辑或的关系，由电路图可以写出 K4 的逻辑函数式

$$K4=(ST1ST5K7+K4)\overline{SP}$$

容易验证该逻辑式只在 $YA1_1$ 区间内取值为 1，$YA1_1$ 区间外取值为 0，即有关系 $K4=YA1_1$。验证的方法是：①先将开启线处的元件状态值代入式中，检验能否正常开启。该处的 $K7=ST1=ST5=\overline{SP}=1$（实线代表“1”，空白代表“0”），所以 K4=1，正常开启。再看看它们相与为 1 的区间有多宽，只要有一根实线转变为空白，就说明“与”的结果变成 0 态。此处 ST1ST5K7=1 的持续时间只覆盖该区间的一部分，所以综合起来是一个短信号，可用 K4 的自锁触头来保持 K4=1。②将关断线处的元件状态值代入式中，检验能否正常关断。③检查在执行元件的开关线内是否有关断信号，有的话是否会使执行元件的状态变为（或暂时变为）0 态。对开关线内出现的关断信号，应由其他信号对其约束，使其不能发生作用或填补 0 态缺口。④检查在执行元件的开关线外是否有开启信号，有的话是否会使执行元件的状态变为（或暂时变

为）1 态。对开关线外出现的开启信号应由其他信号对其约束，使其不能发生作用。总之，只有当执行元件的状态在开关线内始终为 1，在开关线外始终为 0，才是符合要求的。

元件与作用		步序与主令信号	0	1	2	3	4	5	6	7	8	9	1
			原位	下降	负压	上升	快进	慢进	下降	放/升	快退	慢退	下降
				SB	SP	KT	ST5	ST3	ST4	ST6	ST5	ST2	ST1
检测元件	SB	起动											
	SA	方式											
	SP	负压											
	ST1	原位											
	ST2	退减速											
	ST3	进减速											
	ST4	放板位											
	ST5	升停											
	ST6	放板											
运算元件	KT	定时											
	K7	单循环											
		自动											
执行元件	YA1 K4	下降		$YA1_1$					$YA1_2$				$YA1_1$
	YA2 K5	上升				$YA2_1$				$YA2_2$			
	YA3 K6	负压											
	K1	进					$K1_1$				$K1_2$		
	K2	减速						$K2_1$				$K2_2$	
	K3	退											

图 1-39　取料机的工作状态图

电路中为什么要将开启主令信号 K7 与 ST1、ST5 串联呢？如将这两个触头去掉，则得到如下逻辑式

$$K4=(K7+K4)\overline{SP}=K7\overline{SP}+K4\overline{SP}$$

在单循环工作方式下，因为 K7 是一个短信号，该式是正确的。在自动方式下，K7 是一个长信号，利用工作状态图可以看出 $K7\overline{SP}=1$ 的区间几乎是 SP=0 的区间，这显然是不合要求的。在这里，ST1ST5 的作用就是作为开启信号的约束信号，限制开启信号的作用范围。

再看 $YA1_2$ 区间：$YA1_2$ 区间的开启信号和关断信号分别是 ST4 和 ST6。因为 ST4 是长信号，不用自锁触头。将它与关断信号相与得 $ST4\overline{ST6}$，但

$$YA1_2\neq ST4\overline{ST6}$$

因为从工作状态图看出，$ST4\overline{ST6}=1$ 的区间另外还覆盖了 7、8 工步的部分区域，超出了 $YA1_2$ 区间。这个例子表明，不一定能直接用原始的主令信号构造控制电路。仔细观察工作状态图，发现将 ST4 的实线向下垂直移动到 K6 处时，它与 K6 的重合部分恰好是 $YA1_2$ 区间，因此有

$$YA1_2=ST4K6$$

这里是间接使用了 ST6 信号。后面我们会看到，正是 ST6 关断了 K6。

为什么不让 K4=1 的区间也覆盖 $YA1_2$ 区间呢？假如也覆盖的话，则有

$$K4=YA1_1+YA1_2=(ST1ST5K7+K4)\overline{SP}+ST4K6$$

请注意，当6工步即$YA1_2=ST4K6=1$时，上式中第一项括号内的K4=1（自锁触头），而此后的7、8、9、1工步中$\overline{SP}=1$，所以K4不能关断，因而不符合控制要求。这个例子说明，当执行元件分段得电并用到自锁触头时，各区间就不再相互独立，通过自锁触头产生各区间的耦合，这种情况下要注意分析关断信号能否保证关断线的有效性。

3）取料架上升（YA2）的控制　YA2同样分段得电。由电路图可写出：

$$\begin{aligned}YA2&=K5=(KT+ST6ST4+K5)\overline{ST5}=[(KT+K5)+(ST6ST4+K5)]\overline{ST5}\\&=(KT+K5)\overline{ST5}+(ST6ST4+K5)\overline{ST5}=YA2_1+YA2_2\end{aligned}$$

式中　$YA2_1=(KT+K5)\overline{ST5}$

$YA2_2=(ST6ST4+K5)\overline{ST5}$

因为两个区间的关断信号是相同的，保证了关断线的有效性，电路得以简化。

4）负压发生（YA3）的控制　因为相对于YA3的得电区间来说开启主令信号SP是短信号，因此可用自锁触头；关断信号是ST6，容易写出逻辑函数式

$$K6=(SP+K6)\overline{ST6}$$

但仔细用工作状态图来校验，却发现上式有时正确，有时不正确。在取料位置，当送料车上的钢板堆积高度高于传送辊道平面时，取料架在下降过程中就不会触及行程开关ST6，即在1、2、3工步中ST6始终处于0态，这种情况下上式是正确的。但当钢板堆积高度低于传送辊道平面时，取料架在下降过程中就会触及行程开关ST6，ST6=1的持续时间与下降高度有关（如工作状态图中虚线所示），此时，ST6作为负压产生的关断信号在1、2、3工步就会出现，致使不能吸取钢板。对于这个在开关线内提前出现的关断信号可找一个约束信号使之失效。因为释放钢板只在ST4处进行，用$\overline{ST4}$与$\overline{ST6}$相或即可。正确的逻辑函数式为

$$YA3=K6=(SP+K6)(\overline{ST6}+\overline{ST4})$$

5）小车后退（K3）控制　由电路图得到

$$K3=ST5\,\overline{ST1}\;\overline{K6}$$

从工作状态图知ST5是长信号，故直接同关断信号$\overline{ST1}$相与。但为什么要用$\overline{K6}$呢？仔细检查$ST5\,\overline{ST1}=1$的区间，发现它在开关线外的4、5、6工步出现，用$\overline{K6}$将其约束掉。

6）小车前进（K1）控制　K1由$K1_1$、$K1_2$组成，注意到$K1_2$与K3重合，所以

$$K1=K1_1+K1_2=K1_1+K3$$

其中　$K1_1=ST5\,\overline{ST4}K6$，K6作为ST5的约束信号。

7）小车减速（K2）控制　由电路图并对照工作状态图，K2的逻辑函数式可变换成

$$K2=(ST3K6+ST2\,\overline{K6}+K2)K1=(ST3K6+K2)K1+(ST2\,\overline{K6}+K2)K1=K2_1+K2_2$$

式中　$K2_1=(ST3K6+K2)K1$

$K2_2=(ST2\,\overline{K6}+K2)K1$

其中　K6、$\overline{K6}$的作用都是为了对开启信号进行约束。根据工作状态图，如果直接使用检测元件的信号作为关断信号，$K2_1$、$K2_2$的关断信号分别是$\overline{ST4}$和$\overline{ST1}$，所以应该有

$$K2_1=(ST3K6+K2)\overline{ST4}$$

$$K2_2=(ST2\,\overline{K6}+K2)\overline{ST1}$$

注意，如用两个独立的中间继电器$K2_1$和$K2_2$来实现上面的逻辑关系的话，按照同一元件的

不同部分用同一文字符号表达的原则，需将式中的K2改为带有各自的下标，才能成为自锁触头。这时，$K2_1$与$K2_2$间是相互独立的。我们有

$$K2=K2_1+K2_2=(ST3K6+K2_1)\overline{ST4}+(ST2\overline{K6}+K2_2)\overline{ST1}$$

式中没有继电器K2的自锁触头，其含义是使用了继电器$K2_1$、$K2_2$后再用它们的触头去控制K2。但是

$$K2=K2_1+K2_2\neq(ST3K6+K2)\overline{ST4}+(ST2\overline{K6}+K2)\overline{ST1}$$

因为通过自锁触头引起的两部分之间的耦合没有相应的关断信号去消除。从工作状态图可以清楚看出，使用K1作为关断信号可解决这个问题，同时也节省了中间继电器数目。

8）其他　时间继电器KT由SP的动合触头控制，确保负压发生器产生足够的吸力后才提升钢板。将行程开关ST7、ST8的动断触头与K1线圈串联以保证行走小车的安全。合理安排停止按钮SB2的位置，当其被按下后可停止除了电磁阀线圈YA3和K6以外的所有执行机构的工作，以防止吸盘上的钢板掉落造成人身伤害和财产损失。

通过上述分析，可以看出利用逻辑函数式和工作状态图可以帮助我们直观、详细地分析和设计电气控制电路图。

第九节　电动机的保护

电气控制系统除了能满足生产机械的加工工艺要求外，要想长期、正常 、无故障地运行，还必须有各种保护措施。保护环节是所有生产机械电气控制系统不可缺少的组成部分，利用它来保护电动机、电网、电气控制设备以及人身安全等。

电气控制系统中常用的保护环节有过载保护、短路电流保护、零电压和欠电压保护以及弱磁保护等。

一、短路保护

电动机绕组的绝缘、导线的绝缘损坏或线路发生故障时，造成短路现象，产生短路电流并引起电气设备绝缘损坏和产生强大的电动力使电器设备损坏。因此在产生短路现象时，必须迅速地将电源切断。常用的短路保护元件有熔断器和断路器。

1．熔断器保护

熔断器的熔体串联在被保护的电路中，当电路发生短路或严重过载时，它自动熔断，从而切断电路，达到保护的目的。

2．断路器保护

断路器兼有短路、过载和欠电压保护等功能，这种开关能在线路发生上述故障时快速地自动切断电源。它是低压配电重要保护元件之一，常作低压配电盘的总电源开关及电动机、变压器的合闸开关。

通常熔断器比较适用于对动作准确度和自动化程度要求不高的系统中，如小容量的笼型电动机、一般的普通交流电源等。对熔断器，在发生短路时，很可能造成一相熔断器熔断，造成单相运行，但对于断路器，只要发生短路就会自动跳闸，将三相电源同时切断，故可减少电动机断相运行的隐患。断路器结构复杂，广泛用于要求较高的场合。

二、过载保护

电动机长期超载运行时，电动机绕组的温升会超过其允许值，电动机的绝缘材料就要变

脆，寿命降低，严重时使电动机损坏。过载电流越大，达到允许温升的时间就越短。常用的过载保护元件是热继电器。热继电器可以满足这样的要求：当电动机为额定电流时，电动机为额定温升，热继电器不动作，在过载电流较小时，热继电器要经过较长的时间才动作；过载电流较大时，热继电器则经过较短的时间就会动作。

由于热惯性的原因，热继电器不会受电动机短时过载冲击电流或短路电流的影响而瞬时动作，所以在使用热继电器做过载保护的同时，还必须设有短路保护。并且选作短路保护的熔断器熔体的额定电流不应超过 4 倍热继电器发热元件的额定电流。

当电动机的工作环境温度和热继电器工作环境温度不同时，保护的可靠性就受到影响。现有一种用热敏电阻作为测量元件的热继电器，它可以将热敏元件嵌在电动机绕组中，可更准确地测量电动机绕组的温升。

三、过电流保护

过电流保护广泛用于直流电动机或绕线转子异步电动机，对于三相笼型电动机，由于其短时过电流不会产生严重后果，故不采用过电流保护而采用短路保护。

过电流往往是由于不正确的起动和过大的负载转矩引起的，一般比短路电流要小。在电动机运行中产生过电流要比发生短路的可能性更大，尤其是在频繁正反转起制动的重复短时工作制的电动机中更是如此。直流电动机和绕线转子异步电动机电路中过电流继电器也起着短路保护的作用，一般过电流的动作值为起动电流的 1.2 倍左右。

四、零电压与欠电压保护

当电动机正在运行时，如果电源电压因某种原因消失，那么在电源电压恢复时，电动机就将自行起动，这就可能造成生产设备的损坏，甚至造成人身事故。对电网来说，同时有许多电动机及其他用电设备自行起动也会引起不允许的过电流及瞬间网络电压下降。为了防止电压恢复时电动机自行起动的保护叫零压保护。

当电动机正常运转时，电源电压过分地降低将引起一些电器释放，造成控制电路不正常工作，可能产生事故；电源电压过分地降低也会引起电动机转速下降甚至停转。因此需要在电源电压降到一定允许值以下时将电源切断，这就是欠电压保护。

图 1-40 所示为采用主令控制器操作电动机起停的控制电路，电压继电器 KV 起零压保护作用。在该电路中，当电源电压过低或消失时，电压继电器 KV 就要释放，接触器 KM1 或 KM2 也马上释放，因为此时主令控制器 QC 不在零位（即 QC0 未闭合），所以在电压恢复时，KV 不会通电动作，接触器 KM1 或 KM2 也就不能通电动作。若使电动机重新起动，必须先将主令控制器 QC 打回零位，使触头 QC0 闭合，KV 通电动作并自锁，然后再将 QC 打向正向或反向位置，电动机才能起动。这样就通过 KV 继电器实现了零压保护。

在许多设备中不是用控制开关操作，而是用按钮操作的。利用按钮的自动恢复作用和接触器或继电器的自锁作用，就不必另加设零压保护继电器了，因为带有自锁环节的电路本身已兼备了零压保护环节。

五、弱磁保护

直流电动机在磁场有一定强度下才能起动，如果磁场太弱，电动机的起动电流会很大；直流电动机正在运行时，磁场突然减弱或消失，电动机转速就会迅速升高，甚至发生飞车。因此需要采取弱励磁保护。弱励磁保护是通过电动机励磁回路串入弱磁继电器（电流继电器）来实现的，在电动机运行中，如果励磁电流消失或降低很多，弱磁继电器就释放，其触头切断主回路接触器线圈的电源，使电动机断电停车。

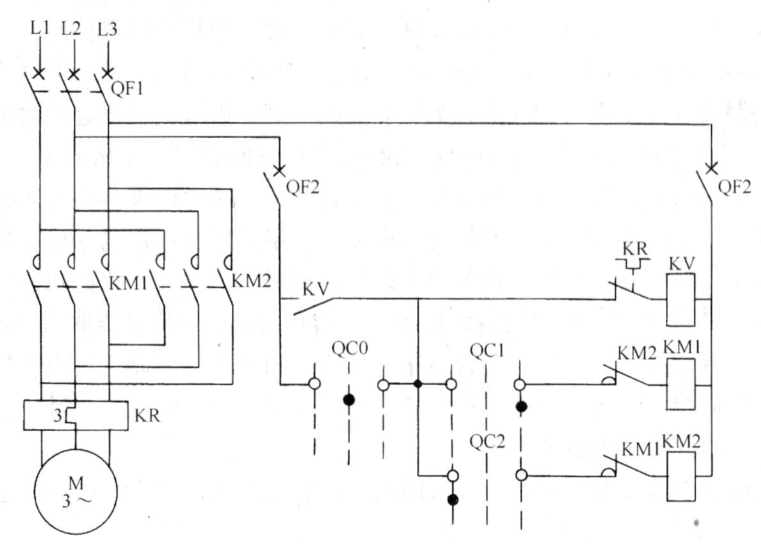

图 1-40　采用主令控制器的电路

第十节　电气控制系统的设计

生产设备的电气控制系统设计是生产设备设计的重要组成部分，生产设备的电气控制系统设计应满足生产设备的总体技术方案。

电气控制系统的设计涉及的内容很广泛，在这一节里将概括地介绍一下电气控制系统设计的基本内容，重点阐述继电接触器控制电路设计的一般规律及设计方法。

一、电气控制系统设计的一般内容

生产设备的电气控制系统设计与生产设备的机械结构设计是分不开的，尤其是现代生产设备的结构以及使用效能与电气自动控制的程度是密切相关的，对机械设计人员来说，也需要对电气控制系统设计有一定的了解。

下面将就电气控制系统设计涉及的主要内容，以及电气控制系统如何满足生产设备的主要技术性能加以讨论。

1. 满足生产设备的主要技术性能，即机械传动、液压和气动系统的工作特性，以及对电气控制系统的要求，这是生产设备的电气控制系统设计的主要依据之一。

2. 生产设备的电气传动方案，要依据生产设备的结构、传动方式、调速指标，以及对电气制动和正反向要求等来确定

生产设备的主运动或辅助运动都有一定调速范围的要求。要求不同，则采取的调速传动方案就不同，调速性能的好坏与调速方式密切相关。例如，中小型机床一般采用单独或双速笼型异步电动机，通过变速箱传动；对传动功率较大，主轴转速较低的机床，为了降低成本，简化变速机构，可选用转速较低的异步电动机；对调速范围、调速精度、调速的平滑性要求较高的机床，可考虑采用直流调速系统，满足无极调速和自动调速的要求；随着交流调速技术的发展，交流变频调速装置得到了广泛的应用。

由电动机完成生产设备的正反向运动比机械方法简单容易，因此只要条件允许，应尽可能由电动机来完成。传动电动机是否需要制动，要根据生产设备的需要而定。对于由电动机来实现正反向的生产设备，对制动无特殊要求时，一般采用反接制动，可使控制电路简化。在电动机频繁起制动或经常正反向的情况下，必须采取措施限制电动机起制动电流。

3. 生产设备所使用的电动机的调速性质与生产设备的负载特性相适应

调速性质是指转矩、功率与转速的关系。设计任何一个生产设备的电力拖动系统都离不开对负载和系统调速性质的研究，它是选择拖动和控制方案及确定电动机容量的前提。

电动机的调速性质必须与生产设备的负载特性相适应。例如，我们知道机床的切削运动（主运动）需要恒功率传动，而进给运动则需要恒转矩传动。双速异步电动机，定子绕组由三角形改成星形联接时，转速由低速升为高速，功率增加很小，因此适用于恒功率传动。定子绕组低速为星形联接时，而高速为双星形联结的双速电动机，转速改变时，电动机所输出的转矩保持不变，因此适用于恒转矩调速。

他励直流电动机改变电压的调速方法则属于恒转矩调速；改变励磁的调速方法是属于恒功率调速。

4. 正确合理地选择电气控制方式是生产设备电气控制系统设计的主要内容

电气控制方式应能保证生产设备的使用效能和动作程序、自动循环等基本动作要求。现代生产设备的控制方式与生产设备的结构密切相关。由于近代电子技术和计算机技术已深入到电气控制系统的各个领域，各种新型控制系统不断出现，它不仅关系到生产设备的技术与使用性能，而且也深刻地影响着生产设备的机械结构和总体方案。因此，电气控制方式应根据生产设备的总体技术要求来拟定。

在一般的简单生产设备中，其工作程序往往是固定的，使用中并不需要经常改变原有程序，可采用有触头的继电接触器系统，控制电路在结构上接成“固定”式的。这种系统的特点是能够控制的功率较大，控制方法简单，工作稳定，便于维护，成本低，因此在现有的生产设备的控制系统中采用仍相当广泛。

对于系统工作复杂，控制要求高的生产设备，应优先采用 PLC 控制系统。

5. 明确有关操纵方面的要求

如操纵台的设置、测量显示、故障自诊断和保护措施的要求等等。

6. 设计应考虑用户供电网的要求

如电网容量、电流种类，电压及频率。电气控制系统设计的技术条件是由生产设备设计的有关人员和电气设计人员共同拟定的。根据设计任务书中拟定的电气控制系统设计的技术条件，就可以进行设计，实际上电气控制系统设计就是把上述的技术条件明确下来付诸实施。

综上所述，生产设备的电气控制系统设计应包括以下内容：

1）拟定电气控制系统设计任务书（技术条件）；

2）确定电气传动方案，选择传动电动机；

3）设计电气控制系统电路图；

4）选择电气元件，并制定电气元件明细表；

5）设计操纵台、电气柜及非标准电器元件；

6）设计生产设备的电气设备布置总图、电气安装图，以及电气接线图；

7）编写电气控制系统说明书及使用说明书。

以上电气控制系统设计各项内容，必须以有关国家标准为纲领。根据生产设备的总体技术要求和控制电路的复杂程度不同，以上内容可增可减，某些图样和技术文件可适当合并或增删。

二、电力拖动电动机的选择

生产设备的运动部分多由电动机驱动，因此，正确地选择电动机具有重要意义。正确地选择电动机就是要从驱动生产设备的具体对象的使用条件出发，从经济性、合理性、安全性等多方面考虑，使电动机能够安全可靠地运行。下面以机床的电气控制系统设计为例说明如何选择电动机。

根据机床的负载（例如切削功率）就可选择电动机的容量。然而机床的载荷是经常变化的，而每个负载的工作时间也不尽相同，这就产生了使电动机的功率如何最经济地满足机床负载功率的问题。机床电力拖动系统一般分为主拖动及进给拖动。

1. 机床主拖动电动机容量选择

多数机床负载情况比较复杂，切削用量变化很大，尤其是通用机床负载种类更多，不易准确地确定负载情况。因此通常采用通过调查统计类比或采用分析与计算相结合的方法来确定电动机的功率。

（1）调查统计类比法确定电动机容量前，首先进行广泛调查研究，分析确定所需要的切削用量，然后用已确定的较常用的切削用量的最大值，在同类同规格的机床上进行切削试验，并测出电动机的输出功率，以此测出的功率为依据，再考虑到机床最大负载情况，以及采用先进切削方法及新工艺等，然后类比国内外同类机床电动机的功率，最后确定所设计的机床电动机功率并选择电动机。这种方法有实用价值，以切削试验为基础进行分析类比，符合实际情况。

目前我国机床设计制造部门，往往采用调查统计类比方法来选择电动机容量。这种方法就是对机床主拖动电动机进行实测、分析，找出电动机容量与机床主要数据的关系，根据这种关系作为选择电动机容量的依据。

卧式车床主电动机的功率：

$$P=36.5D^{1.54} \tag{1-8}$$

式中　P——主拖动电动机功率（kW）；

　　　D——工件最大直径（m）。

立式车床主电动机的功率：

$$P=20D^{0.88} \tag{1-9}$$

式中　D——工件最大直径（m）。

摇臂钻床主电动机的功率：

$$P=0.0646D^{1.19} \tag{1-10}$$

式中　D——最大钻孔直径（mm）。

卧式镗床主电动机的功率：

$$P=0.004D^{1.7} \tag{1-11}$$

式中　D——镗杆直径（mm）。

龙门铣床主电动机的功率：

$$P=\frac{B^{1.15}}{166} \tag{1-12}$$

式中　B——工作台宽度（mm）。

（2）分析计算法　可根据机床总体设计中对机械传动功率的要求，确定机床拖动用电动机功率。即知道机械传动的功率，可计算出所需电动机功率：

$$P=\frac{P_1}{\eta_1\eta_2} \tag{1-13}$$

式中　P——电动机功率（kW）；

P_1——机械传动轴上的功率；

η_1——生产机械效率；

η_2——电动机与生产机械之间的传动效率。

$$P=\frac{P_1}{\eta_{总}};\quad \eta_{总}=\eta_1\eta_2$$

式中　$\eta_{总}$——机床总效率，一般主运动为回转运动的机床 $\eta_{总}=0.7\sim0.85$；主运动为往复运动的机床 $\eta_{总}=0.6\sim0.7$（结构简单的取大值，复杂的取小值）。

计算出电动机的功率，仅仅是初步确定的数据，还要根据实际情况进行分析，对电动机进行校验，最后确定其容量。

2. 机床进给运动电动机容量的确定

机床进给运动的功率也是由有效功率和功率损失两部分组成。一般进给运动的有效功率都是比较小的，如通用机床进给运动的有效功率仅为主运动的0.0015～0.0025，铣床为0.015～0.025，但由于进给机构传动效率很低，实际需要的进给功率，车床、钻床的有效功率约为主运动功率的0.03～0.05，而铣床则为0.2～0.25，一般地，机床进给运动的传动效率为0.15～0.2，甚至还低。

车床和钻床，当主运动和进给运动采用同一个电动机时，只计算主运动电动机功率即可。对于主运动和进给运动没有严格内在联系的机床，如铣床，为了使用方便和减少电能的消耗，进给运动一般采用单独电动机传动，该电动机除主传动进给外还传动工作台的快速移动。由于快速移动所需功率比进给运动大得多，因此电动机的功率常常是由快速移动的需要而决定。

快速移动所需要的功率，一般由经验数据来选择，现列于表1-6中。

表1-6　机床移动所需的功率值

机床类型	运动部件	移动速度（$m\cdot min^{-1}$）	所需电动机功率/kW
卧式车床 $D_m=400mm$	溜板	6～9	0.6～1.0
$D_m=600mm$	溜板	4～6	0.8～1.2
$D_m=1000mm$	溜板	3～4	3.2
摇臂钻床 $D_m=35\sim75mm$	摇臂	0.5～1.5	1～2.8
升降台铣床	工作台	4～6	0.8～1.2
	升降台	1.5～2.0	1.2～1.5
龙门铣床	横梁	0.25～0.50	2～4
	横梁上的铣头	1.0～1.5	1.5～2
	立柱上的铣头	0.5～1.0	1.5～2

3. 电动机转速选择

电动机功率的确定是选择电动机的关键，但也要对转速、使用电压等级及结构形式等项目进行选择。

异步电动机由于它结构简单坚固，维修方便，造价低廉，因此在机床中使用得最为广泛。

电动机的转速越低，体积越大，价格也越高，功率因数和效率也就低，因此电动机的转速要根据机械的要求和传动装置的具体情况加以选定。异步电动机的转速有 3000r/min；1500r/min；1000r/min；750r/min；600r/min 等几种，这是由于电动机的磁极对数的不同而定的。电动机转子转速由于存在着转差率，一般比同步转速约低 2%～5%。一般情况下，可选用同步转速为 1500r/min 的电动机，因为这个转速下的电动机适应性较强，而且功率因数和效率也高。若电动机的转速与该机械的转速不一致，可选取转速稍高的电动机通过机械变速装置使其一致。

异步电动机的电压等级为 380V。但要求范围宽而平滑的无极调速时，可采用交流变频调速或直流调速。

三、电气控制电路的设计

一般中小型生产设备的电气传动控制系统并不复杂，大多数都是由继电接触器系统来实现其控制的，设计的重点就是设计继电接触器控制电路及选择电气元件。

当生产设备的控制方案确定后，可根据各电动机或液压、气动系统的控制任务不同，参照典型线路逐一分别设计局部线路，然后再根据各部分的相互关系综合而成完整的控制电路。

控制电路的设计应在满足生产设备对电气控制系统具体要求的前提下，工作要可靠，力求操作、安装及维修方便。

1. 控制电路的设计规律

继电接触器控制电路有一个共同的特点，就是通过触头的“通”和“断”来控制电动机或其他电气设备，从而完成运动机构的动作。即使很复杂的控制系统，很大一部分也是由动合和动断触头组合而成的。为了设计方便，把它们的相互关系归纳为以下几个方面。

（1）动合触头串联　当要求几个条件同时具备，才使电器线圈得电动作时，可用几个动合触头与线圈串联的方法实现，这种关系在逻辑线路中称为“与”逻辑。

图 1-41 是自动线各动力头加工完成后恢复原位，使夹具拔销松开的控制电路。在零件加工过程中，各动力头的自动工作过程是由各动力头所属的机床控制系统自行控制的。必须每个动力头都进给到终点时，相应地接通继电器 K1，K2，K3，…，Kn（分别在各自的机床控制电路中），使其各触头闭合，接通继电器 K0，才发出加工完毕信号。只有动力头都退回原位，行程开关 ST01，ST02，ST03，…，ST0n 都被压下，才能接通 K10；各动力头加工完成，并返回原位后，各自发出使夹具拔销放松的信号。这一动作完成后，各行程开关 ST1，ST2，ST3，…，STn 都被压下，使 K12 动作发出信号。

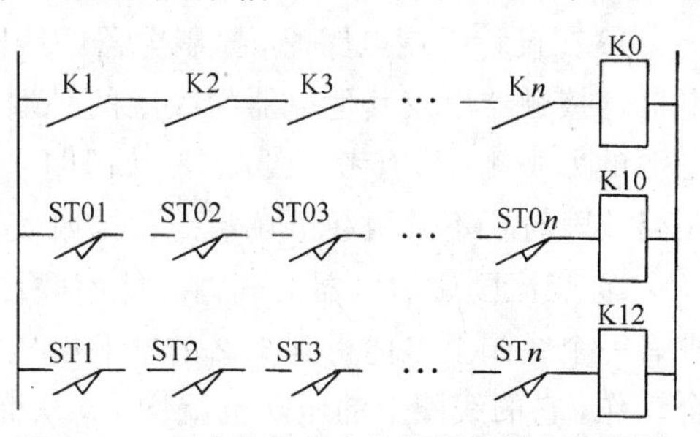

图 1-41　自动线各动力头控制的部分电路图

很明显，动合触头 K1，K2，K3，…，Kn 的串联、ST01，ST02，ST03，…，ST0n 的串联以及 ST1，ST2，ST3，…，STn 的串联都是“与”的关系，缺

一不可。

(2) 动合触头并联　当在几个条件中，只要求具备其中任一条件，所控制的电器线圈就能得电，这时可用几个动合触头并联来实现。这种关系在逻辑线路中称为“或”逻辑。

(3) 动断触头串联　当几个条件仅具备一个时，电器线圈就断电，可用几个动断触头与被控制的电器线圈串联的方法来实现。

(4) 动断触头并联　当要求几个条件都具备，电器线圈才断电时，可用几个动断触头并联，再与被控制的电器线圈串联的方法来实现。图 1-42 为自动线预停控制电路，自动线预停时，可按“预停”按钮 SB3。由动断触头 K3、K10 和 K12 所组成的并联电路与接触器 KM0 线圈串联(KM0 是自动线控制电路送电用接触器)，是为了保证只有当所有动力头已经退回原位（KM10 动作）、夹具拔销松开（KM12 动作）、并原来已发出“预停”信号时（K3 动作），才能使 KM0 断电释放，将控制电路的电源切断。

(5) 一般保护电器应能保证控制电路长期正常运行，又能起到保护电动机及其他电器设备的作用。一旦线路出故障，它的触头就应从“通”转为“断”。

2. 控制电路设计的一般问题

(1) 除非有必要，否则应尽量避免许多电器依次动作才能接通另一个电器的现象　如图 1-43a 继电器 K1 得电动作后 K2 才动作，而后 K3 才能接通得电。K3 的动作要通过 K1 和 K2 两个电器的动作。但图 1-43b 中 K3 的动作只需 K1 电器动作，而且只需经过一对触头，工作可靠。

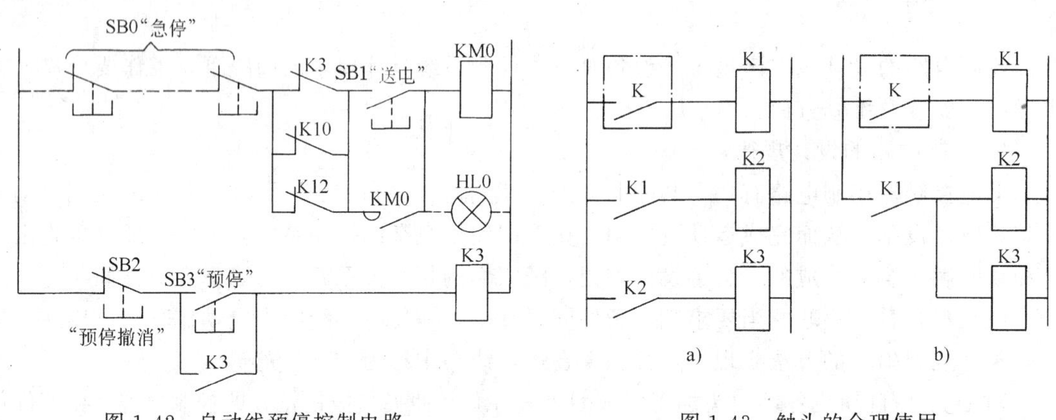

图 1-42　自动线预停控制电路

图 1-43　触头的合理使用
a) 不适当　b) 适当

(2) 应正确联接电器的线圈

1) 在设计控制电路时，控制电器的线圈某一端应接在电源的同一端。如图 1-44a 所示，继电器、接触器以及其他电器的线圈的一端要统一接在电源的同一侧，而所有电器的触头接在电源的另一侧（另有考虑的除外，如图 1-49 中的热继电器触头）。这样当某一电器的触头发生短路故障时，不致引起电源短路。同时安装接线也方便。

2) 交流励磁的电器的线圈不能串联使用。这是因为两个交流励磁的线圈串联使用时，至少有一个线圈至多能得到 1/2 的电源电压，又由于吸合的时间不尽相同，只要有一个电器吸合动作，它的线圈上的压降也就增大，从而使另一电器达不到所需要的动作电压。图 1-44b 中 KM1 与 K1 串联使用是错误的，应如图 1-44a 所示，将 KM1 与 K1 两电器线圈并联使用。

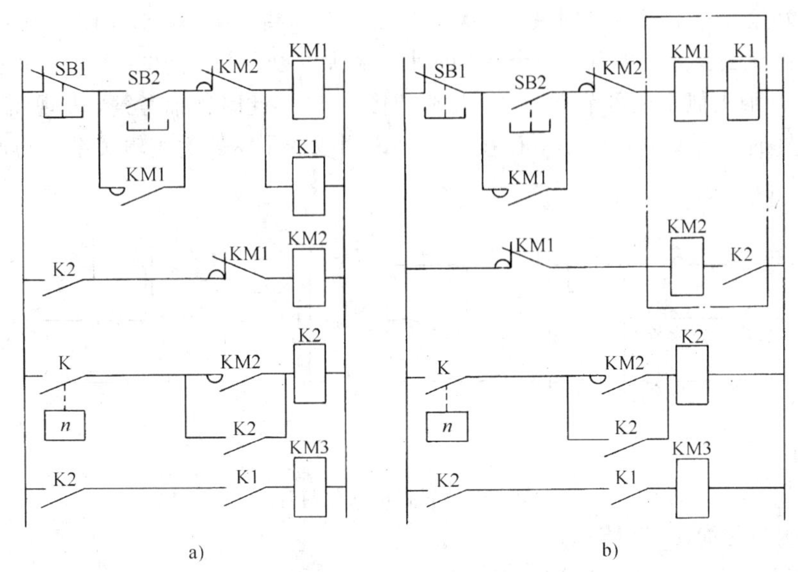

图 1-44　具有反接制动的电路

a）正确　b）错误

（3）在控制电路中应尽量减少触头数。在控制电路中，应尽量减少触头数，以提高线路的可靠性。在简化、合并触头的过程中，主要着眼点应放在同类性质触头的合并，或一个触头能完成的动作，不用两个触头。在简化过程中应注意触头的额定电流是否允许，也应考虑对其他回路的影响。在图 1-45 中列举了一些简化触头的例子。

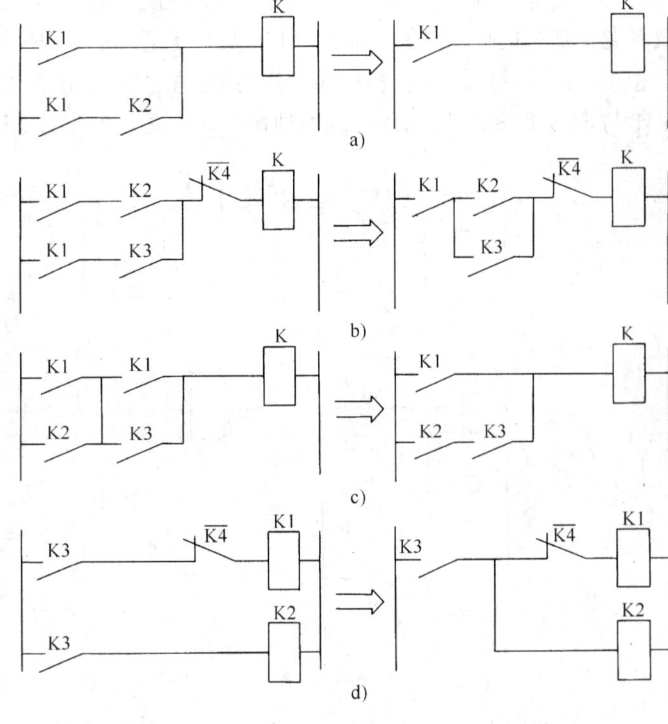

图 1-45　电路的化简

按照电路结构写出其逻辑函数式，应用逻辑函数的各种化简法则对逻辑函数式进行化简，也可实现对电路的化简。如对图 1-45c，可有

$$
\begin{aligned}
K &= (K1+K2)(K1+K3) \\
&= K1+K1K3 \\
&\quad +K1K2+K2K3 \\
&= K1(1+K3+K2)+K2K3 \\
&= K1+K2K3
\end{aligned}
$$

对图 1-45b，因图中有动断触头，按照我们在第二节中的规定，要将动断触头用反变量表示（可改变图中的文字符号标注），可有

$$k=(K1K2+K1K3)\overline{K4}=K1(K2+K3)\overline{K4}$$

在简化过程中应注意：不能改变原来电路的运行规律（或逻辑关系）。对电路应用逻辑函

数化简法的好处：一是容易得到最简结果，二是不易出错。例如，对于图 1-46a 中所示电路，先采用直接化简法。从左边看，两个 K1 的动合触头可以合并，如图 1-46b；又看到右边的两个 ST2 的动合触头似乎也可节省一个，化简成图 1-46c。此时仔细考察，发现图 1-46c 中如虚线标明的信号通路在原电路中是不存在的，这说明改变了电路的逻辑关系，与原电路已不再等效。

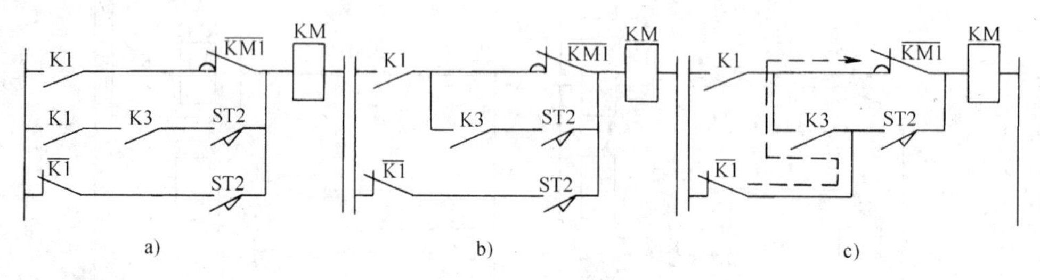

图 1-46　错误的简化与合并

用逻辑函数化简法可得

$$KM = K1\,\overline{KM1} + K1K3ST2 + \overline{K1}ST2$$

$$= K1(\overline{KM1} + K3ST2) + \overline{K1}ST2 \text{（或者 } K1\,\overline{KM1} + ST2(K1K3 + \overline{K1})\text{）}$$

不会出现图 1-46c 的错误结果。

（4）在电路图中应考虑各电气元件的实际接线情况，使之尽可能减少实际连接导线。图 1-47c 及 d 是不适当的接线方法，而图 1-47a 及 b 是适当的。因为按钮在按钮站（或操纵台），电器在电器柜里，从图 1-47a 看向按钮站的实际引线是三条，而图 1-47c 则是四条。如图 1-47b 与 d 考虑到 SB1 与 SB3 和 SB2 与 SB4 分别两地操作，则图 1-47b 就比图 1-47d 少用了连接导线。

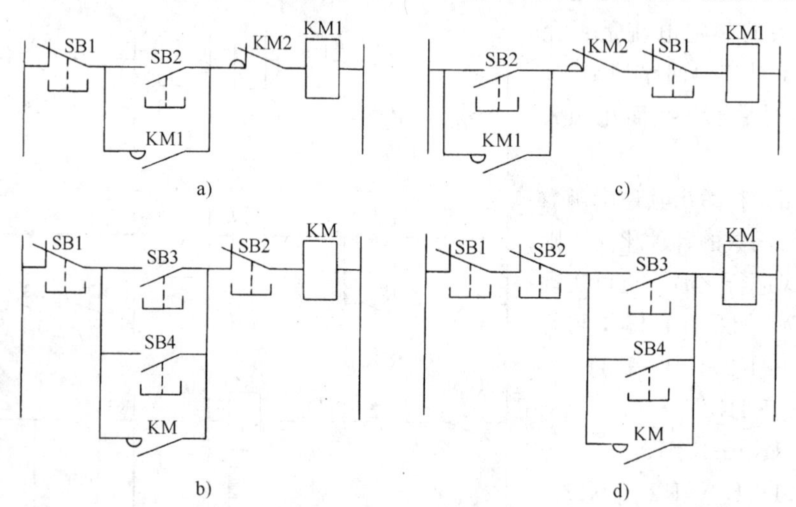

图 1-47　电气元件的合理接线

（5）在设计控制电路时应考虑各种联锁关系，以及电气系统应具有的各种电气保护措施，即使误操作也不致造成事故，例如过载、短路、失电压、限位等保护措施。

（6）在设计控制电路时也应考虑有关操纵、故障检查、检测仪表、信号指示，以及照明等要求。

（7）要保证电路工作可靠，消除一切隐患。

充分了解生产设备在各种情况下的工作过程，是其电气控制系统能否设计得完善的基本保证。在具体实现控制要求的电路中，要进行必要的暂态过程分析，注意排除由于竞争现象造成的执行结果的不确定性。图 1-19b 已是一例，再看一例。对于图 1-21c 中的工作过程图，如果用如图 1-48 所示的电路来实现，工作就不可靠了。因为当 KM1 工作一段时间后，时间继电器 KT 延时闭合的动合触头闭合，使 KM2 线圈得电，KM2 的动断触头立即断开，而动合触头需稍后才能闭合。KM2 的动断触头断开，使 KT 释放，若 KT 触头已断开，而 KM2 动合触头尚未闭合，则 KM2 不能实现自锁，所以，期望的工作过程并不能实现。这是误断电的情况，也要防止误通电的情况出现。

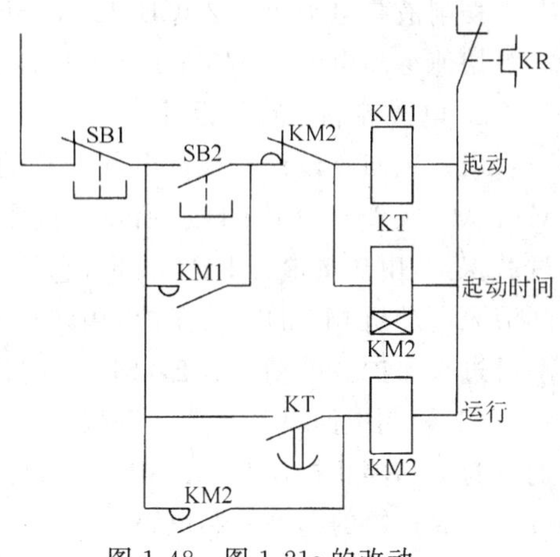

图 1-48　图 1-21c 的改动

图 1-49 是一个具有正反转指示灯的电动机正反转控制电路，只要电动机不过载，它就工作正常。但当电动机过载（以正转为例）时，热继电器 KR 的动断触头断开，按理说此时 KM1 应释放使电动机停止工作，但却不然，因为电路中出现了一条如虚线所示的意外通路。由于 KM1 吸合后的释放电压较低，但其承受的电压却很高（KM2 未吸合，其磁路气隙大，故线圈电抗小分压就小；而 KM1 正好相反；注意指示灯的冷态电阻很小），所以 KM1 不能释放，电动机也就得不到保护。把这种意外接通的电路称为寄生电路。将热继电器 KR 的动断触头移到电路的左边与 SB1 直接相串联，或者将指示灯与接触器线圈直接并联，就可消除此电路中的寄生电路。

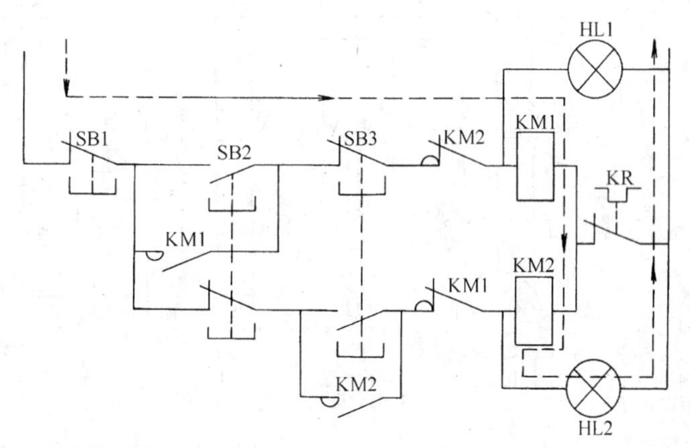

图 1-49　寄生电路

四、电气控制电路设计举例

任务：设计 CW6163 型卧式车床的电气控制电路。

1. 机床电气传动的特点及控制要求

（1）机床传动的总体方案

1）机床主运动和进给运动由电动机 M1 集中传动。主轴运动的正反向（满足螺纹加工要求）是靠两组摩擦片离合器完成。

2）主轴的制动采用液压制动器。

3）刀架快速移动由单独的快速电动机 M3 拖动。

4）切削液泵由电动机 M2 拖动。

5）进给运动的纵向左右运动，横向前后运动，以及快速移动，都集中由一个手柄操纵。

电动机型号：

主电动机 M1 Y160M-4 11kW 380V 22.6A 1460r/min

切削液泵电动机 M2 JCB-22 0.15kW 380V 0.43A 2790r/min

快速移动电动机 M3 Y90S-4 1.1kW 380V 2.7A 1400r/min

2. 电气控制电路的设计

(1) 主回路设计　根据电气传动的要求，由接触器 KM1、KM2、KM3 分别控制电动机 M1、M2 及 M3，如图 1-50 所示。机床的三相电源由电源引入开关 Q 引入。主电动机 M1 的过载保护，由热继电器 KR1 实现，它的短路保护可由机床的前一级配电箱中的熔断器充任。切削液泵电动机 M2 的过载保护，由热继电器 KR2 实现。快速移动电动机 M3 由于是短时工作，不设过载保护。电动机 M2，M3 共同设短路保护——熔断器 FU1。

(2)控制电路设计　考虑到操作方便，主电动机 M1 可在主轴箱操作板上和刀架拖板上分别设起动和停止按钮 SB1、SB2、SB3、SB4 进行操纵。如图 1-50 所示，接触器 KM1 与控制按钮组成自锁的起停控制电路。

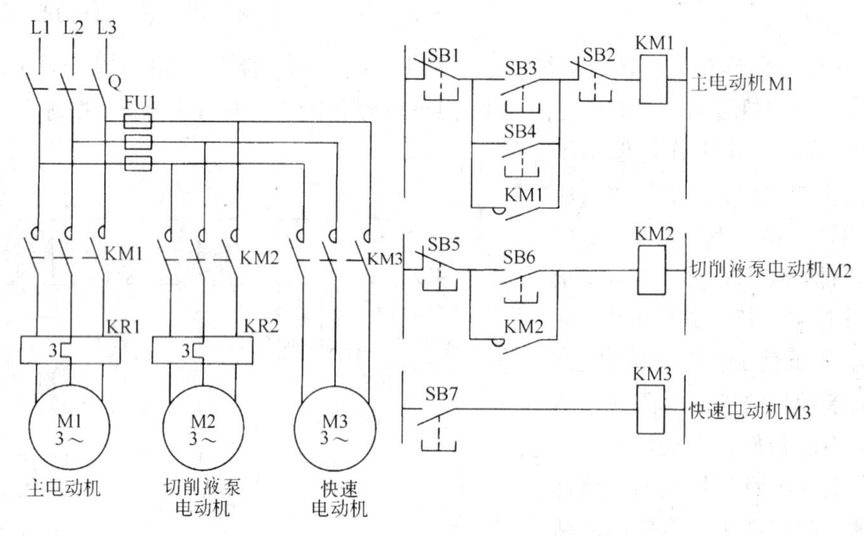

图 1-50　控制电路的设计

切削液泵电动机 M2 由 SB5、SB6 进行起停操作，装在主轴箱板上。

快速电动机 M3 工作时间短，为了操作灵活，由按钮 SB7 与接触器 KM3 组成点动控制电路，如图 1-50 所示。

(3) 信号指示与照明电路　可设电源接通指示灯 HL2 (绿色)，在电源开关 Q 接通后，立即发光显示，表示机床电气线路已处于供电状态。设指示灯 HL1 (红色) 表示主电动机是否运行。此两个指示灯可由接触器 KM1 的动合及动断两对触头进行切换通电显示，见图 1-51 右上方所示。

在操作板上设有交流电流表 A，它串联在电动机的主回路中 (见图 1-51)，用以指示机床的工作电流。这样可根据电动机工作情况调整切削用量使主电动机尽量满载运行，提高生产率，并能提高电动机的功率因数。

设照明灯 H (36V 安全电压)。

(4) 控制电路的电源　考虑安全可靠及满足照明指示灯的要求，采用变压器供电，控制电路 127V，照明灯 36V，指示灯 6.3V。

(5) 绘制电气原理图　根据各局部线路之间互相关系和电气保护线路，画成电气原理图，如图 1-51 所示。

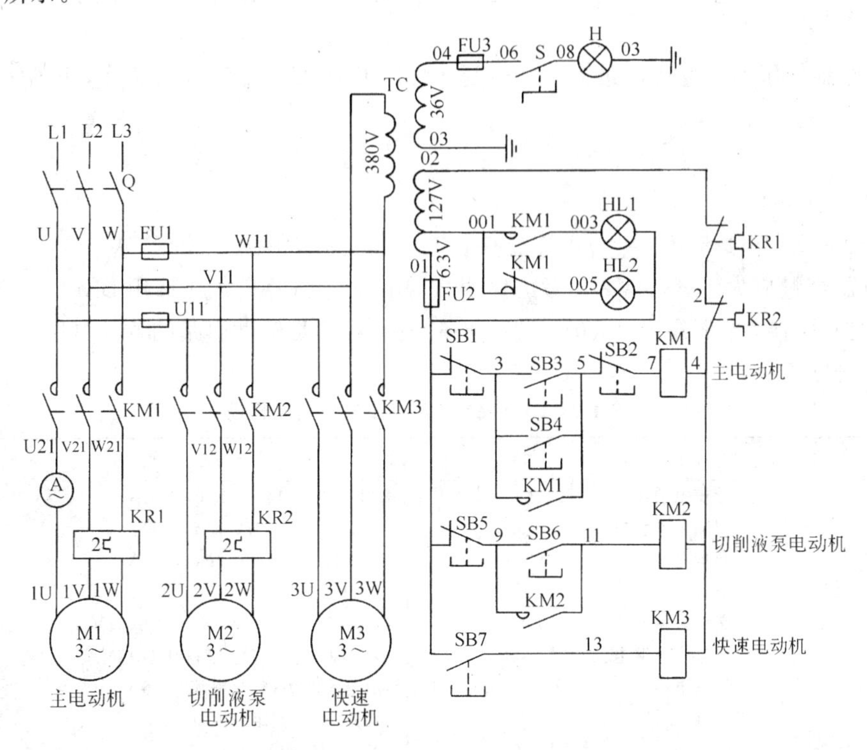

图 1-51　CW6163 型卧式车床的电气控制电路

3. 选择电气元件

(1) 电源引入开关 Q　主要用作电源隔离开关用，并不用它来直接起停电动机，可按电动机额定电流来选。显然应该根据三台电动机来选。中小型机床常用组合开关，选用 HZ10-25/3 型，额定电流为 25A，三极组合开关。

(2) 热继电器 KR1 及 KR2　主电动机 M1 额定电流 22.6A，KR1 应选用 JR0-40 型热继电器，热元件电流为 25A，整定电流调节范围为 16～25A，工作时将额定电流调整为 22.6A。

同理，KR2 应选用 JR10-10 型热继电器，选用 1 号元件，整定电流调节范围是 0.40～0.64A，整定在 0.43A。

(3) 熔断器 FU1、FU2、FU3　FU1 是对 M2、M3 两台电动机进行保护的熔断器。熔体电流为：

$$I_R \geqslant \left(\frac{2.7\times 7+0.43}{2.5}\right)\mathrm{A} \approx 7.7\mathrm{A}$$

可选用 RL1-15 型熔断器，配用 10A 的熔断体。FU2、FU3 选用 RL1-15 型熔断器，配用最小等级的熔断体 2A。

(4) 接触器 KM1、KM2 及 KM3　接触器 KM1，根据主电动机 M1 的额定电流 I_{nom} = 22.6A，控制回路电源 127V，需主触头三对，动合辅助触头两对，动断辅助触头一对，根据上述情况，选用 CJ0-40 型接触器，电磁线圈电压为 127V。

由于M2、M3电动机额定电流很小，KM2、KM3可选用JZ7-44交流中间继电器，线圈电压为127V，触头电流5A，可完全满足要求。对小容量的电动机常用中间继电器充任接触器。

（5）控制变压器　变压器最大负载时是KM1、KM2及KM3同时工作，根据式（1-6）和表1-7可得：

$$P_T \geqslant K_T \Sigma P_{xc} = 1.2(12 \times 2 + 33)\text{VA} = 68.4\text{VA}$$

根据式(1-7)可得：

$$P_T \geqslant 0.6\Sigma P_{xc} + 1.5\Sigma P_{sT} = [0.6(12 \times 2 + 33) + 1.5 \times 12]\text{VA} = 52.2\text{VA}$$

可知变压器容量应大于68.4VA。考虑照明灯等其他电路容量，可选用BK-100型变压器或BK-150型变压器，电压等级：380V/127-36-6.3V，可满足辅助回路的各种电压需要。其他各元件的选用见表1-7。

表1-7　CW6163型卧式车床电气元件表

符　号	名　称	型　号	规　格	数量
M1	异步电动机	Y160M-4	11kW,380V,1460r/min,22.6A	1
M2	切削泵电动机	JCB-22	0.15kW,380V,2790r/min,0.43A	1
M3	异步电动机	Y90S-4	1.1kW,380V,1400r/min,2.7A	1
Q	组合开关	HZ10-2513	3极,500V,25A	1
KM1	交流接触器	CJ0-40	40A,线圈电压127V,吸持功率33VA	1
KM2、KM3	交流中间继电器	JZ7-44	5A,线圈电压127V,吸持功率12VA	2
KR1	热继电器	JR0-40	额定电流25A,整定电流22.6A	1
KR2	热继电器	JR0-10	热元件1号,整定电流0.43A	1
FU1	熔断器	RL1-15	500V,熔体10A	3
FU2、FU3	熔断器	RL1-15	500V,熔体2A	2
TC	控制变压器	BK-100	100VA,380V/127-36-6.3V	1
SB3、SB4、SB6	控制按钮	LA10	黑色	3
SB1、SB2、SB5	控制按钮	LA10	红色	3
SB7	控制按钮	LA9		1
S	控制开关	LA18	旋钮式	1
H	照明灯		36V	1
HL1、HL2	指示信号灯	XD0	6.3V,绿色1,红色1	2
PA	交流电流表	62T2	0～50A,直接接入	1

4. 制定电气元件明细表

电气元件明细表要注明各元件的型号、规格及数量等，见表1-7。

5. 绘制电气线路接线图

机床的电气接线图是根据电气原理图及各电气设备安装的布置图来绘制的。安装电气设备或检查线路故障都要依据电气接线图。接线图要表示出各电气元件的相对位置及各元件的相互接线关系，因此要求接线图中各电气元件的相对位置与实际安装的位置一致，并且同一个电器的元件画在一起。还要求各电气元件的文字符号与电路图一致。对各部分线路之间的接线和对外部接线都应通过端子板进行，而且应该注明外部接线的去向。

为了看图方便，对导线走向一致的多根导线合并画成单线，要在元件的接线端标明接线的编号和去向。

接线图还应标明接线用导线的种类和规格，以及穿线管的管子型号、规格尺寸。成束的接线应说明接线根数及其接线号，如图1-52所示。

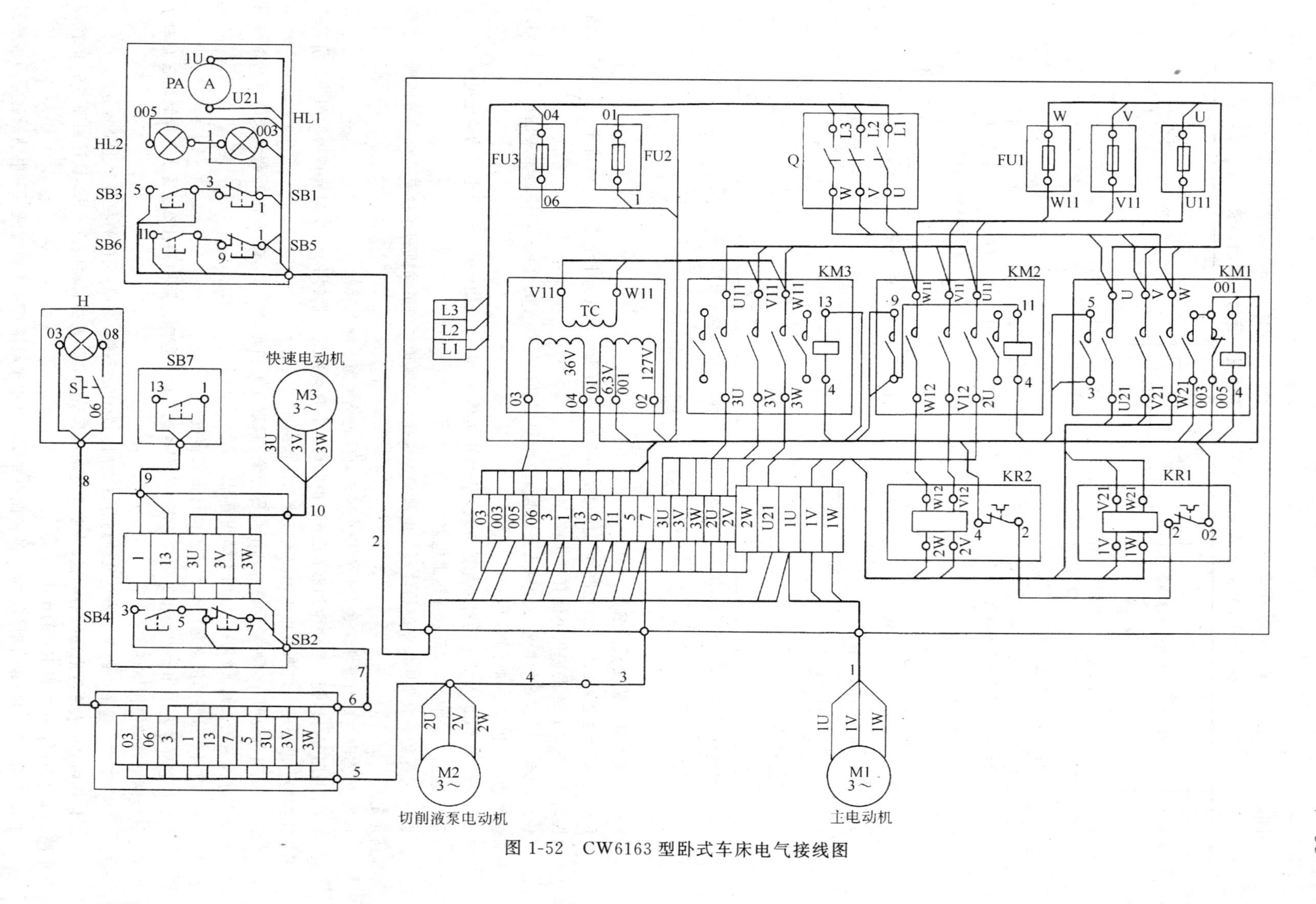

图 1-52 CW6163 型卧式车床电气接线图

图 1-52 为 CW6163 型卧式车床电气接线图，表 1-8 为图 1-52 的管内敷线明细表。

表 1-8 CW6163 型普通机床电气接线图中管内敷线明细表

代号	穿线用管（或电缆）类型	电线		接线号
		截面 mm^2	根数	
1	内径 15mm 聚氯乙烯软管	4	3	1U，1V，1W
2	内径 15mm 聚氯乙烯软管	4	2	1U，U21
		1	7	1，3，5，9，11，003，005
3	内径 15mm 聚氯乙烯软管	1	13	2U，2V，2W，3U，3V，3W
4	G3/4 螺纹管			1，3，5，7，06，13，03
5	直径 15mm 金属软管	1	10	3U，3V，3W，1，3，5，7，06，13，03
6	内径 15mm 聚氯乙烯软管	1	9	3U，3V，3W，1，3，5，7，13
7	18mm×16mm 铝管			备用 1
8	直径 11mm 金属软管	1	2	03，06
9	内径 8mm 聚氯乙烯软管	1	2	1，13
10	YHZ 橡套电缆	1	3	3U，3V，3W

注：管内电线均为 BVR 型，电气板接线为 BV 型，主电路截面 $4mm^2$，控制电路截面 $1mm^2$。

习　　题

1-1　电器为什么需要灭弧装置？

1-2　单相交流电磁机构中的短路环的作用是什么？三相交流电磁机构中是否也需短路环？当接触器内部发出振动噪声时，产生的原因可能有哪几种？

1-3　“将三只 20A 的接触器的触头并联起来，就可正常控制 60A 的负载；若控制 30A 的负载，它们的寿命就约延长一倍。”对吗？为什么？

1-4　额定电流 30A 的电动机带稳定负载，测得电流值为 26A，应如何整定热继电器的额定电流值？对于三角形接法的电动机应如何选择热继电器？

1-5　对保护一般照明线路的熔体额定电流如何选择？对保护一台电动机和多台电动机的熔体额定电流如何选定？

1-6　固态继电器有哪些优缺点？在什么场合应优先选用固态继电器？

1-7　断路器可以拥有哪些脱扣器？用于保护电动机需要哪些脱扣器？用于保护灯光球场的照明线路需要哪些脱扣器？断路器与熔断器相比较，各有什么特点？

1-8　试举例说明在何种场合适合选用行程开关、接近开关和光电开关。查一查，行程开关的瞬动型和蠕动型动作方式是怎么回事？各自适用于哪些情况？

1-9　控制变压器的用途是什么？应怎样计算其容量？

1-10　怎样绘制工作流程图和工作状态图？它们表达了电气控制电路中的什么关系？怎样利用它们来分析电气控制电路的工作原理？

1-11　工作流程图中的各工步是怎样划分出来的？为什么不能以检测元件的状态变化来划分？

1-12　用电流表测量电动机的电流，为防止电动机起动时电流表被起动电流冲击，设计出图 1-53 的控制电路，试分析时间继电器 KT 的作用。

1-13　图 1-54 为机床自动间歇润滑的控制电路图，其中接触器 KM 为润滑液压泵电动机起停用接触器（主回路未画出）。电路可使润滑液压泵间歇工作。试分析其工作原理，画出工作流程图，并说明中间继电器

K 和按钮 SB 的作用。

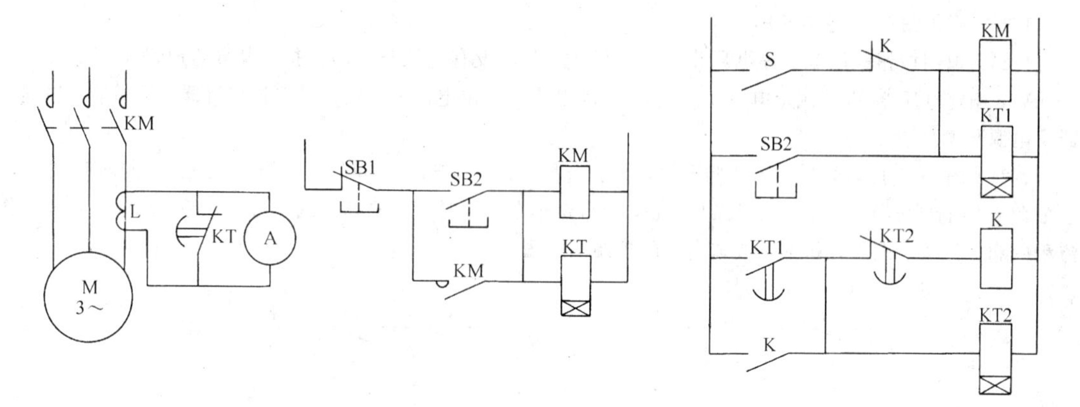

图 1-53　电流表接入控制电路　　图 1-54　机床间歇润滑的控制电路

1-14　试画出某机床主电动机控制电路图。要求：①可正反转；②可正向点动、两处起停；③可反接制动；④有短路和过载保护；⑤有安全工作照明及电源信号灯。

1-15　试设计两台笼型电动机 M1、M2 的顺序起动、停止的控制电路。

1）M1、M2 能顺序起动，并能同时或分别停止。

2）M1 起动后 M2 起动。M1 可点动，M2 可单独停止。

1-16　试设计一个工作台前进—退回控制电路。工作台由电动机 M 带动，行程开关 ST1、ST2 分别装在工作台的原位和终点。要求：

1）前进——后退停止到原位。

2）工作台到达终点后停一下再后退。

3）工作台在前进中能立即后退到原位。

4）有终端保护。

1-17　要实现工作台的往复运动，如何改变上题的控制电路？

1-18　试设计深孔钻三次进给的控制电路。图 1-55 为其工作示意图。ST1、ST2、ST3、ST4 为行程开关，YA 为电磁阀的电磁阀线圈。

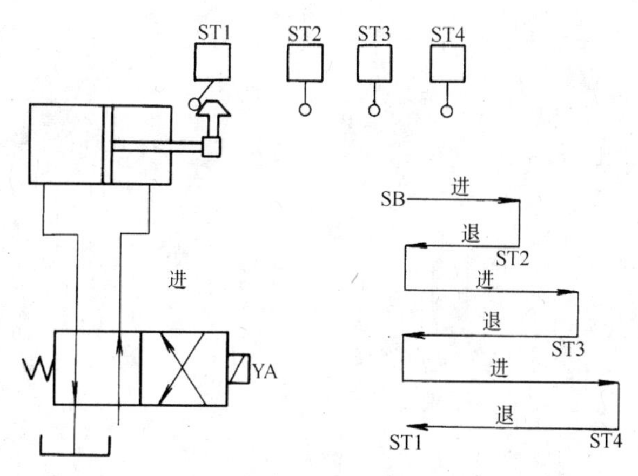

图 1-55　题 1-18 图

1-19　试叙“自锁”“互锁（联锁）”的含义。并举例说明各自的作用。

1-20　一般机床继电器控制电路中应设何种保护？各有什么作用？短路保护和热保护（过载保护）有什么区别？零电压保护的目的是什么？

1-21 电气控制系统的设计应包括哪些内容？

1-22 简化图 1-56 各电路图。

1-23 拟用按钮、接触器操纵异步电动机起停，并需设有过载与短路保护。某异步电动机额定功率为 5.5kW，额定电压 380V，额定电流 11.25A，起动电流为额定电流的 7 倍。试选择接触器、熔断器、热继电器及电源开关。

1-24 图 1-36 自动取料机的结构图中，设行程开关 ST1 与 ST2 之间的距离为 50cm（ST3 与 ST4 的距离也如此），将行走小车上的撞块加长到 80cm，即行走小车停止时撞块不释放减速行程开关。请据此修改工作流程图和工作状态图，分析并更改取料机的控制电路图。

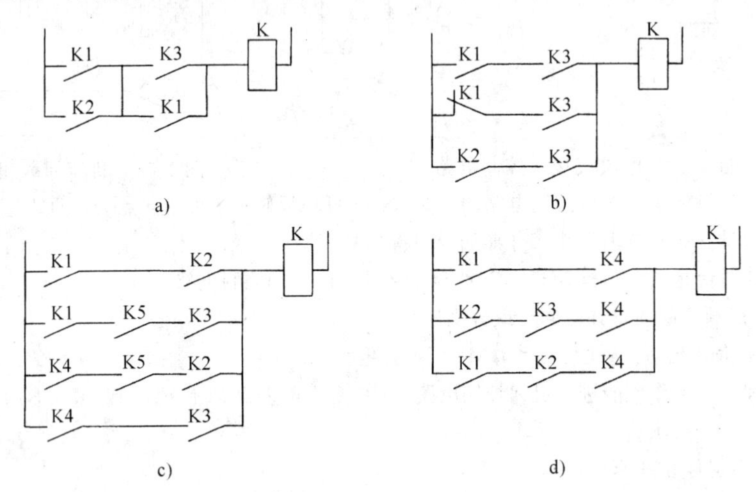

图 1-56 未简化的控制电路

第二章　可编程序控制器及应用

第一节　可编程序控制器概述

一、可编程序控制器产生的历史背景及意义

可编程序控制器（Programmable Controller）通常也简称可编程控制器，PC 或 PLC。可编程序控制器的产生和其他的控制装置类似，生产的实际需要是它产生的根本原因，计算机技术、电器制造技术、电力电子器件制造技术以及现代控制理论等相关技术和学科的快速发展是它产生的物质及理论基础。

早在 1968 年，美国通用汽车公司（GM）根据市场形势与生产发展的需要，提出了“多品种、小批量、不断翻新汽车品牌型号”的战略。要实现这一战略决策，依靠继电器为主构成的逻辑控制装置显然不行，而必须有一种新的工业控制装置。GM 公司从用户的角度对这种未来的控制装置明确地提出了十项功能要求。这十项要求是：

1）编程简单，可以现场修改程序；

2）维护方便，最好为插件式；

3）可靠性高于继电器控制装置；

4）体积小于同等功能的继电器控制柜；

5）可将数据直接送入管理计算机；

6）在成本上可与继电器控制装置竞争；

7）输入可以是交流 115V；

8）输出为交流 115V、2A 以上，能直接驱动电磁阀类负载；

9）在需要扩展时，原有系统变更很小；

10）用户程序存储器容量至少能扩展到 4K 字节；

从这十项要求不难看出，GM 公司所寻找的新的工业控制器完全是针对当时通用的继电器逻辑控制装置的主要缺点提出来的。众所周知，继电器控制装置所实现的逻辑控制功能完全是由线路的连接实现的，要想把设计好的逻辑功能改变或修改是极其困难的。此外，继电器逻辑控制柜的体积大、接线多、可靠性差、维护困难等一系列不足也使它必将被一种新型控制装置所取代。当 GM 公司将其描述的新型控制装置公开向社会招标以后，仅过了一年时间，著名的美国数字设备公司（DEC），依据分时计算机等相关技术的发展成果，制造出了世界上第一台可编程序控制器 PDP—14，并将该装置成功地用在了 GM 公司的一条汽车制造自动化生产线上。

由于这项新技术的市场前景极好，许多国家、地区、公司纷纷投入大量的人力物力进行研制和开发。1971 年，日本从美国引进了这项新技术，研制成了日本的第一台可编程序控制器 DSC—8。欧洲国家走自己的发展路子，1973 年也研制成功了他们的第一台可编程序控制器。

早期的可编程序控制器功能单一，仅有逻辑运算、计时、计数等顺序控制功能，主要完成开关量控制。所以当时将可编程控制器简称PLC（Programmable Logic Controller）。在我国的一些文献上，可编程控制器有叫PC的，也有的沿用它的老名称PLC的。考虑到PC又是个人计算机的简称，为避免混淆，也有人建议可编程控制器采用PLC为好。当然，当代的PLC已不再是强调逻辑控制的意思，而是泛指具有各种功能的可编程序控制器了。本文中采用PLC为可编程序控制器的缩写名称。

可编程序控制器技术发展很快，因此给他下一个确切的定义显得很困难。历史上曾经有过几个定义，比较权威的是国际电工委员会（IEC）在1987年2月颁布的第三稿中对可编程控制器的定义是：

“可编程控制器是一种数字运算的电子系统，专为在工业环境下应用而设计，它采用了可编程序的存储器，用来在其内部存储执行逻辑运算、顺序控制、定时、计数和算术运算等操作指令，并通过数字或模拟式的输入和输出，控制各种类型机械的生产过程。可编程控制器及其有关的外围设备，都按易于与工业系统连成一个整体，易于扩展其功能的原则设计”。

由定义可看出，可编程序控制器实质上是一台专为在工业环境下运行的工业计算机，由于其面向用户的指令系统，使得它的应用非常方便。还由于它具有数字量或模拟量的输入输出能力，使得它特别适用于各种工业设备的控制。

二、可编程序控制器应用及特点

1. 可编程控制器的应用范围

可编程控制器由于其强大而完善的功能、高可靠性、优越的性能价格比使其在国民经济的各个领域都得到了广泛应用，如机械制造、矿山冶金、轻工纺织、通讯交通、文化娱乐、生活设施等各行各业。但就其应用性质来说通常可划分为六种类型：

（1）顺序控制　这是PLC应用最早，也是应用最广泛的领域，传统的由继电器组成的顺序控制装置都可由其取代。

（2）开关量逻辑控制　PLC强大的逻辑运算能力，使其在只要求逻辑运算的广大领域中得到了普遍的应用。

（3）运动控制　快连续量的运动控制系统现在也开始大量使用PLC。由于模拟量输入输出功能的实现，也由于PLC对数据处理能力的提高，使得速度控制、位置控制等都可由PLC实现。

(4)过程控制　在慢连续量的过程控制系统中，过去常使用自动化仪表，现在也成为PLC的用武之地，诸如温度、压力、流量等各种物理量都可以由PLC所提供的PID模块完成高性能的闭环控制。

（5）数据处理　现代PLC都具有数据处理能力。它不仅能进行算术运算、数据传递，而且还能进行数据比较、数据转换、数据通信等。将计算机数值控制（CNC）与PLC相结合，可构成高性能的计算机数控系统，PLC与CNC装置间的数据传送更加快捷、方便。

（6）通信　为适应工业局域网发展的需要，大多数PLC都具有联网通讯的功能。通过PLC的网络化，可使加工单元、车间乃至工厂形成一个高度自动化的整体，这也是工业自动化领域的发展方向。

2. 可编程控制器的应用特点

（1）可靠性高、抗干扰能力强　为了适于在工业环境下使用，PLC开发时，充分注意了提高抗扰能力，在硬件上一般采取了隔离、滤波、屏蔽、接地等一系列措施，对模板、机箱进行了完善的电磁兼容性设计，对元件进行精心挑选和处理；在软件上则采用了数字滤波、指令复执、程序卷回、差错校验等一系列措施及故障诊断技术。

此外，PLC 采用周期扫描，对输入输出集中处理的工作方式也极有效地提高了自身的抗干扰能力，因为在一个扫描周期 T 中，处理输入或输出所用的时间极短，干扰信号只有在这极短的时间内才可能被引入 PLC 内部，其他大部分时间 PLC 相当于与外部断开，所以外部干扰可能造成的影响也就小得多了。

再有一点值得提及的是现代 PLC 的扫描周期都相当短，一般不超过几毫秒或十几毫秒，这比一般的电器动作时间小得多，因此可使瞬间干扰产生的错误输出及时得到纠正，比如在某个扫描周期中，由于瞬时干扰造成了输出出错，当它还没来得及使执行器发生错误的动作时，在相邻的下个扫描周期中错误就已得到了纠正，这样，执行机构当然就不会误动作了。

综上所述，PLC 具有很高的可靠性和很强的抗干扰能力，这也正是它被称为“不损坏仪表”的原因。

（2）功能完善　现代 PLC 除具有逻辑运算、定时、计数和顺序控制功能外，还有较强的数值处理能力、模拟量输入输出处理能力、通信联网能力、功率驱动能力、故障诊断及自检能力、人机对话能力等诸多功能。此外，还可扩展位置控制、运动控制等各种特殊功能的智能模块，使其功能更加强大。

（3）编程简单，改变程序容易　目前大多数 PLC 采用的都是面向生产的编程方式，编程语言则可采用“梯形图”的符号语言，由于梯形图符号及其含义与传统的电器控制线路相似，所以理解和掌握相当容易。

可编程控制器系统的控制功能主要由软件编程实现，在生产工艺流程改变或更新设备，需要改变控制功能时，往往不必改变硬件设备，只需改变一下应用程序就可达到目的。而应用程序的改变是非常方便地，从这个意义上说，PLC 具有很突出的柔性控制能力。这种能力正是目前企业生产“小批量、多品种”产品所强烈要求的。

（4）扩充方便，组态灵活　许多 PLC 产品都有多种型号的扩展模块可选，可以非常方便地根据不同的应用进行组合。此外，对于模块式结构的 PLC 来说，使用就更方便了。这些特点使得设计人员在满足控制要求的前提下，最大限度节省硬件资源，从而降低系统成本。

（5）体积小，重量轻　由于大规模集成电路的应用，PLC 的体积相对很小，很适于用在“机电一体化”产品上。同时，因其体积小，也给它的安装、维护带来许多方便，使得系统的安装工作量显著降低。

从以上特点可以看出，PLC 具有强大的功能、高度的可靠性、编程简单、使用方便等一系列优点，使其应用日益广泛。PLC 与数控技术和工业机器人已成为机械工业自动化的三大支柱。

三、可编程序控制器的发展历史及流派

从 DEC 公司 1969 年研制成第一台 PLC 到现在，PLC 技术得到了飞速的发展。依使用器件和功能划分，PLC 大体可划分为四代：第一代 PLC 大多用一位机开发，用磁芯存储器存储数据和程序，只具有单一的逻辑控制功能。以使用 8 位微处理器及半导体存储器为基础所开发出来的 PLC 是第二代产品，此时 PLC 的产品已经开始系列化。第三代 PLC 产品的主要特征是采用性能更加优越的 16 位、32 位微处理器及位片式 CPU，这使得 PLC 的处理速度大大

提高，使它的功能更加多样化。在这一代产品中，许多PLC已具有了联网通信能力。在第三代PLC的基础上，第四代PLC产品不仅更全面地使用16位、32位高性能微处理器，而且在一台PLC中开始使用多CPU技术，采用多任务并行处理的工作方式使PLC的处理速度整体大大加快。配合各种特殊功能的智能化模块以后，现代PLC成为功能强大、用途极其广泛的多功能控制器。

现在，PLC的生产厂家遍布世界各地，PLC的产品达数百种，而不同地域、不同厂家的产品在使用上，尤其在编程语言和编程方法上又相去甚远，这就使得全面学会使用各种PLC技术变得相当困难。企图学会一种PLC的使用，就会一通百通地会使用其他型号的PLC是不可能的。

从学习PLC技术的角度，怎样用有限的时间获得尽可能大的学习效果呢？采用归类的方法寻找典型的机型显然是一条可行之路。

目前，有些书刊将PLC产品按生产地域划分为三个流派。这种划分为我们寻找学习时的典型机型提供了帮助。

以地域为界划分的三个PLC流派是：美国产品、欧洲产品和日本产品。

美国PLC技术的形成与欧洲PLC技术的形成是在差不多相互隔离的情况下，各自独立开发获得的。因此这两类产品在许多方面存在着差异。而日本的PLC技术源于美国，其产品对美国的产品有一定的继承性，但日本由于着力于小型PLC技术研究，并取得了较大发展，所以，在小型PLC方面，日本产品已具有了自己独到的优势，也成了PLC产品中相对独立的一个流派。

从三种流派思路出发，每一流派中选出一个具有代表性的产品作为学习时的典型机型是必要的，也是可行的。从国内市场的使用率来看，大型PLC主要为美国和欧洲产品，而小型机主要是日本产品。考虑到大多数工程技术人员面对的都是小型机的使用问题，所以本书的重点是介绍小型机的使用技术。小型机在国内市场占有量最大的当属日本OMRON公司的产品。由于历史的原因，以前国内PLC教材多采用三菱公司的F1系列产品为典型机，但从当前应用和长远的角度看，本书将以OMRON公司的CPM1A为典型机型，重点加以介绍。而对F1系列PLC只做简单介绍。关于美国和欧洲的产品，本书限于篇幅就不做介绍了。

四、可编程序控制器的发展趋势

PLC技术正在以相当快的速度向前发展。为了进一步扩大使用功能，重要的是提高数据的处理能力，为此总的发展动向是追求高的响应速度和更大的数据存储容量。例如，OMRON公司的C1000H，C2000H，指令的扫描速度达0.4ms/k步，GE公司的90系列331也已达0.4ms/k步。存储容量已达数百kB，西门子公司的S7-400甚至可达4MB。

PLC技术的具体发展主要在下面几个方面：

1）规模上向大小两头发展；

2）结构上向小型模块化方向发展；

3）开发更多的特殊功能模块以扩大PLC的应用范围；

4）增强网络通信功能以提高工业自动化的整体水平；

5）发展容错技术以进一步提高系统的可靠性；

6）实现软、硬件标准化以便不同PLC产品的协调使用；

7）编程工具多样化以利于应用程序设计和系统运行监控、调试等。

第二节　可编程序控制器的结构与工作方式

不同生产厂家生产的PLC尽管品种规格各异，各有各的特点，但其组成的一般原理基本相同，都是以微处理器为核心的实时工业控制计算机系统，都是由硬件和软件两部分组成。本节将概括介绍一般PLC的基本结构和工作方式，并以日本OMRON公司生产的SYSMAC C系列中的微型PLC CPM1A为例做较深入的介绍。

一、可编程序控制器的基本结构

PLC的作用就是要采集反映被控制对象的内部运动特征的信息，对这些信息按照一定的算法处理加工，获得可以控制被控制对象行为的控制信号并输出施加于被控制对象。这个过程实质就是对信息进行转换与处理的过程。当今信息处理离不开计算机技术，PLC也是如此。与普通微机的区别是，PLC注重于工业现场的应用，在信号的采集和输出方面有其特定的要求，实现了专用化。因此，PLC的结构与普通微机的结构有相似之处，但带有自己的特色。图2-1给出了PLC的结构框图。下面分别介绍各组成部分的构成与作用。

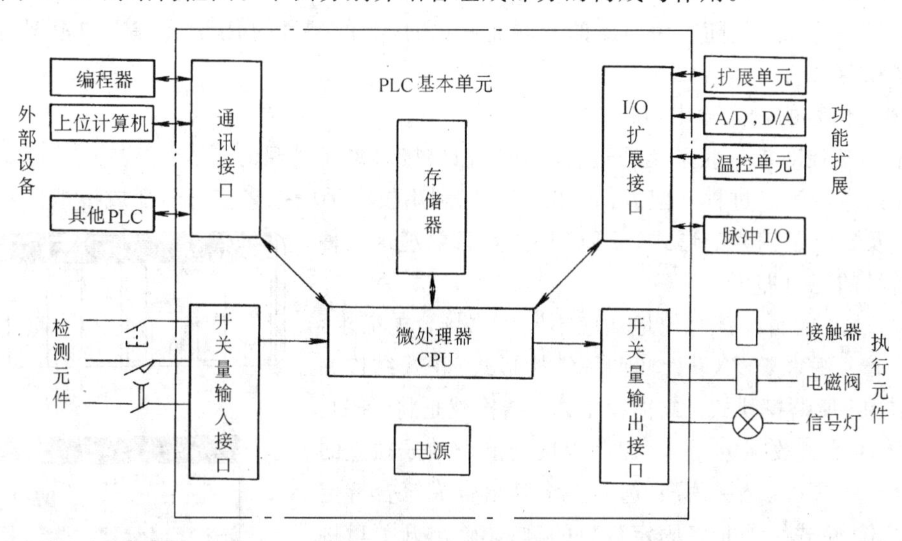

图2-1　PLC的结构框图

1. 微处理器（CPU）

PLC中所采用的CPU随机型不同而有所不同。有的机型中还采用多处理器结构，分别承担不同信息的处理工作。以提高实时控制能力。

CPU是PLC的核心部件，在PLC系统中的作用类似于人体的中枢神经，是PLC的运算、控制中心，用来实现逻辑运算、算术运算并对整机进行协调控制，依据系统程序赋予的功能完成以下任务：在编程时接受并存储从编程器输入进来的用户程序和数据，或者对程序、数据进行修改、更新；进入运行状态后，CPU以扫描方式接收用户现场输入装置的状态和数据并存入输入状态表和数据寄存器中，形成所谓现场输入的“内存映像”；在从存储器逐条读取用户程序，经命令解释后，按指令规定的功能产生有关的控制信号，开启或关闭相应的控制门电路，分时分路地进行数据的存取、传送、组合、比较、变换等操作，完成用户程序中规定的各种逻辑或算术运算等任务，根据运算结果更新有关标志位的状态和输出映像寄存器等内容，再依输出状态表的位状态或数据寄存器的有关内容实现输出控制、数据通讯等功能。同时，在每个工作循环中还要对PLC进行自我诊断，若无故障继续进行工作，否则保留现场状态，关闭全部输出通道后停止运行，等待处理，避免故障扩散造成大的事故。

2. 存储器

PLC中的存储器主要用来存放PLC的系统程序、用户程序以及工作数据。我们知道存储器有ROM、EPROM.、EEPROM、FLASH MEMORY、RAM等几种类型，不同型号的PLC所配置的存储器的类型也不相同，但普遍原则是：

(1) 在只读ROM中固化系统程序。因为系统程序是用来控制和完成PLC各种功能的程序，它和具体的硬件组成包括一些专用芯片的特性有关，是PLC的生产厂家在研制系统时确定的。在以后的使用过程中不可变动。用户不能访问、修改这一部分存储器的内容。

(2) 因为用户程序是根据被控对象的具体要求而编制，随生产工艺不同而变动，必须便于修改；另一方面在一定时期内又具有相对稳定性，因此适宜使用EPROM、EEPROM、FLASH MEMORY或带后备电池的CMOS RAM来保存。后备电池常采用锂电池，正常环境条件下可使用5年左右。

用户程序的长度是随应用对象的不同而变化的，有的型号的PLC允许用户根据需要选配不同类型和容量的存储器。

3. 现场信号的输入输出接口

PLC与被控对象的联系是通过各种输入输出接口单元实现的。尽管被控对象可能是具备各种各样信息的生产过程，但人们最终都可以利用技术手段把诸信息转变成模拟信号、开关量信号以及数字量信号的形式，PLC只要具备处理这三种形式的信号的能力即可。

通常，为了能更经济有效地适应不同应用场合的需求，PLC的生产厂家将PLC设计成两种结构形式：箱式结构和模块式结构。所谓模块式（或称积木式）结构就是将CPU、开关量、模拟量、数字量、温度控制等按功能设计成独立的模块单元，用户可以根据需要选购并将其组合成符合特定要求的PLC。箱式结构是将固定数目的输入/输出开关量接口与CPU、电源封装于同一机壳内，需要更多开关量接口或其他功能时，通过I/O扩展端口连接相应的扩展组件。图2-2中所示为采用两种结构的PLC外视图。

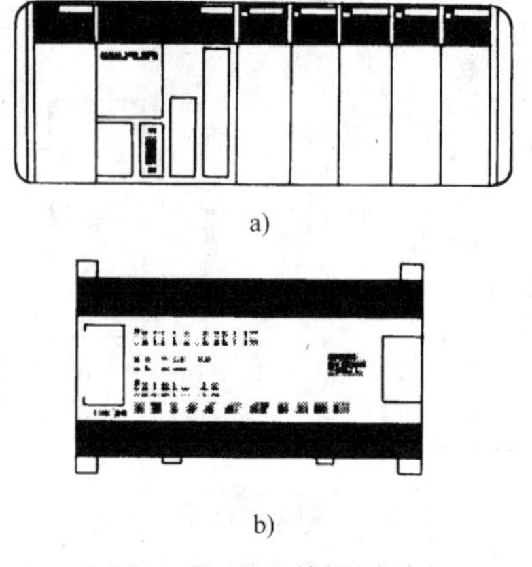

a)

b)

图2-2 PLC外视图

a）模块式结构 b）箱式结构

(1) 开关量输入接口　开关量输入接口是PLC与现场

的以开关量为输出形式的检测元件（如操作按钮、行程开关、接近开关、压力继电器等）的连接通道，它把反映生产过程的有关信号转换成CPU单元所能接收的数字信号。为了防止各种干扰和高电压窜入PLC内部而影响PLC工作的可靠性，必须采取电气隔离与抗干扰措施。在工业现场，出于各种原因的考虑，可能采用直流供电，也可能采用交流供电，PLC就要提供相应的直流输入、交流输入接口。不同型号的PLC的开关量接口电路不完全相同，下面介绍几种典型的开关量输入电路的结构。

1) 直流输入接口　直流开关量信号的输入接口电路如图2-3所示。输入信号经电阻$R1$、$R2$分压后与光耦输入匹配。现场开关闭合（ON）时，光电耦合器中的光电二极管有电流而发光，光敏三极管由截止进入饱和导通状态，当 PLC 系统程序扫描检测到该信号后获得输入为“1”的信号。

为了准确地把现场开关的通（ON，逻辑“1”）、断（OFF，逻辑“0”）状态信号输入 PLC，开关接通时应使流过发光二极管的电流大于使光敏三极管饱和导通的最小电流，保证光敏三极管可靠地饱和导通；而当现场开关断开时流过发光二极管的电流应小于使光敏三极管截止的最大允许电流即下门限电流，保证光敏三极管可靠地截止，这是设计选择 PLC 的外部输入信号电路参数的基本依据，特别是当检测元件的输出为无触头的半导体开关元件时尤应注意。通常，PLC 的电气参数指标中给出额定输入信号电压、最大输入信号电压（OFF 电压，可靠产生逻辑“0”）、最小输入信号电压（ON 电压，可靠产生逻辑“1”）。

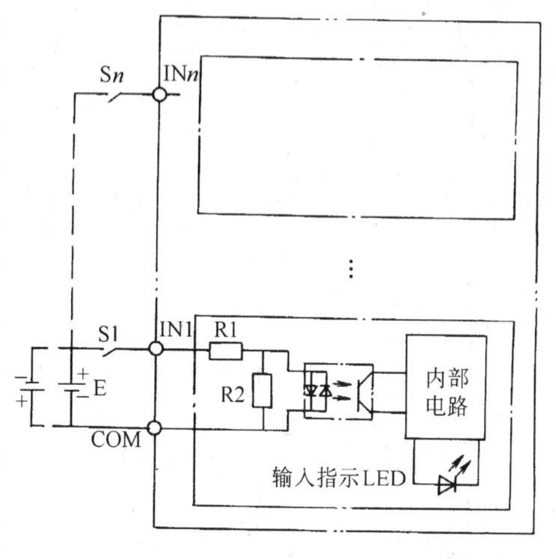

图 2-3　直流输入接口电路结构图

由于光电耦合器件的初级和次级之间没有电路的直接联系，绝缘电阻很大且耐高压，所以可有效地避免因外电路的故障对 PLC 的可能威胁，又能抑制外部干扰信号的侵入。另外，在 PLC 的内部电路和系统软件中还有滤波环节，因此现场开关通、断时，PLC 内部响应要经过一定的滞后时间。有的 PLC 允许调节滤波时间常数。

在光耦的输入采用双向光电二极管的情况下，外接电源 E 的极性可不限（如图 2-3 示）。内部电路中对应每一路输入端设有一只输入指示 LED，为用户监视和维护系统运行提供了方便。

通常采用汇集输入方式，即多个输入点的输入回路共用一个公共端子（COM）。另一种称为独立输入方式，各输入点的输入回路之间没有公共点，相互分隔独立，适用于检测元件需要使用不同的供电电源的情况。

2）交流输入接口　交流开关量信号的输入接口电路如图 2-4 所示。外接交流电源一般不超过 240VAC。其工作原理与直流输入电路基本相同，只是采用 *R*、*C* 电路实现光耦的输入匹配。

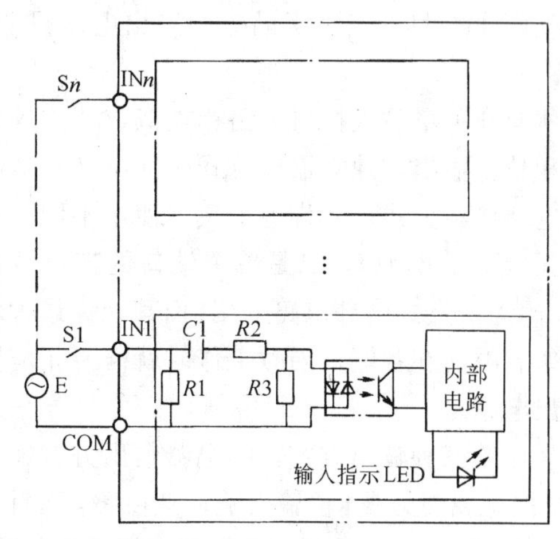

图 2-4　交流输入接口电路结构图

（2）开关量输出接口　开关量输出接口是 PLC 与现场执行机构的连接通道。现场执行机构包括接触器、继电器、电磁阀、指示灯及各种变换驱动装置，有直流的、交流的、电压控制的及电流控制的等等，所以开关量输出接口有多种形式，主要是继电器输出、晶闸管输出和晶体管输出三种形式。

1）继电器输出　继电器输出接口电路如图 2-5 所示，通过继电器实现了外部电路与 PLC 内部电路的隔离，由于继电器是触头输出，所以适用于交流和直流负载回路。

2）晶闸管输出　晶闸管输出接口电路如图 2-6 所示，晶闸管通常采用双向晶闸管。双向晶闸管是交流大功率半导体开关器件，受控于门极触发信号，有导通和关断两种状态。PLC 的内部电路通过光耦器件隔离后去控制双向晶闸管的门极。输出指示 LED 指示双向晶闸管的工作状态。

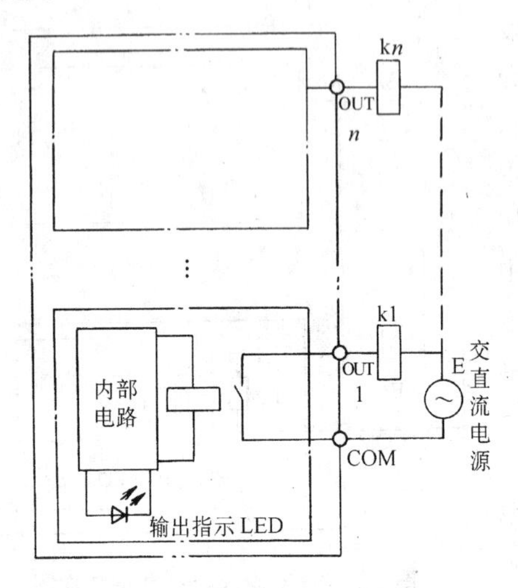

图 2-5　继电器输出接口电路结构图

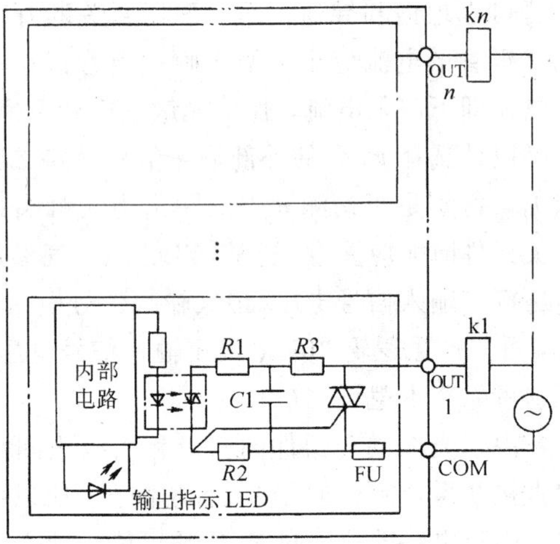

图 2-6　晶闸管输出接口电路结构图

由于双向晶闸管为关断不可控器件，电压过零时自行关断，因此，只能用于控制交流负载回路。

3）晶体管输出　如图 2-7 所示。内部电路采用光耦器件去驱动晶体管来达到与外部电路电气隔离的目的。由于晶体管输出电流只能一个方向，所以这种输出方式只能驱动直流负载。

同开关量输入接口电路相类似，开关量输出接口的输出端子也有两种连接方式：汇点输出和独立输出。独立输出方式的优点，一是便于根据负载所需电源的情况灵活安排（特别是继电器输出方式，允许各个负载使用不同类型和电压等级的电源），二是单个端口的带负载能力强。因为汇点式内部电路公用，而其允许最大输出功率有限，在各端口同时工作时就需要相应降低输出电流。

比较三种输出方式，继电器输出方式适应面宽、抗过载能力强，但输出响应速度慢，而且因触头存在损耗，所以适用于操作频率较低的负载。后两种方式的优点是响应速度快，理论上不存在电寿命损耗。

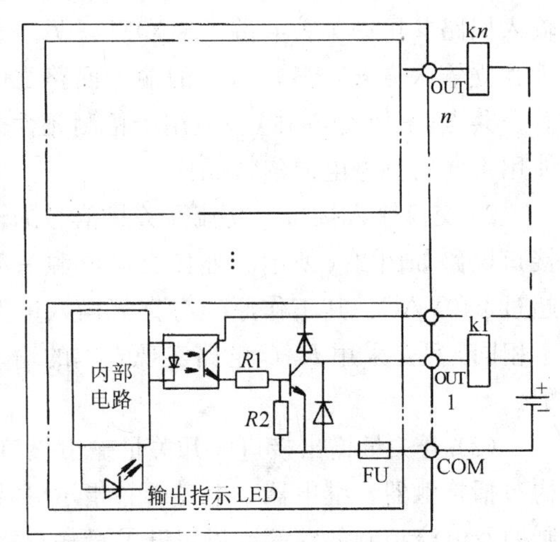

图 2-7　晶体管输出接口电路结构图

4. I/O 扩展接口

I/O 扩展接口用于扩展 PLC 的功能和规模。

因为被控制对象的广泛性和多样性，虽然一般场合主要是开关量的输入与输出，但也常常出现需要处理特殊参量的情况，比如 A/D、D/A 转换、温度采样与控制、PID 调节单元、高精度定位控制等等。PLC 的生产厂家设计了许多可满足各种专门用途需要的专用I/O模块，可供用户需要时选用，通过I/O扩展接口与PLC联接，形成一个完整的控制系统（特别是对于箱式结构PLC）。这样就可以使许多用户节省不必要的开支，PLC控制系统可以做得更具有灵活性。

对于箱式结构的PLC，当其基本单元的I/O接口总数不能满足需要的时候，就需要通过I/O扩展接口连接扩展单元以扩充I/O点数。

5. 通讯接口

通讯接口一般是为了实现与下列一些主要外部设备的通讯需要而设：

(1) 编程器　编程器用于输入、编辑、调试PLC的应用程序，也可以对PLC的运行状态以及被控对象的参数进行监视，它通过通讯接口与PLC的CPU联系，完成人机对话，是PLC工作不可缺少的辅助工具。编程器有简易型和智能型两大类。简易型编程器与PLC共用一个CPU，只能联机工作。智能型编程器有自己独立的CPU，既可联机编程又可脱机编程。

(2) 通用计算机　通过通讯接口PLC可以与广泛使用的通用计算机实现联网通讯。许多PLC生产厂家开发了专门的支持软件，将其安装在通用计算机上，就可以使通用计算机变成一台智能编程器，可以实现用梯形图、指令语句等方式对PLC编程，可以具有比前述专用编程器更多、更好用的功能。再配备专门的监控软件还可实现对生产过程的实时动态图形化监控。

(3) 与其他PLC通讯　对于复杂的控制系统经常需要多台PLC才能满足其需要，为了整个系统的运行协调，就需要在各PLC间交换必要的信息，即组成一个PLC控制网络。这就需要利用通讯接口与相应的单元电路来实现。

(4) 其他外设　如打印机、磁带机等其他外设。

6. 电源

PLC的工作电源有的采用交流供电，有的采用直流供电，用户可以视需要从中选择。交流供电一般采用单相交流220V，直流供电一般采用24V。为了降低因供电电源的质量对PLC的工作造成的影响，PLC的电源模块都具有很强的抗干扰能力，例如，额定工作电压为交流220V时，有的PLC允许供电电压波动范围达80～264V。有些PLC的电源部分还提供24VDC输出，用于对外部传感器供电。

二、可编程序控制器的工作方式

1. 扫描工作方式

扫描是一种形象化的术语。用来描述PLC内部CPU的工作过程。所谓扫描就是依次对各种规定的操作项目进行访问和处理。PLC运行时，用户程序中有许多的操作需要去执行，但一个CPU每一时刻只能执行一个操作而不能同时执行多个操作，因此CPU按程序规定的顺序依次执行各个操作。这种需要处理多个作业时依次按顺序处理的工作方式称为扫描工作方式。这种扫描是周而复始无限循环的，每扫描一次所用的时间称为扫描周期。

顺序扫描的工作方式是PLC的基本工作方式。这种工作方式会对系统的实时响应产生一定滞后的影响，例如，当外部的触头由断开转为闭合时，PLC可能不能立即监测到这种变化，必须要等到程序循环到集中采样的时候才能对其变化作出判断。但是由于PLC扫描用户程序的时间一般只有十几毫秒，因此可以满足大多数工业控制的需要。有的PLC为了满足某些对响应速度有特殊需要的场合，特别指定了特定的输入/输出端口以中断的方式工作，大大提高了PLC的实时控制能力。

2. PLC 的工作过程

PLC 在扫描工作的过程中要进行三个方面的工作：以故障诊断和处理为主的公共操作；处理工业现场数据的 I/O 操作；执行用户程序和外设服务的操作。

不同型号的 PLC 的扫描工作方式有所差异，典型的扫描工作流程如图 2-8 所示。

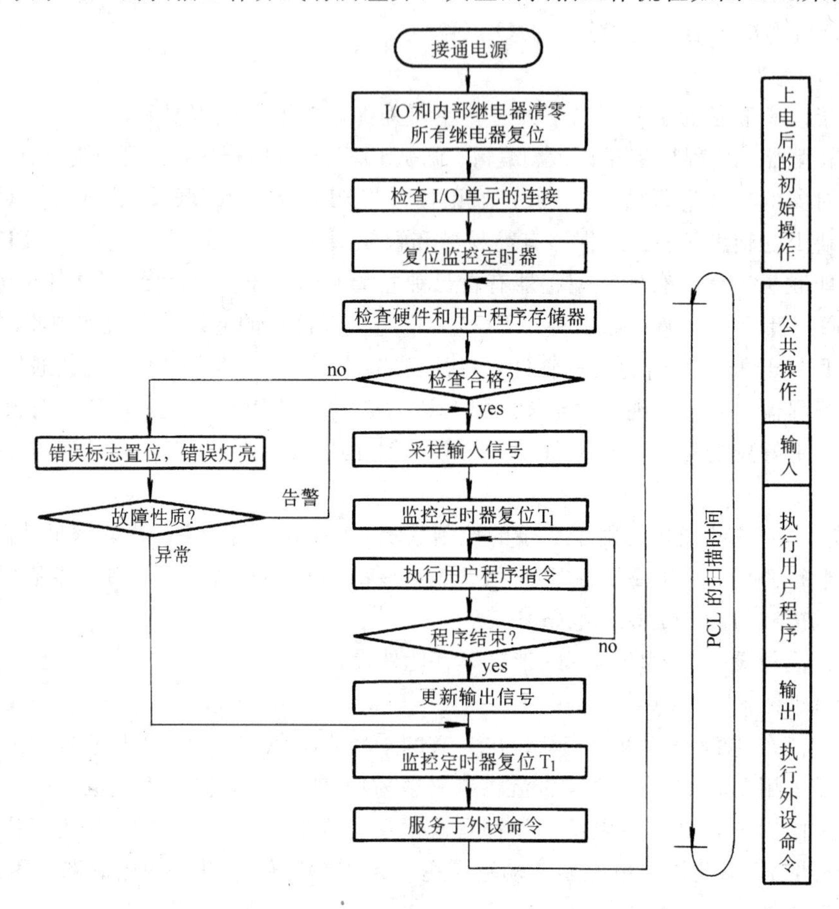

图 2-8 PLC 的扫描工作方式

在没有进行扫描之前，PLC 首先应该保证自身的完好性。接通电源之后，为了消除各个元件状态的随机性，要进行清零或复位处理，检查 I/O 单元连接是否正确，再执行一段程序，使它涉及到各种指令和内存单元，如果执行的时间不超过规定的时间范围，则证明自身完好，否则系统关闭。上述操作完成后，将时间监视定时器复位，才允许扫描用户程序。

(1) 公共操作　公共操作是每次扫描前的又一次自检，若发现故障，除了显示灯亮，还判断故障性质：一般性故障只报警不停机，等待处理；对于严重故障，则停止运行用户程序，此时 PLC 使全部输出为 OFF 状态。

(2) I/O 操作　I/O 操作有的称为 I/O 状态刷新。它包括两种操作：一是采样输入信号；二是输出处理结果。

在 PLC 的存储器中，有一个专门的 I/O 数据区，其中对应于输入端子的数据区称为输入映像寄存器，对应于输出端子的数据区称为输出映像寄存器。当 CPU 采样时，输入信号由缓冲区进入映像区。只有在采样刷新时刻，输入映像寄存器中的内容才与输入信号一致；其他时间范围内输入信号的变化是不会影响输入映像寄存器的内容的。由于PLC的扫描周期一般只有十几毫秒，所以两次采样间隔很短，对一般开关量来说，可以忽略因间断采样引起的误差，即认为输入信号一旦变化，就能立即进入输入映像寄存器内。

在输出阶段，将输出映像数据区的内容送到输出锁存器。这步操作称为输出状态刷新。刷新后的输出状态，要保持到下次刷新为止。同样，对于变化较慢的控制过程来说，因为两次刷新的时间间隔和输出电路的惯性时间常数一般才十几毫秒，可以认为输出信号是及时的。

(3) 执行用户程序　这里又包括监视与执行两部分：

1) 监视定时器WDT　图2-8中的监视定时器T1就是通常所说的"看门狗"WDT(Watch-Dog Timer)，它被用来监视程序执行是否正常。正常时，执行用户程序所用的时间不会超过设定时间T1。PLC在程序执行前复位WDT，即执行程序并开始计时；执行完用户程序后立即令WDT复位，表示程序执行正常。如程序执行过程中因为某种干扰使扫描失去控制或进入死循环，则WDT会发出超时报警信号，使程序重新开始执行。如果是偶然因素造成超时，则扫描过程不会再遇到"偶然干扰"，系统便转入正常运行；若遇到不可恢复的确定性故障，则系统会自动地停止执行用户程序、切断外部负载、发出故障信号并等待处理。

2) 执行用户程序　用户程序是放在用户程序存储器中的，扫描时，按顺序从零步开始直到END指令逐条解释和执行用户程序指令，从输入映像寄存器和其他元件映像寄存器中读出有关元件的通/断状态，根据用户程序进行逻辑运算，运算结果再存入有关的元件映像寄存器中。即对每个元件而言，元件映像寄存器中所存的内容会随程序的进程而变化。

(4) 执行外设命令　每次执行完用户程序后，如果外部设备有中断请求，PLC就进入服务外部设备命令的操作。如果没有外部设备命令，系统会自动进行循环扫描。

从PLC的工作过程，可以得出以下几个重要的结论：

1) 因以扫描的方式执行操作，所以其输入输出信号间的逻辑关系存在着滞后，扫描周期越长，滞后就越严重。

2) 扫描周期除了执行用户程序所占用的时间外，还包括系统管理操作占用的时间，前者与程序的长短及其指令操作的复杂程度有关，后者基本不变。

3) 第n次扫描执行程序时，所依据的输入数据是该次扫描的值；所依据的输出数据既有本次扫描前的值，也有本次解算结果。送往输出锁存器的信号，是本次执行完全部运算后的最终结果，在执行运算的过程中并不输出，因为前面的某些结果可能被后面的计算操作否定。

4) 如果考虑到I/O硬件电路的延时，PLC的响应滞后比扫描原理滞后更大。PLC I/O端子上的信号关系，只有在稳态(ON或OFF状态保持不变)时才与设计要求一致。

5) 输入/输出响应滞后不仅与扫描方式和电路时间常数有关，还与程序设计安排顺序有关，详细说明见下面实例。

3. 扫描过程的简单实例

图2-9a所示是用一个转换开关SB控制三个继电器的电气控制电路，电路中K2和K3以并行方式工作，应该具有相同的响应速度(忽略元件时间常数的差异)。图2-9b所示是这个电路的PLC控制程序。由于PLC是按照从上到下、从左到右的串行方式执行程序，执行的结果01002和01003的响应时间就不同了。

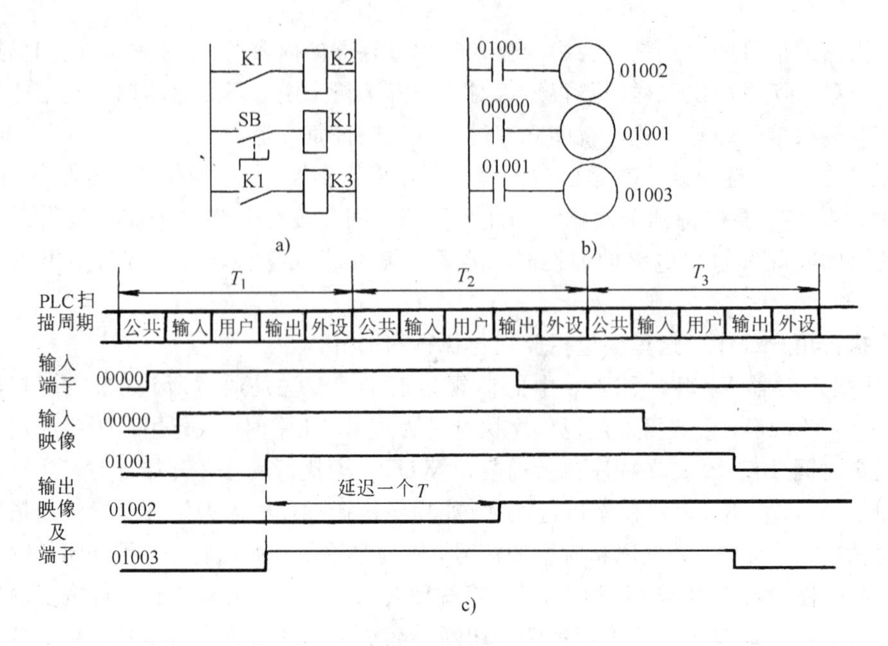

图 2-9　扫描过程的简单实例

图 2-9c 是各元件的时序关系图。第一个周期 T1，按下按钮 SB 后输入端子 00000 变为 ON，如此变化发生在输入采样阶段之前，则此信号在该周期的输入采样时进入映像区；由于执行输出 01002 这条指令时，01001 仍然处于断开状态，所以 01002＝OFF；而 01001 和 01003 在本周期用户程序执行后已为 ON。第二个周期 T2 的输出刷新阶段 01002 才变为 ON，比 01001 和 01003 的状态变化滞后了一个扫描周期 T 的时间。若将图 2-9b 所示的程序中 01002 和 01003 的位置互换一下，那么，执行的结果会是 01003 的响应滞后于 01002 一个周期。而图 2-9a 电路，无论 K2 和 K3 的位置怎么交换，也不会出现这种现象。怎样才能使图 2-9b 中的三个输出实现同步，请读者自行分析。

PLC 按扫描的方式执行程序是主要的，也是最基本的工作方式，这种工作速度不仅适应于工业生产中 80%以上的控制设备要求，就是在具有快速处理能力的高性能 PLC 中，其主程序还是以扫描方式执行的。所以，本节所述的问题，是学习和掌握 PLC 应用的关键，必须引起重视。

三、可编程序控制器的编程语言

PLC 是专为工业生产过程的自动控制而开发的通用控制器，编程简单是它的一个突出特点。它没有采用 C、VB 等计算机高级程序语言，而是开发了面向控制过程、面向问题、简单直观的 PLC 编程语言，常用的有梯形图、语句表、功能图、逻辑表达式等几种。本节仅介绍常用的梯形图语言。

梯形图在形式上类似于继电控制电路图，简单、直观、易读、好懂，是 PLC 中普遍采用的一种编程语言。梯形图中沿用了继电器线路的一些图形符号，这些图形符号被称为编程元件，每一个编程元件对应地有一个编号。不同厂家的 PLC 编程元件的多少、符号和编号方法不尽相同，但基本的元件及功能相差不大。例如图 2-9a 是继电器控制电路，图 2-9b 是采用 PLC 完成其控制动作的梯形图。对于同一控制电路，继电控制原理图和梯形图的输入、输出信号基本相同，控制过程等效，但是有本质的区别。继电控制原理图使用的是硬件继电器和定时器等，靠硬件连接组成控制线路；而PLC梯形图使用的是内部软继电器、定时器等，靠软件实现控制，因此PLC的使用具有很高的灵活性，修改控制过程非常的方便。

梯形图有如下特点：

1）梯形图按行从上至下，每一行从左到右顺序编写。

2）梯形图左边垂直线为母线。以左母线为起点，可分行向右放置接点或其逻辑组合。梯形图接点有两种：常开接点和常闭接点（分别对应电器元件的动合触头和动断触头）。这些接点可以是PLC的输入接点或内部继电器接点，也可以是其他各种编程元件的接点。

3）梯形图的最右侧必须放置输出元件。PLC的输出元件，用圆圈表示；圆圈可以是内部继电器线圈、输出继电器线圈或定时/计数器等的逻辑运算结果。其逻辑动作只有在输入条件或运算完成后，对应的接点才动作。

4）梯形图中的接点可以任意串、并联，而输出元件只能并联不能串联。

5）输出继电器线圈只对应输出映像寄存器相应位，不能直接驱动现场设备，该位的状态，只有在程序执行周期结束后，对输出刷新。刷新后的控制信号经I/O接口对应的输出模块驱动负载工作。

四、CPM1A型PLC介绍

日本OMRON公司生产的SYSMAC C系列PLC是一种产品品种丰富、系列齐全、功能完善、能满足各种层次需求的PLC家族。由于其优良的品质、较低的价格，多年来受到国内用户的广泛欢迎，成为目前在国内市场上应用比较广泛的机型。下面我们对该系列产品中的一种——CPM1A做较详细的介绍。

1. CPM1A的特点与功能概述

(1) 箱式结构　CPM1A采用箱式结构，分为CPU单元（基本单元）和扩展I/O单元。按I/O点数CPU单元分为10点、20点、30点和40点4种；扩展I/O单元为20点，其规格和型号见表2-1。

表2-1　CPU单元和扩展I/O单元规格表

类型	I/O点数		型　号	
	总数	输入/输出	继电器输出型	晶体管输出型
CPU单元	10	6/4	CPM1A-10CDR-A(AC电源)	CPM1A-10CDT-D(NPN)
			CPM1A-10CDR-D(DC电源)	CPM1A-10CDT1-D(PNP)
	20	12/8	CPM1A-20CDR-A(AC电源)	CPM1A-20CDT-D(NPN)
			CPM1A-20CDR-D(DC电源)	CPM1A-20CDT1-D(PNP)
	30	18/12	CPM1A-30CDR-A(AC电源)	CPM1A-30CDT-D(NPN)
			CPM1A-30CDR-D(DC电源)	CPM1A-30CDT1-D(PNP)
	40	24/16	CPM1A-40CDR-A(AC电源)	CPM1A-40CDT-D(NPN)
			CPM1A-40CDR-D(DC电源)	CPM1A-40CDT1-D(PNP)
扩展单元	20	12/8	CPM1A-20EDR	CPM1A-20EDT(NPN)
				CPM1A-20EDT1(PNP)
	8	0/8	CPM1A-8ER	CPM1A-8ET(NPN)
				CPM1A-8ET1(PNP)
	8	8/0	CPM1A-8ED	

(2) 易于扩充　当I/O点数不能满足需求时，对于30点和40点的CPU单元可通过扩展I/O单元扩容，每台CPU单元最大能连接3台扩展I/O单元。

(3) 输入滤波时间常数可调　为防止因输入接点抖动以及外部干扰而造成的误动作，同时又满足对响应速度的要求，输入端配备了滤波时间常数可调的滤波器，滤波时间常数可选为 1ms/2ms/4ms/8ms/16ms/32ms/64ms/128ms。

(4) 维护简单　程序存储器采用 FLASH MEMORY，无需电池，不需维护。

(5) 外部输入中断功能　除 I/O 数为 10 点的 CPU 单元拥有两个外，其余的 CPU 单元均有 4 个中断输入端。共有两种中断模式：

1) 输入中断模式——中断信号一产生就立即中止主程序转去执行相应的中断服务程序。

2) 计数中断模式——对外部信号进行高速计数（可达 1kHz），计数到设定值（0～65535）时产生中断，转去执行相应的中断服务程序。

(6) 快速输入响应功能　可对脉宽窄到 0.2ms 的输入脉冲作出响应，不论它们出现在 PLC 扫描周期中的任何时刻。快速输入与中断输入使用相同的输入端子。

(7) 间隔定时器中断功能　CPM1A 有一个高速间隔定时器，可设定 0.5～319968ms 的定时间隔。该间隔定时器可工作在单触发模式（只产生一个中断触发脉冲）和定时中断模式（以一定时间间隔重复产生中断脉冲）。

(8) 高速计数器功能　有一个高速计数器，可工作在累加计数或可逆计数（加/减）模式。该高速计数器与中断输入信号配合可进行不受 PLC 扫描周期影响的目标值控制或区域比较控制。

(9) 脉冲输出功能　晶体管输出的 CPM1A 可以产生 20Hz～2kHz 的单相脉冲输出。

(10) 模拟设定功能　CPM1A 有两只用来对定时器/计数器的设定值进行手动模拟设定的电位器，旋转电位器就可将 0000～0200（BCD 码）的值送入特殊辅助继电器区域，为在现场调节指定定时器/计数器的设定值提供了方便。

(11) 网络功能　CPM1A 可以实现下列组网：

1) 上位链接　通过 RS-232C 或 RS-422 适配器，上位计算机可控制最多可达 32 台的 CPM1A。图 2-10 为 1∶N通信示例。

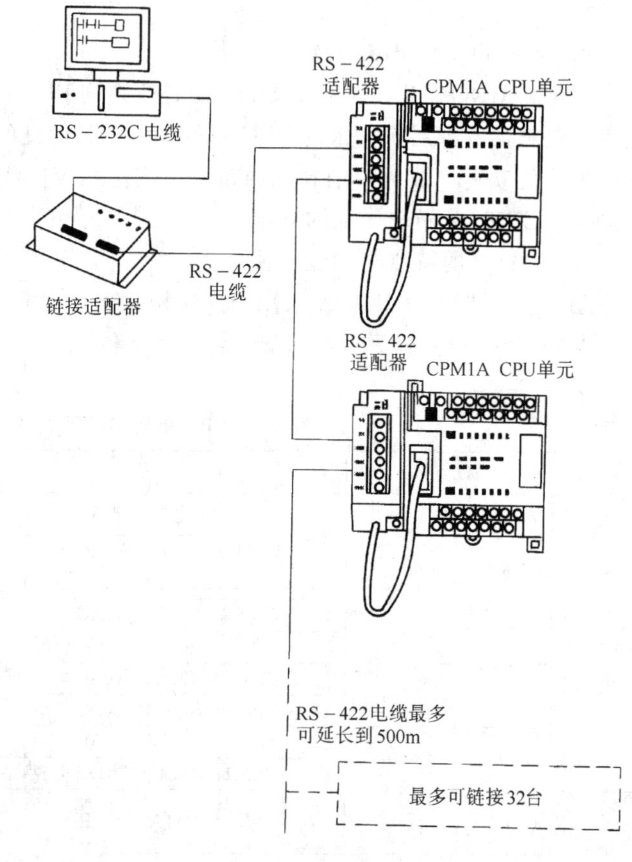

图 2-10　1∶N 通信示例

2) 1∶1 链接　通过 RS-232C 适配器，CPM1A 之间或 CPM1A 与 OMRON 公司的其他 PLC 如 CQM1、SRM1、C200HS 等进行 1∶1 链接通信。

3) NT 链接　通过 RS-232C 适配器，CPM1A 与 OMRON 公司的 PT 显示器进行通信。

(12) 编程工具丰富　对 CPM1A 的编程和调试，可以使用 OMRON 公司的简易编程器。

CQM1-PRO01 或 C200H-PRO27，还可以使用 OMRON 公司开发的支持软件在通用计算机上来进行。

(13) 扩展模块丰富　配有模拟 I/O 单元、温度控制单元、扩展存储器单元等可供用户需要时选择。

2. CPM1A 的性能指标（见表 2-2、表 2-3）

表 2-2　一般技术指标

项　目		10 点输入输出型	20 点输入输出型	30 点输入输出型	40 点输入输出型
电源电压	AC 电源型	AC100～240V 50/60Hz			
	DC 电源型	DC24V			
允许电压范围	AC 电源型	AC85～264V			
	DC 电源型	DC20.4～26.4V			
功率消耗	AC 电源型	30VA 以下		60VA 以下	
	DC 电源型	6W 以下		20W 以下	
冲击电流		30A 以下		60A 以下	
供给外部电源(限 AC 型)	供应电压	DC24V			
	电源输出容量	200mA		300mA	
绝缘电阻		所有 AC 电源外部端子与保护接地端之间 20MΩ 以上(DC500 兆欧表)			
耐压		所有 AC 电源外部端子与保护接地端子间 AC2300V　50/60Hz 1min，漏电流 10mA 以下			
抗噪声		1500VP～P：脉冲宽度 0.1～1μs，上升时间 1ns(由噪声发生器)			
抗振动		依据 JIS C0911：10～57Hz　振幅 0.075mm 57～150Hz　加速度 9.8m/s² x、y、z 各方向 80min(扫描时间 8min×扫描次数 10＝总时间 80min)			
抗冲击		依据 JIS C0912：147m/s² 在 x、y、z 方向各 3 次			
使用环境温度		0～55℃			
使用环境湿度		10%～90%RH(不能凝结露水)			
使用环境空气状况		无腐蚀性气体			
放置环境温度		－20～＋75℃			
端子螺钉尺寸		M3mm			
电源保持时间		AC 电源型：10ms 以上/DC　电源型：2ms 以上			
重量	AC 电源型	400g 以下	500g 以下	600g 以下	700g 以下
	DC 电源型	300g 以下	400g 以下	500g 以下	600g 以下
	扩展 I/O 单元：300g 以下				

表 2-3　性 能 规 格

项　目		10 点输入输出型	20 点输入输出型	30 点输入输出型	40 点输入输出型
控制方式		存储程序方式			
输入输出控制方式		循环扫描方式和即时刷新方式并用			
编程语言		梯形图方式			
指令长度		1 步/1 指令；1～5 字/指令			
指令种类	基本指令	14 种			
	应用指令	77 种　135 条			
处理速度	基本指令	0.72～16.2μs			
	应用指令	例：MOV 指令＝16.3μs			
程序容量		2048 字			

（续）

项目		10 点输入输出型	20 点输入输出型	30 点输入输出型	40 点输入输出型
最大 I/O 点数	仅本体	10 点	20 点	30 点	40 点
	扩展时			50、70、90 点	60、80、100 点
输入继电器		00000～00915	不作为输入输出继电器使用的通道可作为内部辅助继电器		
输出继电器		01000～01915			
内部辅助继电器		512 点：20000～23115(200～231CH)			
特殊辅助继电器		384 点：23200～25515(232～255CH)			
暂存继电器		8 点：(TR0～7)			
保持继电器		320 点：HR0000～1915(HR0～19CH)			
辅助记忆继电器		256 点：AR0000～1515(AR00～15CH)			
链接继电器		256 点：LR0000～1515(LR00～15CH)			
定时器/计数器		128 点：TIM/CNT000～127 100ms 型：TIM000～127 10ms 型(高速度定时器)：TIM000～127(与 100ms 定时器号公用) 减法计数器，可逆计数器			
数据内存	可读/写	1024 字(DM0000～1023)			
	只读	512 字(DM6144～6655)			
输入中断(响应时间 0.3ms 以下)		2 点	4 点		
间隔定时器中断		1 点(0.5～319968ms，单触发模式或定时中断模式)			
停电保持功能		保持继电器(HR)、辅助记忆继电器(AR)、计数器(CNT)、数据内存(DM)内容保持			
内存后备		FLASH MEMORY：用户程序、数据内存(只读)、系统参数设置(无电池保持) 超级电容：数据内存(读/写)、保持继电器、辅助记忆继电器、计数器(保持 20 天/环境温度 25℃)①			
自诊断功能		CPU 异常(WDT)，内存检查，I/O 总线检查			
程序检查		无 END 指令，程序异常(运行时一直检查)			
高速计数器		1 点　单相 5kHz 或两相 2.5kHz(线性计数方式) 递增模式：0～65535(16 位)；递减模式：－32767～32767(16 位)			
脉冲输出		1 点　20Hz～2kHz(单相输出：占空比 50%)			
快速响应输入		与外部中断输入公用(最小输入脉冲宽度 0.2ms)			
输入时间常数		可以设定 1ms/2ms/4ms/8ms/16ms/32ms/64ms/128ms 中的一个			
模拟电位器		2 点(0～200)			

① CPU 单元的用户存储区、保持继电器、辅助记忆继电器以及计数器的数据区内容由 CPU 单元内部的电容保持，电源关闭后，电容保持时间与环境温度的关系如下图所示。

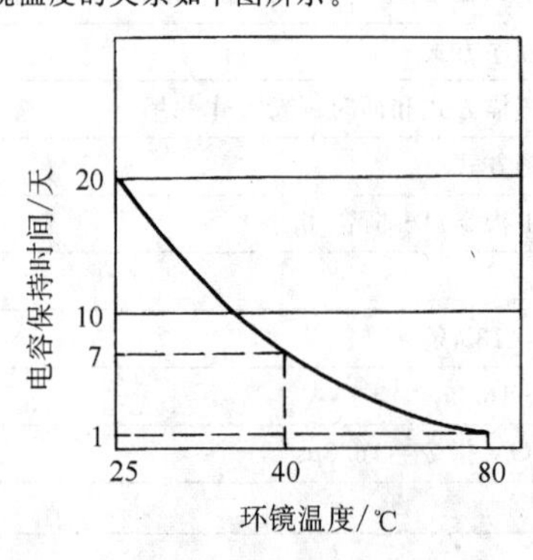

3. CPM1A 的 I/O 端口性能指标

CPM1A 的各种单元的 I/O 端口技术性能指标分别如下。

(1) 输入端口技术性能指标（见表 2-4、表 2-5）

表 2-4 CPU 单元的输入端口技术性能指标

项　目	指　标
输入电压	DC24V、+10%、−15%
输入阻抗	IN00000～00002：2kΩ 其他：4.7kΩ
输入电流	IN00000～00002：12mA 其他：5mA
ON 电压	最小 DC14.4V
OFF 电压	最大 DC5.0V
ON 响应时间	1，2，4，8，16，32，64，128ms 可选
OFF 响应时间	1，2，4，8，16，32，64，128ms 可选

表 2-5 扩展单元的输入端口技术性能指标

项　目	指　标
输入电压	DC24V、+10%、−15%
输入阻抗	4.7kΩ
输入电流	5mA
ON 电压	最小 DC14.4V
OFF 电压	最大 DC5.0V
ON 响应时间	1，2，4，8，16，32，64，128ms 可选
OFF 响应时间	1，2，4，8，16，32，64，128ms 可选

(2) 输出端口技术性能指标（见表 2-6、表 2-7）

表 2-6 继电器输出端口的技术性能指标

(CPU 单元、扩展单元)

项　目			指　标
最大开关能力			AC250V/2A($\cos\phi=1$) DC24V/2A (4A/公共端)
最小开关能力			DC5V、10mA
继电器寿命	电气寿命	阻性负载	30 万次
		感性负载	10 万次
	机械寿命		2000 万次
ON 响应时间			15ms 以下
OFF 响应时间			15ms 以下

表 2-7 晶体管输出端口的技术性能指标

(CPU 单元、扩展单元)

项　目	指　标
最大开关能力	24VDC+10%、−15% 300mA
最小开关能力	10mA
漏电流	0.1mA 以下
残留电压	1.5V 以下
ON 响应时间	0.1ms 以下
OFF 响应时间	0.1ms 以下

4. CPM1A 的外观结构

图 2-11 是 I/O 点数为 10 点的 CPM1A 的外观结构图，I/O 点数超过 30 点的拥有用于连接扩展单元的扩展连接器。

各部分的功能是：

(1) 电源输入端子　连接电源（AC100～240V 或者 DC24V）。

(2) 功能接地端子　为了抗噪声，防电击，务必接地。

(3) 保护接地端子　为防止触电，务必接地。

(4) 输入端子　连接输入电路。

(5) 输入 LED　输入端触头闭合时，对应 LED 变亮。

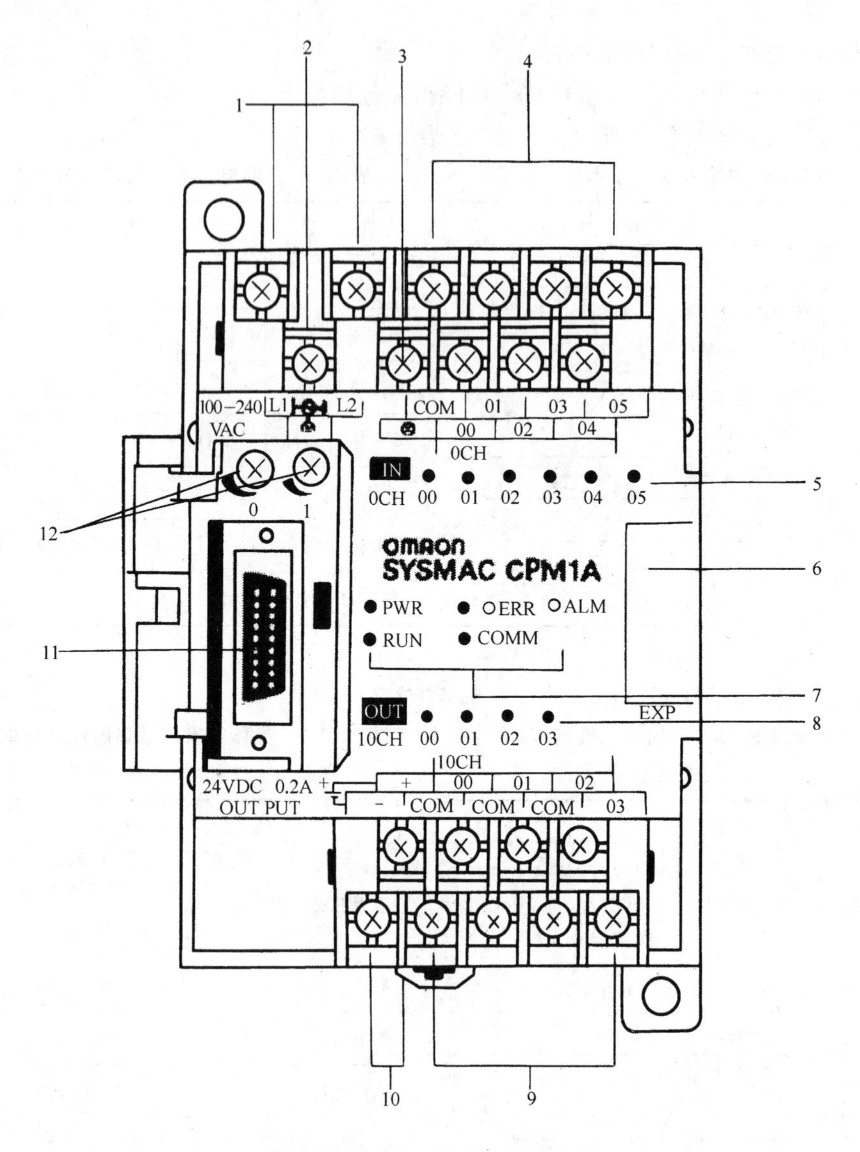

图 2-11　CPM1A 的外观结构图

1—电源输入端子　2—功能接地端子(仅 AC 电源型)　3—保护接地端子　4—输入端子
5—输入 LED　6—扩展连接器　7—状态显示 LED　8—输出 LED　9—输出端子
10—外部供应电源端子　11—外设端口　12—模拟设定电位器

(6) 扩展连接器（仅 I/O 点数为 30 点以上的拥有）　连接扩展 I/O 单元（输入 12 点/输出 8 点）。扩展 I/O 单元最多能连接 3 台。

(7) 状态显示 LED　灯亮，闪烁，表示单元状态如表 2-8。

(8) 输出 LED　输出端子的接点 ON 时，对应 LED 变亮。

(9) 输出端子　连接输出电路。

(10) 外部供应电源端子　给输入设备提供电源（DC24V）。

(11) 外设端口　连接编程工具或者 RS-232C 适配器、RS-422 适配器。

(12) 模拟设定电位器　根据实际操作，在 CH250、CH251 存储 0～200 的数值。

表 2-8 状态显示 LED 显示的状态内容

LED	显示	状 态	LED	显示	状 态
POWER(绿)	亮	电源接通	ERROR/ALARM(红)	亮	发生故障
	灭	电源断开		闪烁	发生警告
RUN(绿)	亮	运行/监视模式		灭	正常
	灭	编程模式或停止异常过程中	COMM(橙)	闪烁	与外设接口通信中
				灭	上述以外

第三节 OMRON 可编程序控制器及其指令系统

一、PLC 中的编程元件、功能及区域分配

1. 概述

PLC 的产生是为了取代传统的继电器控制系统。为便于广大具有一定电气控制知识（继电器控制系统）的工程技术人员理解和掌握 PLC 的使用，PLC 的设计和生产者将 PLC 的内部资源采用了虚拟继电器的命名方法，使传统的电气控制概念与现代科技成果紧密地融合在了一起。应该指出，在 PLC 中使用虚拟继电器的概念完全是为了站在传统的继电器控制系统的理念之上应用 PLC。PLC 中所提到的诸继电器都是虚拟的，并无物理实体与之对应，因此也就不存在相应的电气参数。实际上，PLC 所提供的各种继电器功能是由其操作系统在内部存储单元上实现的，所以又称为软元件。由于是用计算机技术来实现的，所以与传统的继电器类型相比，PLC 内提供的继电器带有鲜明的计算机技术的特点，例如 PLC 中的内部辅助继电器、暂存继电器、链接继电器等都是传统的继电器控制系统中所没有的。

PLC 中的每一类继电器都对应着相应的一部分存储器区域，分配给一定的地址编号。不同公司生产的不同类型的 PLC，其内部继电器类型的设置及其编号方法不尽相同，但基本思路是相似的。本书以 OMRON 公司生产的 CPM1A 为例，讨论其内部资源的分配方法。

2. CPM1 A 的编程元件

(1) CPM1 A 的存储器区结构 表 2-9 是 CPM1 A 的存储器区的结构表：

表 2-9 CPM1 A 的存储器区的结构表

数据区		点数	地址区间	功能
IR 区	输入继电器	160 (10 字)	00000～00915	继电器号与外部的输入输出端子相对应(没有使用的输入输出通道可用作内部辅助继电器)
	输出继电器	160 (10 字)	01000～01915	
	内部辅助继电器	512 (32 字)	20000～23115	在程序内可以自由使用的继电器
特殊辅助继电器(SR)		384 (24 字)	23200～25507	分配有特定功能的继电器

（续）

数据区	点数	地址区间	功能
暂存继电器(TR)	8	TR0～7	回路的分支点上暂时记忆 ON/OFF 的继电器
保持继电器(HR)	320 (20 字)	HR0000～HR1915	在程序内可以自由使用，且断电时也能保持断电前的 ON/OFF 状态的继电器
辅助记忆继电器(AR)	256 (16 字)	AR0000～AR1515	作为动作异常、高速计数、脉冲输出动作状态标志、扫描周期存储等特定功能的辅助继电器
链接继电器(LR)	256 (16 字)	LR0000～LR1515	1：1 链接的数据输入输出用的继电器（也能用作内部辅助继电器）
定时器/计数器	128	TIM/CNT000～127	定时器、计数器，它们的编号合用
数据存储器(DM) 可读/写	1002 字	DM0000～0999 DM1022～1023	以字为单位(16 位)使用，断电也能保持数据 在 DM1000～1021 不作故障记忆的场合可作为常规的 DM 使用 DM6144～6599、DM6600～6655 不能用程序写入（只能用外围设备设定）
数据存储器(DM) 故障履历存入区	22 字	DM1000～1021	
数据存储器(DM) 只读	456 字	DM6144～6599	
数据存储器(DM) PLC 系统设定区	56 字	DM6600～6655	

从表中可以看出，CPM1 A 将内部存储器按功能需要划分成输入/输出/辅助继电器区、特殊辅助继电器区、暂存继电器区、保持继电器区、辅助记忆继电器区、链接继电器区、定时/计数器区以及数据存储区。地址一般采用通道（字）号+位号的表示方法，每个通道包含 16 个点。除数据存储器区可以通道为单位使用外，其余均按位来使用。

（2）各编程元件功能简介

1）输入继电器　输入继电器可以把外部设备的信号直接取到 PLC 内部，反映外部输入触头的 ON/OFF 状态。它们的编号与接线端子的编号一致。图 2-12 是输入继电器的等效电路。当外部触头 S 闭合时，虚拟继电器（实际并不存在）得电，与之相应的常开/常闭接点动作。编程时使用的是输入继电器的接点，理论上可以无限次的使用输入继电器的接点，这一点是物理的继电器所不可比拟的，从而大大地加强了编程的灵活性。

需要注意的是，输入继电器的“线圈”只能受 PLC 的输入端子上的外部触头信号的驱动，所以不能出现在梯形图中，也不能作为输出指令的操作对象。

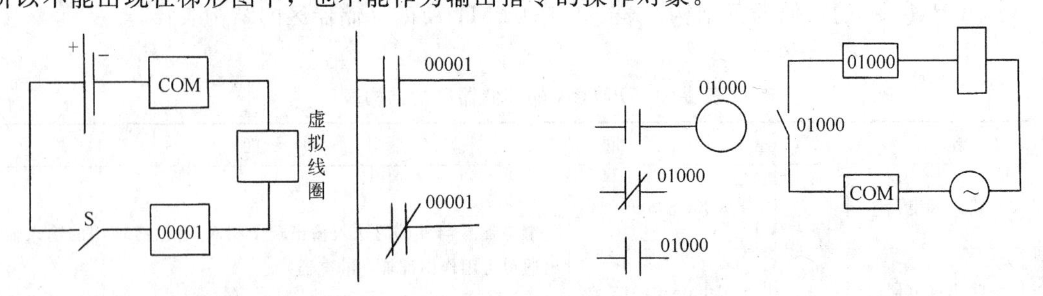

图 2-12　输入继电器等效电路　　　　图 2-13　输出继电器等效电路

2）输出继电器　输出继电器把 PLC 内部程序的执行结果通过输出端子送到 PLC 的外部，它的编号与输出接线端子的编号一致。图 2-13 是输出继电器的等效电路。输出继电器拥有不受使用次数限制的常开/常闭接点供内部编程时使用。这里所说的输出继电器仍然是指建立在 PLC 内存区域的虚拟继电器，它反映的是程序对输出端子 ON/OFF 状态的控制关系。

当 PLC（含扩展单元）的输出点数较少时，没有端子对应的输出继电器可以作为内部辅助继电器使用。

3）内部辅助继电器　内部辅助继电器与 PLC 的输入/输出端子没有直接联系，它的作用是象继电器控制系统中的中间继电器那样参与控制系统的逻辑运算，所以它的线圈只受程序控制，其接点可无限次供内部编程使用。

4）特殊辅助继电器　特殊辅助继电器被用来监视系统的操作，暂存各种功能的设定值/当前值，产生时钟脉冲和指明错误类型等。CPM1A 的几种主要的特殊辅助继电器的功能如表 2-10 所示：

表 2-10　特殊辅助继电器功能

通道号	继电器号	功　　能
248～249		高速计数器的当前值区域(不使用高速计数器时作内部辅助继电器使用)
252	00	高速计数器复位标志
	11	强制置位/复位的保持标志
253	09	扫描定时到达时(扫描周期超过 100ms)变为 ON
	15	运行开始时的第 1 个扫描周期 ON
254	00	1min 时钟脉冲(30sON/30sOFF)
	01	0.02s 时钟脉冲(0.01sON/0.01sOFF)
	07	STEP 指令中一个过程开始时仅一个扫描周期为 ON 的继电器
255	00	0.1s 时钟脉冲(0.05sON/0.05sOFF)
	01	0.2s 时钟脉冲(0.1sON/0.1sOFF)
	02	1.0s 时钟脉冲(0.5sON/0.5sOFF)

5）暂时记忆继电器（TR）　CPM1A 提供 8 个暂时记忆继电器，如果遇到复杂的梯形图电路难以用助记符描述时，用来对电路的分支点的 ON/OFF 状态作暂存。它只有继电器的点号，没有通道号。

6）保持继电器（HR）　保持继电器是能在 PLC 的电源被切断时、或者在 PLC 的运行开始或停止时，其 ON/OFF 状态也能保持不变的继电器。

7）辅助记忆继电器（AR）　辅助记忆继电器用于记录 CPM1A 的某些特定运行状态，例如动作异常、高速计数、脉冲输出动作状态等。类似于保持继电器，它们中的内容也能在 PLC 断电、运行开始或停止时保持不变。

8）链接继电器（LR）　用多台 PLC 可以组成一个网络系统。当 CPM1A 与另外的 PLC 进行 1 对 1 的链接通信时，就要借助链接继电器来共享数据。当没有 PLC 间的链接时，它们可以用作内部辅助继电器。

9）定时器/计数器（T/C）　定时器和计数器使用相同的编号，但每一个编号在用户程序中只能使用一次，例如指定了 TIM000，就不能再使用 CNT000。

10）数据存储区（DM）　数据存储区用于内部数据的存储和处理，并只能以通道（每通道 16 位）为单位来使用，其中的内容在 PLC 运行开始或停止时能保持不变。

二、编程指令

CPM1 A PLC 拥有丰富的各类指令可供选择使用，满足了各种情况下的需求，使得对复杂控制过程的编程变得十分容易。下面对其中最常用的部分指令进行详细介绍。不同公司生产的 PLC 的编程指令设置和表现形式大同小异，掌握了其中的一种也就掌握了 PLC 编程指令的实质，做到触类旁通。

1. 编程指令的助记符格式

CPM1 A 的编程可以采用梯形图符号或助记符符号。用梯形图符号编程可以获得直观、简明的类似于电气原理图的 PLC 梯形图。使用图形编程器或在计算机中运行 OMRON 公司开发的编程支持软件，可以直接使用梯形图符号编程并输入到 PLC。如果要把编制好的梯形图通过简易编程器输入到 PLC，则必须把梯形图转换为助记符，助记符能提供和梯形图完全一样的信息。

指令的助记符采用如下的格式：

地址	指令	操作数

说明：

地址——程序存储地址起始于 00000。每个地址包含一条指令和此指令所需的定义和操作数。地址是在编程器输入指令时自动生成的。根据地址可以方便地对程序进行查询和修改。

指令——指令的名称；

操作数——指令中涉及到的通道号和继电器号，常用缩写词表示，它们的定义如下：

IR——I/O 和内部辅助继电器区（IR 可以省略不写）；

SR——特殊辅助继电器；

HR——保持继电器；

TR——暂时记忆继电器；

AR——辅助记忆继电器；

LR——链接继电器；

T/C——定时器/计数器；

DM——数据存储区；

*DM——间接指定数据存储区；

#——常数。

2. 基本输入/输出指令

基本输入/输出指令见表 2-11。

表 2-11　基本输入/输出指令

<table>
<tr><th rowspan="2">梯形图符号</th><th colspan="2">助记符</th><th rowspan="2">功能</th></tr>
<tr><th>指令</th><th>操作数</th></tr>
<tr><td></td><td>LD</td><td rowspan="2">IR
HR
AR
LR
T/C
TR0～7
（TR 只能用于 LD）</td><td>逻辑开始时使用</td></tr>
<tr><td></td><td>LD NOT</td><td>逻辑反相开始时使用</td></tr>
</table>

（续）

梯形图符号	助记符		功能
	指令	操作数	
	OUT	IR HR AR LR TR0～7 （TR只能用于OUT）	将逻辑运算结果送输出继电器
	OUT NOT		将逻辑运算结果反相送输出继电器

基本输入/输出指令共有4条。在梯形图中任一电路逻辑块的第一条指令是LD或LD NOT，前者用于常开接点，后者用于常闭接点。OUT和OUT NOT是线圈驱动指令，用OUT指令时，当执行条件为ON时，线圈状态为ON（得电态）；当执行条件为OFF时，线圈状态为OFF（失电）；而用OUT NOT指令时，同样的执行条件线圈的状态与前述正好相反。

图2-14所示为基本输入输出指令的用法。

梯形图画法和指令用法说明：

（1）在梯形图中，信号的流动方向是从左到右，最后到达继电器线圈，也就是说继电器线圈的右端不能画有接点。另外，继电器线圈的左端也不能直接连到母线上，如确实需要继电器线圈常通电，可利用一个没被使用的内部辅助继电器的常闭接点或特殊辅助继电器25313的接点实现虚拟的短路线。

（2）不同输出指令OUT（或OUT NOT）的操作数不能相同，即在一个程序中一个线圈编号只能使用一次。图2-15中的情况是不允许的。

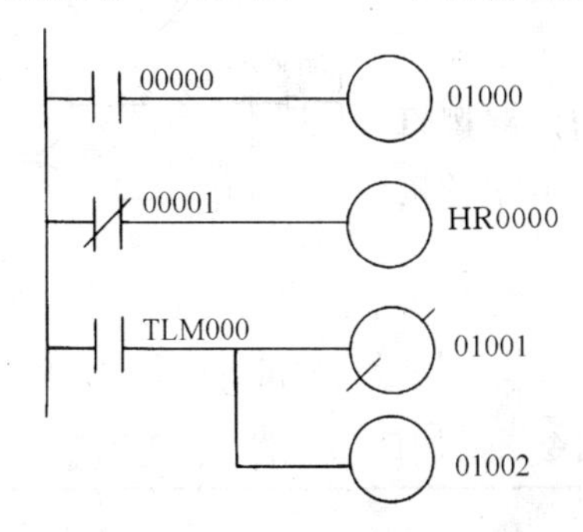

图2-14 基本输入输出指令的用法

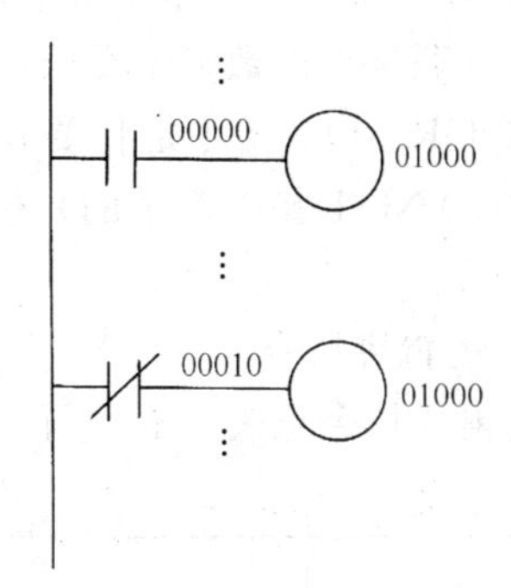

图2-15 线圈重复使用

3. 逻辑与/逻辑或指令

逻辑与/逻辑或指令见表2-12。

表2-12 逻辑与/逻辑或指令

梯形图符号	助记符		功能
	指令	操作数	
	AND	IR SR HR AR LR T/C	串联单个常开接点
	AND NOT		串联单个常闭接点
	OR		并联单个常开接点
	OR NOT		并联单个常闭接点

图 2-16 是上述四条指令的用法举例。

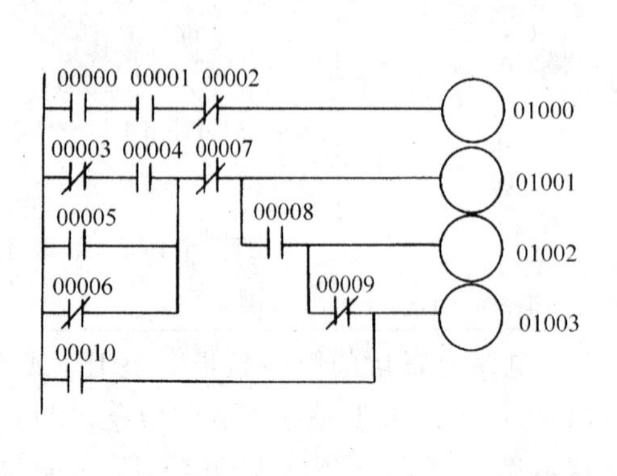

地址	指　　令	操　作　数
00001	LD	00000
00002	AND	00001
00003	AND NOT	00002
00004	OUT	01000
00005	LD NOT	00003
00006	AND	00004
00007	OR	00005
00008	OR NOT	00006
00009	AND NOT	00007
00010	OUT	01001
00011	AND	00008
00012	OUT	01002
00013	AND NOT	00009
00014	OR	00010
00015	OUT	01003

图 2-16　接点的串并联

几点说明：

1）AND/AND NOT 指令用于单个接点的串联连接，该指令可以连续使用，串联接点的数目不受限制。

2）OUT 指令后，通过串联接点再对其他线圈使用 OUT 指令称为连续输出。连续输出的次数不受限制。要注意连续输出的梯形图结构，需将图 2-17a 转换为图 2-17b 的形式才能使用连续输出方式。

3）OR/OR NOT 指令用于单个接点的并联连接，该指令可以连续使用，并联接点的数目不受限制。

4）OR/OR NOT 指令是将要并联的接点的左端与电路逻辑块（由 LD/LD NOT 指令产生的）左端点相连，如图 2-16 中的接点 00010 所示。

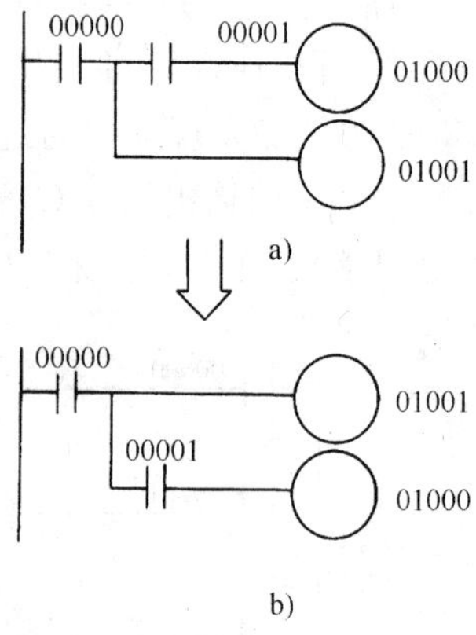

图 2-17　连续输出

4. 电路逻辑块指令

电路逻辑块指令见表 2-13。

表 2-13　电路逻辑块指令

梯　形　图　符　号	助　记　符		功　　能
	指　　令	操　作　数	
A　B	AND LOAD 或 AND LD	—	电路逻辑块之间的串联
A B	OR LOAD 或 OR LD	—	电路逻辑块之间的并联

在图 2-18 中的梯形图 a 可以等效地变换为梯形图 c，梯形图 c 中等效接点 A（或 B）的状态取决于若干个接点状态的逻辑组合，我们称之为电路逻辑块。电路逻辑块的左端点由指令 LD 或 LD NOT 产生。指令 AND LD 用于将两个电路逻辑块进行串联连接。

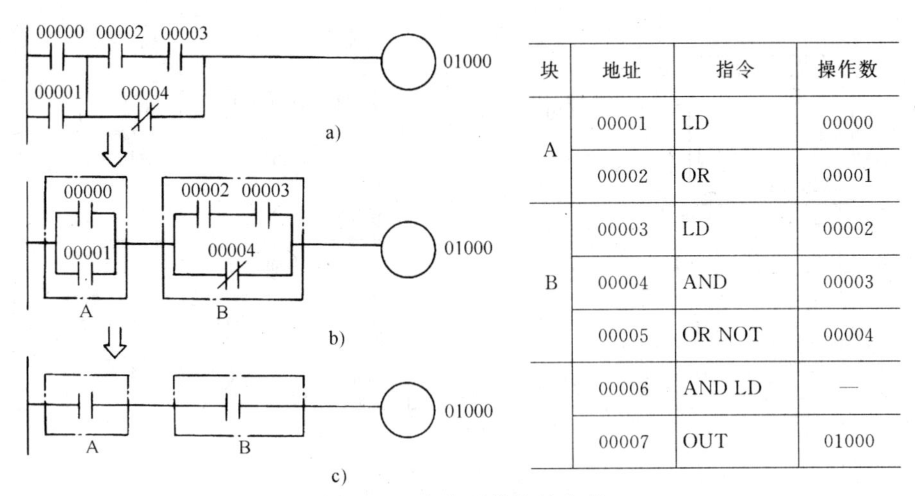

块	地址	指令	操作数
A	00001	LD	00000
	00002	OR	00001
B	00003	LD	00002
	00004	AND	00003
	00005	OR NOT	00004
	00006	AND LD	—
	00007	OUT	01000

图 2-18 电路逻辑块的串联

使用 AND LD 时应注意：

1）AND LOAD 指令中没有操作数。

2）AND LOAD 指令可连续使用也可分散使用，但连续使用的次数不能超过 8 次，分散使用的次数则无限制。例如对于图 2-19 中的梯形图，可采用程序图 a 的形式（连续使用 AND LD），也可采用程序图 b 的形式。

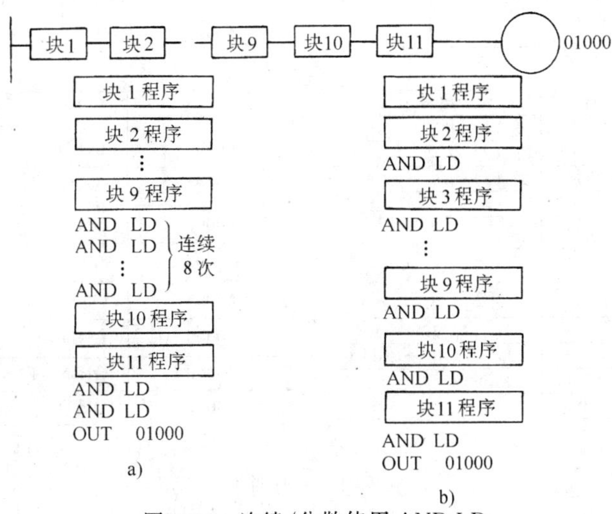

图 2-19 连续/分散使用 AND LD

电路逻辑块还可进行并联，此时就要使用电路逻辑块并联指令 OR LD，如图 2-20 所示。同指令 AND LD 类似，指令 OR LD 也没有操作数，连续使用时也不得超过 8 次。

可以组合使用 AND LD 和 OR LD 指令。编程时，先对梯形图按电路逻辑分块，然后写出各块的程序，用电路逻辑块指令实现逻辑联接。应该指出，合理调整梯形图的结构，可以优化程序，节省程序存储空间，加快程序运行速度，如图 2-21 所示。按图中梯形图 a 的结构编程的话，将其分为 5 个电路逻辑块，得到程序 a，程序中使用了 4 条逻辑块指令，共 12 条指令。若将梯形图 a 等效地变换成梯形图 b，则不需电路分块，得到的程序 b 大大简化，只有 8 条指令。

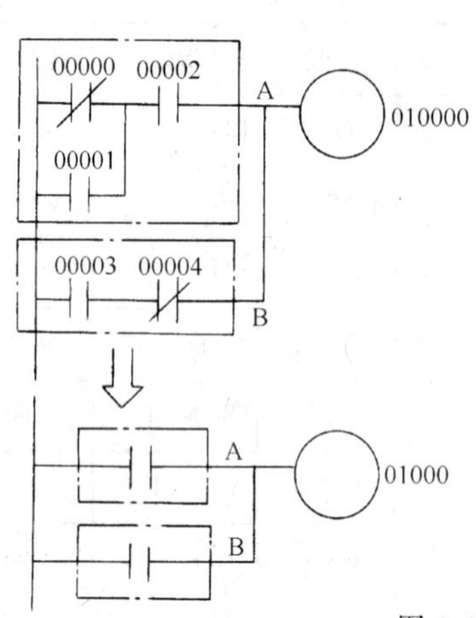

块	地址	指令	操作数
A	00000	LD NOT	00000
	00001	OR	00001
	00002	AND	00002
B	00003	LD	00003
	00004	AND NOT	00004
	0005	OR LD	—
	00006	OUT	01000

图 2-20　逻辑块并联

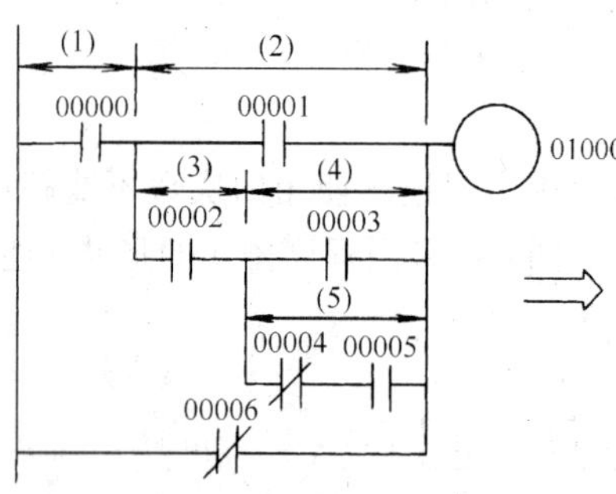

地址	指令	操作数	注释
00000	LD	00000	块（1）
00001	LD	00001	块（2）
00002	LD	00002	块（3）
00003	LD	00003	块（4）
00004	LD NOT	00004	块（5）
00005	AND	00005	
00006	OR LD	—	(4)，(5) 并→ (a)
00007	AND LD	—	(a)，(3) 串→ (b)
00008	OR LD	—	(b)，(2) 并→ (c)
00009	AND LD	—	(c)，(1) 串→ (d)
00010	OR NOT	00006	(d) 并 00006
00011	OUT	01000	

a）

地址	指令	操作数
00000	LD NOT	00004
00001	AND	00005
00002	OR	00003
00003	AND	00002
00004	OR	00001
00005	AND	00000
00006	OR NOT	00006
00007	OUT	01000

b）

图 2-21　程序简化

5. 置位/复位指令

置位/复位指令见表 2-14。

表 2-14　置位/复位指令

梯形图符号	助记符		功能
	指令	操作数	
SET B	SET	B：IR AR HR LR	使指定继电器 ON
RSET B	RSET		使指定继电器 OFF

用法说明：

1）SET 和 RSET 指令要成对使用，对它们在程序中的位置和顺序无特殊要求。

2）SET，RSET 指令适用于短信号操作，当两者的执行条件同时有效时，RSET 指令优先。其应用例子和时序图见图 2-22。

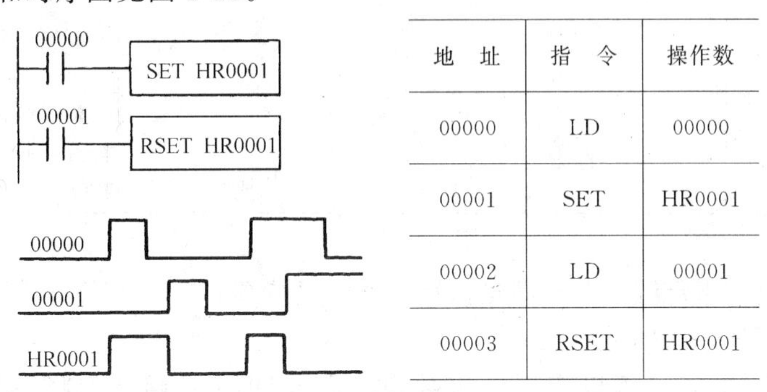

地　址	指　令	操作数
00000	LD	00000
00001	SET	HR0001
00002	LD	00001
00003	RSET	HR0001

图 2-22　SET/RSET 应用例

6. 保持指令

保持指令见表 2-15。

表 2-15　保持指令

梯　形　图　符　号	助　记　符		功　　能
	指　　令	操　作　数	
S、R 输入，KEEP B	KEEP	B：IR AR HR LR	使指定继电器置“1”或置“0”

用法说明：

1）KEEP 的动作就像一个由 S 置位、R 复位的锁存器。当 S 端执行条件为 ON 时，B 指定的继电器为 ON，当 R 端执行条件为 ON 时，B 指定的继电器为 OFF。当 S 端和 R 端的输入同时为 ON 时，R 端优先。

2）编写程序时，置位条件在前，复位条件在后，最后编写 KEEP 指令，如图 2-23 所示。

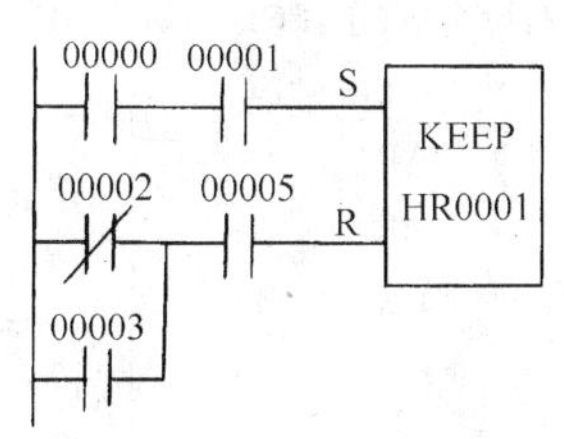

地址	指令	操作数
00000	LD	00000
00001	AND	00001
00002	LD NOT	00002
00003	OR	00003
00004	AND	00005
00005	KEEP	HR0001

图 2-23　KEEP 指令编程

7. 微分指令

微分指令见表 2-16。

表 2-16　微分指令

梯形图符号	助记符		功　能
	指　令	操作数	
DIFU B	DIFU	B：IR SR AR HR LR	检测到输入为 OFF→ON（上升沿）跳变信号时使指定继电器 B ON 一个扫描周期
DIFD B	DIFD		检测到输入为 ON→OFF（下降沿）跳变信号时使指定继电器 B ON 一个扫描周期

用法说明：

1）微分指令使其指定继电器在满足执行条件时只持续 ON 一个扫描周期。输入输出间的时序关系如图 2-24 所示。

2）在一个程序中最多可以使用 512 对 DIFU 和 DIFD，超出的将被作为空操作指令（NOP）处理。

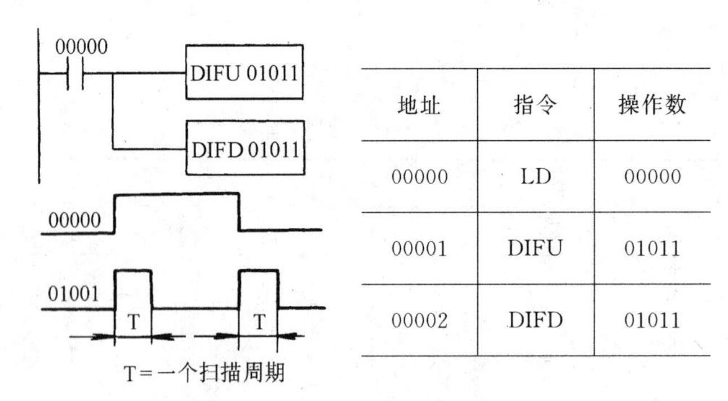

地址	指令	操作数
00000	LD	00000
00001	DIFU	01011
00002	DIFD	01011

图 2-24　微分指令编程

8. 定时器指令

定时器指令见表 2-17。

表 2-17　定时器指令

梯形图符号	助记符		功　能
	指　令	操作数	
TIM N SV	TIM	N：T/C 号(000～127) SV：设定值(字，BCD) IR AR HR LR DM #	通电延时定时器，设定时间 0～999.9s(以 0.1s 为单位)
TIMH N SV	TIMH		通电延时高速定时器，设定时间 0～99.99s(以 0.01s 为单位)

TIM 和 TIMH 都需要一个 T/C 编号（N）和一个设定值（SV）。任一个 T/C 编号只能定义一次。设定值 SV 应是 000.0～999.9 之间的四位 BCD 码（小数点不必输入），可以用常数（# 立即数）给出，也可以是 IR、SR 等通道中的数据。当定时器的执行条件为 OFF 时，它被

复位到设定值；当执行条件为ON时，定时器起动，从设定值以定时单位为步长做递减计数，直到定时时间到，输出为ON。图2-25是定时器的用法举例。

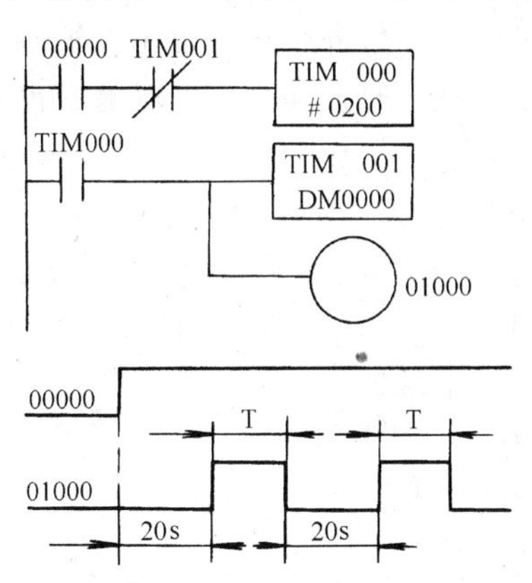

地址	指令	操作数
00000	LD	00000
00001	AND NOT	TIM 001
00002	TIM	000
		# 0200
00003	LD	TIM000
00004	TIM	001
		DM0000
00005	OUT	01000

图2-25 定时器应用举例

图中利用两个定时器TIM000和TIM001组成可控振荡器，门控信号由接点00000发出，从01000得到振荡器输出。接点00000 ON后，振荡器波形的波谷宽度（01000 OFF时间）为TIM000的定时值20s，而波峰宽度T可变，因为它由TIM001的定时设定值决定，TIM001的定时设定值取自数据存储器DM0000，改变DM0000中的数值就调节了波峰宽度T。注意：如果在定时过程中改变设定值，则在上次定时到以后才按新的设定值开始定时。

TIMH除了以0.01s为单位计时外与TIM运行方式相同。它的设定值(SV)范围是00.00～99.99之间（小数点不必输入）。例如设定值为#1503，则定时值为15.03s。当设定值小于PLC的扫描周期时，会影响高速定时器TIMH的定时精度。

9. 计数器指令

计数器指令见表2-18。

表2-18 计数器指令

梯形图符号	助记符		功能
	指令	操作数	
CP、R —— CNT N SV	CNT	N:T/C号(000～127) SV:设定值(字,BCD) IR AR HR LR DM #	减法计数器,设定值(SV)0～9999次
ACP、SCP、R —— CNTR N SV	CNTR		可逆(加、减)计数器,设定值(SV)0～9999次

(1)减法计数器——CNT　CNT是边沿触发递减计数器。每当计数输入信号(CP)由OFF变为ON（上跳沿有效）时，它的当前计数值（PV）就减1。当计数器的当前计数值减为0000时，计数器ON。当复位端（R）为ON时，将计数器复位为OFF，并恢复计数器的设定值（SV）到当前计数值（PV）中。复位信号的优先权高于计数输入信号。计数器的设定值范围

为 0000～9999，必须用 BCD 码设定，否则得不到期望的结果。计数器的当前值在 PLC 电源中断时保持不变。

实际应用中，除了使用计数器对现场输入信号计数外，还可以用它扩展定时器的定时范围或利用其计数值掉电后可保持的特点组合出累积定时器。图 2-26 中的累积定时器是用定时器配合计数器构成，扩大了定时范围，并可累积定时（945×40s＝37800s＝10.5h）10.5h。累积定时器的误差取决于定时器的设定值和起动定时信号 00000 的操作次数。

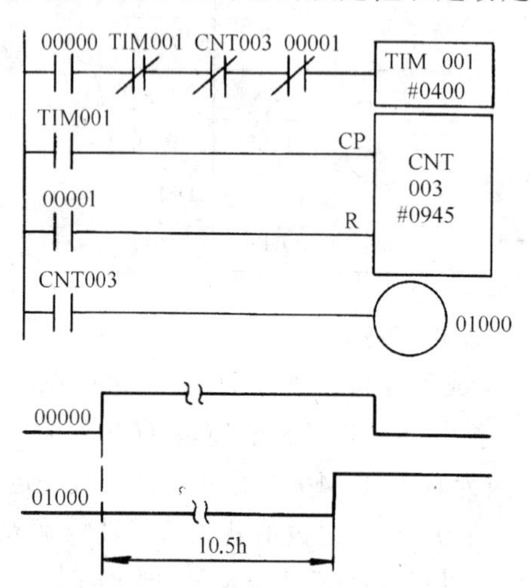

地址	指令	操作数
00000	LD	00000
00001	AND NOT	TIM 001
00002	AND NOT	CNT 003
00003	AND NOT	00001
00004	TIM	001
		＃0400
00005	LD	TIM001
00006	LD	00001
00007	CNT	003
		＃0945
00008	LD	CNT003
00009	OUT	01000

图 2-26　累积定时器

当起动定时信号 00000 ON 后，定时器 TIM001 每 40s 向计数器发一次计数脉冲，同时自身复位并进入下一个定时周期。停止信号 00001 ON 时复位计数器与定时器。

编程时要计数输入（CP）信号在前，复位（R）信号在后。每个 T/C 编号只能在一个计数器（或定时器）中使用。

（2）可逆计数器——CNTR　CNTR 是一个可逆的、加/减循环的计数器。当“加”输入信号（ACP）由 OFF 变为 ON（上升沿有效）时，当前值（PV）加 1；而当“减”输入信号（SCP）由 OFF 变为 ON（上升沿有效）时，当前值（PV）减 1。如果 ACP 和 SCP 的输入信号状态不改变或从 ON 变为 OFF（下跳沿）或两个信号的上跳沿同时到达，计数器的当前值不变。当计数器的当前值是设定值时，再加 1 后，计数器的当前值变为 0000；当计数器的当前值是 0000 时，再减 1 后，计数器的当前值就变为设定值。

当复位信号（R）是 ON 时，当前值（PV）变为 0000 并且不再接收输入信号。图 2-27 中给出了应用 CNTR 的梯形图、编程方法和信号时序关系。注意当可逆计数器的当前值（PV）由设定值变为 0000 和由 0000 变到设定值时其输出有效。

10. 联锁/联锁清除指令

联锁/联锁清除指令见表 2-19。

联锁指令 IL 要和联锁清除指令 ILC 一起使用，它们的作用是在梯形图中引导和结束分支，如图 2-28 所示。

使用 IL/ILC 指令时要注意以下几点：

1）一个 ILC 指令前必须有至少一个以上的 IL 指令，即可以采用组合形式“IL—IL……—IL—ILC”，但不许把 IL/ILC 镶套起来（如“IL—IL—ILC—ILC”）使用。

2）当IL的执行条件为ON（即从IL到左侧主母线之间的所有串联的接点均闭合），它后面的各元件状态由各自相应的执行条件决定。

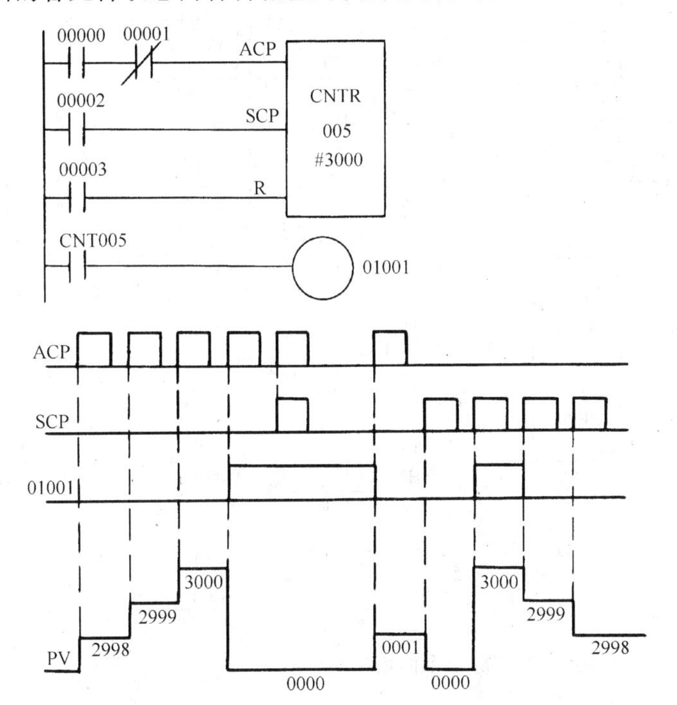

地址	指令	操作数
00000	LD	00000
00001	AND NOT	00001
00002	LD	00002
00003	LD	00003
00004	CNTR	005
		#3000
00005	LD	CNT005
00006	OUT	01001

图 2-27　可逆计数器的应用

表 2-19　联锁/联锁清除指令

梯形图符号	助记符		功能
	指令	操作数	
IL	IL	—	联锁开始
ILC	ILC		联锁结束

3）当IL的执行条件为OFF，那么IL—ILC间的那一部分程序就不执行，这部分程序中的元件状态按表2-20操作。

如果需要IL—ILC之间的定时器在IL的执行条件为OFF的情况下不复位，可以采用用SR区的时钟脉冲位对CNT进行计数来构造定时器的方法实现，如图2-29所示。图中CNT001的计数执行条件CP＝00002・时钟脉冲，这里时钟脉冲取周期为0.1s的时钟脉冲位25500。当IL的执行条件00000 ON，同时计数控制（定时控制）00002也为ON时，CNT001以0.1s为计数周期开始计数，相当于计时单位为0.1s的定时器，其最大定时范围为1000×0.1s＝100s。改换时钟脉冲位和计数器的计数设定值就可获得不同计时单位和计时范围的定时器。时钟脉冲的周期越长其定时误差也越大。当IL的执行条件为OFF时，因IL—ILC间的计数器保持当前值(PV)不变，故而保持了原定时值。当IL的执行条件再次为ON且00002也为ON时，CNT001继续计时工作。

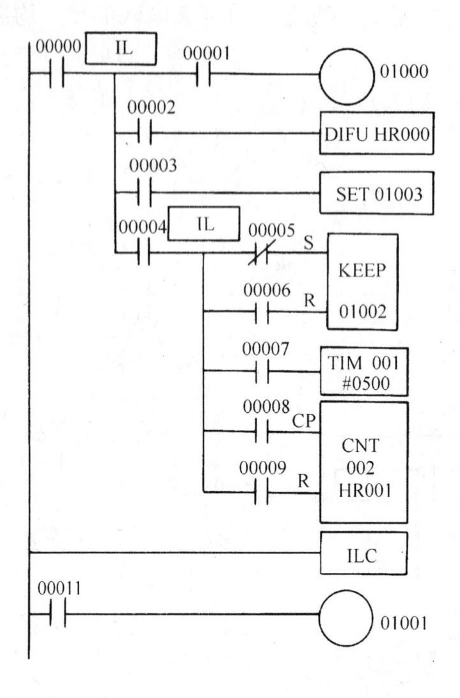

地址	指令	操作数
00000	LD	00000
00001	IL	—
00002	LD	00001
00003	OUT	01000
00004	LD	00002
00005	DIFU	HR000
00006	LD	00003
00007	SET	01003
00008	LD	00004
00009	IL	—
00010	LD NOT	00005
00011	LD	00006
00012	KEEP	01002
00013	LD	00007
00014	TIM	001
		#0500
00015	LD	00008
0001	LD	00009
00017	CNT	002
		HR001
00018	ICL	—
00019	LD	00011
00020	OUT	01001

图 2-28　联锁/联锁清除指令的用法

表 2-20　IL/ILC 指令使用时有关编程元件的状态

指　　令	操　　作
OUT、OUT NOT	指定的继电器转为 OFF
TIM、TIMH	复位
CNT、CNTR	保持当前值
KEEP	状态保持
DIFU、DIFD	不执行
所有其他指令	指令不执行，所有作为操作数写进指令的 IR、AR、LR、HR 和 SR 置为 OFF

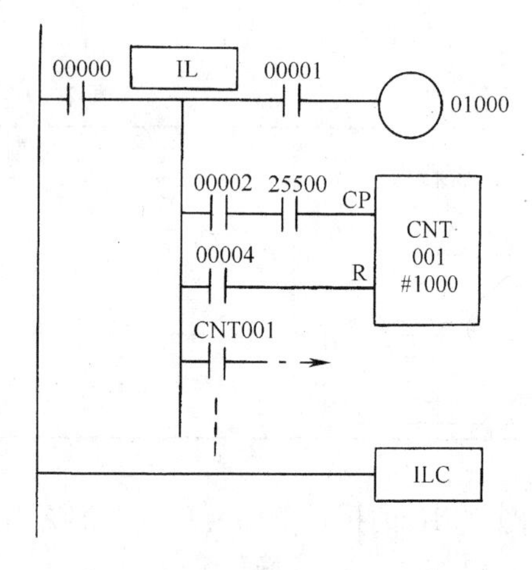

图 2-29　分支条件下的计数器

注意，对于结构如图 2-30 所示的多分支回路的梯形图，不能使用 IL/ILC 编程，这时，要使用暂存继电器 TR。暂存继电器 TR 用来记忆多分支回路分支点的状态。共有 8 个暂存继电器，编号为 TR0～TR7。在全部程序中暂存继电器可以多次使用，但在同一段程序中不能重复使用同一个暂存继电器，所以一段程序中最多只能有 8 个使用 TR 暂存的分支点。TR 不是独立的编程指令，它必须和 LD 或 OUT 等指令一起使用，其编程方法见图中的指令表。应该指出，通过重新构造梯形图常常可以减少程序所用的指令数，避免使用 TR，使程序变得更易理解，如图 2-31 所示。两者比较，应尽量使用 IL/ILC 指令而少用暂存继电器，因为后一种方法需使用 LD TR 指令，占用较多的存储地址，使程序不简练。

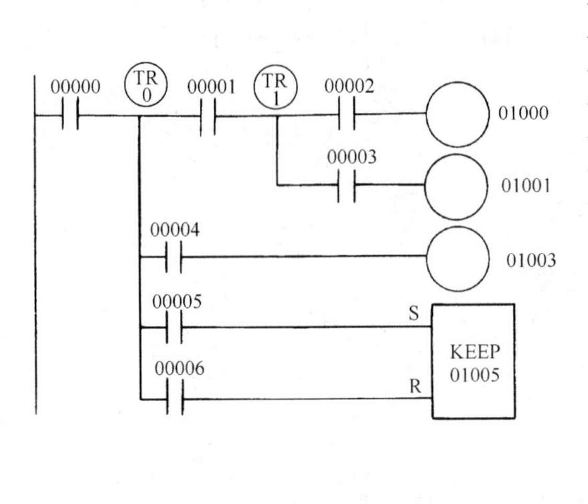

地址	指令	操作数
00000	LD	00000
00001	OUT	TR0
00002	AND	00001
00003	OUT	TR1
00004	AND	00002
00005	OUT	01000
00006	LD	TR1
00007	AND	00003
00008	OUT	01001
00009	LD	TR0
00010	AND	00004
00011	OUT	01003
00012	LD	TR0
00013	AND	00005
00014	LD	TR0
00015	AND	00006
00016	KEEP	01005

图 2-30　用 TR 引导分支

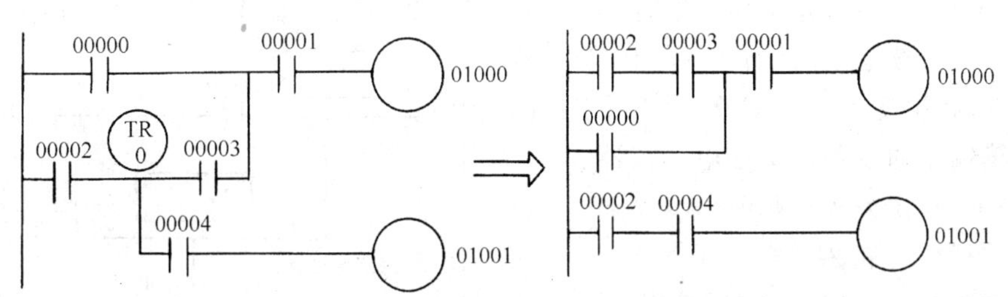

图 2-31　调整梯形图结构简化程序

11. 跳转/跳转结束指令

跳转/跳转结束指令见表 2-21。

表 2-21　跳转/跳转结束指令

梯形图符号	助记符		功能
	指令	操作数	
JMP N	JMP	N：跳转号 # (00～49)	至 JME 指令为止的程序由本指令前面的条件决定是否执行
JME N	JME		解除跳转指令

JMP 要与 JME 联合使用以产生跳转。当 JMP 的执行条件为 ON 时，不产生跳转，程序如所编写的那样执行。当 JMP 的执行条件为 OFF 时，将跳转到具有同样跳转号的 JME，并接着执行 JME 后面的指令。

如果一段程序中有多对 JMP/JME 指令时，用跳转号 N 来区分，N 可以是 00～49 之间的任意数。要注意 N＝00 时的特殊性。因为当 JMP00 和 JME00 之间的指令被跳转时，这些指令还是要被扫描的，只是不执行而已，因此需要占用扫描时间。跳转号不是 00 的 JMP 和 JME 之间的指令则在跳转时完全被跳转，不需扫描时间。

在一段程序中 JMP00/JME00 可被使用任意次，但 N≠00 的 JMP/JME 则只能使用一次。

图 2-32 的例子中，00000 作为 JMP 的条件，当它为 ON 时，不发生跳转，程序按顺序执行。当 00000 为 OFF 时，那么 JMP 和 JME 之间的程序就不执行，但 01000，01001 和 TIM001 状态保持不变。

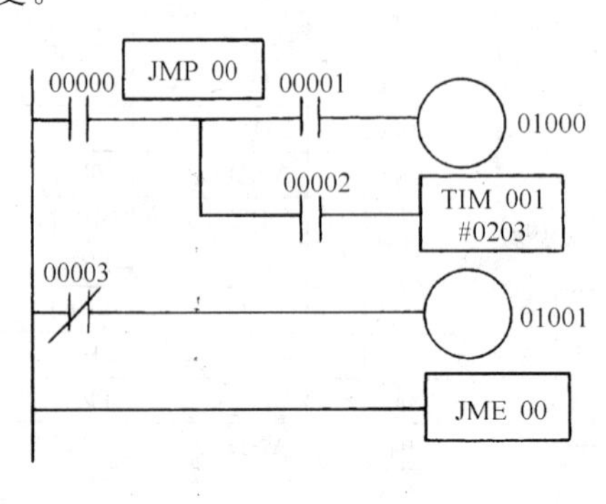

地址	指令	操作数
00000	LD	00000
00001	JMP	00
00002	LD	00001
00003	OUT	01000
00004	LD	00002
00005	TIM	001
00006		#0203
00007	LD NOT	00003
00008	OUT	01001
00009	JME	00

图 2-32　JMP/JME 的应用

JME00 可以和多个 JMP00 使用，采用“JMP—JMP—JME”的形式，如图 2-33 所示。

由于 JMP 和 JME 分支起作用时，I/O 位、计时器等的状态被保持。所以 JMP/JME 用于控制需要一个持续输出的设备（例如，气动液压装置）。与此相反，IL/ILC 分支可用于控制不需要持续输出的设备，例如电子仪器。

12. 空操作指令——NOP

空操作指令见表 2-22。

空操作指令 NOP 没有实质性操作，在梯形图中不会出现，所以它没有梯形图符号。在程序中遇到 NOP 时什么也不执行，程序跳转到下一条指令继续执行。当在编程前清除程序存储器时，所有的程序存储单元都被写入 NOP。

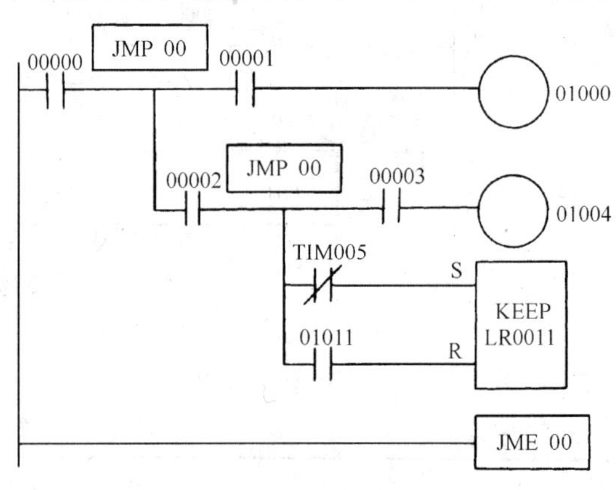

图 2-33　JME 应用特例

表 2-22　空操作指令——NOP

梯形图符号	助记符		功能
	指令	操作数	
—	NOP	—	无

对程序作修改时使用 NOP 指令可以保持程序中各指令地址不变。当保存了原程序的程序清单时，这样作对分析程序会有一定帮助。

NOP 指令不仅需要占用程序的存储空间，而且要占用程序执行时间（1μs/指令），所以在程序调试完成后最好去掉程序中的 NOP 指令。

使用 NOP 修改程序的方法见图 2-34，要注意 NOP 对梯形图结构变化的影响。

13. 结束指令

结束指令见表 2-23。

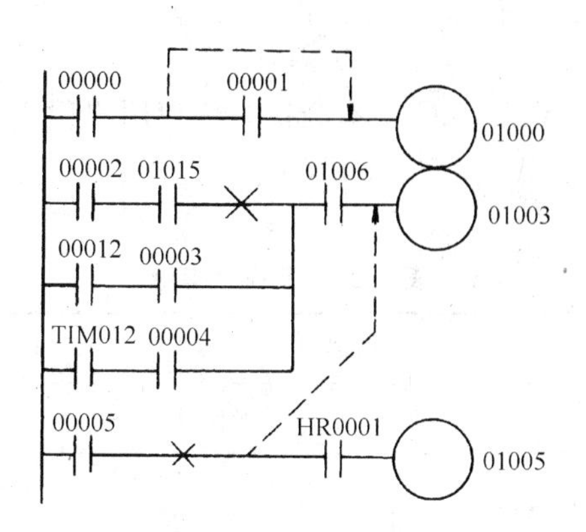

a）

地址	指令	操作数
00000	LD	00000
00001	AND	00001
00002	OUT	01000
00003	LD	00002
00004	AND	01015
00005	LD	00012
00006	AND	00003
00007	LD	TIM012
00008	AND	00004
00009	OR LD	—
00010	OR LD	—
00011	AND	01006
00012	OUT	01003
00013	LD	00005
00014	AND	HR0001
00015	OUT	01005

b）

地址	指令	操作数
00000	LD	00000
00001	NOP	—
00002	OUT	01000
00003	NOP	—
00004	NOP	—
00005	LD	00012
00006	AND	00003
00007	LD	TIM012
00008	AND	00004
00009	NOP	—
00010	OR LD	—
00011	AND	01006
00012	OUT	01003
00013	NOP	—
00014	AND	HR0001
00015	OUT	01005

c）

图 2-34　使用 NOP 修改程序

a）用 NOP 改变梯形图结构　b）改变前程序　c）改变后程序

表 2-23　结束指令

梯形图符号	助记符		功　　能
	指令	操作数	
—[END]	END	—	程序结束

END 必须作为程序的最后一条指令。写在 END 后面的指令将不会被执行。利用这一特点，在程序调试时常将 END 指令暂时插在程序的适当地方，先暂时去掉一部分程序，然后逐

步扩大调试范围，以保证调试工作安全、有序地进行。

如果程序中没有 END 指令，PLC 将不会执行任何用户程序，并给出错误信息。

14. 子程序指令

子程序指令见表 2-24。

表 2-24 子程序指令

梯形图符号	助记符		功能
	指令	操作数	
SBS N	SBS	N:子程序编号 000～049	调用 N 号子程序
SBN N	SBN		N 号子程序的开始点
RET	RET	—	表示指定的子程序结束

子程序调用功能允许用户把一个大的控制任务划分为一些小任务，分别放在子程序中来编程。当主程序调用一个子程序时，CPU 转去执行子程序中的指令，当子程序中所有的指令执行完毕，CPU 转回主程序，从调用子程序指令的下一条指令开始执行。

使用子程序指令应注意下列几点：

1）所有的子程序必须在主程序的结束处编程，即置于主程序的指令之后，END 之前，CPU 扫描工作时，遇到第一个 SBN 时，就认为已经遇到了主程序的结束符号，并返回到下一循环的起始地址 0000。

2）相同的子程序可以在主程序中的不同的地方不受限制的调用。这样当系统多次重复某些操作时可以大大减少程序量。

3）子程序可嵌套，最多可嵌套 16 层。子程序不能调用自己。

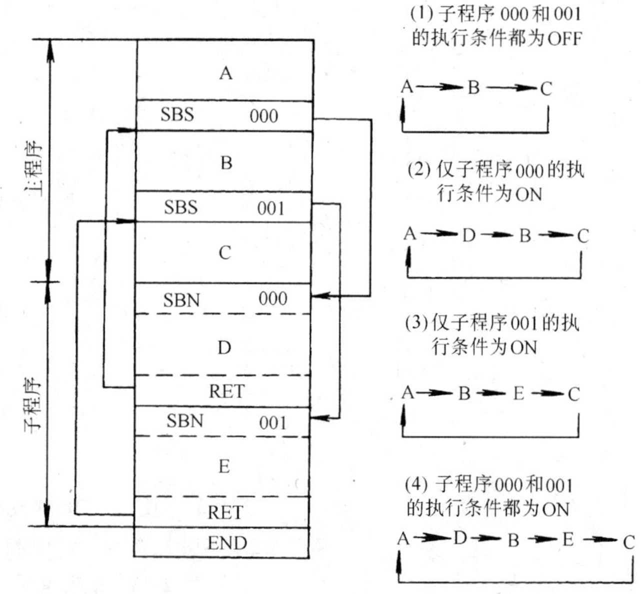

图 2-35 各种执行条件下的子程序执行流程

4）各子程序的编号只能被 SBN 使用一次。

5）若将 DIFU 或 DIFD 置于一个子程序中，在下一次执行子程序之前操作数位将不会返回 OFF，即操作数位可能停留在 ON 状态超过一个循环。

子程序在各种执行条件下的子程序执行流程如图 2-35 所示。

15. 步进指令

步进指令见表 2-25。

表 2-25　步进指令

梯形图符号	助记符		功　能
	指令	操作数	
SNXT S	SNXT	S：00000～01915 20000～25215 HR AR LR	转步控制
STEP S	STEP		某一步进程序段的开始
STEP	STEP	—	步进控制结束，该指令后为常规控制梯形图程序

有许多生产过程可以分解成若干个清晰的连续的阶段，称为“步”，每步要求一定的执行机构动作，上下步之间的转换由转步信号（或称转换条件）控制，当转步信号得到满足时，转换得以实现；所有步依次顺序执行，完成工作循环，称为顺序控制。设 S_i 为转步信号，假如系统正工作在第 2 步，则当 S_2 有效时，第 2 步工作结束，开始第 3 步工作。所以转步信号对上一步来说是停止信号，对下一步来说则是起动信号。转步信号只在该步工作期间内有效，否则不起任何作用。如在第 2 步工作期间，若转步信号 S_4 出现，系统不会作出任何反映，仍然继续第 2 步的工作。这是顺序工作的特点，它避免了电气控制系统的自锁、联锁和互锁等设计方面的困难。CPM1A 的步进指令就是实现这种控制过程的专用指令。

当被控系统的工作为顺序工作时，使用步进指令可使编程工作变得十分容易，程序结构简明清晰。这时候，把整个系统的控制程序划分为一系列的程序段，每个程序段对应于工艺过程的一步。用步进指令可以按顺序分别执行各个程序段，必须在前一段程序执行完以后才能执行下一段。步进程序段内部的编程同普通程序编程方法一样，只是有些指令不能用在步进程序段内（如 IL/ILC 和 JMP/JME 指令）。

使用步进指令要注意下面几点：

(1) 程序段编号 S 其实是一个位地址号，这个位号用作各个程序段的顺序控制，所有的位地址号必须在同一个字中且必须连续。如果使用 HR 或 AR 区，则可以掉电保护。

(2) 步进指令 SNXT 和 STEP 要一起使用。每个步进程序段必须由 SNXT S 开头，并且紧跟其后用一条 STEP S 指令，其中 S 值相同，然后才是该程序段的指令集。各步进程序段可顺序编排。在最后一个程序段的后面也要跟一条 SNXT S 指令，但这条指令中的 S 值已无任何意义，可用任何未被系统用过的位号，要注意的是，该条指令之后要用不带操作数的 STEP 指令来标志这一系列步进程序段的结束。

(3) 步进指令 SNXT S 的执行条件就是转步信号。CPU 执行 SNXT S 指令时首先要复位前面程序段中的定时器和清除数据区。

(4) 不同生产过程的工艺流程变化多样，但主要可以划分为以下几种类型，下面就不同情况说明步进指令的用法：

1) 单序列　图 2-36 所示的系统功能图就是单序列，其特点是由一系列相继执行的步组成，每个步后面仅接一个转换；每一转换条件之后仅有一步。当转步信号 00000 有效（00000 变为 ON）时，开始执行步进程序段 A；只要转步信号 00001 没有到来（即 00001 保持 OFF

状态)，步进程序段 A 就被反复扫描执行。当转步信号 00001 有效时开始执行下一个步进程序段 B，并清除步进程序段 A 的数据区，此时步进程序段 A 中的各元件状态如表 2-26 所示：

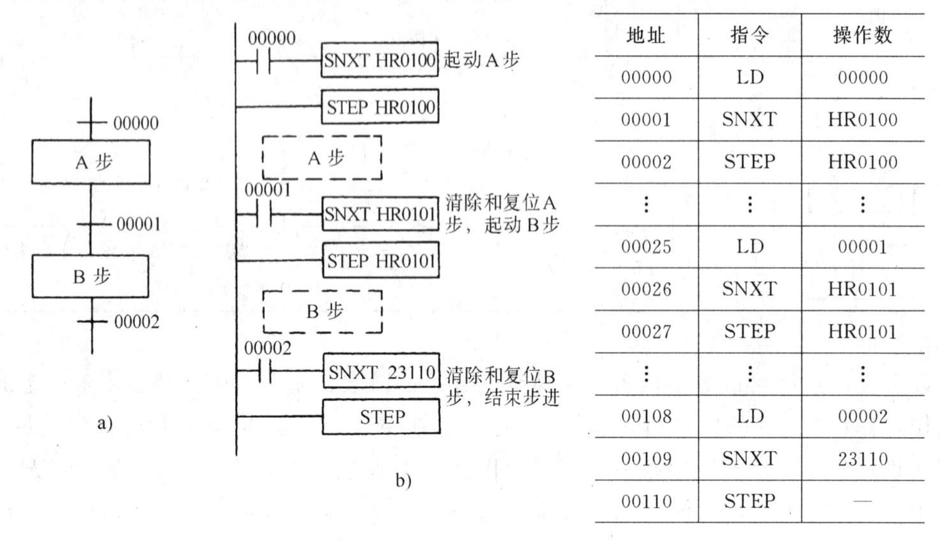

地址	指令	操作数
00000	LD	00000
00001	SNXT	HR0100
00002	STEP	HR0100
⋮	⋮	⋮
00025	LD	00001
00026	SNXT	HR0101
00027	STEP	HR0101
⋮	⋮	⋮
00108	LD	00002
00109	SNXT	23110
00110	STEP	—

图 2-36　单序列编程

a）单序列功能图　b）梯形图

表 2-26　步进程序段 A 中的各元件状态

输出继电器和 IR、HR、AR 及 LR	OFF
定时器	复位
计数器、移位寄存器和 KEEP 指令所用的位	保持原状态

当转步信号 00002 有效时清除步进程序段 B 的数据区，准备重新开始下一周期。

2）选择序列　从多个分支序列中选择某一个分支，称为选择序列，同一时刻只允许选择一个分支。在图 2-37a 中，如工作在 A 步时，以后的转换取决于转步信号 00001 和 00003 的时序关系，如果 00003 先接通，就转换到 C 步；此后一直到下一次执行 A 步之前，转步信号 00001 的状态变化对系统无任何影响。

3）并行序列　满足某个转换条件后，使得几个序列同时动作时，这些序列称为并行序列。它们同时动作后，其每个序列中的步的转换将是独立的；但几个序列要同时同步停止。并行序列的功能图如图 2-38a 所示。在 A 步工作时，如 00001 由 OFF 变为 ON，则 B 步和 C 步同时开始执行。如果在没有进入 D 步的情况下 00003 变为 ON，不会转换到 E 步；当两个序列的 B 步和 D 步同时工作时 00003 变为 ON，B 步和 D 步就同时结束转换到 E 步。必须用 SNXT HR0104 来复位 B 步和 D 步所用过的定时器以及清这两步所用的数据区，为此，SNXT HR0104 用于关断 HR0103，且用关断 HR0103 来复位 D 步所用过的定时器及清 D 步所用的数据区。

限于篇幅，这里仅介绍了 C 系列 PLC 的主要指令使用方法，其他指令的使用请读者参阅有关手册。

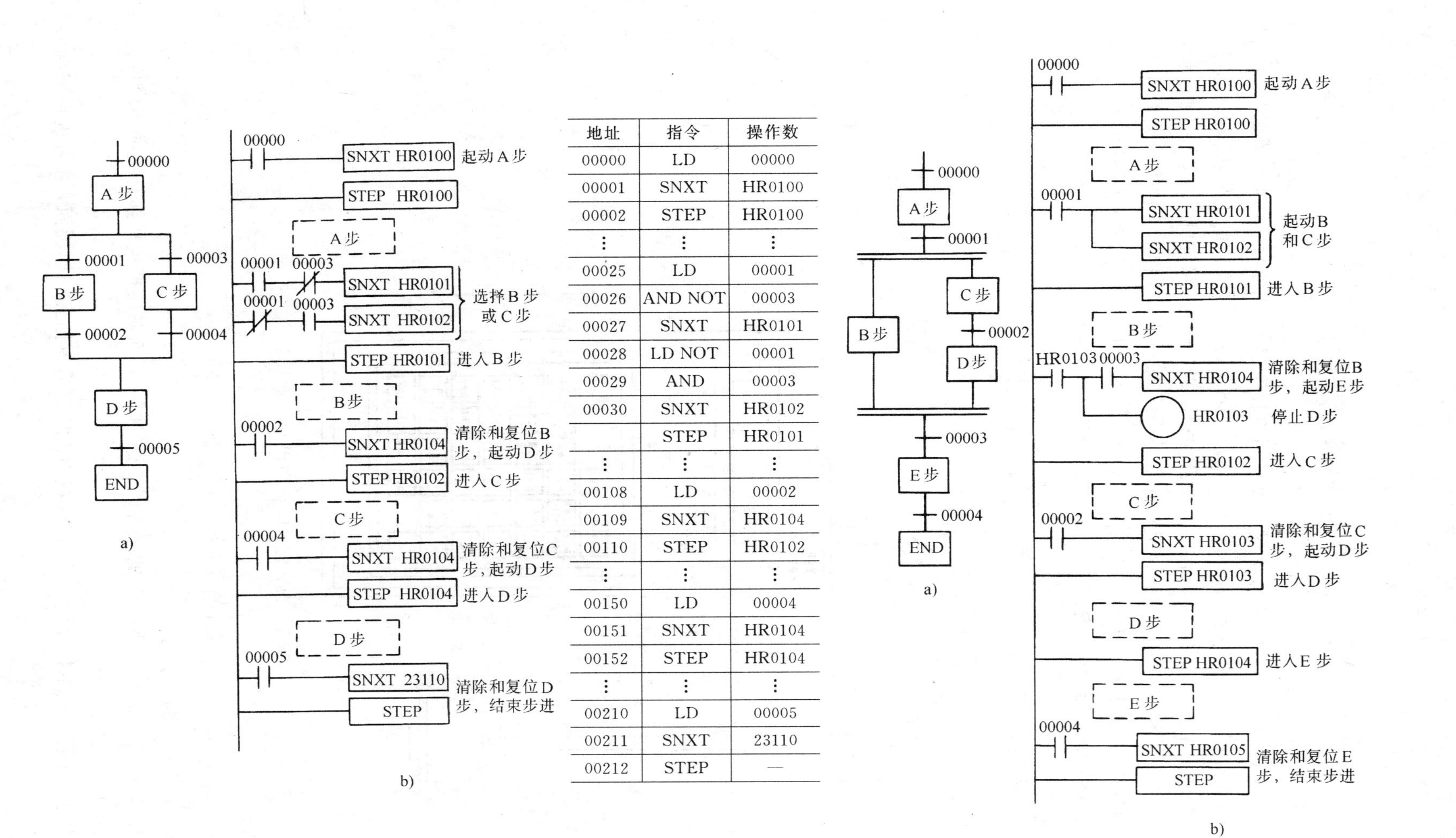

地址	指令	操作数
00000	LD	00000
00001	SNXT	HR0100
00002	STEP	HR0100
⋮	⋮	⋮
00025	LD	00001
00026	AND NOT	00003
00027	SNXT	HR0101
00028	LD NOT	00001
00029	AND	00003
00030	SNXT	HR0102
	STEP	HR0101
⋮	⋮	⋮
00108	LD	00002
00109	SNXT	HR0104
00110	STEP	HR0102
⋮	⋮	⋮
00150	LD	00004
00151	SNXT	HR0104
00152	STEP	HR0104
⋮	⋮	⋮
00210	LD	00005
00211	SNXT	23110
00212	STEP	—

图 2-37　选择序列控制编程

a）选择序列功能图　b）梯形图

图 2-38　并行序列控制编程

a）并行序列功能图　b）梯形图

第四节　编程器及其使用

编程器是 PLC 的重要外围设备。通过它可将用户程序写到 PLC 的用户程序存储器里。利用编程器不仅能对用户程序进行写入、读出、检验、修改，还能对 PLC 的工作状态进行监控。具有编程功能的设备有便携式简易编程器、图形编程器以及个人计算机加上适当的硬件接口和软件包所构成的编程器三种。我们这里只介绍一个便携式简易编程器。便携式编程器虽然种类较多，但功能大同小异。下面介绍的是 OMRON 公司的 CQM1-PRO01 编程器。

一、CQM1-PRO01 结构、安装及功能

1. 结构

外形图及面板如图 2-39。

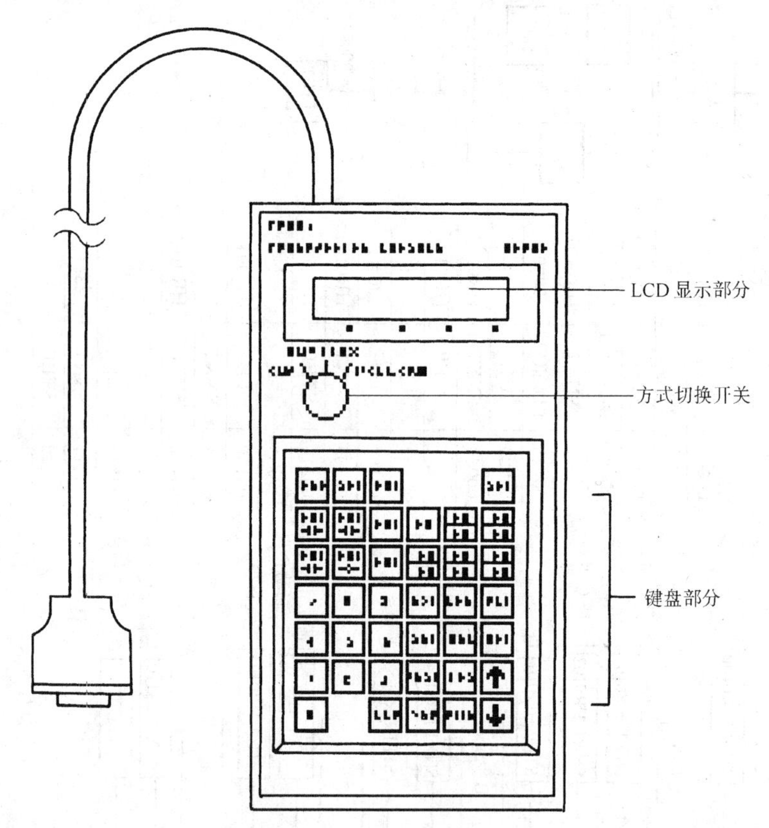

图 2-39　CQM1-PRO01 面板

2. 安装

通过专用线与 PLC 联接（见图 2-39）。

3. 工作方式及功能

(1) 模式切换　当接上 CPM1 A 的电源时，模式提示画面对应模式切换开关的相应位置，对应如图 2-40。

在模式提示画面时，不接受键盘操作，按过 CLR 键后返回到初始画面，才可进行键盘操作。

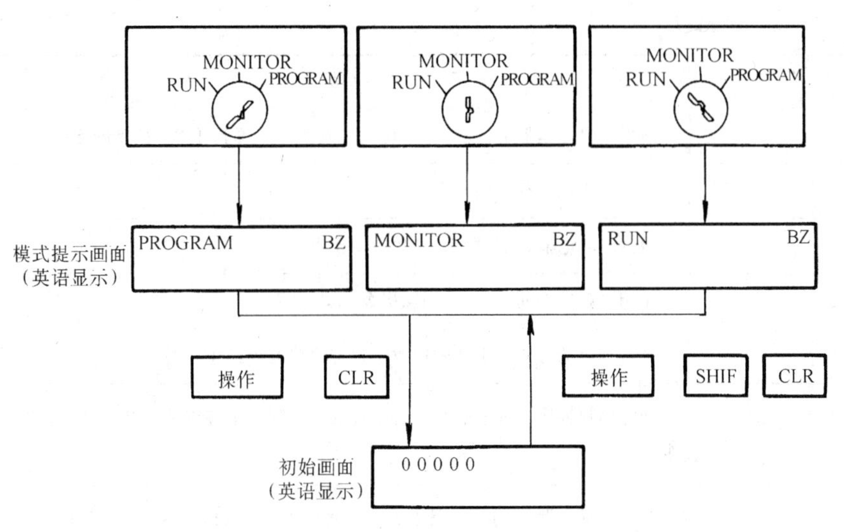

图 2-40 模式切换操作

在初始画面下，按过SHIFT键之后，用模式切换开关进行模式切换时，模式提示画面不出现，保持当前显示画面下，就可以进行模式切换。

CPM1 A 在不接编程器等外围设备时，接上电源后进入运行模式。

(2) 编程模式　在编程模式时，CPM1 A 处于停止状态，此时可进行用户程序的写入、修改、清除内存，以及程序检查等针对程序的操作。

(3) 监控模式　CPM1 A 处于运行状态，其输入输出的处理与运行模式一样。在本模式下可实现对 CPM1 A 的运行状态的监视，也可实现对编程元件接点强制 ON/OFF，对定时器，计数器的当前值、设定值进行修改以及通讯数据当前值的修改等。

监控模式主要用于系统的调试。

(4) 运行模式　系统正常工作时，CPM1 A 总是运行在“运行模式”下。

在这样的模式下，同样可对 CPM1 A 的运行状况进行监视，但与监控模式不同的是：不能对元件接点强制进行 ON/OFF 操作，也不能对定时器、计数器的设定值和当前值进行修改。

CPM1 A 的工作模式切换原则上可任意进行，但应确定对外部设备有无影响。如 PLC 开始运行，是否会导致无法预料的事故。

(5) 编程功能　编程功能如表 2-27 所示。

表 2-27　编程功能表

名　称	功　能
内存清除	用户程序，PLC 系统设定，各继电器、定时器/计数器、数据存储器的数据全部清除
读出/解除故障及提示信息	读出发生故障以及提示信息、解除故障提示信息
蜂鸣器声音的开/关切换	切换蜂鸣器声音（键输入时鸣响）的 ON/OFF
地址设定	在进行程序写入、读出、插入、删除等操作时，设定操作对象地址

（续）

名　称	功　　能
读出程序	读出用户存储器的内容。“运行”、“监视”模式下可读出接点的通断状态
指令检索	检索写入用户程序的指令
继电器接点检索	检索各继电器、定时器、计数器的接点
插入/删除指令	在用户程序中间，插入/删除指令
写入程序	进行程序的写入、指令的修改、设定值修改等操作
检查程序	确定用户程序的内容是否符合编程规则，程序中有错时，出错的地址及内容将显示出来
I/O 监视	监视各继电器、定时器/计数器、数据存储器的数据内容。在画面上会一点一点显示出来
I/O 多点监视	同时进行 3 点的 I/O 监视
微分监视	检测接点的闭合/断开时的沿边状态
通道监视	各继电器、数据寄存器以通道为单位的监视，画面上以二进制的 16 位来显示
3 字监视	连续的 3 个通道同时监视
带符号 10 进制监视	把通道内的以 2 的补码表示的 16 进制变换为带符号的 10 进制数显示出来
无符号 10 进制监视	通道内的 16 进制数变换为不带符号的 10 进制的数显示出来
3 字数据修改	汇总修改连续的 3 个通道数据
修改定时器/计数器设定 1	修改定时器/计数器的设定值
修改定时器/计数器设定 2	以微调节方式修改定时器/计数器的设定值
修改当前值 1	修改 16 进制 4 桁、10 进制 4 位数据的当前值
修改当前值 2	把通道数据修改为二进制 16 位数据
修改当前值 3	将通道的数据改变为－32767～＋32767 之间的 10 进制数输入，自动变换为以 2 的补码表示的 16 进制数操作
修改当前值 4	将通道的数据改变为 0～65536 之间的无符号 10 进制数输入，自动变换为 16 进制数操作
强制置位/复位	将各继电器、定时器、计数器的接点强制为置位（ON）/复位（OFF）
强制置位/复位全解除	被强制置位/复位的所有区域接点，一起被解除
变换数据显示形式	对数据存储器进行“I/O 监视”或“I/O 多点监视”时，HEX（16 进制）4 桁的显示形式与字母的显示形式之间的切换
读出扫描周期	显示执行程序的平均扫描周期

二、输入程序

1. 程序输入前的准备工作

初次对 PLC 编程时，要按下列顺序进行操作：

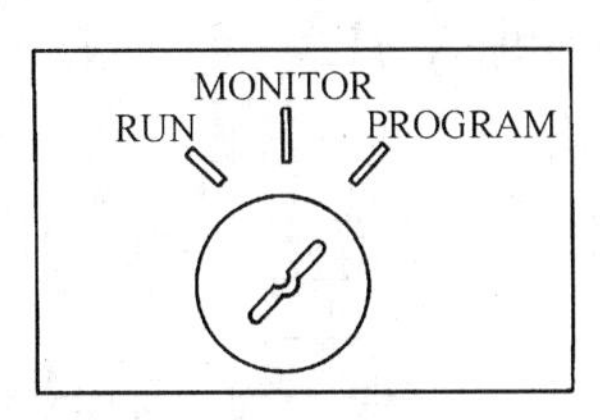

<PROGRAM>
PASSWORD

（1）模式切换开关设定为“编程”，接上 CPM1A 的电源。然后会出现要求输入口令的提示：

（2）输入口令

操作	按键	显示
操作	CLR MONTR	〈PROGRAM〉

（3）清除存储器　提示内存异常时，可多次按CLR键：

操作	按键	显示
操作	CLR	00000
	SET　NOT　RESET	00000 MEM CLR? HR CNT　DM
	MONTR	00000 MEM CLR END HR CNT DM

（4）进行故障及提示信息的读出/解除　显示故障的时候，先排除故障，再按MONTR键，使故障提示信息复位，在有多个故障显示时，请反复进行这一操作。

操作	按键	显示
操作	CLR	00000
	FUN	00000 FUN（0??）
	MONTR	00000 ERR CHK OK

（5）显示初始画面，准备程序写入：

操作	按键	显示
操作	CLR	00000

注意 CPM1A 的电源投入或切断之际，以及口令输入之际，请确认对设备有无影响，因程序的开始运行或停止有可能招致不可预料的故障。

请按下面顺序操作。一直到存储器清除为止：

操作	按键	显示
操作	CLR	00000
	DM　6　6　0　2	D6602 0000
	MONTR	
	CHG	PRES VAL? D6602 0000 ????

1 0 WRITE

D6602
0010

2. 程序输入步骤

以下述图 2-41 程序为例，说明 CPM1A 的程序输入方法。

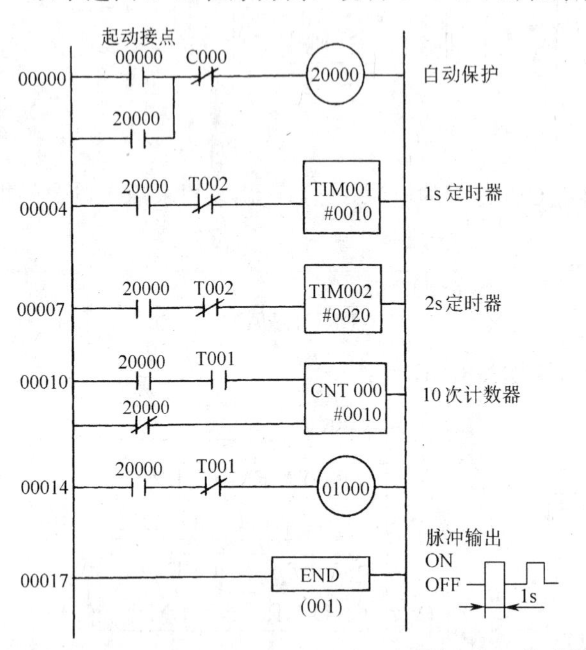

00000	LD		00000
00001	OR		20000
00002	AND NOT	C	000
00003	OUT		20000
00004	LD		20000
00005	AND NOT	T	002
00006	TIM		001
		#	0010
00007	LD		20000
00008	AND NOT	T	002
00009	TIM		002
		#	0020
00010	LD		20000
00011	AND	T	001
00012	LD NOT		20000
00013	CNT		000
		#	0010
00014	LD		20000
00015	AND NOT	T	001
00016	OUT		01000
00017	END（001）		

图 2-41 梯形图例

程序写入由初始画面开始，按照编程表的顺序进行操作：

程序写入步骤：

按照编程表写入程序；写入程序从下面的初始画面开始（先进行到清除存储器为止）。

00000

（1）写入自保持回路　写入 A 接点（-‖-）继电器地址 00000。

操作 LD 0

00000
LD 00000

WRITE

00001 READ
NOP（000）

写入 OR 回路（└ || ┘）继电器地址 20000：

操作 OR 2 0
0 0 0

00001
OR 20000

WRITE

00002 READ
NOP（000）

写入 AND 回路、B 接点（NOT）计数器接点地址 C000：

操作 AND NOT
CNT 0

00002
AND NOT CNT 000

WRITE

00003 READ
NOP (000)

写入 OUT 指令（-◯-）继电器地址 20000：

操作 OUT 20
0 0 0

00003
OUT 20000

WRITE

00004 READ
NOP (000)

(2) 写入 1s 定时器 写入 A 接点（-||-）继电器地址 20000：

操作 LD 2 0
0 0 0

00004
LD 20000

WRITE

00005 READ
NOP (000)

写入 AND 回路 B 接点（NOT）定时器接点地址 T002：

操作 AND NOT
TIM 2

00005
AND NOT TIM 002

WRITE

00006 READ
NOP (000)

写入定时器（TIM），写入定时器号 T001：

操作 TIM 1

00006
TIM 001

WRITE

00006 TIM DATA
#0000

写入定时器设定值#0010：

操作 1 0

00006 TIM ATA
#0010

WRITE

00007 READ
NOP (000)

(3) 写入 2s 定时器 通过以下的键盘操作，写入 2s 定时器回路：

操作 LD 2 0
0 0 0

00007
LD 20000

WRITE

00008 READ
NOP (000)

AND NOT TIM 2

00008
AND NOT TIM 002

WRITE

00009 READ
NOP (000)

操作	显示
操作 TIM 2	00009 TIM 002
WRITE	00009 TIM DATA #0000
2 0	00009 TIM ATA #0020
WRITE	00010 READ NOP (000)

(4) 写入10次计数器　通过以下的键盘操作，写入10次计数器回路：

操作	显示
操作 LD 2 0 0 0 0	00010 LD 20000
WRITE	00011 READ NOP (000)
AND NOT TIM 1	00011 AND NOT TIM 001
WRITE	00012 READ NOP (000)
LD NOT 2 0 0 0 0	00012 LD NOT 20000
WRITE	00013 READ NOP (000)
CNT 0	00013 CNT 000
WRITE	00013 CNT DATA #0000
1 0	00013 CNT DATA #0010
WRITE	00014 READ NOP (000)

(5) 写入脉冲输出　写入A接点 (-||-) 继电器地址20000：

操作	显示
操作 LD 2 0 0 0 0	00014 LD 20000
WREITE	00015 READ NOP (000)

写入AND回路、B接点 (NOT)，定时器接点地址T001。

操作	显示
操作 AND NOT TIM 1	00015 AND NOT TIM 001
WRITE	00016 READ NOP (000)

写入 OUT 指令（-◯-）、继电器地址 01000：

操作	显示
操作 OUT 0 1 0 0 0	00016 OUT 01000
WRITE	00017 READ NOP (000)

（6）写入 END 指令　写入 END（01）指令：

操作	显示
操作 FUN	00017 FUN (0??)
0 1	00017 FUN (001)
WRITE	00018 READ NOP (000)

3. 程序校验

在编程模式下进行程序校验，以确定编制的程序正确。

操作	说明	显示
操作 CLR	（初始画面）	00000
SRCH		00000 PROG CHK CHK LBL (0～2)?
0	（没有出错的情况）	00017 PROG CHK END (001) 00.1kW

校验级别及出错内容，可参考表 2-28。校验等级的指定如下：

0：A、B、C 级为对象；

1：A、B 级为对象；

2：A 级为对象。

每按一次SRCH键，就会显示下一个出错地址。

显示：〈无错的时候〉

显示“END (001)”；

〈有错的时候〉

显示出错的内容，请修改程序后再写入，直到没有出错为止，按SRCH键进行程序的校验。

4. 监视模式下的运行

CPM1 A 在监视模式下运行，确认程序的动作。

表 2-28　程序检查出错表

等级	出错显示	处　　理
A	????	程序内容不对，存在有没有指令码的指令，应改成正确的指令码
	回路错	逻辑开始（LD 指令）与块运算（OR LD、AND LD）的数不一样。应修改程序
	操作数出错	指令中的变量设定有错，应重新设定
	无 END 指令	程序结束位置无 END 指令，应补上 END 指令
	配置出错	指令使用的领域有误，确定指令的使用方法后修改程序
	JME 未定义出错	对应 JMP 指令，没有相同号的 JME 指令。请修改程序
	使用重复	重复使用了 SBS 指令，JME 指令等的编号。请修改程序
	SBN 未定义出错	对应于 SBS 指令，没有相同号的 SBN 指令应修改程序
	STEP 出错	STEP 指令没有用在正确的组合中，应修改程序
B	IL-ILC 出错	IL 指令、ILC 指令不成对，应修改程序
	JMP-JME 出错	JMP 指令、JME 指令不成对，应修改指令
	SBN-RET 出错	RET 指令没有正确使用，或者 SBN 指令与 RET 指令没有正确对应，应修改指令
C	线圈使用重复	同一地址的线圈（输出）被使用两次以上，这将造成误动作，应修改程序
	没有 JMP 出错	对应 JME 指令、没有同号的 JMP 指令，应修改程序
	没有 SBS 出错	对应 SBN 指令、没有同号的 SBS 指令，应修改程序

（1）将模式切换开关，转换到“MONITOR”

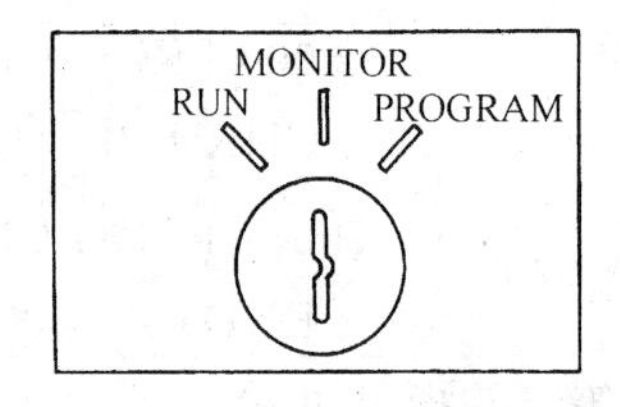

<MONITOR>BZ

（2）显示初始画面

操作　CLR　　　　00000

（3）从编程器上强制设置起动接点 00000 为 ON，CPM1 A 起动程序。

按 SET 键，起动接点 00000 被设置为 ON，程序起动，CPM1 A 的输出 LED 开始闪烁。

松开 SET 键，起动接点 00000 变为 OFF，内部辅助继电器 20000 进行自我保持。电路一直运行直到计数器计数完为止。

操作　LD　0　　　　00000
LD　　00000

MONTR　　　　00000
^OFF

SET

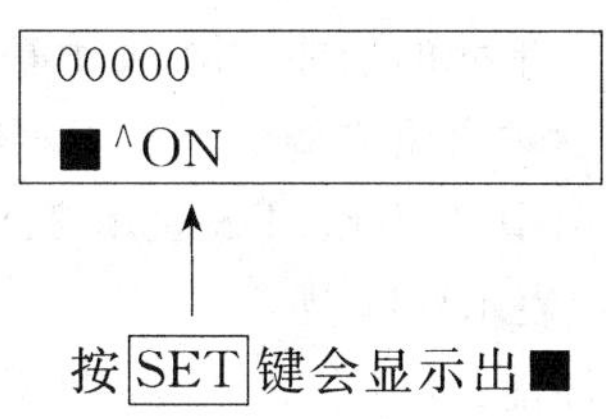

(4) 程序的动作，可以根据 CPM1 A 的输出 01000 对应的 LED 的闪烁来确认。因计数器设定计数 10 次，LED 在闪烁 10 次后，LED 灯灭。

如灯不闪烁，则程序不正常，这个时候，可通过程序的点检和接点的强制置位/复位，来确定动作的正确与否。

第五节　三菱公司 F1 系列 PLC 简介

一、F1 系列 PLC 的基本构成

F1 系列可编程控制器属整体式结构，由基本单元、扩展单元和特殊单元构成。

基本单元有 5 种类型，可单独使用，其输入输出点数分配见表 2-29。

扩展单元用于增加 I/O 点数，本身无 CPU，所以必须与基本单元一起使用。F1 的扩展单元有四种，其输入输出点数分配见表 2-30。

表 2-29　基本单元输入输出点数的分配

类　　型	输入点	输出点
F1-12MR	6	6
F1-20MR	12	8
F1-30MR	16	14
F1-40MR	24	16
F1-60MR	36	24

表 2-30　扩展单元输入输出点数的分配

类　　型	输入点	输出点
F1-10ER	4	6
F1-20ER	12	8
F1-40ER	24	16
F1-60ER	36	24

F1 系列产品还可扩展特殊功能单元，这些单元主要有：

(1) F-4T-E　此单元为模拟设置定时器，通过基本单元的扩展口进行连接。此单元使基本单元增加了 4 个定时器。这 4 个定时器与基本单元内部定时器不同，其设定值可分别由其上的设定装置调整，设定范围分 0.1-1s，1-10s，6-60s，60-600s 四种。

(2) F-20CM　位置控制器，与位控编程板（F-20CP）配合使用，通过基本单元的扩展口与基本单元连接。此单元能有 10 个可编程条件接受 400 点位置。

(3) F2-6A-E　模拟输入输出扩展单元，可与 F1 系列基本单元（除 F1-12M 外）通过扩展口连接。此单元具有 4 点模拟量输入，有 2 点模拟量输出。输入输出可以是电压量，也可以是电流量，通过不同接线端进行选择。F1 系列 PLC 型号说明：

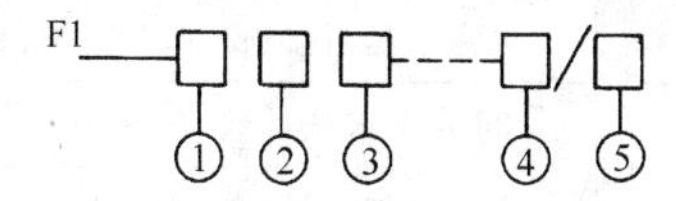

其中：

①表示输入输出总点数。

②表示单元的功能。M 表示基本单元，E 表示扩展单元。

③表示输出模块类型。R 表示继电器输出，S 表示晶闸管输出，T 表示晶体管输出。

④表示型号变化。DS 表示 24VDC，ES 为 T 型漏输出；ESS 表示 T 型源输出。

⑤UL 表示标准型。

技术性能：

技术性能分为一般技术性能、功能特性、基本单元输入性能、基本单元输出性能，其他性能指标等五类，分别见表 2-31 至表 2-35。

表 2-31 一般技术指标

电源	110～120V AC/220～240V AC 单相 50/60Hz
电源波动	93.5～132V AC/187～265V AC，10ms 以下瞬时断电，控制不受影响
环境温度	0～55℃
环境湿度	45%～95%，无凝露
抗振动	10～55Hz，0.5mm，最大 2g（重力加速度）
抗冲击	10g，在 x、y、z 方向各 3 次
抗噪声	1000V，1μs，30～100Hz（噪声模拟器）
绝缘耐压	1500V AC，1min（各端子与接地端之间）
绝缘电阻	5MΩ，500V DC（各端子与接地端之间）
接地	小于 100Ω（如接地有困难，也可不接地）
环境	无腐蚀气体，无导电尘埃

表 2-32 功能技术指标

执行方法		周期执行存储的程序，集中输入/输出
执行速度		平均 12μs/步
程序语言		继电器和逻辑符号（梯形图）
程序容量		1000 步
指令	逻辑指令	20 条（包括 MC/MCR，CJP/EJP，S/R）
	步进梯形指令	2 条（STL，RET）
	功能指令	87 条（包括＋，－，×，÷，＞，＜，＝，等）
程序存储器		内部配置 CMOS-RAM，EPROM/EEPROM 卡
辅助继电器	无锁存	128 点
	锁存	64 点
	状态（锁存）	40 点
	特殊	16 点
数据寄存器		64 点
定时器	0.1s 定时器	24 点（延时接通）0.1～999s
	0.01s 定时器	8 点（延时接通）0.01～99.9s
计数器（锁存）		30 点，减法计数（0～999）
高速计数器（锁存）		1 点，加/减计数（0～999999），最大 2kHz
电池保护		锂电池，寿命约 5 年
诊断		程序检测，定时监视，电池电压，电源电压

表 2-33　基本单元输入技术指标

输入类型		无源触头或 NPN 集电极开路晶体管
绝缘		光电隔离
输入电压		内部电源 DC24V±4V；外部电源 DC24V±8V
输入阻抗		近似 3.3kΩ
工作电流	OFF—>ON	4mA DC（最大）
	ON—>OFF	1.5mA DC（最大）
响应时间	OFF—>ON	近似 10ms（有 8 点可改变从 0～60ms）
	ON—>OFF	近似 10ms（有 8 点改变从 0～60ms）

表 2-34　基本单元输出技术指标

输出类型		继电器输出
绝缘		继电器绝缘
输出负荷	电阻负荷	2A/点
	感性负荷	35V·A/300000 次接通断开
	灯泡负荷	100W
漏电流		0mA
响应时间	OFF—>ON	近似 10ms
	ON—>OFF	近似 10ms

表 2-35　其他技术指标

型　号	F1-12MR F1-10ER	F1-20MR F1-20ER	F1-30MR	F1-40MR F1-40ER	F1-60MR F1-60ER
输入点	6 点和 4 点	12 点	16 点	24 点	36 点
输出点	6 点	8 点	14 点	16 点	24 点
端子块	固定端子			可拆卸端子	
功耗	18VA	20VA	22VA	25VA	40VA
输入传感器电源	0.1A	0.1A	0.1A	0.1A	0.2A

二、F1 系列 PLC 的编程元件及其编号

F1 系列 PLC 的编程元件有：输入继电器 X、输出继电器 Y、辅助继电器 M、特殊辅助继电器（M）、定时器 T、计数器 C、移位寄存器、数据寄存器 D、状态器 S 等 9 种。其元件编号采用 8 进制数。主要元件的功能和编号见表 2-36。

三、F1 系列可编程序控制器的基本逻辑指令

1. F1 系列 PLC 的指令表示形式简洁、编程方便。基本逻辑指令见表 2-37。

表 2-36　主要元件的功能和编号

元件名称	主　要　功　能	编　　　号
输入继电器 X	用以接受用户输入设备发来的输入信号。它与 PLC 的输入端子相连，可提供许多常开常闭接点，供编程使用	基本单元： X000～X007 X010～X013 X400～X407 X410～X413 X500～X507 X510～X513 扩展单元： X014～X017 X020～X027 X414～X417 X420～X427 X514～X517 X520～X527 （根据所使用的 PLC 型号可使用其中的全部或部分编号）
输出继电器 Y	是 PLC 用来传送信号到执行机构的元件，用以将输出信号传给负载。它有三种类型：继电器输出、晶体管输出和晶闸管输出	基本单元： Y030～Y037 Y430～Y437 Y530～Y537 扩展单元： Y040～Y047 Y440～Y447 Y540～Y547

（续）

元件名称	主 要 功 能	编 号	
辅助继电器M	其作用相当于继电器控制线路中的中间继电器，其接点不能直接输出驱动外部负载。分为两种：通用型和掉电保护性	移位寄存器编号	对应的辅助继电器编号
		M100	（M100～M117）
		M120	（M120～M137）
		M140	（M140～M157）
		M160	（M160～M177）
		M200	（M200～M217）
		M220	（M220～M237）
		M240	（M240～M257）
		M260	（M260～M277）
		M300	（M300～M317）
		M320	（M320～M337）
		M340	（M340～M357）
		M360	（M360～M377）
定时器T	其作用相当于继电器控制系统中的时间继电器。可分为： （1）24点定时器0.1～999s，3位数字设定，最小单位为0.1s （2）8点定时器0.01～99.9s，3位数字设定，最小单位为0.01s	24点： T050～T057 T450～T457 T550～T557 8点： T650～T657	
计数器C	F1系列的PLC每个计数器均为断电保护型；计数次数是由编程时设定系数*K*值决定，为减1计数	C060～C067 C460～C467 C560～C567 C660～C667	
状态继电器S	是PLC中的一个基本单元，通常与步进指令一起使用，全部是断电保护型	S600～S647	
数据寄存器D	其作用是供数据传送、比较和算术运算等操作使用	D700～D777	
特殊辅助继电器M	运行监视，运行时接通	M70	
	初始化脉冲。在每次运行开始的第一个扫描周期中接通，利用它可对辅助继电器、计数器和移位寄存器的数据进行初始化	M71	
	100ms时钟脉冲，其中50msON，50msOFF	M72	
	10ms时钟脉冲	M73	
	电池电压跌落，当电压跌落时闭合	M76	
	全部输出禁止。当M77动作时，全部输出中断	M77	
	错误标志	M570	
	进位标志，还可检测X400/X401的上升沿	M571	
	零标志	M572	
	借位标志	M573	
	状态传送禁止（电源故障时保持工作）	M574	
	返回起动状态传送	M575	

表 2-37 基本逻辑指令

指令	功能	目标元素	备注
LD	逻辑运算开始。从输入母线开始，取用常开接点	X、Y、M、T、C、S	常开接点
LDI	逻辑运算开始。从输入母线开始，取用常闭接点	X、Y、M、T、C、S	常闭接点
AND	逻辑“与”。用于单个常开接点的串联	X、Y、M、T、C、S	常开接点
ANI	逻辑“与反”。用于单个常闭接点的串联	X、Y、M、T、C、S	常闭接点
OR	逻辑“或”。用于单个常开接点的并联	X、Y、M、T、C、S	常开接点
ORI	逻辑“或反”。用于单个常闭接点的并联	X、Y、M、T、C、S	常闭接点
ANB	块串联。用于块的串联连接	无	
ORB	块并联。用于块的并联连接	无	
OUT	逻辑输出。用于输出逻辑运算结果	Y、M、T、C、S、F	驱动线圈
RST	用于计数器或移位寄存器的复位	C、M	
PLS	用于产生脉冲微分信号	M100～M377	适用于中间继电器
SFT	用于移位寄存器的移位操作	M	
S	用于输出继电器、中间继电器和状态器的置位操作	M200～M377、Y、S	
R	用于输出继电器、中间继电器和状态器的复位操作	M200～M377、Y、S	
MC	主控指令用于公共逻辑条件控制多个线圈	M100～M177	公共串接接点
MCR	主控结束时返回母线	M100～M177	
CJP	实现条件跳转	700～777	
EJP	实现跳转结束	700～777	
NOP	空操作	无	
END	用于程序的终了	无	

2. 基本逻辑指令应用

（1）LD、LDI 和 OUT 指令　LD、LDI 和 OUT 指令的实际应用见图 2-42。

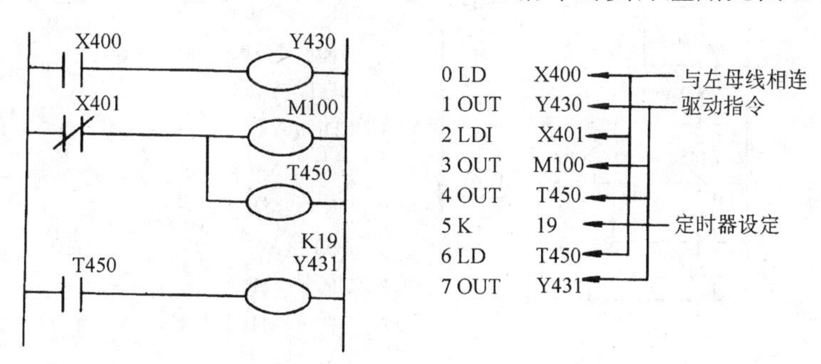

图 2-42　梯形图程序及语序表

LD、LDI 和 OUT 指令使用说明：

1）LD、LDI 用于与公共左母线直接相连的接点信号，也可用于串联或并联块的首个接点，此时LD、LDI 是与 ANB、ORB 配合使用的。

2）OUT 指令用于表示对输出继电器、辅助继电器、定时器及计数器等进行驱动。OUT 指令不能用在输入继电器 X 上。

3）OUT 指令可以连续使用，次数不限。这相当于被驱动的目标元件是并联的逻辑关系。

4）OUT 指令用于驱动定时器或计数器时，紧跟其后的是设定值 K。

注意：每种指令的操作对象都有具体限制。

LD、LDI 适用于 X、Y、M、T、C、S；

OUT 适用于 Y、M、T、C、S、F。

（2）AND，ANI 指令　AND，ANI 用法如图 2-43。

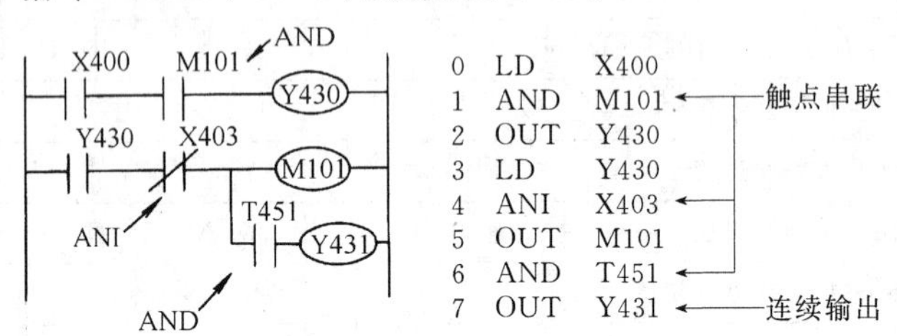

图 2-43　AND、ANI 使用程序及语句表

AND、ANI 指令使用说明：

1）用于单个接点串联连接。

2）在 OUT 指令后面可通过接点对其他元件使用 OUT 指令，称为“连续输出”。如上例中在 OUT M101 后，使用了 AND T451，然后使用 OUT Y431，这样用法就是连续输出。连续 OUT 可以反复使用。

3）串联接点个数以及连续 OUT 指令的使用次数不受限制。但若使用图形编程器编程，由于受到图形编程器屏幕尺寸的限制，每行串联接点的个数应少于 11 个，多于 11 个时，则要续至下一行，续行总数不应超过 7 行。

AND、ANI 适用于 X、Y、M、T、C、S。

（3）OR、ORI 指令　OR、ORI 具体用法如图 2-44。

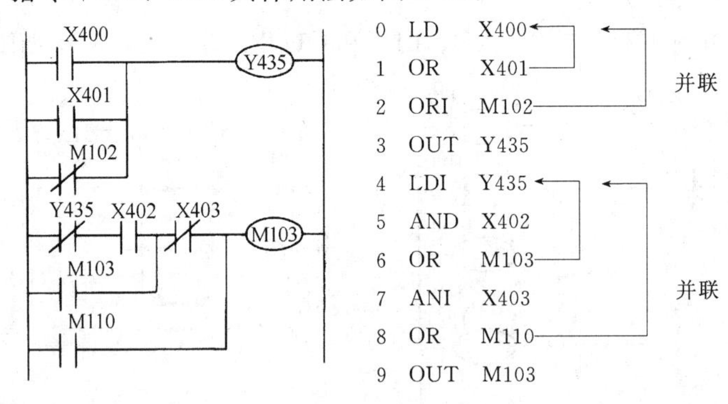

图 2-44　OR、ORI 指令应用例

OR、ORI 指令使用说明：

1）单个接点的并联连接指令。其前面应是 LD、LDI 指令或以 LD、LDI 指令开头的指令块。并联的数量不受限制。

2）要将含有两个以上的接点串联电路并联连接，则不能用 OR、ORI，而应用下面介绍的 ORB 指令。

OR、ORI 指令适用于 X、Y、M、T、C、S。

（4）ORB 指令　ORB 指令使用如图 2-45。

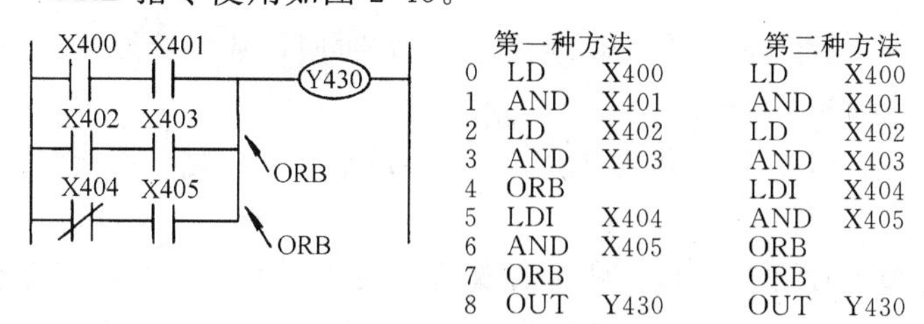

图 2-45　ORB 指令使用例

ORB 指令使用说明：

1）两个以上接点串联时，可将其定义为一逻辑块，每块的开始接点使用 LD、LDI 指令，一个逻辑块与其前面的内容并联时，使用 ORB。

2）若要将多个逻辑块并联时，在每一次并联后应加 ORB 指令。用这种方法编程，对并联的块数没有限制。

3）另一方法是，把并联的各块连续写出，而在这些块定义完后，接着连续使用与并联关系个数相同的 ORB 指令。但用此种方法编程，并联的块数不能多于 8 块。即并联关系以 7 次为限。因此，这种方法不推荐使用。

（5）ANB 指令　ANB 指令如图 2-46。

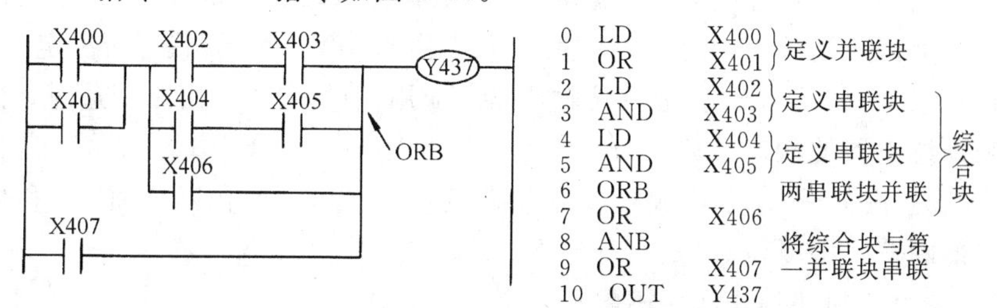

图 2-46　ANB 指令应用例

ANB 使用说明：

1）用于逻辑块的串联，当在每个串联块后写一次 ANB 时，串联的块数不受限制。

2）若采用先把所有的串联块接连定义完成，最后一次性写出 ANB 时，串联的个数以 8 为限。

（6）RST 指令　RST 指令用于计数器或移位寄存器的复位操作。RST 用于计数器的例子如图2-47。

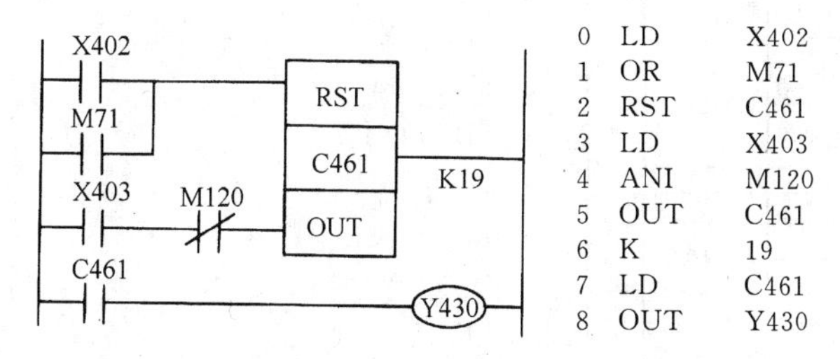

图 2-47　RST 指令应用例

本例中，当计数器的复位输入端 X402 或 M71 闭合时，计数器复位，C461 的常开接点断开，同时，计数器当前值寄存器恢复为设定值。当复位条件不满足时，C461 对计数输入端的接通次数计数，计满 19 次后，C461 的常开接点闭合，继而 Y420 接通。

RST 使用说明：

1）恢复计数器当前值寄存器内容为设定值，同时使计数器接点复位。RST 也用来对移位寄存器进行复位（清“0”）操作。

2）任何情况下，RST 指令优先执行。当 RST 输入有效时，不接受计数器和移位寄存器的其他输入信号。

3）计数器复位程序和计数输入程序在编程时没有顺序要求，且可分散写在程序中。

（7）SFT 指令　SFT 指令专用于移位寄存器的操作，其使用见图 2-48。

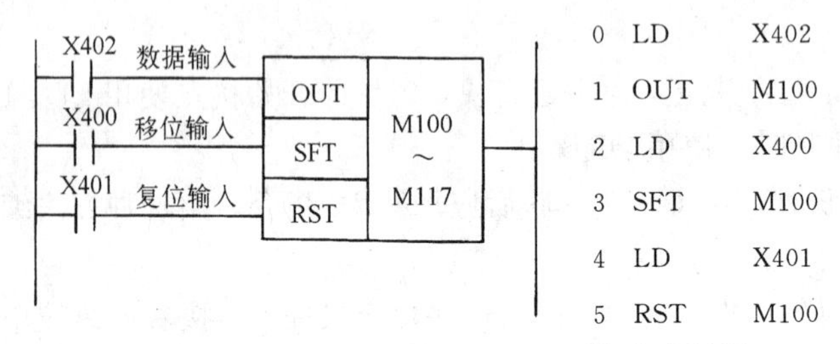

图 2-48　SFT 指令应用例

移位寄存器的使用说明：

1）数据输入端　由 OUT 指令构成数据输入端。数据输入端接点的通/断状态决定移位寄存器首位的状态。上面应用例中，M100 的通/断状态由 X402 的通/断状态所决定。

2）移位输入端　由 SFT 指令构成移位输入端。应用例中，X400 由断变通时，移位寄存器中的每一个辅助继电器的状态右移一位。

3）复位输入端　由 RST 指令构成复位输入端。例中，当 X401 由断变通时，移位寄存器的辅助继电器全部断开，即复位。

4）每个输入端可单独编程，次序不限。

5）F1 系列移位寄存器固定为 16 位，编程时，首位的编号就定义为移位寄存器的编号，总计有 M100，M120，M140，M160，M200，M220，M240，M260，M300，M320，M340，M360 共 12 个。需要时，可将两个移位寄存器串级相连，构成 32 位的移位寄存器。注意在编程时，后一级移位寄存器的程序要先写，如下例：

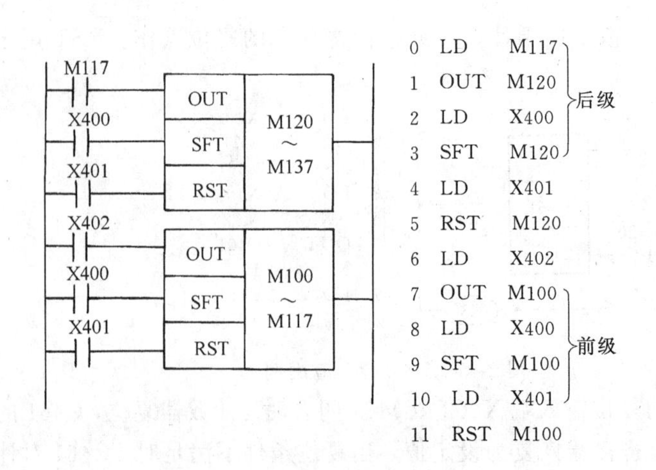

(8) S/R 指令　S/R 指令使用如图 2-49。

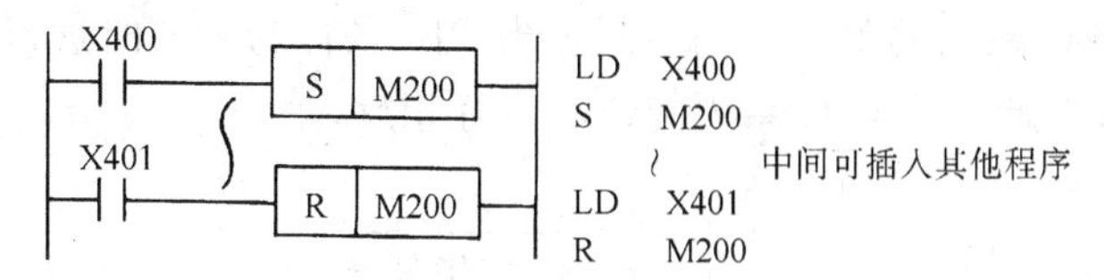

图 2-49　S/R 指令使用

S/R 指令使用说明：

1）用 S 指令时，接通条件的上升沿使目标元件置位且自保；使用 R 指令时，其接通条件的上升沿使目标元件复位。

2）S、R 指令使用次序无限制，且中间可插入其他程序。

S/R 的目标元件是：Y，M200～M377，S。

(9) MC/MCR 指令　MC/MCR 指令称主控及主控复原指令，相当于 OMRON 公司 C 系列的 IL/ILC 指令。MC/MCR 的使用如图 2-50。

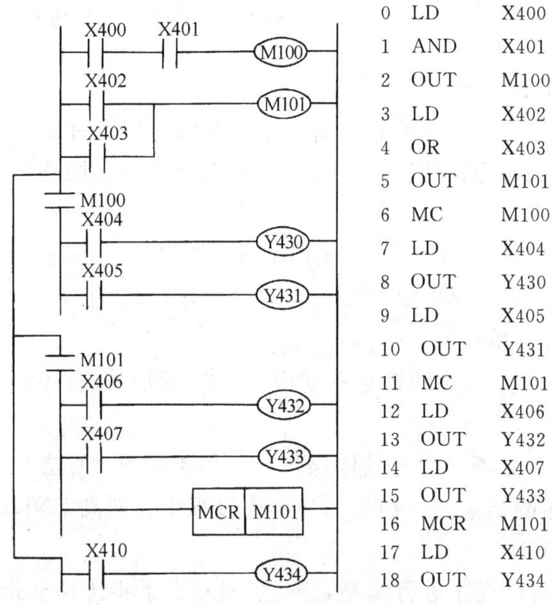

图 2-50　MC/MCR 指令使用

MC/MCR 使用说明：

1）图 2-50 中，当 M100 断开时，Y430、Y431 均断开，只有 M100 接通时，Y430、Y431 才有可能接通；M101 的情况类似。

2）在使用了主控指令 MC 后，相当于左公共母线转移到主控接点的下方，为此，每一个程序分支的起点都要用 LD 或 LDI 指令。

3）主控复位指令 MCR 相当左母线回到原位，即回到主控接点上方的原来母线上。

4）MC、MCR 原则上应成对使用，但当连续使用 MC 时，后一个 MC 有自动使母线复位的功能，所以只需在最后一个 MC 功能完成后，使用一次 MCR。上例中，没有使用 MCR M100 就是这个道理。

(10) CJP/EJP 指令　CJP/EJP 指令使用如图 2-51。

条件跳步指令 CJP 和跳步结束指令 EJP 要成对使用。这对指令在使用时，需加上跳步目标号（700～777）。与 C 系列的跳步指令不同，当 CJP 条件为 ON 时进行跳步，而当 CJP 条件为 OFF 时则不跳步。此规定与 C 系列的情况恰好相反。

CJP/EJP 使用说明：

1）跳步目标与结束目标要一致，如 CJP700 与 EJP700。如果只有 CJP 而无 EJP，则 CJP 会被处理为 NOP。若只有 EJP，而无 CJP，则 EJP 被当作 END。

2）CJP 应在前，EJP 则在后，顺序颠倒也会被处理成 END。

3）跳步目标不在 700～777 范围内，则 CJP 处理成 NOP，EJP 被处理成 END。

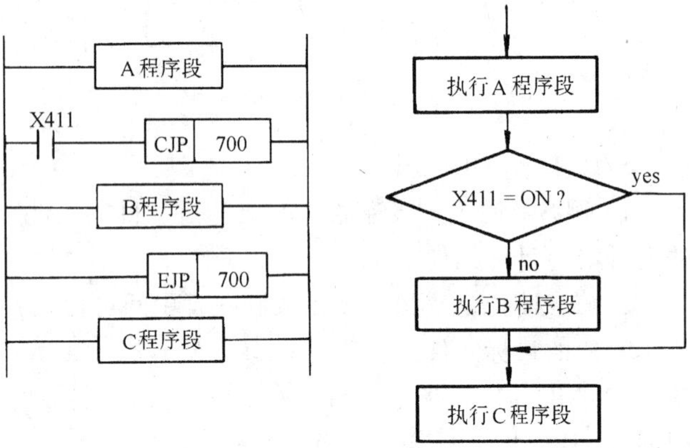

图 2-51　CJP/EJP 应用例

4）在监控条件下，不得对跳步中的程序强制置位、复位及在线修改常数。

5）注意跳步前后定时器的工作状况：在跳步进行前，若定时器没有工作，满足跳步条件后，定时器一直保持不工作状态；若满足跳步条件前，定时器已工作，则跳步条件满足后，定时器的工作可分为两种情形：

a）T50～T57，T450～T457，T550～T557（0.1s 计时单位）：

定时器中断计时，待跳步条件不成立而复位后，继续计时。

b）T650～T657（0.01s 计时单位）：

定时器继续计时，但计时满时，对应的接点不动作。只有当跳步条件不满足而复位后，定时器的接点才会动作。

（11）空操作指令 NOP　NOP 指令没有具体操作，仅用于修改程序方便。

（12）END　用于标明程序的结束，在扫描用户程序过程中，遇到 END，则扫描终止。

四、步进梯形指令 STL/RET

为便于对顺序控制要求的用户程序进行编制，F1 系列专设了步进梯形指令 STL 和步进梯形指令功能结束指令 RET。该指令目标元件为状态器 S600～S647。

步进梯形指令编程通常要根据控制及工艺要求画出状态转移图及步进梯形图。

使用步进梯形指令的简单例子如图 2-52。

由使用例子可以看出，每个状态器对应于顺序控制中一个独立的工作步骤。根据顺序控制的功能要求，状态器编程要注意三个要素：第一是驱动处理，完成本工作步需要动作的对象的驱动；第二是转移条件，当本工作步工作完成时，找到一个合适的信号，使状态发生转移；第三是相继状态，是指转向的目标状态。上例中，当工作在 S600 状态时，驱动 Y430，转移条件是 X401 动作，转移目标为 S601 状态。每当状态转移完成，目标状态器被置位，而原状态器自动复位。

五、功能指令简介

与 OMRON 的 C 系列应用指令相对应，F1 系列 PLC 设有 87 条功能指令，可执行数据高速处理、数据传送、算术运算、专用计数器和模拟量数据处理等功能。功能指令与基本逻辑指令不同，实际上是具有规定功能的子程序。

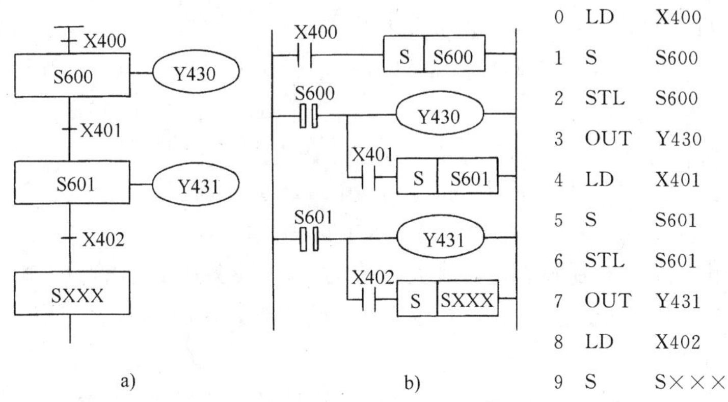

图 2-52　由功能图画梯形图和编程

1. 功能指令的基本格式

功能指令的通用格式如图 2-53。

图中，执行条件满足时，功能指令被执行，否则不执行，执行条件可以是单个接点，也可以是各种编程元件接点的组合。条件设定线圈指定了功能指令执行时的有关条件，随功能指令的不同而不同。条件设定线圈最多可用 5 个，即 F671～F675，也有的功能指令一个设定线圈也不用，每个线圈后由 K 值标明功能指令的详细条件。执行线圈都是用 F670，具体指令内容由执行线圈 F670 后面的 K 的设定值来指定。

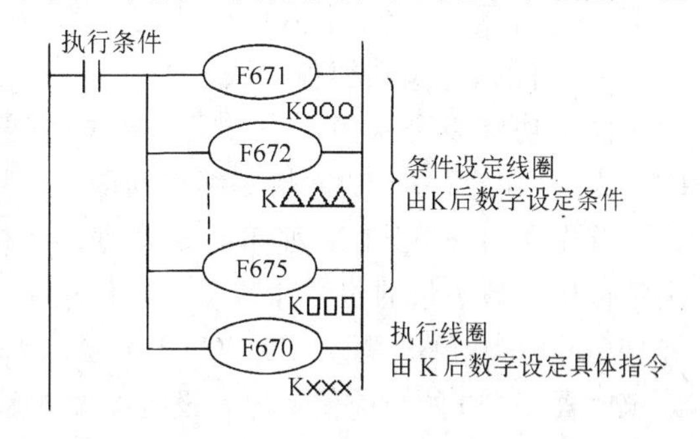

图 2-53　功能指令的格式

2. F1 系列 PLC 的数据处理格式

与大多数 PLC 一样，F1 系列 PLC 的数据格式有三种。

（1）BIN（二进制数）格式　BIN 数据的格式如图 2-54。

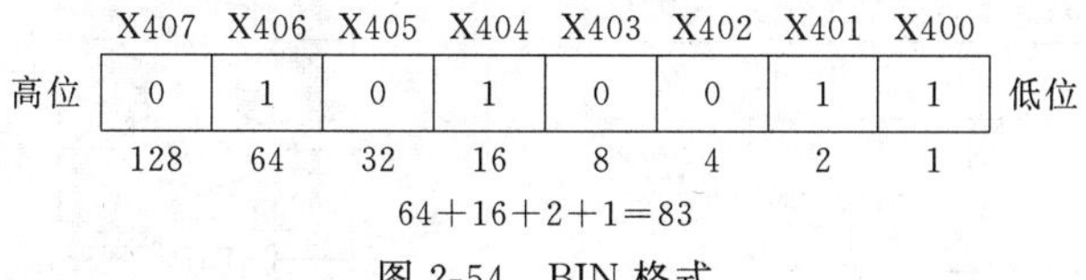

图 2-54　BIN 格式

BIN 数据通常用同类编程元件的若干位相连编号的元件状态所表达。当 X400、X401、X404、X406 接通（对应位为二进制数“1”），而 X402、X403、X405、X407 断开时（对应位为二进制数“0”），其对应的数为 83。

（2）BCD（二—十进制数）格式　BCD 数据格式如图 2-55 所示。

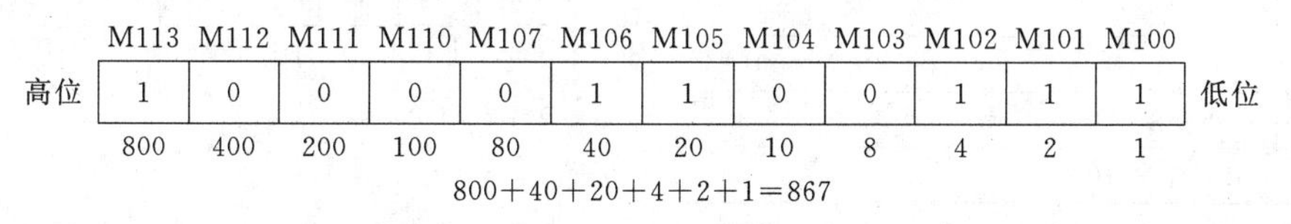

图 2-55　BCD 格式

图中每一位 BCD 码用 4 位二进制码表示，最大取值为 9，超过 9 时，数据出错。定时器和计数器的设定值和当前值均采用 BCD 码表示。

（3）OCT（八进制格式）　OCT 格式如图 2-56。

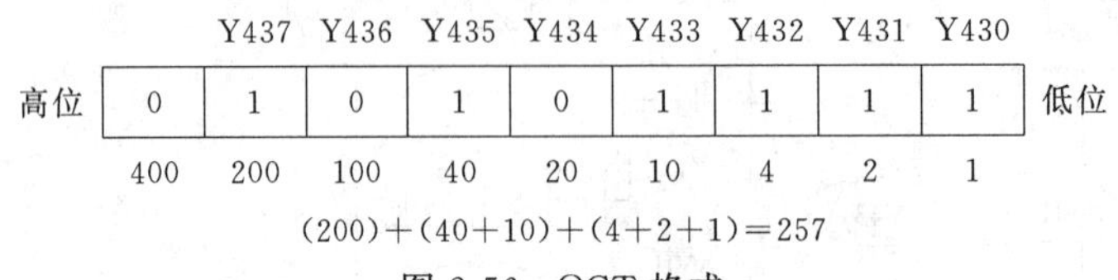

图 2-56　OCT 格式

每位 OCT 数用 3 位二进制码表示，最大取值为 7，8 位数据表示的最大八进制数为 377，对应十进制数为 255。图 2-56 中，当各位状态如图设定时，对应的八进制数是 257。F1 的编程元件号均是八进制数。

在功能指令中，大量使用上述各种格式数据，这些数据怎样应用呢？通常根据编程的需要，在 PLC 允许的器件号中，指定一个数码作为应用数最低位的器件号。例如指定 K400，但这个应用数是用 BIN 格式，BCD 格式还是 OCT 格式表示以及用几位来表示，都得由功能指令的格式来决定。如果用 8 位数码指定 K400，只能说明采用 8 个输入点，所用器件号为 X400～X407。若用 16 位指定 K100，则表示用 16 个辅助继电器，器件号为 M100～M117。

3. 功能指令及其编程方法

由于功能指令众多，本书只以数据传送指令中的 F670 K35 和数据写入指令中的 F670 K34 为例，介绍一下功能指令编程问题。

首先介绍一下 F1 系列 PLC 的数据传送格式。传送格式由条件设定线圈 F673 设置，用来决定传送的数字量的位数和数量级。传送格式有 12 种，见表 2-38。

（1）F670 K35 是读（T、C、D）送（Y、M、S）的数据传送功能指令。使用举例如下：读定时器 T450 的当前值，加上设定的偏差后，按格式 K6 送到以 Y430 为低位的连续 8 个输出继电器中。以梯形图编出的指令格式如图 2-57。

表 2-38　传送格式

传送格式	数字位数和数量级				
K0	0	0	0	0	10^{-2}
K1	0	0	0	10^{-1}	0
K2	0	0	10^0	0	0
K3	0	10^1	0	0	0
K4	10^2	0	0	0	0
K5	0	0	0	10^{-1}	10^{-2}
K6	0	0	10^0	10^{-1}	0
K7	0	10^1	10^0	0	0
K8	10^2	10^1	0	0	0
K9	0	0	10^0	10^{-1}	10^{-2}
K10	0	10^1	10^0	10^{-1}	0
K11	10^2	10^1	10^0	0	0

注：在数字位数和数量级栏中，非“0”项是被传送的。

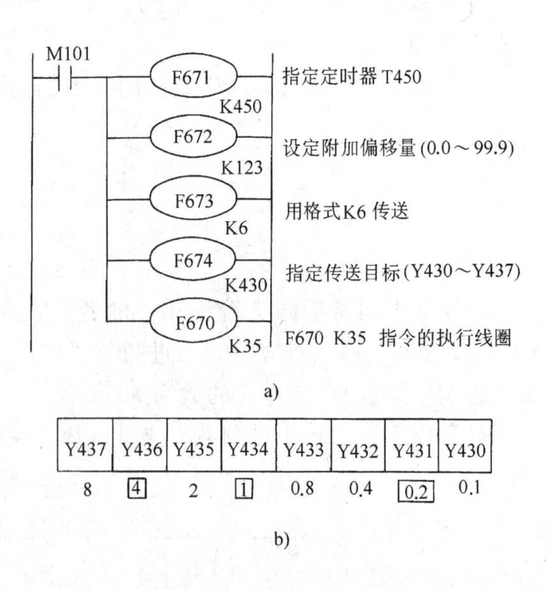

图 2-57　F670　K35 指令格式

若设 T450 的当前值为 72.9，附加偏移量根据图 2-57a 的 F672 设定为 12.3，当 M101 接通时，则得数为 72.9+12.3=85.2，查表可知，当设定为 K6 格式传送时，所传送数据为 2 位数，即 10^0，10^{-1}两位。显然本例中，将 85.2 中的后两位，即 5.2 进行传送，传送的结果见图 2-57b，图中被标上框的数字的对应位为“1”状态，也就是传送的结果是输出继电器 Y 431，Y434，Y436 被驱动。

在下列情况下不执行传送，出错标志 M570 接通。

1）传送源/传送目标地址设定出错。

2）传送目标低位地址的最低位非“0”。

3）传送数据格式出错。

（2）F670 K34 功能指令使用举例：本例中是将数字拨盘开关通过输入继电器 X400—X413 所设定的 BCD 数值加上偏移量 12.3，以格式 K10 传送到 T450 的当前值寄存器中。图 2-58 为 F670 K34 的具体指令格式。图 2-59 则为数字拨盘开关的输入电路。

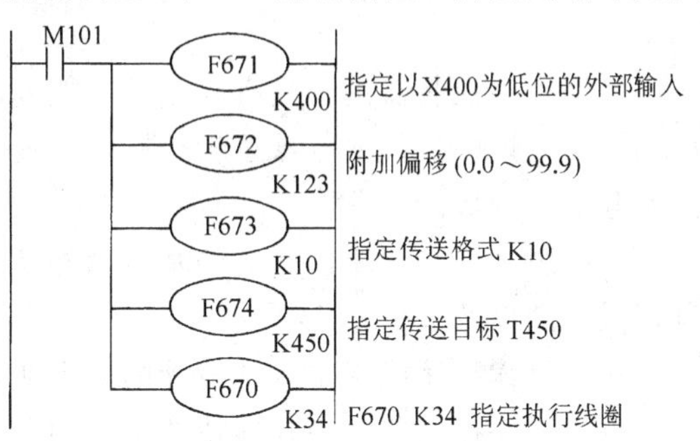

图 2-58 F670 K34 指令格式

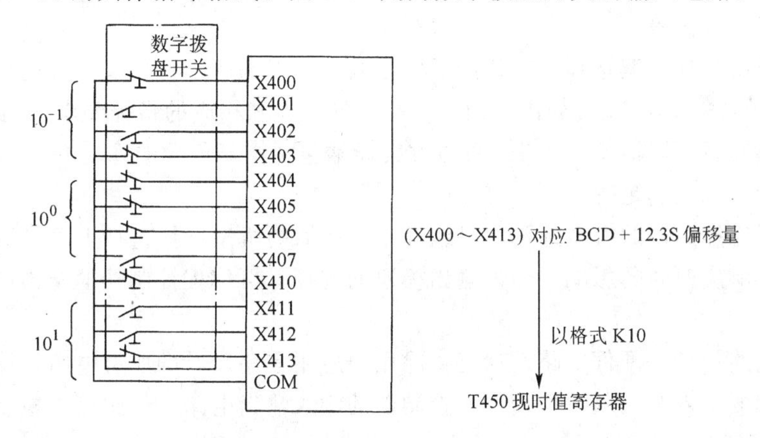

图 2-59 数字拨盘开关接线图及数据传送示意图

由数字拨盘开关的状态可看出，此时通过 X400—X413 所设定的三位 BCD 码加上偏移量后为 110.2，按 K10 格式传送，则 10.2 被传送。在下列情况下，出错标志 M570 接通，且不执行传送操作。

1）元件地址号设置出错。

2）传送格式不在 K0～K11 内。

3）传送源数据不是 BCD 码形式。

有关功能指令的说明：

限于篇幅，这里仅以举例的方式介绍了 F1 系列 PLC 的功能指令使用方法，其他功能指令的使用请读者参阅有关手册。

六、F1 系列 PLC 其他功能

1. 模拟量控制功能

当选用特殊扩展功能模块如 F2—6A 时，F1 系列 PLC 可完成模拟量控制。

2. 位置控制功能

当F1系列PLC配以F2—30GM时，可驱动步进电动机或伺服电动机完成点位控制。

第六节　可编程序控制器系统设计

可编程序控制器由于具有较强的功能和高可靠性，使其在工业控制领域中得到了广泛的应用。从早期的替代继电器逻辑控制装置逐渐扩展到过程控制、运动控制、位置控制、通讯网络等诸多领域。

在熟悉了可编程序控制器的基本结构及指令系统后，就可以结合实际问题进行可编程控制器系统的设计了。

一、可编程序控制器系统设计的内容和步骤

可编程序控制器由于其独特的结构和工作方式，使它的系统设计内容和步骤与继电器控制系统及计算机控制系统都有很大的不同，主要表现就是允许硬件电路和软件分开进行设计。这一特点，使得可编程控制器的系统设计变得简单和方便。

1. 设计内容

设计内容包括：控制系统的总体结构论证、可编程序控制器的机型选择、硬件电路设计、软件设计以及组装调试等。

（1）控制系统总体方案选择　在详细了解了被控制对象的结构以及仔细的分析了系统的工作过程和工艺要求以后，就可列出控制系统应有的功能和相应的指标要求。以此为基础，控制系统的总体方案就可以被拟定出来。总体方案通常包括主要负载的拖动方式、控制器类别、检测方式、联锁要求的满足等。

（2）可编程序控制器的机型选择　可编程序控制器的机型选择包括I/O点数的估算、内存容量的估算、响应时间的影响、输入输出模块的选择、可编程控制器的结构以及功能等几个方面。

（3）硬件电路设计　硬件电路设计是指除用户应用程序以外的所有电路设计。它应包括负载回路、电源的引入及控制、可编程序控制器的输入输出电路、传感器等检测装置、显示电路、故障保护电路等。

（4）软件设计　软件设计就是编写用户应用程序。它是在硬件设计的基础上进行的，利用可编程序控制器丰富的指令系统，根据控制的功能要求，配合硬件功能，使软件和硬件有机结合，达到要求的控制效果。

值得注意的是，有些控制功能既可以用硬件电路实现，也可以由软件编程来实现。这就要求设计者能综合考虑诸如可靠性、性能价格比等因素，使得软件和硬件配置尽可能的合理。

2. 设计步骤

可编程序控制器系统的设计步骤具体如图2-60。

图中的第一步是确定控制对象及控制范围，这一步相当重要。但考虑到这项工作无论采用何种类型的控制器大体要求相同，这方面的内容，只要是涉及系统设计的资料都有详尽的论述，所以这里就不详述了。

二、可编程序控制器系统的硬件电路设计

硬件设计包括的内容很多，这里主要谈一下与可编程序控制器的应用相关部分的硬件电

路设计。至于和电器控制系统、运动控制系统、过程控制系统等相类似部分的电路设计问题，此处也不再重复了。

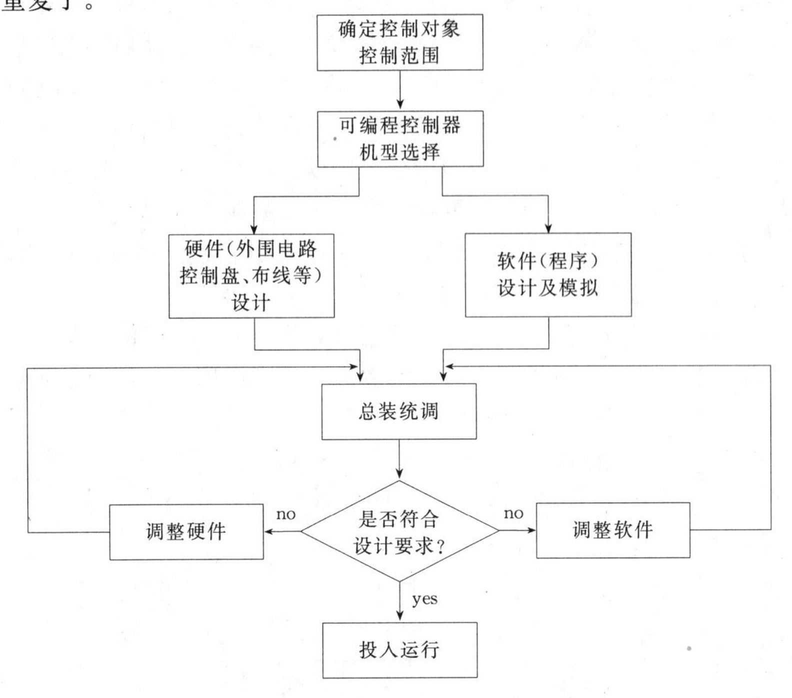

图 2-60　可编程序控制器系统设计流程图

与可编程序控制器的使用相关硬件电路设计主要包括两个方面内容：一是可编程序控制器的选型问题；二是可编程序控制器输入输出电路的设计。

1. 可编程序控制器的机型选择

在使用可编程序控制器时，如何正确的选用合适的机型是系统设计的关键问题。目前，国内外生产可编程序控制器的厂家很多，而同一家工厂生产的产品又有不同的系列，同一系列中又有不同的型号，这使得当前市场上可编程序控制器的型号众多，从而给初次使用可编程序控制器的工程设计人员在选型问题上带来一定的困难。

可编程序控制器的选型可以从以下几个方面来考虑：

(1) 功能及结构　可编程序控制器的功能日益增多。不同型号的产品在功能上有较大的差异。大多数小型可编程序控制器都具有开关量逻辑运算、定时、计数、数值处理等功能，有些机型具有通信联网能力。也有些产品可扩展各种特殊功能模块，完成诸如运动控制、过程控制、位置控制等功能。当控制对象只要求开关量控制时，从功能角度来说，几乎所有型号的可编程序控制器都可胜任。而当控制对象有模拟量的入/出控制要求或其他特殊功能要求时，就应仔细了解不同系列、不同型号的可编程序控制器的功能特点了。

从结构上讲，小型可编程序控制器有整体式和模块式两种结构。单台设备或几台设备共用一台可编程序控制器控制时往往选用整体式结构，考虑到工业控制的发展方向时（工业局域网），选用具有通信能力的可编程序控制器为好。模块式结构组态灵活，易于扩充，特别适用于控制规模较大的场合。合理选用各种功能模块会使所设计的系统既能满足控制要求，又能最大限度的利用可编程序控制器的软、硬件资源。

(2) 输入输出模块的选择　大多数可编程序控制器输入输出模块都可以有几种选择。

输入模块完成控制命令、故障及状态检测等输入信号的转换。一般说来，这些信号的种类可能不同，经输入模块的变换后就可将这些不同电平的信号转变为可编程序控制器内部的统一的电平信号。此外，输入模块还兼有外部电路与可编程序控制器内部电路的隔离作用和防止干扰作用。输入模块的类型分直流 5V、12V、24V、48V、60V 几种；交流 115V 和 220V 两种。选择时主要考虑现场设备与可编程序控制器之间的距离，距离远时，可选电压等级高一些的模块，而距离较近时，选择电压等级低一些的模块就可以了。这样的选择主要是提高系统工作的可靠性。选择输入模块的另一要考虑的因素是系统工作时，同一时间内要接通的点数多少，特别对于 32 点、64 点这些高密度输入模块，同时接通数一般不得超过 60%，如果条件难以满足，就只有选择密度低一些的输入模块了。

输出模块用来将可编程序控制器内部的电平信号转换为外部过程的控制信号。开关频率不高的交直流负载一般选继电器输出型模块；开关频率高、电感强、低功率因数的负载则可考虑选用晶闸管输出模块；开关频率较高的直流负载则应选用晶体管输出模块，因晶体管输出模块使用寿命远大于继电器输出模块。选用输出模块还应注意同时接通点数的电流累计值必须小于公共端所允许通过的电流值。

(3) I/O 点数的估算　I/O 点数是可编程序控制器的重要指标。合理选择 I/O 点既可使系统满足控制要求，又可使系统的造价最低。

传动设备及各种电器元件所需的编程 I/O 点在不同场合应用时不尽相同。比如用可编程序控制器控制一台Y-△起动的交流电动机时，典型使用方式为图 2-61。由图 2-61 可见，输入为四点：分别是电源合闸、起动、停止及过载；而输出则为三点。

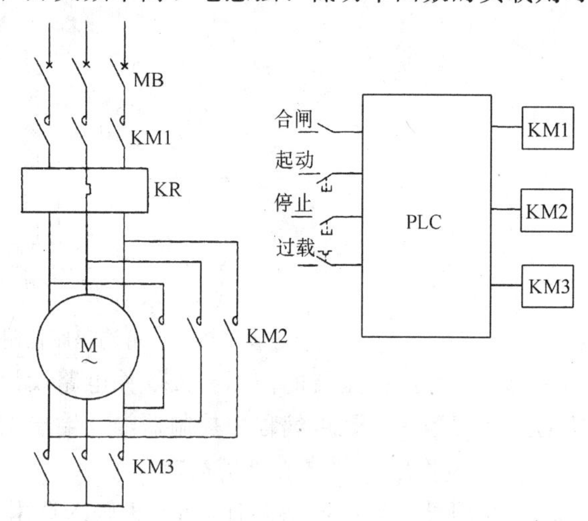

图 2-61　异步电动机Y-△起动控制

但在实际应用中，大多数场合一组电源不只给一台电动机供电，所以合闸信号也不一定每台电动机都需要一个了。选择 I/O 点数的原则是根据具体设备的控制要求有所取舍，满足要求即可。典型传动设备及常用电器元件所需 I/O 点数可参考表 2-39。

在估计出被控对象所需 I/O 点数后，再考虑留有 10%～15%的裕量，就可确定所选型号的可编程序控制器该项指标了。

(4) 内存估计　选择可编程序控制器内存容量应考虑以下几个因素：内存利用率；开关量输入输出点数；模拟量输入输出点数；用户编程水平。

内存利用率是指一个程序段中的接点数与存放该程序所代表的机器语言所需的内存字数的比值。不同厂家、不同产品的内存利用率有些差别，查找相应产品说明书可查到指令长度(以字为单位)，以此可计算出相应的内存利用率。显然，高的内存利用率是有好处的，同样的程序可因较少内存量、缩短程序扫描时间而提高系统的响应速度。

开关量输入输出点数与所需内存容量有很大关系。在一般编程水平下，可用下面的经验公式估算：

$$所需内存字数=I/O 总点数\times 10$$

具有模拟量输入输出时，通常要使用应用指令（功能指令），而应用指令的内存利用率一般均较低，因此一条应用指令占用的内存较多。

表 2-39　常用传动设备和电器元件所需 PCL 的 I/O 点数

序号	电器设备、元件	输入点数	输出点数	I/O 总数	序号	电器设备、元件	输入点数	输出点数	I/O 总数
1	Y-△起动的笼型电动机	4	3	7	12	光电管开关	2	—	2
2	单向运行笼型电动机	4	1	5	13	信号灯	—	1	1
3	可逆运行笼型电动机	5	2	7	14	拨码开关	4	—	4
4	单向变极电动机	5	3	8	15	三挡波段开关	3	—	3
5	可逆变极电动机	6	4	10	16	行程开关	1	—	1
6	单向运行的直流电动机	9	6	15	17	接近开头	1	—	1
7	可逆运行的直流电动机	12	8	20	18	抱闸	—	1	1
8	单线圈电磁阀	2	1	3	19	风机	—	1	1
9	双线圈电磁阀	3	2	5	20	位置开关	2	—	2
10	比例阀	3	5	8	21	功能控制单元			20(6,32,48,64,128)
11	按钮开关	1	—	1					

当只有模拟量输入时，一般只需处理模拟量读入、模拟量转换、数字滤波、传送和比较运算，所用的应用指令数相对少一些。而模拟量输入输出都有时，通常意味着系统要求的控制功能比较复杂，如闭环的运动控制、过程控制等，也就意味着可编程序控制器要进行较为复杂的运算，自然所需的内存数也会大增。针对上述两种不同情况，可用以下经验公式估计所需内存数：

只有模拟量输入时：

$$内存字数=模拟量点数\times 100$$

模拟量输入输出同时存在时：

$$内存字数=模拟量输入输出总点数\times 200$$

所谓编程质量是指完成同样功能所编用户程序长短的一种评价，程序越短，编程质量越好。编程经验较丰富时，编程质量会好些，而初学者，可能相对要差一些。所以初学者在估算内存容量时，应该留多一些裕量。

考虑到上述的各种因素，总的内存容量的经验计算公式为：

$$总存储器字数=I/O 总点数\times 10+模拟量总点数\times 150$$

为可靠计，在上面求得的总字数后再考虑增加 25%左右作为裕量，就可最后确定出可编程序控制器的内存容量了。

（5）响应时间　可编程序控制器的响应时间是指输入信号产生时刻与由此而使输出信号状态发生变化时刻的时间间隔。由于现时生产的可编程序控制器扫描周期都比较短，比如 CPM1 A-20MR，在用户程序 500 步，仅由 LD 指令和 OUT 指令构成时，扫描周期仅为 2.43ms，当然程序再复杂些时，可能达十几个毫秒，即便如此，对于只含开关量控制的电器控制系统来说，因电器本身动作就达十几至几十毫秒，所以，在只有开关量控制的系统中，可编程序控制器的时间响应问题基本上不必考虑。

而在有模拟量输入输出的过程控制或运动控制等场合，可编程序控制器的时间响应就应仔细加以考虑了。

2. 硬件电路设计

在确定了控制对象要求的控制任务和选择好可编程序控制器型号后，首先进行的是控制系统工作流程设计，用流程图明确各信息流间的关系，然后具体安排输入输出的配置。

（1）输入点配置及地址编号　为便于程序的编写，输入点配置可按照下述原则处理：把所有控制按钮、限位开关等分别集中配置，同类型的输入点尽可能分在一组内；若输入点有多余，可将某一个输入模块的输入点分配给一台设备或机器；在使用模块式结构的可编程序控制器时，尽量将具有高噪声的输入信号分配到远离CPU模块插槽的输入模块上。

（2）输出点配置及地址编号　输出点配置及地址编号的原则是：同类型设备占用的输出点最好地址相对集中；按照不同类型的设备顺序地指定输出点地址号；如果输出点有多余可将某一个输出模块的输出点都分配给一台设备或机器；对彼此有关的输出器件，如电动机正转、反转，电磁阀控制的前进与后退等，其输出地址号最好连写。在有些可编程序控制器中，输出点是分组的，在这种情况下，具有相同驱动电源要求的被控件可集中分在同一组中。

当输入输出配置及地址编号确定后，所形成的是可编程序控制器的端子接线图或I/O图表。I/O图表是用户编程的重要依据，是可编程序控制器系统用户软件与硬件电路的连接纽带。

三、可编程序控制器用户程序设计

事实上，可编程序控制器的程序设计往往与硬件设计同时进行。就系统的控制功能实现来说，有些功能既可由硬件电路实现，也可由软件编程实现，大多是软件和硬件相配合才得以实现。所以，软件和硬件的设计应通盘考虑，交叉进行，总体服从于设计的综合要求。

1. 可编程序控制器应用软件设计内容和步骤

用户软件设计首先是根据被控对象的控制要求及系统功能要求，为应用软件的编程提出明确的目的、依据、要求和指标，编制出软件规格说明书。然后在软件规格说明书的基础上使用相应的编程语言（指令）进行程序设计。为此，其内容应包括：可编程序控制器用户软件功能分析和设计；程序结构；程序设计等。

（1）软件功能分析和设计　在正式编程前，首先确定应用软件的功能。这些功能大体有三个：控制功能、操作功能、自诊断功能。

1）控制功能　控制功能是可编程序控制器应用软件的主要部分，系统正常工作的控制功能由该部分实现。

2）操作功能　操作功能指的是人机界面，通常单台可编程序控制器控制时，不必多做考虑。但当可编程控制器多机联网时，特别在工业局域网中应用时，操作功能的程序设计问题就必须加以考虑了。当然，在工业局域网中，大多包括有计算机，此时操作功能往往可由计算机实现。

3）自诊断功能　自诊断功能包括可编程序控制器自身工作状态的自诊断和系统中受控设备工作状态的自诊断两部分。目前大多数可编程序控制器的自身都有较完善的自我诊断功能，用户程序中自诊断主要是指判断受控设备的工作状态等。

（2）程序结构分析和定义　模块化的程序设计方法，是可编程序控制器应用程序设计的最有效、最基本的方法。程序结构分析和设计的基本任务就是以模块化程序结构为前提，以系统功能要求为依据，按照相对独立的原则，将全部程序划分为若干个模块，而对每一个模块提供软件要求，规格说明。

软件设计采用“自上而下”的方法设计。

2. 可编程序控制器用户程序设计的步骤和方法

（1）程序设计步骤　可编程序控制器用户程序设计一般可分为以下几个步骤：程序设计前的准备工作；程序框图设计；应用程序的编写；程序调试；编写程序说明书。

编程准备工作包括对整个系统进行更加深入的分析和理解，弄清楚系统要求的全部控制功能，以硬件设计为基础，确定出软件的功能和作用。

程序框图设计是很关键的设计步骤。这步的主要工作是根据软件规格说明书的总体技术要求和控制系统具体情况确定应用程序的基本结构，按程序设计标准绘制出程序结构框图。在总体框图出来以后，再根据工艺要求绘制出各个功能单元的详细功能框图。框图是编程的重要依据，应尽可能详细。

（2）应用程序的编写　以程序框图为基础，以功能要求为依据，应用可编程控制器的指令逐条顺序编写程序。在程序编写中，尽可能应用成型的典型环节，如振荡电路、延时电路、分频电路等等。

用户程序设计有很多种方法，这些方法的使用因各个设计人员的水平和喜好不同而不同，也和控制对象要求的功能特点有关。常用的几种方法如下：

1）经验设计法　以典型控制环节和电路为基础，根据被控对象的具体控制要求，凭经验进行选择、组合。这种方法对一些比较简单的控制系统很有效，但本法没有普遍规律可循，往往要求设计者有一定的实践经验，而且编制的程序也会因人而异，给系统的使用、维护等带来一定的困难。

2）逻辑设计法　在开关量控制系统中，开关量的状态完全可以用取值为“0”和“1”的逻辑变量来表达，而被控制器件的状态则可用逻辑函数来描述。为此，可编程序控制器应用程序的设计可以借助于逻辑设计方法。

在逻辑设计方法中，常用逻辑函数和运算式与梯形图、指令语句的对应关系见表 2-40。

表 2-40　常用逻辑运算及编程语言对应表

函数和运算式	梯　形　图	指令语句程序
逻辑“与” $f00000(X1,X2)=X1\cdot X2$	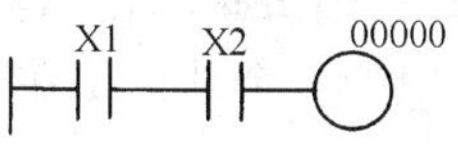 X1　X2　00000	LD X1 AND X2 OUT 00000
逻辑“或” $f00000(X1,X2)=X1+X2$	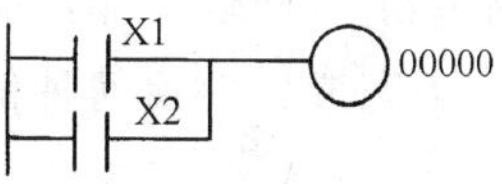 X1　X2　00000	LD X1 OR X2 OUT 00000
逻辑“非” $f00000(X1)=\overline{X}1$	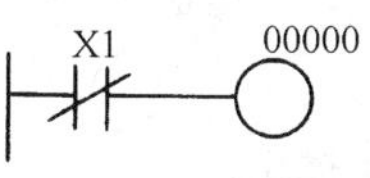 X1　00000	LD NOT X1 OUT 00000

（续）

函数和运算式	梯形图	指令语句程序
多项“与”运算式 $f01000=\prod_{i=1}^{n} Xi = X1 \cdot X2 \cdots Xn$	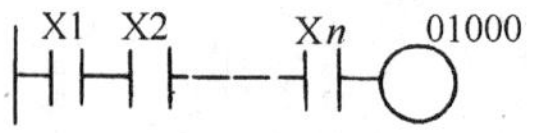 X1 X2 Xn 01000	LD X1 AND X2 ⋮ AND Xn OUT 01000
“或/与”运算式 $f01000=(X1+X2)\cdot(\overline{X}3+X4)$	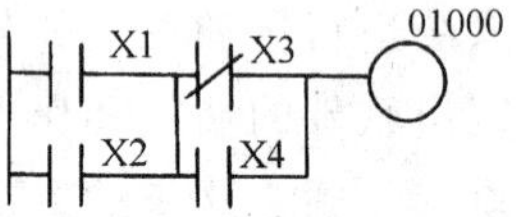 X1 X3 01000 X2 X4	LD X1 OR X2 LD NOT X3 OR X4 AND LD OUT 01000
“与/或”运算式 $f01001=X1\cdot X2+X3\cdot X4$	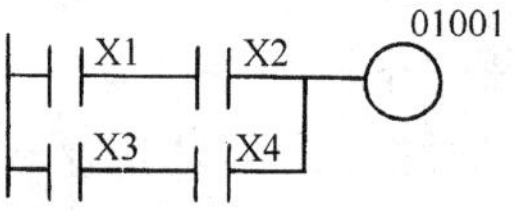 X1 X2 01001 X3 X4	LD X1 AND X2 LD X3 AND X4 OR LD OUT 01001

采用该法设计时，首先要求列写出执行元件动作节拍表，然后绘制出电器控制系统的状态转移图，进而列写出执行元件的逻辑函数表达式，最后经变换后得到可编程序控制器的应用程序。

3)利用状态转移图设计法　状态转移图又称功能表图，对于有顺序控制要求的系统来说，利用状态转移图编程是非常方便的。许多小型可编程序控制器都设有专门的顺序控制指令，如三菱公司的小型可编程序控制器有两条步进顺序控制指令 STL 和 RET，与该指令对应的设置了编程元件状态器 S。而 OMRON 公司的小型可编程序控制器相应有三条步进控制指令：STEP N 为步进程序段开始指令；STEP 为步进程序结束；而 SNXT N 则为程序步进指令。

在用步进指令编程时，首先应画出状态转移图。状态转移图可由工艺流程图转换过来，图 2-62 为机械手运动工艺流程图及对应转换过来的状态转移图。

由图 2-62 不难看出，状态转移图由状态、驱动、转移条件三个内容组成。

(1) 状态　对应于工艺流程中的一个独立工作步，除标明工作内容外，还应标明 PLC 对应的编程元件或程序步。

(2) 驱动　指定在本工作步中由哪些输出元件驱动执行器件。

(3) 转移条件　指明本工作步完成后，由何种信号使状态顺序转移，在转移到下步的同时关闭已完成的工作步。

在图 2-62 中，使用了 OMRON 公司的 CPM1 A 可编程序控制器，用程序步定义了工作状态。

四、可编程序控制器系统设计举例

某中央空调系统的冷水机组采用 4 台全封闭制冷压缩机，组成两个制冷回路，拟用可编程序控制器进行控制，设计过程如下：

1．分析工艺过程、明确控制要求

（1）工艺过程分析　本系统的两个制冷回路相对独立，可以两个回路同时工作，也可以各自单独工作。为便于调整及运行，控制方式要求有手动和自动两种。为提高自动化水平，要求对回水温度进行监测，并以其监测值为条件，自动增减投入运行的制冷回路数。具体要求是：刚开机时，由于冷水的回水温度较高，所以两个制冷回路要求同时投入。当回水温度降到某一设定值后，先停掉一个制冷回路。而当回水温度进一步降到第二设定值时，第二个制冷回路也要停下来；同理，当回水温度升高时，制冷回路应依次自动投入运行。

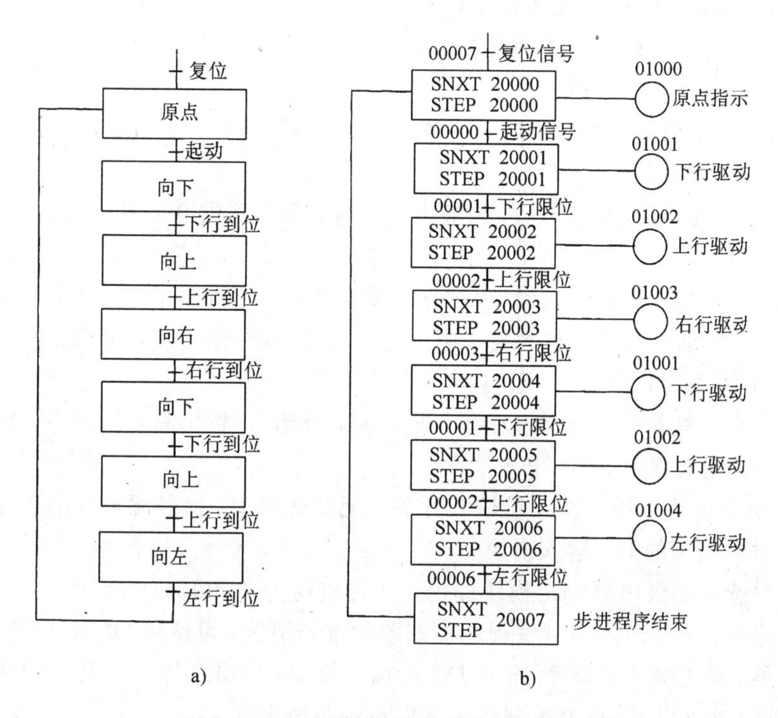

图 2-62　机械控制工艺流程及状态转移图

此外，还应有较全面的系统监测、保护、报警及显示等功能。

（2）控制要求　控制要求如下：

1）4 台压缩机电动机因每台功率只有 25kW，且电网容量允许，为简化系统，起动方式可采用满压直接起动。但若 4 台电动机同时起动，则可能造成对电网的过大冲击，所以要求 4 台电动机依次起动，并保持一定的时间间隔。

2）应设有手动、自动两种运行方式。在选择自动运行方式时，可根据制冷要求设定相应的温度监测值，并以开关量形式控制各制冷回路的工况切换，从而达到制冷量的自动调节作用。

3）为保证机组的运行安全，应设有冷水机组与水泵间的联锁控制，即水泵不运行时，冷水机组不能起动。此外，冷水或冷却水断水、冷水出口温度过低、压缩机排气压力过高或吸气压力过低等也应设有相应的保护。

4）压缩机电动机的缺相、过载等必要保护环节应齐全。

5）显示环节有各压缩机状态、机组的运行方式及各种故障状态等。在故障状态时，最好有声光同时示警。

2. 可编程序控制器的选型

(1) I/O 点数估算　每个制冷回路设有投入/退出开关、起动信号、温度设定开关、压缩机电子保护开关 2 个、压缩机过载保护开关 2 个、回路高压保护、回路低压保护，合计需 9 点输入。两个回路要 18 点输入。

机组设有防冻开关、冷水水泵联锁开关、冷却水出口温度过高极限开关、冷水水流开关、冷却水水流开关、冷却水水泵联锁开关、三相电源缺相检测信号等，另需 7 个输入点。

自动/手动工作方式选择开关需要 1 点。

自动工作时要有起、停控制按钮需要 2 点。

故障报警的消音按钮占 1 点。

在以上实需 29 个输入点的基础上再考虑留有 10%的裕量，可选定 PLC 应不少于 32 个输入点。

输出点估计：4 台压缩机需 4 个控制输出点，电子保护器供电也要 4 个点，故障报警要 1 个输出点。

压缩机运行显示要 4 个点，自动/手动显示要 2 个点，电源显示要 1 点，防冻、冷却水断水，冷水断水、开机延时等显示也各需 1 点，总计实需 20 个输出点，考虑裕量后，可实选具有 22 个输出点的可编程控制器。

(2) 内存估计　考虑到本系统仅有开关量控制，且输入/输出总点数不多，现有的各种可编程控制器都可满足要求。

(3) 输入/输出模块选择　本系统输入开关量无特殊要求，信号源与可编程控制器距离并不远，可选＋24V 电源的 DC 输入模块。

而输出模块选一般继电器输出模块即可，工作电压为 AC110V 或 220V。

根据上述分析，再考虑国内可编程序控制器的市场情况，可选用 OMRON 公司的 C200H 型可编程控制器。输入模块选两个 16 点 DC 的输入模块 C200H-ID212，共 32 点输入。输出可选两块 C200H-OC222 共 24 点继电器输出，即可满足要求。

3. I/O 端子分配及 I/O 分配表

(1)I/O 端子分配　在采用模块式结构的可编程序控制器时，母板槽的位置对应于特定的通道号。本例中选用 5 槽母板 C200H-BC051，可将两块输入模块分别插在 0 号槽和 1 号槽上，对应的输入通道号即为 000CH 和 001CH；将两个输出模块分插在 3 号和 4 号槽上，则输出模板的通道为 003CH 和 004CH。输入输出端子分配接线如图 2-63。

图中个别输入信号的说明：

冷却水出口温度由相应温度检测装置检测，当水温低于设定值时温度继电器处于常态，其常闭接点处于通态。PLC 的输入继电器 00008 处于动作状态。

回路 1 温控和回路 2 温控的温度继电器设定值不同。回路 1 温控设定值高于回路 2 的温度设定值，两继电器分别在达到各自的设定值时动作，为此，在未达到设定值时，对应的 00010 和 00011 均处于动作状态。

同理，防冻开关也是一个温度继电器，其设定值约 3℃，温度在设定值以上时，00013 处于动作状态。

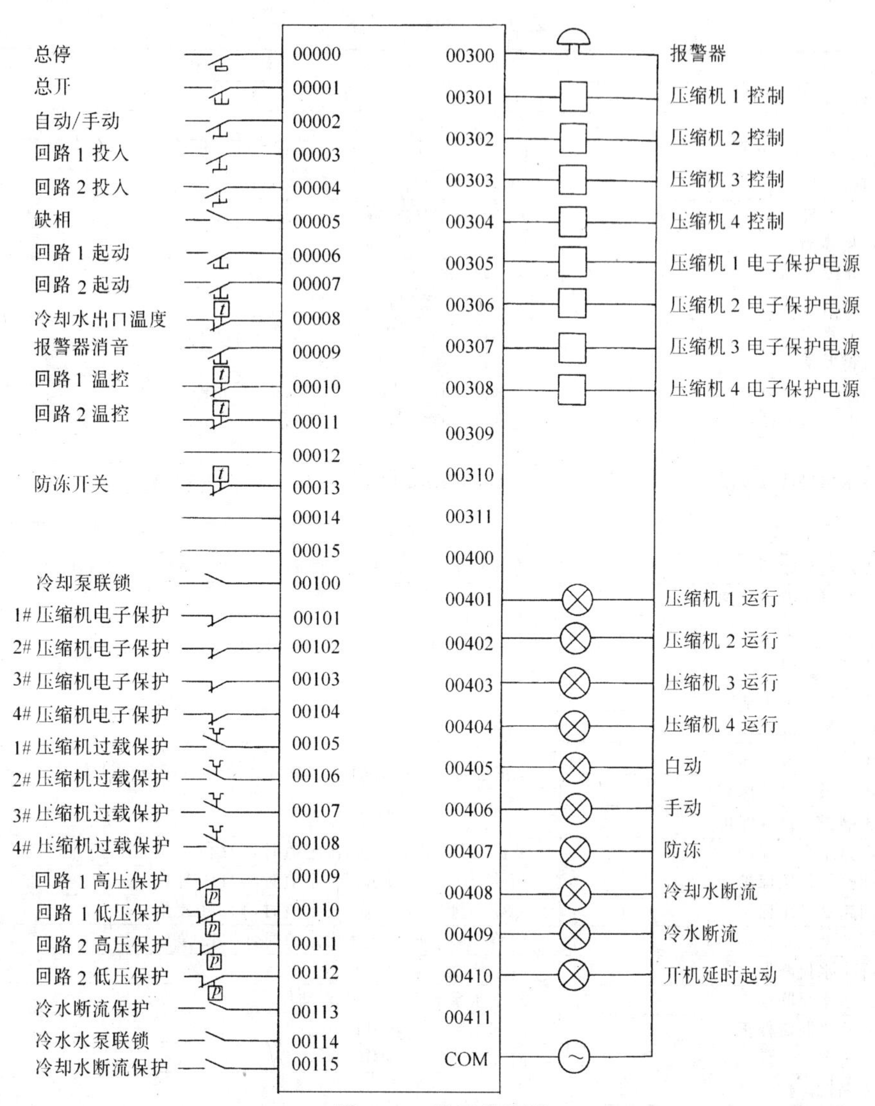

图 2-63　端子接线图

回路 1 和回路 2 的高低压开关在未达设定值时，对应的 00109、00110、00111、00112 均处于动作状态。

而两个水流开关在水未断流时动作，所以水未断流时，00113、00115 处于动作状态。

水泵联锁开关在各自水泵开启后为通态。

(2) I/O 分配表（见表 2-41）　结合端子接线图可得到端子分配表，在系统设计时，给出此表，有利于程序设计和程序分析。

4. PLC 控制程序设计

该冷水机组控制功能并不复杂，输入输出点数不多，可采用经验设计法，模块式程序结构。

(1) 控制功能程序模块　本模块包括机组控制程序，制冷量自动调节控制程序等。考虑到程序的易读性，各回路的单独保护也设在本模块内。

(2) 监控及保护程序模块　有关整个制冷机组的监控和保护程序可集中在本模块中。

表 2-41 I/O 分配表

I/O 号	用　途	注　释
00000	总停开关	系统总停
00001	总开开关	自动运行时起动系统
00002	自动/手动切换	打手动时 00002 接通，自动时 00002 复位
00003	回路 1 投入	00003 动作时，回路 1 可以起动
00004	回路 2 投入	00004 动作时，回路 2 可以起动
00005	缺相检测	缺相时，00005 复位
00006	回路 1 起动	手动时，起动回路 1
00007	回路 2 起动	手动时，起动回路 2
00008	冷却水出口温度高限	冷却水出口温度达到设定值时，00008 复位
00009	报警器消音	复位声音报警器
00010	回路 1 温度设定	达到温度设定值时，00010 复位，1 路停
00011	回路 2 温度设定	达到温度设定值时，00011 复位，2 路停
00012		
00013	冷水出口低温极限	冷水出口温度达到设定值时，00013 复位，系统总停
00014		
00015		
00100	冷却水泵联锁	冷却水泵开时，00100 动作
00101	压缩机 1 电子保护	正常时，00101，00102，00103，00104 处于动作状态
00102	压缩机 2 电子保护	
00103	压缩机 3 电子保护	
00104	压缩机 4 电子保护	
00105	压缩机 1 过载保护	正常时，00105，00106，00107，00108 处于复位状态
00106	压缩机 2 过载保护	
00107	压缩机 3 过载保护	
00108	压缩机 4 过载保护	
00109	回路 1 高压保护	回路 1 排气压力达到设定值时，00109 复位
00110	回路 1 低压保护	回路 1 吸气压力达到设定值时，00110 复位
00111	回路 2 高压保护	回路 2 排气压力达到设定值时，00111 复位
00112	回路 2 低压保护	回路 2 吸气压力达到设定值时，00112 复位
00113	冷水水流断保护	冷水流断时，00113 复位
00114	冷水水泵联锁	冷水水泵起动后，00114 动作
00115	冷却水断流保护	冷却水断流时，00115 复位
00300	报警器	故障时，00300 动作
00301	压缩机 1 控制	分别控制 1～4 压缩机
00302	压缩机 2 控制	
00303	压缩机 3 控制	
00304	压缩机 4 控制	
00305	压缩机 1 电子保护器供电	分别提供 4 台电动机的电子综合保护器电源
00306	压缩机 2 电子保护器供电	
00307	压缩机 3 电子保护器供电	
00308	压缩机 4 电子保护器供电	
00401	压缩机 1 运行	显示运行
00402	压缩机 2 运行	
00403	压缩机 3 运行	
00404	压缩机 4 运行	
00405	自动运行指示	自动运行显示
00406	手动运行指示	手动运行显示
00407	防冻指示	冷水出口温度达低限值显示
00408	冷却水断流	冷却水断流显示
00409	冷水断流	冷水断流显示
00410	开机延时指示	开机的延时过程中显示

(3) 报警及显示程序模块　在故障状态下，设置警铃及相应指示灯。这部分包括手动、自动指示等。

综合考虑各模块的相应关系后，所编制的梯形图程序如图 2-64。

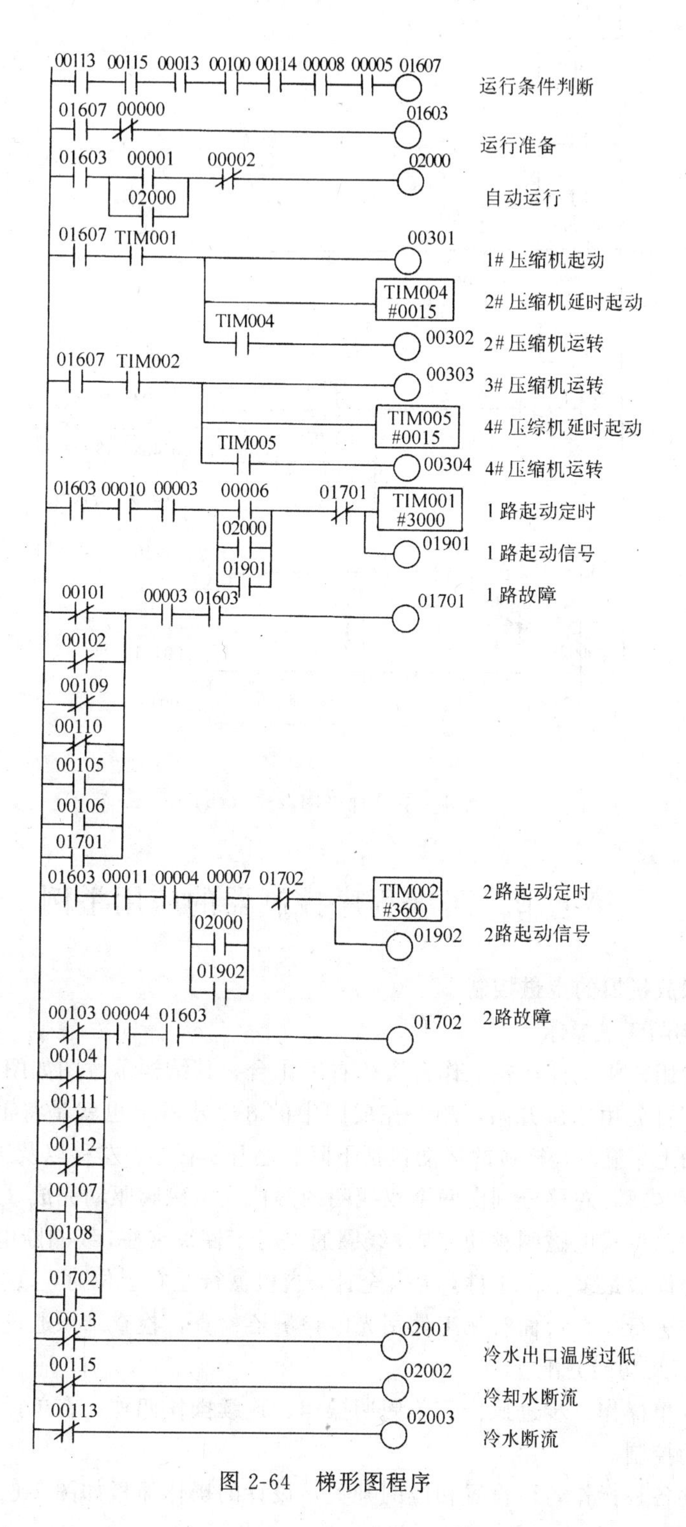

图 2-64　梯形图程序

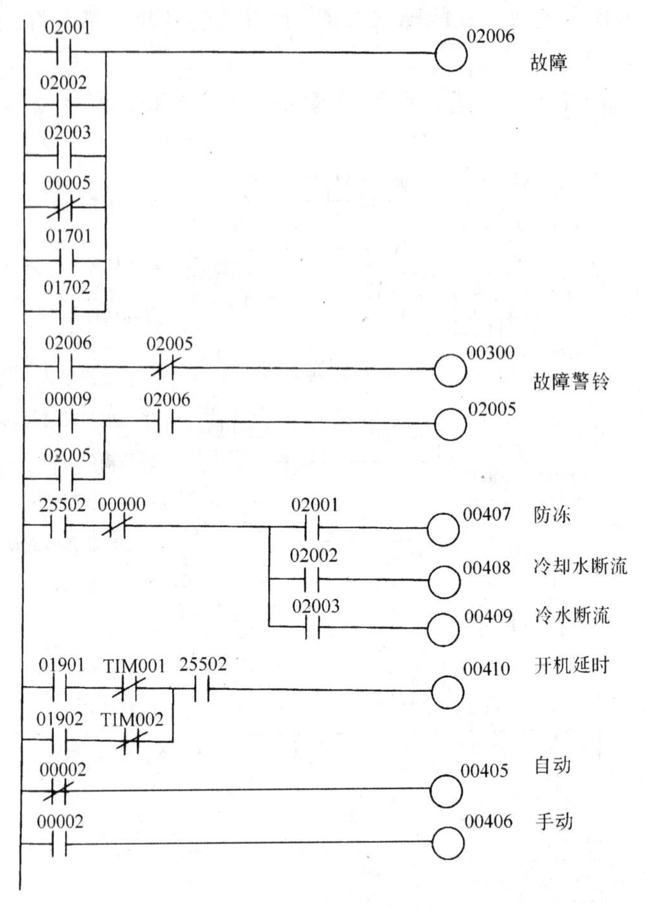

图 2-64 梯形图程序（续）

第七节 可编程序控制器的应用举例

一、工件取放机械的步进控制

1. 机械结构与工艺要求

本机械装置用来将工件从左工作台搬往右工作台，其结构示意图如图 2-65。

工艺要求：首先由原位开始，顺序完成图中的 8 个步骤。也就是将工件从左台面抓起，然后运到右台面上。显然，机械的运动包括下降、上升、右移、左移以及工件的夹紧和放松。其中上升/下降和右移/左移分别由两个双线圈的两位式电磁阀驱动完成。而夹紧和放松则由只有一个线圈的两位式电磁阀驱动完成，线圈通电时工件被夹住，线圈断电时工件被放松。由于右工作台只允许放最多一个工件，为安全计，当机械行至右上位时，只有当右台面为空时，才允许下降动作进行。右台面有无工件用光电检测器检查，检查结果通过 00005 送入 PLC。

2. 控制要求及功能分配

工作方式分单操作、步进操作、单周期操作、连续操作四种。在单操作时，要完成的是六个动作的手动控制。

为区分上述各种操作，可设置相应的开关，设计的操作面板如图 2-66。

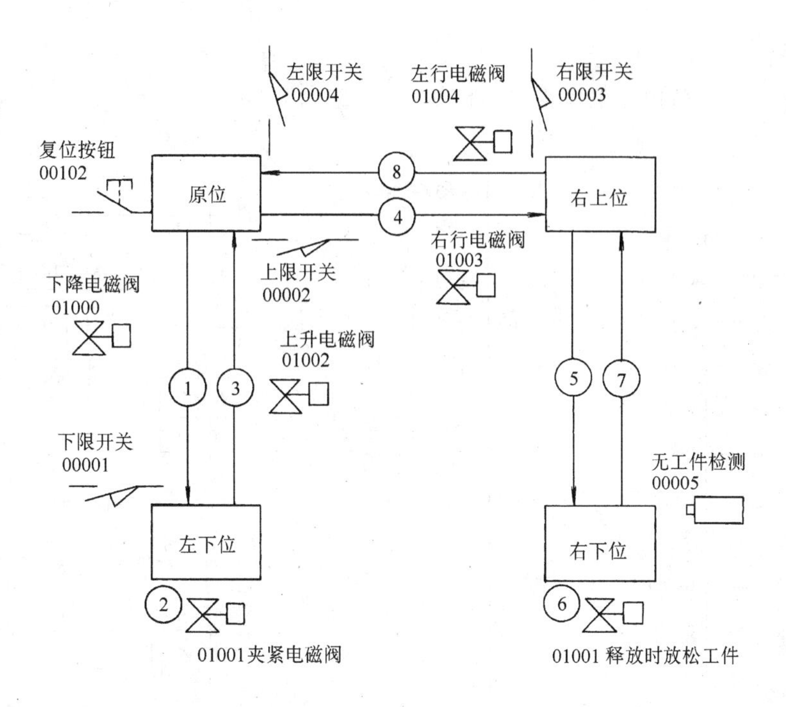

图 2-65　工件搬运机构工作示意图

（1）单操作方式　工作方式开关打到单操作方式时 00007 接通。在加载开关选定相应的动作后，就可用起动/停止按钮控制完成相应的动作，如加载开关打到“左/右”位置，按下起动钮，机械右行，若按停止钮，机械左行。其他几个动作的控制与“左/右”行控制类似。

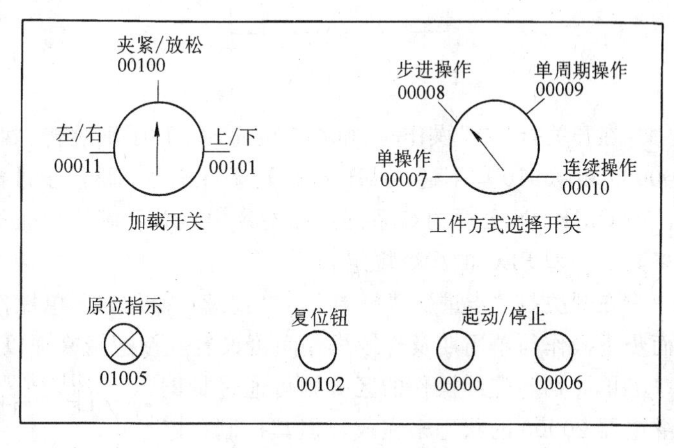

图 2-66　面板布置图

（2）步进操作方式　工作方式开关打到步进操作位置，则 00008 接通，机械在原位时，每按一次起动钮，动作顺序完成一步。

（3）单周期操作　工作方式开关打到单周期时 00009 通，按一次起动钮，自动运行一个周期。

（4）连续操作　工作方式开关打到连续操作位，00010 通，按一下起动钮后，机械由原位开始，一个周期接一个周期的工作下去，直到按过停止钮后，机械完成最后一个周期后停到原位。

3. 输入输出端子分配

考虑到控制系统所要求的输入输出点数及所需的大致内存都不很多，且只要求开关量控制，可选用 OMRON 公司的整体式小型可编程控制器 CPM1 A 的 30 点继电器输出型。该型号 PLC 的输入点数为 18，输出点数为 12，可以满足要求。根据图 2-65 和图 2-66 的标定，本系统的输入输出端子分配如图 2-67 所示。

4. 应用程序编制及调试

采用模块式程序结构，整体程序结构如图 2-68。

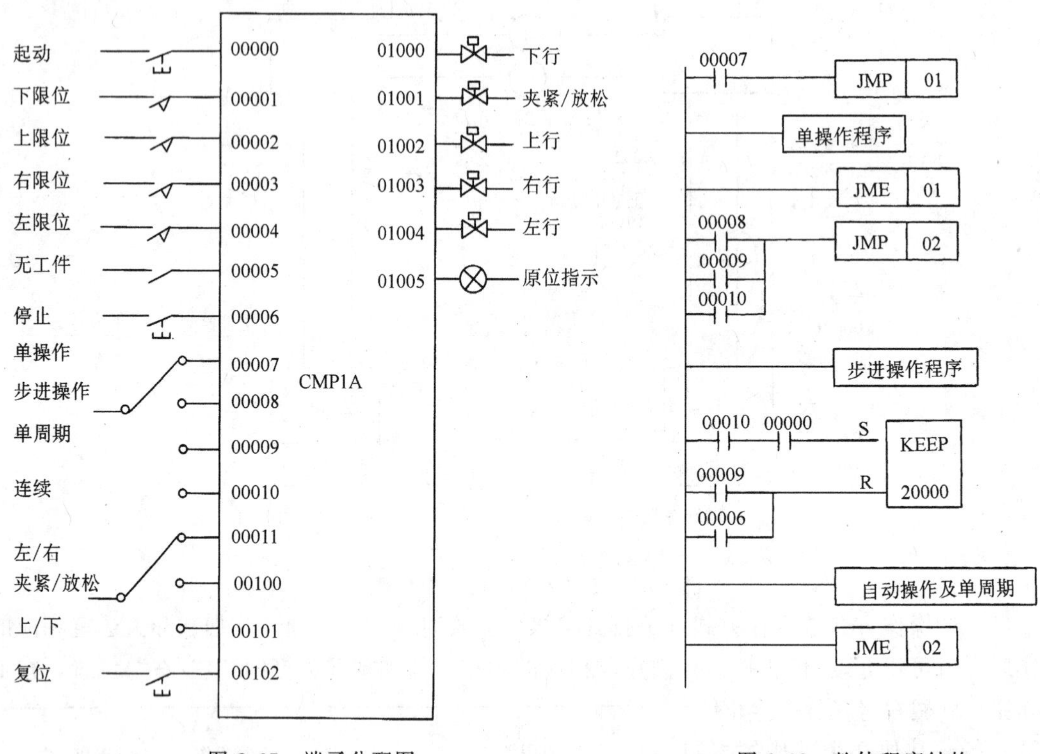

图 2-67　端子分配图　　图 2-68　整体程序结构

在开关打“单”操作时，00007 接通，JMP01 不跳转，执行的是单操作程序模块。而 00008、00009 和 00010 均不通，JMP02 跳转条件满足，跳过步进操作、单周期操作及连续操作程序。注意 OMRON 公司的 C 系列产品指令中，JMP 满足接通条件时，不跳转，否则跳转，这和许多其他类型 PLC 的指令规定相反。

在开关打“步进”、“单周”或“连续”操作时，单操作程序将因 00007 的断开而被跳过。而步进操作与单周期及连续操作间可设置互锁逻辑来加以区别。

单周期与连续操作的区分则可通过辅助继电器 20000 的状态来完成，但其控制程序可考虑公用。

最后，无论哪种操作方式，输出继电器则可考虑公共使用。

5. 单操作程序模块

实现单操作的控制程序如图 2-69。

当加载开关打“左/右”位置时，00011 通，按下起动钮则右行；按下停止钮则左行。在这段程序中，考虑到安全问题，左/右行动作应在上限位置时才可执行，所以用了上限

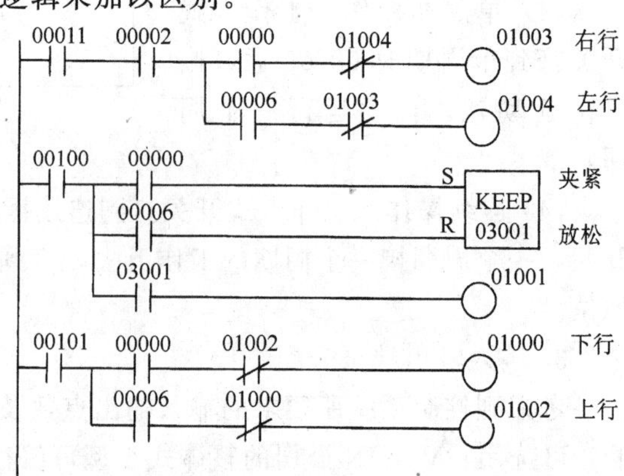

图 2-69　单操作程序

信号 00002 完成联锁，且考虑了 01003 与 01004 的互锁。

当加载开关选“夹紧/放松”位置时，00100 通，按下起动钮则夹紧；再按停止钮则放松。

当加载开关选“上/下”位置时 00101 通，按下起动钮为下行；按下停止钮为上行。

6. 自动操作程序模块

自动操作程序包括单周期和连续工作的控制程序。控制要求的主要特点是顺序控制，此类程序可由步进指令 STEP 和 SNXT 实现，也可由移位寄存器实现。本例中拟采用移位寄存器。编制顺序控制程序时，一般借用工作状态转移图，本例中自动操作的工作状态转移图如图 2-70，在图中采用的移位寄存器是 201CH 通道。有了状态转移图后，很容易编制出梯形图程序来。梯形图程序见图 2-71。

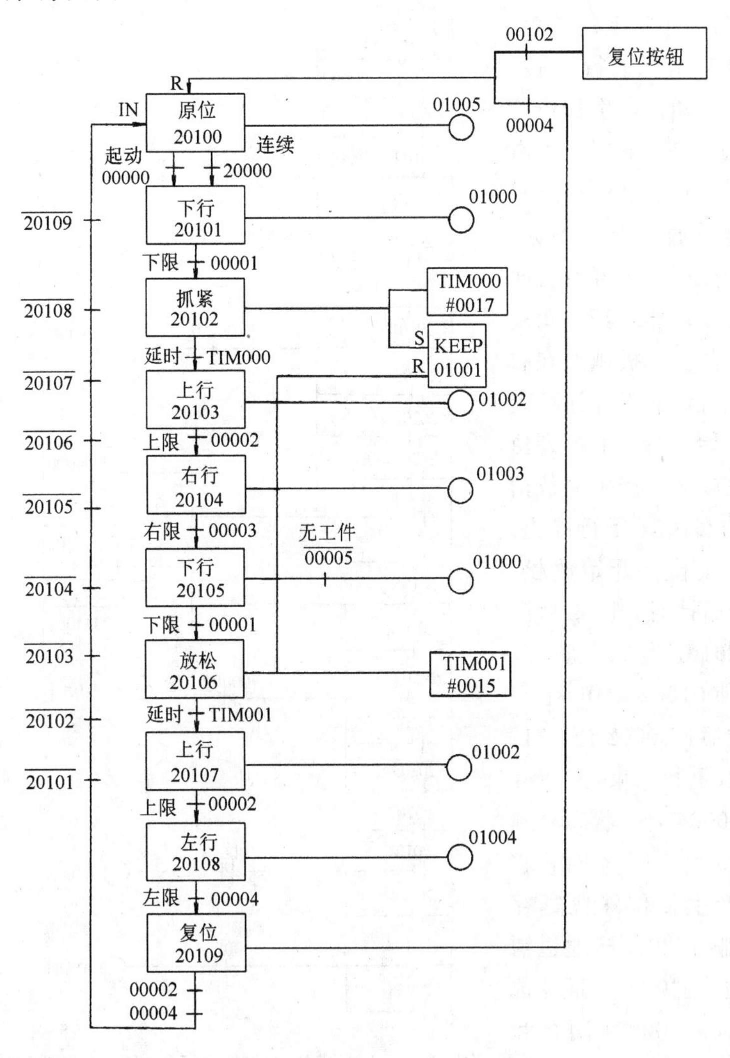

图 2-70　搬运机械工作状态转移图

程序控制功能：正常情况下，机械总是停在原位，上限和左限位开关被压住，00002 和 00004 常开接点接通，在复位信号过后，20101～20109 的常闭接点均通，故 20100 为“1”态，原点指示灯亮。方式选择开关打到连续操作位，按一下起动按钮，由图 2-68 的总体程序框图中可以看到辅助继电器 20000 被置位，同时起动信号使移位寄存器移位，20100 的“1”移位到 20101 位，因 20101 被置成“1”态后，其常闭接点断开，使得 20100 成为“0”态，此时机械开始下行。下行到位后，00001 动作，产生移位信号，使“1”移到 20102 位，在 20102 为“1”时，置位 01001 开始进行夹紧工作，同时开始计时，TIM000 定时 1.7s 时间到时，产生移位信号，使“1”态由 20102 下移到 20103，抓紧过程结束。20103 驱动 01002 使机械开始上行，上行到位后，压动上限开关 00002，产生移位信号，则“1”态被移到 20104 位，上行结束。20104 驱动 01003，开始右行。右行到位，右限位开关动作产生移位信号，20105 为“1”态，此时，若右台面无工件，则 00005 处于释放状态，其常闭接点接通，于是 01000 被驱动，机械开始下行。若右台面有工件，则 00005 动作，其常闭接点断开，下行被禁止，机械停在右上位等待，一旦右台面工件被移走后，机械自动开始下行。下行到位后，下限位开关被压动产生移位信号，“1”被移到 20106，下行停止。20106 使 01001 复位，开始放松，TIM001 同时开始计时，1.5s 后产生移位信号使 20107 为“1”态，放松结束。20107 使 01002 动作，上行开始。上升到位后，00002 合，“1”被移位到 20108，上行结束，左行开始，左行到位 00004 合，状态移到 20109。当 20109 为“1”态时，它与 00004 一起产生复位移位寄存器的信号，使得整个 201CH 通道辅助继电器均复位为“0”。一旦复位完成，则因 00002、00004 闭合和 20101～20109 常闭均为通态，使得 SFT201 的首位 20100 重新被置成“1”态。由于 20000 一直处于置位状态，只要 20100 一动作，立即产生移位信号，开始下一次循环。

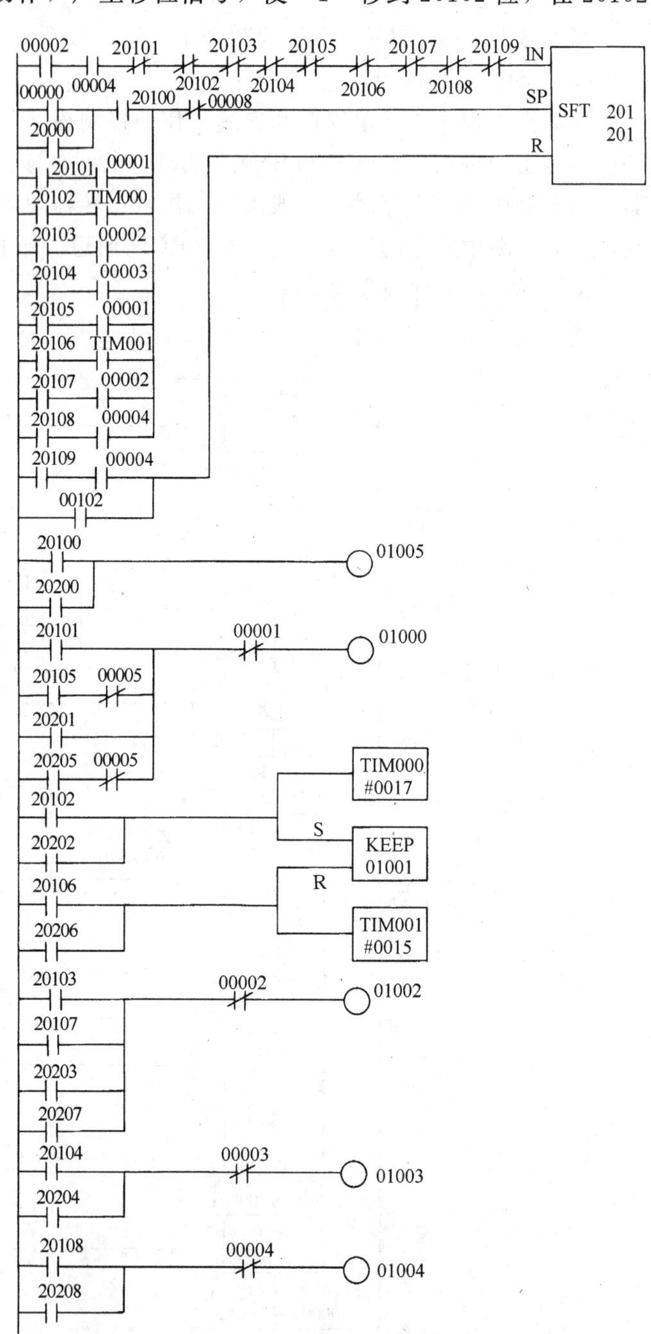

图 2-71　自动操作时的梯型图程序

若工作方式选择开关打到“单周期”时，动作过程和上述“连续操作”过程类似，不同处只在于因 20000 未被置位，所以当一个循环结束时，20100 的“1”状态因没有移位信号而不能下移，机械只能停在原点。若想机械再次运行，只有再按一下起动按钮才行。

步进操作程序：仿照自动运行程序，只需在移位信号通路中串入起动信号 00000，且考虑到与自动运行程序在逻辑上的互锁，即可得到步进操作程序。图 2-72 中的步进运行程序中使用的移位寄存器是 SFT202，而输出驱动还是公用的，00008 用来完成与自动运行程序的互锁。步进控制时，每一步的停止由限位开关 00001～00004 完成。

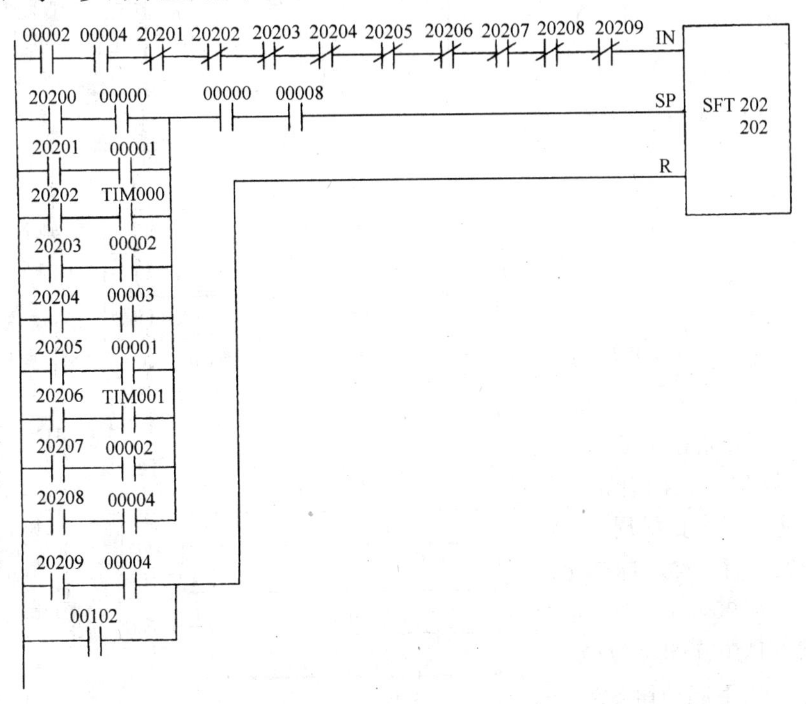

图 2-72　步进操作程序

二、液体混合装置的可编程控制器控制

1. 装置结构与工艺要求

本例装置结构如图 2-73。

图中，LS1、LS2、LS3 为液位检测传感器，液面淹没时导通，否则关断。YV1、YV2、YV3 为电磁阀，分别控制 A 液体注入，B 液体注入和混合液体排出。M 为搅匀用电动机。

根据工艺，所提控制要求如下：

(1) 起动操作　按下起动钮 SB1，装置的规定动作为：液体 A 阀门打开，液体 A 流入容器，液面先达 LS3，其对应接点动作，但不需引起其他动作。当液面顺序达到 LS2 时，LS2 对应的常开接点通，关断 A 阀门，打开 B 阀门。

液面最后达 LS1 时，关闭 B 阀门，同时搅匀电动机起动工作。

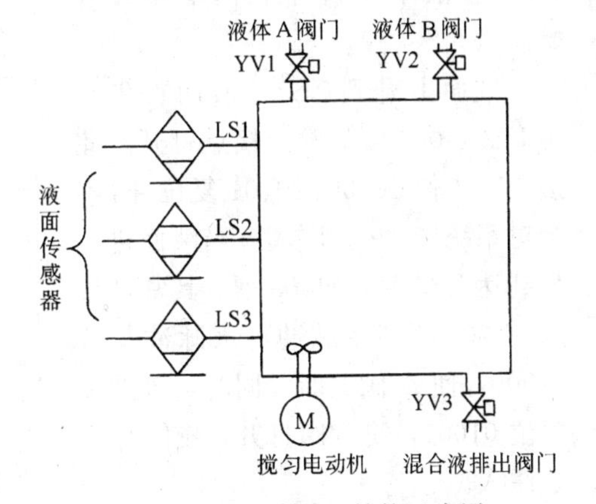

图 2-73　液体混合装置结构示意图

搅匀电动机工作 1min 后断电停止。然后混合

液体排放阀打开排液。

液面下降到LS3以下时，LS3由通转断，再经20s后容器排空，混合液体排放阀关闭，一个周期完成，开始下一个周期。

（2）停止操作　按下停止钮SB2后，完成当前工作的一个完整周期后停下来。

2. 输入输出端子定义图

可考虑采用CPM1 A型6点输入、4点输出型PLC。其输入输出端子定义如图2-74。

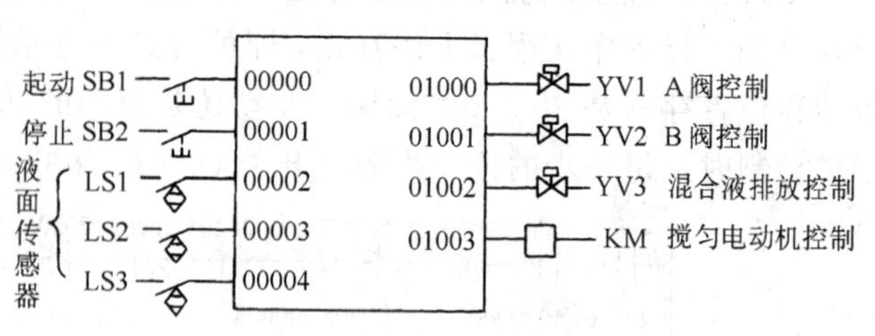

图2-74　端子接线图

3. 程序设计

根据控制要求，设计的梯形图程序如图2-75。

工作过程如下：

初始状态　系统上电，PLC开始运行内部程序，20103置位01002，混合液排放阀打开，开始排出以前可能留下的残液。若LS3是断开的，则20100自动接通一程序扫描周期。此信号置位20201，而20201起动定时器TIM001，计时20s后，关闭混合液排放阀，且TIM001自动复位。

起动操作　按下起动钮SB1，输入继电器00000接通，促使20000接通一扫描周期，20000的常开接点置位20200，系自动循环作准备，20000的另一常开接点置位01000，驱动YV1，使液体A阀门打开，液体A开始注入。

液面上升到LS2　液面首先到达LS3，00004的常闭接点打开，此接点除了使20100、20101复位外，不会对系统产生控制作用。当液面进一步到达LS2时，00003通，其常开接点使20003产生脉冲，该脉冲复位01000，使A阀关断。同时，该脉冲置位01001，使B阀打开，液体B开始注入。

液面上升到LS1　当液面上升

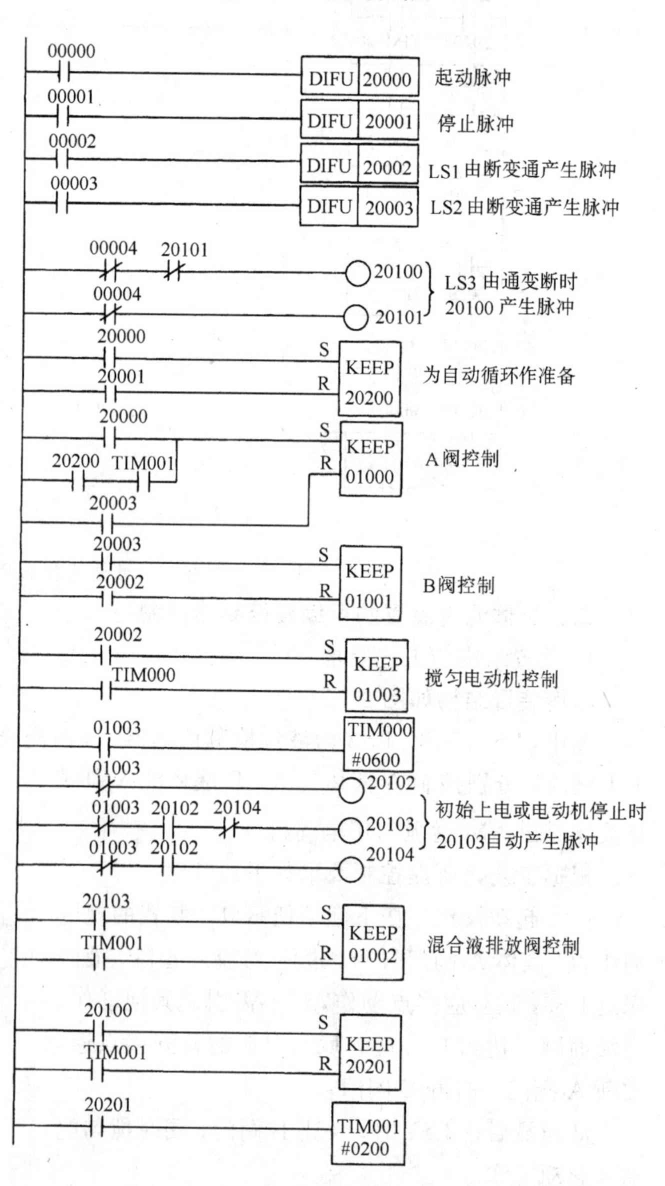

图2-75　液体混合装置的梯形图程序

到 LS1 时，00002 通，其上升沿使 20002 接通一程序扫描周期，此脉冲关断 B 阀，且起动搅匀电动机，在搅匀电动机被起动的同时，起动定时器 TIM000 开始计时。

混合液排放　当定时器 TIM000 计时达 60s 时，其常开接点使 01003 复位，搅匀电动机停止工作。01003 的复位同时使 20102 接通，20102 的常开接点又使 20103、20104 相继接通，20103 的常开点置位 01002，使得混合液排放阀被打开，混合液开始排放，在程序扫描的下一周期中，因 20104 的接通使得 20103 复位。

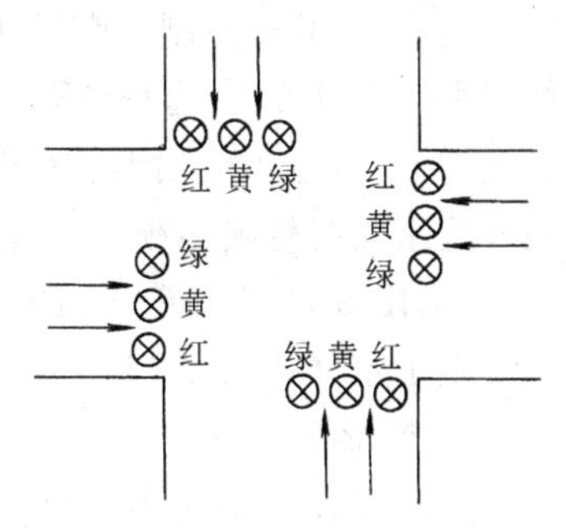

图 2-76　交通信号灯布置示意图

液面下降到 LS3　当液面下降到 LS3 以下时，00004 由通变断，其常闭接点恢复闭合，使得 20100 自动接通一扫描周期。20100 的常开接点置位 20201，而 20201 的常开接点则起动了定时器 TIM001。当 TIM001 计满 20s 后，其常开接点复位 01002，通过 YV3 使得混合液排放阀关闭。而 TIM001 的另一常开接点置位 01000，通过 YV1 再次打开液体 A 注入阀，液体开始注入，工作进入了下一个循环。

停止操作　当按下停止钮 SB2 后，20001 产生脉冲，使得 20200 复位，当本次循环结束时，虽然 TIM001 的常开接点闭合，但却不能使 01000 置位，系统自然停了下来。

三、交通信号灯的可编程控制器控制

1. 交通灯布置及控制要求

十字路口交通信号灯通常布置如图 2-76。

控制要求如下：

（1）当按下起动钮后，系统开始工作。首先是南北红灯亮，东西方向绿灯亮。按下停止钮后，系统停止工作，所有灯均熄灭。

（2）南北、东西绿灯不允许同时亮，如果同时亮则应立即关闭系统，且发出报警信号。

（3）控制的时序要求如图 2-77。

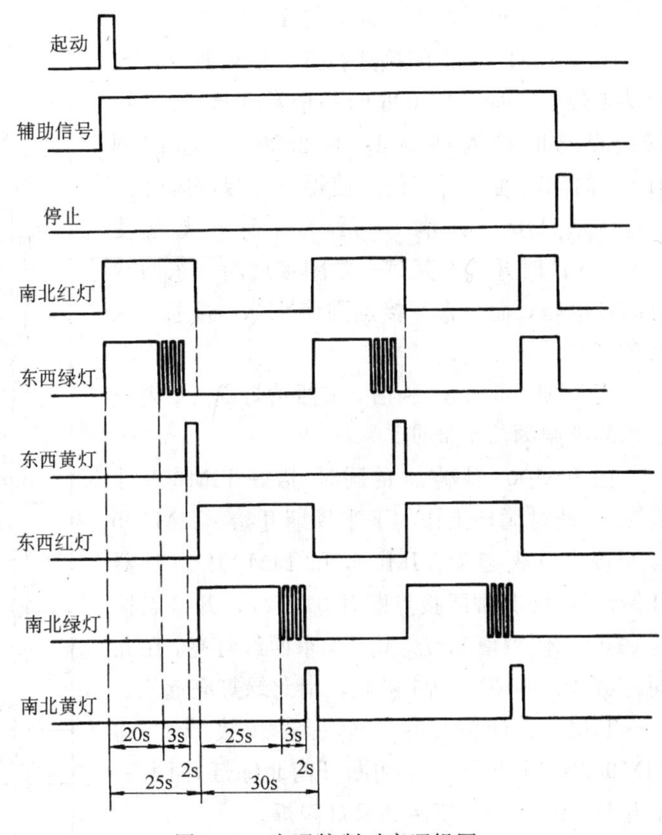

图 2-77　交通控制时序逻辑图

参照图 2-77，时序要求可叙述为：起动信号给上后，南北红灯亮维持 25s，在这 25s 的时间内，东西方向先是绿灯亮 20s，接下来绿灯闪烁 3 次（每次亮和暗各占 0.5s），合计闪烁占用 3s，然后黄灯再亮 2s。当南北红灯亮过 25s 后，转成东西红灯亮。东西红灯亮的时间设定为 30s，在这 30s 钟内，南北绿灯先是亮 25s，接下来闪烁 3s，再接下来黄灯亮 2s。当东西方向红灯亮完 30s 后，

南北红灯再次开始亮，工作进入了下一个循环。按下停止钮，则系统停止工作，所有灯熄灭。

2. 可编程序控制器型号选择及端子接线图

考虑到本系统要求的输入输出点数不多，且主要是时序逻辑控制，则绝大多数型号的PLC均可胜任。本例中选OMRON公司的CPM1 A系列的20点输入输出型。考虑到开关寿命问题，最好选用晶闸管输出模块。输入点数12，通道号000，输出8点，通道号010。

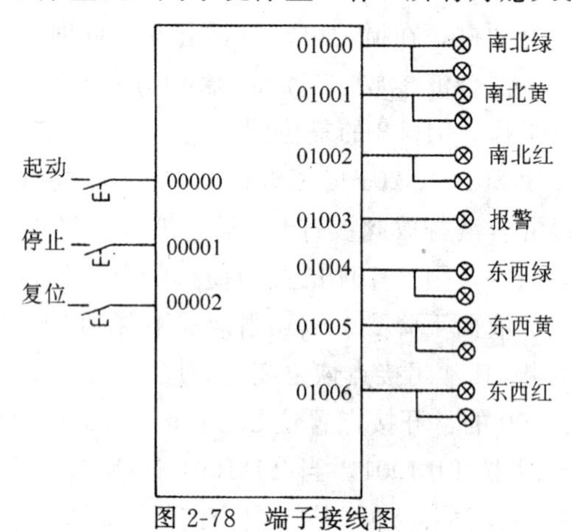

图 2-78　端子接线图

端子定义如图 2-78。

3. 梯形图程序

梯形图程序见图 2-79。

4. 工作过程介绍

给上电源，运行用户程序。按下起动钮后，20000接通且自锁。TIM000接通计时，TIM006同时接通计时，01002接通，南北红灯亮，同时由01002使01004接通，东西绿灯亮。

当TIM006计满20s时，使TIM007接通计时，同时TIM006常闭接点打开，使东西绿灯亮的功能停止，而TIM006的一个常开接点接通，该接点与时钟周期为1s的25502一起控制01004的周期通、断工作，使得东西绿灯闪烁。

当TIM007计满3s后，其常开接点使TIM005计时开始，其另一常闭接点断开东西绿灯闪烁电路，而一常开接点则使01005接通，东西黄灯亮。

当TIM005计满2s后，东西黄灯断开，完成了循环控制的前半周期。

在TIM005计满2s的同时，恰好TIM000计满25s，此时循环工作的下半周期开始。TIM000常开接点首先起动TIM004和TIM001定时器开始计时，而其常闭接点断开01002，常开接点接通01006，使得南北红灯熄灭，东西红灯亮，在此同时由01006使01000接通，南北绿灯亮起来。

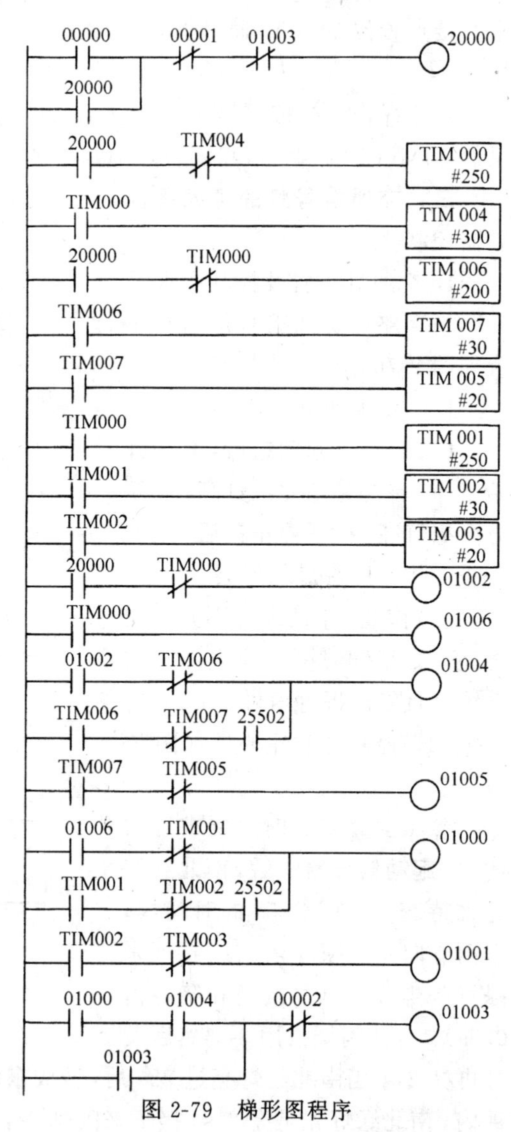

图 2-79　梯形图程序

TIM001计满25s，其一常开接点起动TIM002计时开始，一常闭断开南北绿灯，而另一常开与25502一起使南北绿灯闪烁。

TIM002计满3s后，起动TIM003计时开始，TIM002的一常闭接点使南北绿灯停止闪烁，而TIM002的一常开接点使01001通，南北黄灯亮。

当TIM003计满2s时，断开01001，南北黄灯熄灭。此时也正是TIM004计满30s。TIM004的常闭接点使TIM000断开复位，随后TIM004自动亦被复位。在程序的下一个扫描周期开始时，系统工作的下一个循环开始，即南北红灯亮，东西绿灯亮。

按下停止钮时，因20000释放，所有灯熄灭。

在运行中若东西、南北绿灯因错误而被同时驱动时，01003就会被驱动且自锁，它一方面使20000断开使四个方向的各种灯都熄灭，另一方面是驱动报警及显示线路。在故障排除后，按过复位按钮后，方能重新起动系统工作。

习　　题

2-1　PLC由哪几部分组成？各部分的作用是什么？

2-2　PLC以什么方式执行用户程序？PLC的输入输出响应延迟是怎样产生的？

2-3　继电控制系统和PLC控制系统相比较各有什么特点？在PLC得到广泛应用的今天，我们为什么还要学习和掌握继电控制系统？

2-4　简要说明PLC中各编程元件的作用。

2-5　怎样选择PLC的输入、输出接口的类型？应注意哪些技术参数？

2-6　画出与下列各程序对应的梯形图：

(1)

```
LD 00000
OR NOT 00001
LD NOT TIM000
AND AR001
LD 00002
AND NOT LR0001
OR LD
OR 00915
AND LD
OR NOT 01001
LD 01000
OR CNT001
AND LD
OUT 01005
```

(2)

```
LD 00001
OUT TR0
AND 00000
OUT TR1
AND NOT 00002
OUT 01001
LD TR1
AND TIM000
DIFU AR0001
LD TR0
AND 00005
LD TR0
AND TIM005
LD TR0
AND NOT 00003
CNTR 005
      #3000
LD NOT 00910
OUT 01020
```

2-7　写出图2-80中的各梯形图的程序。

2-8　指出图2-81中的错误之处及原因。

2-9　试画出可实现图2-82所要求的控制关系的梯形图。要求对应每一个输入，输出A产生5个脉冲。

2-10　如欲将图1-27中的一次工作进给液压控制电路改造为用PLC控制，请画出改造后的PLC接线图及梯形图。

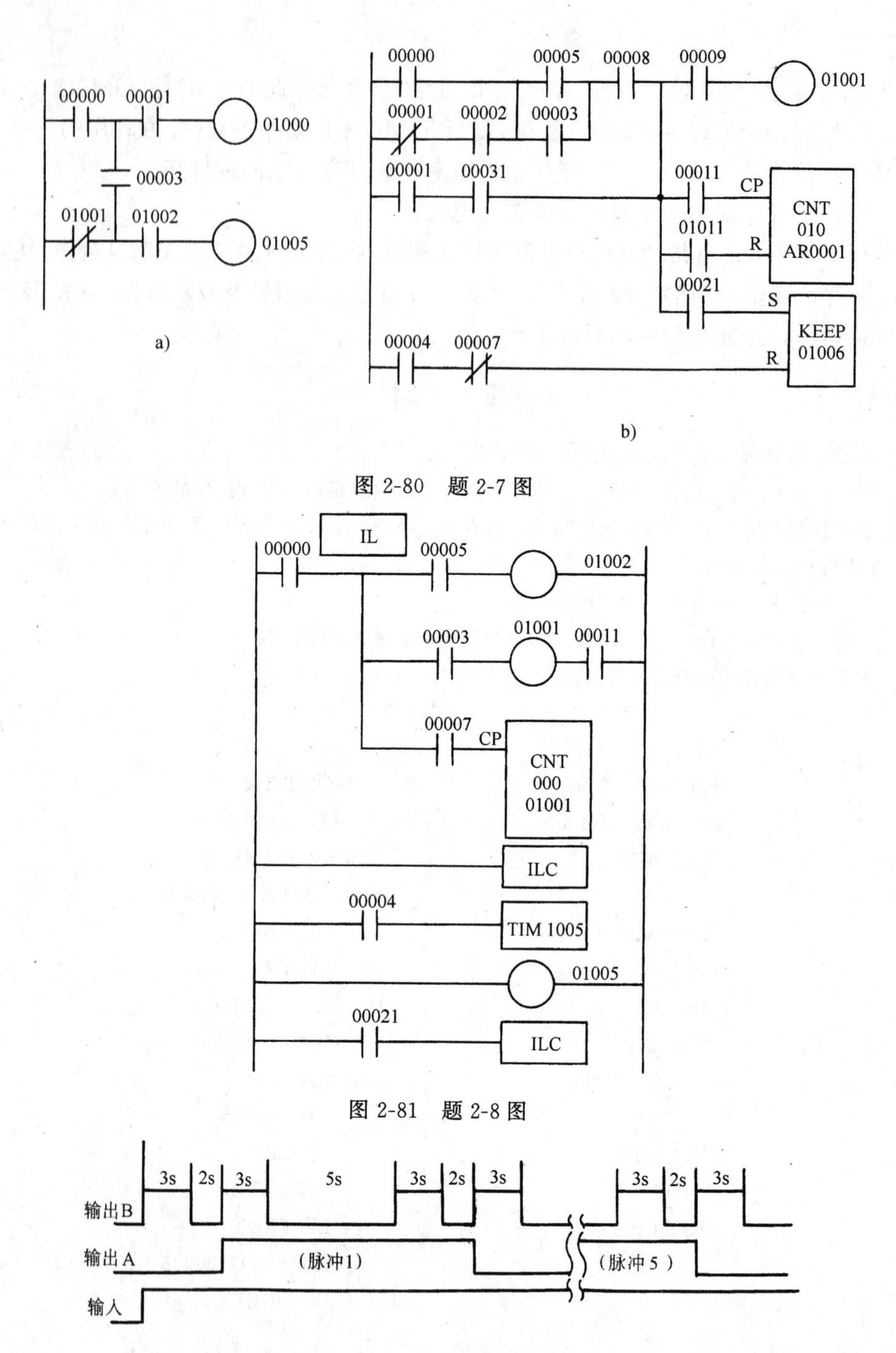

图 2-80　题 2-7 图

图 2-81　题 2-8 图

图 2-82　题 2-9 图

第三章　直流电动机调速系统

电力拖动是现代生产机械的主要拖动形式。生产机械及工艺要求拖动电动机除了具有一定的稳速工作能力以外，还常常要求它的转速能在一定的范围内改变，由此产生了各种类型的电力拖动调速系统。

电动机基本上可分为交流、直流两大类，与此相对应，电力拖动系统也相应被分为交流调速系统与直流调速系统两大类型。其中，交流调速技术虽然发展的历史相对较短，但近些年来，由于电力电子器件制造技术、计算机控制技术、现代控制理论等相关技术及理论的突破性进展，促使了各种高性能的交流调速系统不断涌现。交流调速系统在许多领域得到了广泛的应用。本书将在后续章节中专门予以介绍。

直流电动机转矩易于控制，具有良好的起制动性能，在相当长的时间内，一直在高性能调速领域占有绝对的统治地位。此外，直流调速技术方面的理论相对成熟，其研究方法和许多基本结论很容易在其他调速领域内推广，所以直流调速一直是研究调速技术的主流。本章将对直流调速的基本理论做较详细的介绍。

为便于理解和掌握直流调速系统的工作原理，我们将首先介绍与直流调速有关的基础知识，在此基础上重点介绍单闭环直流调速系统、双闭环直流调速系统的组成及基本工作原理。而对直流可逆调速系统方面的内容，因篇幅所限，只对其工作原理做些简单的介绍。

第一节　直流调速基础知识

在稳定运转时，直流电动机的转速与其他参量的关系可用式（3-1）表达：

$$n=(U-IR)/K_{e}\Phi \tag{3-1}$$

式中　n——电动机转速；

U——电枢供电电压；

I——电枢电流；

R——电枢回路电阻；

Φ——励磁磁通；

K_{e}——与电动机结构有关的常数。

由式（3-1）可知，直流电动机的调速方法有三种：

1）改变电枢回路电阻 R；

2）改变励磁磁通 Φ；

3）改变电枢外加电压 U。

对于要求大范围无级调速的系统来说，改变电枢回路总电阻的方案难以实现，而改变电动机磁通 Φ 的方案虽然可以平滑调速，但调速范围不可能很大。有两个因素限制了磁通 Φ 的变化范围，其一是电动机的电磁转矩与 Φ 成正比，为使电动机具有必要的负载能力，Φ 不可能太小；其二是因受磁路饱和的限制，Φ 不可能太大。通常很少见到单独调磁通 Φ 的调速系统。为了扩大调压调速系统的调速范围，往往把调磁调速做为一种辅助手段加以采用。在电动机额定转速（基速）以下时，用调电枢端电压 U 的方法调速，此时电动机磁通 Φ 应为最大值（额定值），且保持不变，以求得充分发挥电动机负载能力的效果。而在额定转速（基速）以上时，因电枢端电压 U 已不允许再增加，可采用减弱磁通 Φ 的方法使电动机的转速进一步提高，从而提高整个系统的速度调节范围。要指出的是，在弱磁升速的过程中，电磁转矩将随转速的升高而下降，但电动机输出的功率会不变。也正因为如此，改变磁通 Φ 的调速属恒功率性质的调速，使用时应注意调速方法与负载性质之间的配合问题。

综上所述，调电动机电枢端电压 U 的方法因其调速范围宽、简单易行、负载适应性广而成为当今直流电动机调速的主要方法。本章将主要介绍直流电动机的调压调速方案。

直流电动机的调压调速一定要用到输出电压可以控制的直流电源。常用的可控直流电源又因其供电电源种类的不同而分为两种情况：

1）在交流供电系统中，多用可控变流装置来获取可调直流电压。

2）具有恒定直流供电的地方，常采用直流斩波电路获取可调的直流电压。当然，在要求很高而功率偏小的直流伺服拖动系统中，虽然供电电源是交流，也可先将其变为直流，然后再采用斩波电路使其变为可控直流。

就总体情况而言，现代大多数企业的供电系统是恒压恒频的低压交流供电系统。所以，直流可控电源多数为可控变流装置。

下面我们将以适当的篇幅介绍一下常见的几种可控直流电源。

一、可控变流装置

早期使用的可控变流装置是旋转变流机组，由它供电的直流电动机调速系统如图 3-1。

图 3-1 中，交流电动机为原动机，工作时转速基本恒定，由它拖动的直流发电机 G 给需要调速的直流电动机 M 的电枢供电。GE 为一台小型直流发电机，可以如图所画与交流电动机、直流发电机同轴相连，也可另设一台小型交流电动机对其拖动，它在系统中的作用是提供一小容量的直流电源供直流发电机和直流电动机励磁用，所以又称 GE 为励磁发电机。旋转变流机组供电的直流调速系统可简称为 G—M 系统。改变 G 的励磁电流 I_f 的大小时，也就改变了 G 的输出电压 U，进而改变了直流电动机 M 的转速。

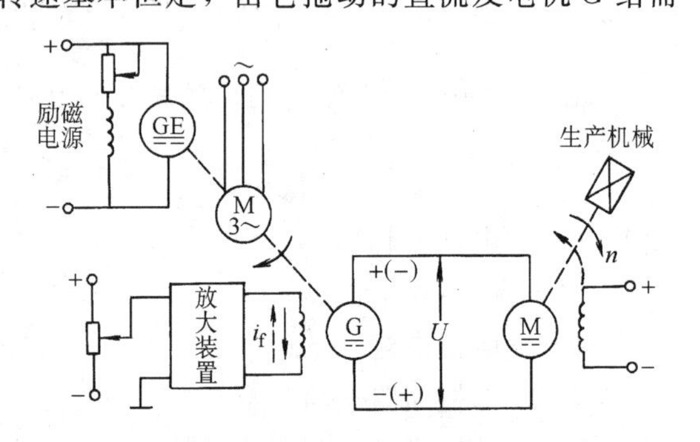

图 3-1　旋转变流机组供电的直流调速系统（G—M 系统）

对系统的调速性能要求不高时，图 3-1 中的放大装置可以不用，I_f 直接由励磁电源供电，要求较高的闭环调速系统一般都应有放大装置。如果改变 I_f 的方向，则 U 的极性和 n 的方向都跟着改变，所以，G—M 系统的可逆运行是很容易实现的。由于能够实现回馈制动，G—M 系统在允许的转矩范围内可以四象限运行，其完整的机械特性如图 3-2。

G—M 系统在 20 世纪 60 年代前曾广泛流行，但因其设备多、体积大、效率低及运行噪声大等缺点，20 世纪 60 年代以后就逐步被更经济可靠的晶闸管整流可控直流电源取代了。

从 20 世纪 60 年代初开始，可控直流电源进入了晶闸管时代。由晶闸管整流装置供电的直流调速系统如图 3-3。

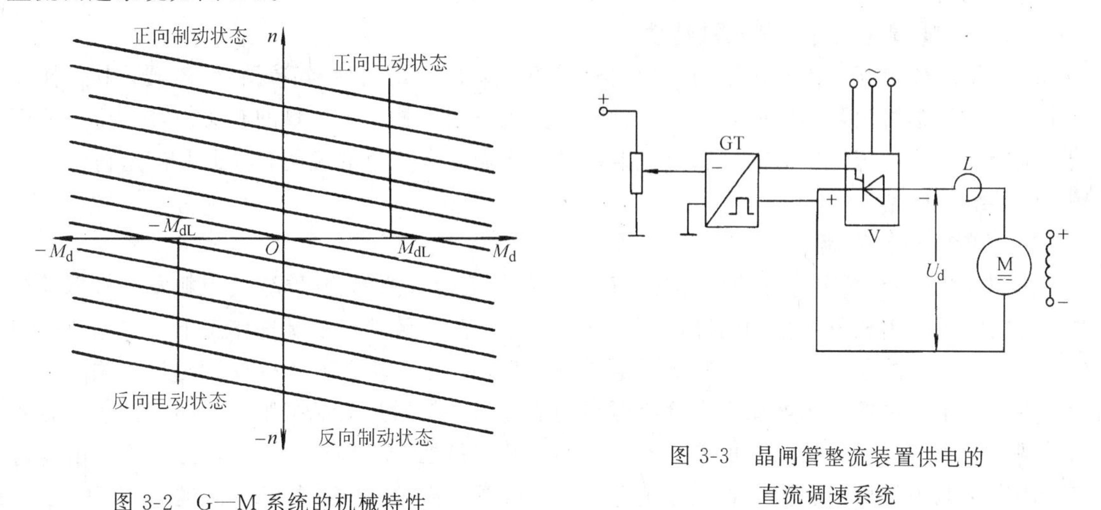

图 3-2 G—M 系统的机械特性

图 3-3 晶闸管整流装置供电的直流调速系统

图中，GT 为晶闸管触发装置，V 为晶闸管整流器，合起来为一可控直流电源。可控直流电源给直流电动机电枢供电组成直流调速系统。这类直流调速系统简称 V—M 系统。

由图 3-3 可见，改变 GT 的输入信号大小，就可改变 GT 输出脉冲的相位，晶闸管在不同的相位处开始导通，使整流器输出的电压 U_d 大小变化，进而改变电动机的转速。和传统的 G—M 系统相比，V—M 系统不仅经济可靠，而在技术性能方面也有很大的优势。晶闸管可控直流电源的功率放大倍数高出旋转变流机组两到三个数量级，而系统反应速度也要高出二个数量级以上。

另一种很有发展前途的可控直流电源是直流斩波器。直流斩波器目前广泛应用于电力牵引设备和高性能的小型伺服系统上，图 3-4a 是采用晶闸管做开关的直流斩波器—电动机调速系统原理图。

图 3-4a 中，当 VT 被触发导通时，电源电压 U_s 加到电动机电枢上；当 VT 在控制信号作用下，通过强迫关断电路关断时，电源与电动机电枢断开，电动机经二极管 VD 续流，此时，图中 A、B 两点间电压接近零。若使晶闸管反复通断，就可得到 A、B 间电压波形如图 3-4b。由波形看来，就好像电源电压 U_s 在一段时间（$T-t_{on}$）内被斩掉后形成的，这也正是斩波器这一名称的由来。

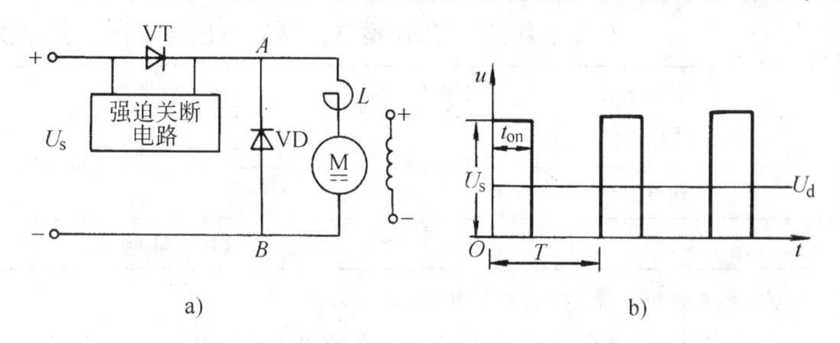

图 3-4 斩波器—电动机系统的原理图和电压波形图
a）电路原理图 b）电压波形图

随着新型全控型电力电子器件的发展，直流斩波器中的开关器件已很少使用晶闸管，这样不但大大减少了斩波器的体积，更重要的是极大的提高了斩波器的开关频率，从而使电动机电枢回路的电流脉动幅值明显减小，有效的改善了调速系统的静、动态品质。

直流斩波器可以有不同的控制方式。常见的有脉冲宽度调制（PWM）式，脉冲频率调制

(PFM）式和两点式等。其中脉冲宽度调制式在电力拖动系统中应用最为广泛。在调速系统中将其与电动机合在一起，组成 PWM—电动机系统，简称 PWM 调速系统或脉宽调速系统。

二、V—M 调速系统及其机械特性

V—M 系统是当前普遍采用的一种调速系统。这里 V 是指晶闸管可控整流器，其工作原理本书不做详细讨论，必要时，读者可参阅电力电子变流技术类书籍的有关内容。出于分析调速系统的需要，这里仅对晶闸管整流器基本知识做一下简单的说明，在此基础上讨论一下 V—M 系统的机械特性。

1．晶闸管可控变流技术

由图 3-3 可见，晶闸管可控整流器由触发器和整流装置两部分组成，其中触发器根据其控制信号的大小输出相位可移动的脉冲。整流装置中的晶闸管在触发脉冲作用下，在相应的相位开通。开通后的晶闸管随交流侧电源电压的变化，当阳、阴极间承受反压时自然关断。显而易见，晶闸管可控整流器输出直流电压平均值的大小是通过对晶闸管在不同相位触发导通而实现的。也就是说，晶闸管可控整流器中的晶闸管是处于相位控制的工作方式下。由此特点，决定了晶闸管可控变流装置在输出电压，电流等方面存在一些特殊的问题。

根据变流理论，晶闸管全控式可控整流器输出的直流电压平均值在电流连续时可用下式计算：

$$U_{do}=\frac{m}{\pi}U_{m}\sin\frac{m}{\pi}\cos\alpha \tag{3-2}$$

式中 U_{do}——理想空载整流输出平均值电压；

α——从自然换相点算起的触发脉冲控制角简称触发角；

U_m——$\alpha=0$ 时的整流输出电压波形峰值；

m——交流侧电源一周期内整流输出电压的脉波数。

对于不同的整流电路，上述数值示于表 3-1。

表 3-1　不同整流电路的整流电压波形峰值、脉波数及平均整流电压

整流电路	单相全波	三相半波	三相全波	六相半波
U_m	$\sqrt{2}U_2^*$	$\sqrt{2}U_2$	$\sqrt{6}U_2$	$\sqrt{2}U_2$
m	2	3	6	6
U_{do}	$0.9U_2\cos\alpha$	$1.17U_2\cos\alpha$	$2.34U_2\cos\alpha$	$1.35U_2\cos\alpha$

U_2^* 是整流变压器二次侧额定相电压的有效值。

应该注意的是表 3-1 中给出的整流电路以 $m=6$ 为止，实际上，计算公式（3-2）也只能适用于 $m\leqslant6$，当 $m>6$ 时，U_{do}的计算应另行分析，读者可参考电力电子变流技术方面的参考书。

其次，晶闸管可控整流器给直流电动机供电时，因整流器输出电压的脉波数 m 有限，且电动机电枢回路的电感量有限，电枢电流总会含有一定的脉动成分。脉动电流不但会产生脉动转矩，加剧生产机械振动，加大电动机的损耗，而且会影响供电电网的质量，造成电网电压波形的畸变。为解决这一问题，通常是设置平波电抗器，也就是在电动机的电枢回路中串入一个适当电感量的电抗器。这种措施不但可以有效的限制脉动电流，而且能使电动机电枢电流在低速轻载时也尽可能保持连续，从而改善系统的静、动态品质。

兼有防止电流断续和限制脉动电流的平波电抗器电感值的选取与整流电路的结构有关，

也和要求的保证电枢电流连续的最小电枢电流值 I_{dmin} 有关。通常 I_{dmin} 是根据系统的实际工作需要而预先确定的，无特殊要求时，可取电动机额定电流的 5%～10%。常用的几种整流电路其电枢总电感值 L（单位为 mH）可由下式计算（包括电枢自有电感及平波电抗器电感）：

单相桥式全控整流：

$$L=2.87\frac{U_2}{I_{dmin}}$$

三相半波整流电路：

$$L=1.46\frac{U_2}{I_{dmin}}$$

三相全控桥式整流电路：

$$L=0.693\frac{U_2}{I_{dmin}}$$

最后指出，在 V—M 系统中，电流脉动是无法完全避免的。而电流脉动的存在必然带来这样一种结果，这就是电枢电流在一定条件下可能会断续。

2. V—M 系统的机械特性

V—M 系统主电路电感量足够大，而且电动机所带的负载也足够大时，电枢电流的波形一般是连续的。此时，V—M 系统的机械特性方程为：

$$n=\frac{1}{C_e}(U_{do}-I_dR)=\frac{1}{C_e}\left(\frac{m}{\pi}U_m\sin\frac{\pi}{m}\cos\alpha-I_dR\right) \tag{3-3}$$

式中 $C_e=K_e\Phi_{nom}$——电动机额定励磁下的电动势与转速比。

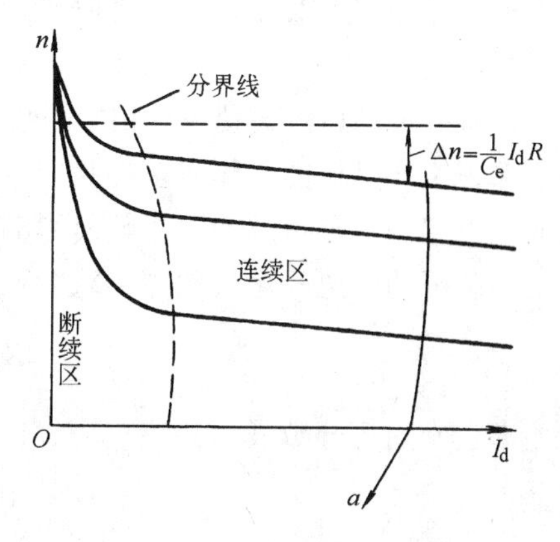

图 3-5 V—M 系统机械特性

显然，当 α 为确定值时，式(3-3)为一直线方程，改变控制角 α 时，则可得到一族平行直线，如图 3-5 虚线右边部分，此种情况下特性与 G—M 系统的特性很相似。

在负载较轻时，电枢电流波形可能会断续，在电流断续时，机械特性方程不再是线性方程，通常可用一方程组来描述。以三相零式整流电路为例，电流断续时机械特性可用下列方程来描述：

$$n=\frac{\sqrt{2}U_2\cos\varphi\left[\sin\left(\frac{\pi}{6}+\alpha+\theta-\varphi\right)-\sin\left(\frac{\pi}{6}+\alpha-\varphi\right)e^{-\theta\cot\varphi}\right]}{Ce(1-e^{-\theta\cot\varphi})} \tag{3-4}$$

$$I_d=\frac{3\sqrt{2}U_2}{2\pi R}\left[\cos\left(\frac{\pi}{6}+\alpha\right)-\cos\left(\frac{\pi}{6}+\alpha+\theta\right)-\frac{Ce\theta n}{\sqrt{2}U_2}\right] \tag{3-5}$$

式中 R——电枢回路电阻；

φ——$\tan^{-1}\frac{\omega L}{R}$ 电枢回路阻抗角；

θ——用电角度表示的一个电流脉波的宽度。

通常阻抗角 φ 为定值，对于确定的 α 角，以 θ 为参变量用数值解法可以求出一条特性曲线来。取不同的 α 角后，就可求出一族曲线来，这就是电流断续时的机械特性，如图 3-5 中虚线左面的曲线族。电流断续时，n_0 比线性系统明显上翘，特别是当 $\alpha<\pi/3$ 时，所有的 n_0 趋于确定值 $n_0=\sqrt{2}U_2/C_e$。可以证明，$\theta=(2/3)\pi$ 是电流连续与断续的临界点，见图 3-5 中的虚线所示。

三、转速控制的要求和调速指标

所谓电动机调速就是根据生产工艺要求，来改变电动机转速，以满足产品质量和生产率的要求。这样，我们就必须研究调速系统的调速性能，考虑调速的技术指标。为了对调速系统进行定量分析，常定义下列指标来评价调速系统的调速性能。

1. 调速范围

生产机械要求电动机所提供的最高转速与最低转速之比称为调速系统的调速范围。常用字母 D 来表示。

$$D=\frac{n_{max}}{n_{min}} \tag{3-6}$$

这里 n_{max}、n_{min} 通常指电动机带上额定负载时的转速值。但对于正常工作时负载很轻的生产机械，比如精密磨床，可考虑取实际负载下的转速。

2. 静差率

在研究电动机的调速方法时，不能单从可能得到的最高转速和最低转速来决定调速范围。为了保证生产机械的工作质量，我们希望调速系统的转速稳定性要好。转速的变化主要由负载变化引起，反映负载变化对转速影响的一个指标被定义为静差率。其定义为：调速系统在额定负载下的转速降落与理想空载转速之比。静差率用字母 S 表示：

$$S=\frac{n_0-n_1}{n_0}=\frac{\Delta n_{nom}}{n_0} \tag{3-7}$$

静差率也常用百分数表示：

$$S=\frac{\Delta n_{nom}}{n_0}\times 100\% \tag{3-8}$$

显然，对一般系统来说，S 越小时说明系统转速的相对稳定性越好。而对同一系统而言，静差率不是定值，电动机工作速度降低时，静差率就会变大，请看图 3-6。

图中给出了系统两条稳定工作特性，对应于电枢上两个不同的外加电压。对于调压调速来说，两条特性是平行的，就是说，在负载相同时，两种情况下转速降落值应是相同的，若是额定负载，两者的速降均为 Δn_{nom}。而根据静差率 S 的定义，因 $n_{01}>n_{02}$，显然有 $S_1<S_2$。由此我们可以得到一个明确的结论：调速系统只要在调速范围的最低工作转速时满足静差率要求，则其在整个调速范围内都会满足静差率要求。

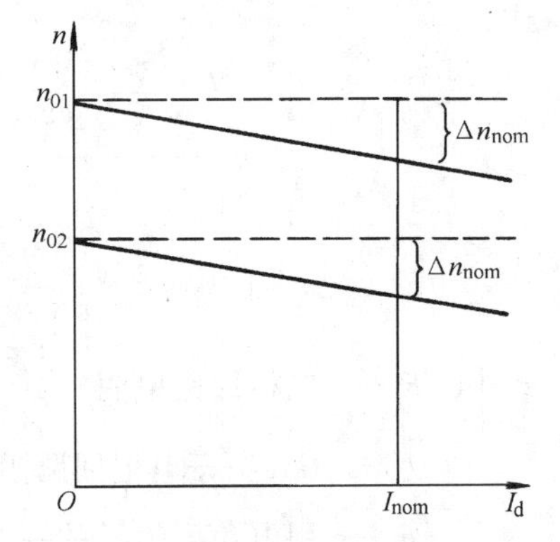

图 3-6　不同转速下的静差率

3. 调速范围与静差率的关系

静差率和调速范围必须同时考虑才是有意义的，否则，由各自的定义可知，单提调速范围时，任何系统的调速范围都可以很大；而单提静差率，大多数系统也会较容易满足。但对同一个系统而言，这两项要求应同时满足才行，所以，

有必要研究一下两者之间的关系。因为

$$S=\frac{\Delta n_{nom}}{n_{0min}}$$

而

$$n_{min}=n_{0min}-\Delta n_{nom}=\frac{\Delta n_{nom}}{S}-\Delta n_{nom}=\frac{(1-S)\Delta n_{nom}}{S}$$

再由调速范围(对于调压调速 $n_{max}=n_{nom}$)

$$D=\frac{n_{max}}{n_{min}}=\frac{n_{nom}}{n_{min}}$$

将 n_{min}的表达式代入上式,得:

$$D=\frac{n_{nom}S}{\Delta n_{nom}(1-S)} \tag{3-9}$$

式 (3-9) 表明，同一系统的调速范围、静差率和额定转速降落三者之间有密不可分的联系，其中 Δn_{nom}值是一定的。因此，由式 (3-9) 可见，对静差率要求越小，能得到的调速范围也将越小。

以上，仅就调速系统的主要稳态性能指标进行了讨论。此外，调速系统还应在稳定工作的基础上满足相关的动态性能指标要求。就对系统的总体评价而言，有时还定义调速的平滑性、调速的经济性指标等等。

第二节 反馈控制直流调速系统

一、反馈控制的基本概念

由上节分析可知，系统的调速范围、静差率、额定负载下的转速降落之间有确定的关系，见式 (3-9)。其中，调速范围、静差率取决于生产加工工艺要求，对电控系统来说，是必须予以满足的，所以也是无法变更的。而唯一能够做到的就是设法减少额定负载下的转速降落来使式 (3-9) 能够成立。

如何才能减小转速降落呢？对于无反馈控制的开环调速系统来说，见图 3-3，因其额定负载下的转速降落值为：

$$\Delta n_{nom}=\frac{I_{dnom}R}{C_e}$$

其中，R 是电枢回路总电阻，为系统固有参数，在恒磁调压系统中仍应看成常数，I_{dnom}是对应额定负载时的电流，也是固定的。所以，一般开环系统是无法满足一定调速范围和静差率性能指标要求的。开环系统无法减少 Δn 的原因是负载增大时，电枢电压仍为定值。如果我们能在负载增加的同时设法增大系统的给定电压 U_n^*，就会使电动机电枢两端的电压 U_d 增大，电动机的转速就会升高。若 U_n^* 增加量大小适度，就可以使因负载增加而产生的 Δn 被 U_d 升高而产生的速升所弥补，结果会使转速 n 接近保持在负载增加前的值上。这样，既能使系统有调速能力，又能减少稳态速降，使系统具有满足要求的调速范围和静差率。但因转速波动的随机性、频繁性及调整的快速性等要求，显然，靠人工调整是难以实现的。

在图 3-7 中，我们可在与调速电动机同轴接一测速发电机 TG，这样就可以将电动机转速 n 的大小转换成与其成正比的电压信号 U_n，把 U_n 与 U_n^* 相比较后，去控制晶闸管整流装置以控制电动机电枢两端的电压 U_d 就可以达到控制电动机转速 n 的目的。

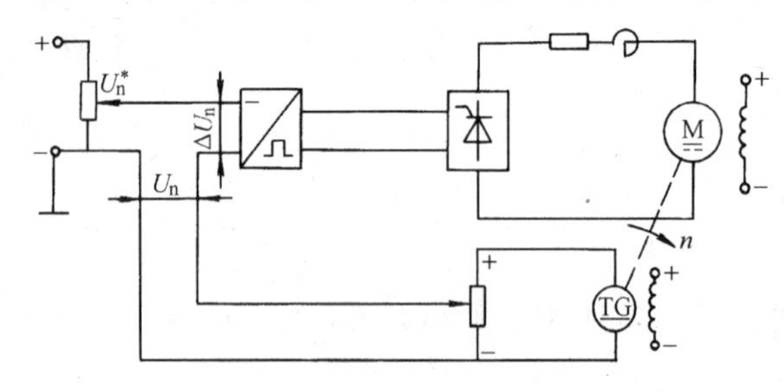

图 3-7　转速闭环调速系统

U_n 反映了电动机的转速，并被反回到输入端参预了控制，故称做转速反馈。又因为 U_n 极性与给定信号 U_n^* 相反，所以进一步称为转速负反馈。当电动机负载增加时，n 下降，U_n 下降，而 U_n^* 没变，$\Delta U_n = U_n^* - U_n$ 增大，晶闸管整流器输出电压 U_d 增高，电动机转速回升，使转速接近原来值；而在负载减少，转速 n 上升时，U_n 则会增大，ΔU_n 会下降，U_d 也会相应降低，电动机转速 n 下降到接近原来转速。

综上所述，这种系统是把反映输出转速 n 的电压信号 U_n 反馈到系统输入端，与给定电压 U_n^* 比较，形成了一个闭环。由于反馈作用，系统可以自行调整转速，通常把这种系统称作闭环控制系统。又由于是反馈信号作用，达到自动控制转速的目的，所以常把这种控制方式称做反馈控制。

二、转速负反馈自动调速系统

在自动调速系统中经常采用各种反馈环节，如转速负反馈、电压负反馈、电流截止负反馈、电压微分及转速微分负反馈等等。其中转速负反馈是调速系统的主要反馈形式，所以我们先来重点给与介绍。控制系统引入转速负反馈形成闭环控制后，可以有效减少稳态转速降落，扩大调速范围，使系统具有令人满意的控制效果。

1. 转速负反馈调速系统的组成及工作原理

系统的组成如图 3-8 所示。

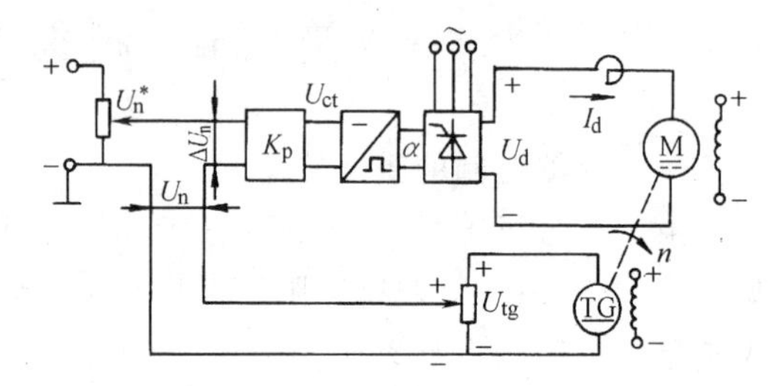

图 3-8　采用比例放大器的转速负反馈闭环调速系统

与前述图 3-7 不同的是加了一个电压放大器。其作用一是为了解决因反馈信号作用，正常工作为得到足够的触发器控制电压使所需给定电源电压过高的问题，二是提高闭环调整精度的需要。

系统中，由给定电位器给出一个控制电压 U_n^*，与反馈回来的速度反馈电压 U_n 一起加到放大器输入端上，其差值信号 $\Delta U_n = U_n^* - U_n$ 被放大 K_p 倍后，得 U_{ct} 做为触发器的控制信号，触发器产生相应相位的脉冲去触发整流器中的晶闸管。整流输出的直流电压 U_d 加在了电枢两端，产生电流 I_d，使电动机以一定的转速旋转。

电动机转速是通过测速发电机电压 U_{tg} 反映出来的。我们知道测速发电机的电枢电动势 E_{tg} 为：

$$E_{tg} = K_{etg} \Phi_{tg} n \tag{3-10}$$

式中　K_{etg}——由测速机结构决定的常数；

Φ_{tg}——测速发电机励磁磁通量；

n——测速发电机转速，即电动机转速。

由于$K_{etg}\Phi_{tg}$是不变的常量，测速发电机与电动机同轴联接是同一个转速n，所以测速发电机的电枢电动势E_{tg}反映了电动机的转速。又由于测速发电机即使工作于最高转速时，其电枢电流也不过是数十毫安级，此电流在电枢电阻上引起的压降很小，于是测速发电机电动势E_{tg}与其电枢端电压U_{tg}相差无几，在这个意义上我们说，测速发电机电枢两端的电压U_{tg}反映了电动机的转速。

反映了电动机转速的U_{tg}被分压后，得到的U_n反馈到系统的输入端与给定电压相比较，其差值作为放大器输入电压ΔU_n。在稳态工作时，假如电动机工作在额定转速，当负载增加时，电流I_d增大，电动机转速n下降，测速发电机U_{tg}减小，U_n按分压关系成比例减小，由于速度给定电压U_n^*没有改变，所以ΔU_n增大，放大器输出U_{ct}增大，它使晶闸管整流器控制角α减小（导通角增大），使晶闸管整流电压U_d增加，电动机转速回升到接近原来的额定转速值。其调整过程可示意为：

负载$\uparrow\rightarrow n\downarrow\rightarrow U_{tg}\downarrow\rightarrow U_n\downarrow\rightarrow\Delta U_n\uparrow\rightarrow U_{ct}\uparrow\rightarrow\alpha\downarrow\rightarrow U_d\uparrow\rightarrow n\uparrow$。

同理当负载下降时转速n上升，其调整过程可示意为：

负载$\downarrow\rightarrow n\uparrow\rightarrow U_{tg}\uparrow\rightarrow U_n\uparrow\rightarrow\Delta U_n\downarrow\rightarrow U_{ct}\downarrow\rightarrow\alpha\uparrow\rightarrow U_d\downarrow\rightarrow n\downarrow$。

可见当转速n下降，调整的结果使n回升到接近原来值；当转速n上升时，调整的结果使n下降到接近原来值。这就形成了速度负反馈闭环系统，被控制量也参加了控制作用，控制形成闭环。

这里的问题是，电动机能不能恢复到原来的转速，回答是不能的，它仅仅能接近原来的转速。

我们知道，当负载增加时，在主回路产生电压降I_dR。只要负载继续保持，这个电压就继续存在。假设原来电动机为空载，加上一定负载后要想使电动机转速保持原来数值，晶闸管整流电压必须比以前增加I_dR，来补偿这个压降。晶闸管整流器输出电压增加的条件是必须使触发器控制电压U_{ct}增加，使其输出脉冲前移，控制角α减小，由于给定电压U_n^*不变，U_n减小，使得ΔU_n增加。但U_n如果不减小，则ΔU_n就不可能增大，晶闸管整流器输出电压U_d就不可能增加一部分电压来补偿主回路电压降I_dR。只要U_n减小就说明电动机转速n比原来转速低。这就是说不可能恢复到原来的转速值，只能恢复到接近原来的转速。负载由大变小的转速调节过程中，由于负反馈的闭环调整，最终转速接近原转速，但比原转速要略高。

从上述可知，这种转速负反馈控制系统有两个主要特点：

1）利用被调量的负反馈进行调节，也就是利用给定量与反馈量之差（即误差）进行控制，使之维持被调量接近不变。

2）为了尽可能维持被调量不变，减小稳态误差，这样就得使误差量ΔU_n变得很小。要使误差量很小，而还希望晶闸管输出足够大的整流电压，使之能够补偿负载变化所引起的转速降落，这就要求系统的放大倍数很大才行。因此在晶闸管触发电路之前通常接入一个高放大倍数的放大器。放大器的放大倍数越高，系统的稳态精度越高，静差率就越小。

这种系统是靠给定与反馈之差调整的，从原理上说，是不能维持被调量在负载的变化下完全不变的，总是有一定的误差，因此这类系统叫做“有差调节系统”。

我们通常把使系统被调量变化的因素（给定量除外）称做扰动作用。扰动的因素很多，例如负载的变化、电动机励磁的变化、整流器交流侧供电电源的变化等。这些因素都可以反映到转速的变化上来，可用测速机测出来，再反馈到输入端进行调节。但测量元件本身的误差是没法补偿的，例如测速机励磁电流的波动，必然引起U_n的变化，而此时转速n并没变，通过系统的作用，反而会使电动机的转速n离开了原来所应保持的数值。所以一般选用永磁式测速发电机或者使测速发电机的磁场工作在饱和状态。

2. 转速负反馈调速系统静特性分析

系统的静特性通常是指闭环系统在稳态工作时电动机的转速n与负载电流I的关系。即

$$n=f(I) \tag{3-11}$$

研究系统的静特性，就是要找出减小稳态速降，扩大调速范围的途径，改善系统的调速性能。下面我们以带有转速负反馈的V—M系统为例，给出求系统静特性的一般方法和步骤。

为了突出主要矛盾，我们忽略系统中各环节的非线性因素的影响，即假定放大器、触发器、晶闸管整流装置、测速发电机等的特性都是线性的或者是线性化了的。忽略给定及检测装置的信号源内阻，且假定V—M系统主回路电流连续。这样就可以用解线性系统的各种方法来分析系统了。

常用的方法有两种，一种是在得到各环节的输入输出关系以后，联立各环节的表达式，消去中间变量求取静特性方程。第二种方法是在求得各环节输入输出关系后画出系统的稳态结构图，然后运用结构图的变换规则及线性系统分析的叠加原理来求取系统的静特性方程。

首先，不管用哪种方法都要根据系统的组成情况将系统分成若干环节并分别求得各环节的稳态输入输出关系。

电压比较环节： $\Delta U_n=U_n^*-U_n$

放大器： $U_{ct}=K_p\Delta U_n$

晶闸管触发与整流装置： $U_{do}=K_sU_{ct}$

V—M系统开环机械特性： $n=\dfrac{U_{do}-I_dR}{C_e}$

速度检测环节： $U_n=\alpha n$

以上各种关系式中

K_p——放大器的电压放大系数；

K_s——晶闸管触发与整流装置的电压放大系数；

α——测速反馈系数，单位为V/（r·min^{-1}）。

其余各量见图3-9。

在第一种方法中，联立上述五个关系式并消去中间变量，整理后，即得转速负反馈闭环调速系统的静特性方程式：

$$n=\frac{K_pK_sU_n^*-RI_d}{C_e(1+K_pK_s\alpha/C_e)}=\frac{K_pK_sU_n^*}{C_e(1+K)}-\frac{R}{C_e(1+K)}I_d \tag{3-12}$$

式中 $K=K_pK_s\alpha/C_e$——闭环系统的开环放大系数，它相当于在速度反馈信号U_n作用处断开后，从放大器输入起直到速度反馈信号U_n止，总的电压放大系数，是各个环节单独放大系数的乘积。

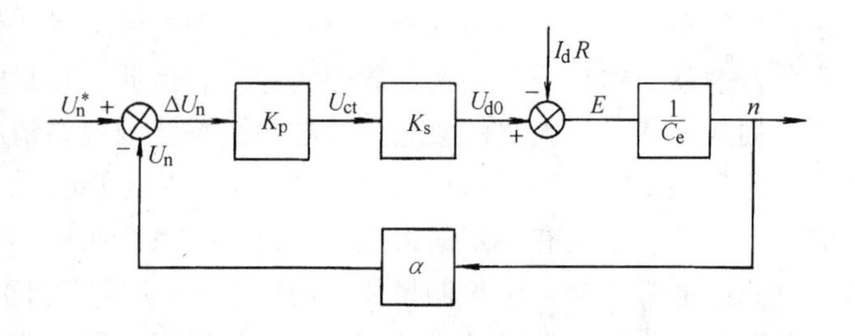

图3-9 转速负反馈闭环调速系统稳态结构图

求取静特性方程的结构图法如下：

首先根据各环节的输入输出关系及各环节在系统中的实际连接关系画出系统的稳态结构图，如图 3-9 所示。

图中各方块内的符号代表该环节的放大系数，也称传递系数。箭头代表了各种参量及其作用方向。

运用结构图的运算方法同样可以求出系统的静特性方程来，具体方法如下。由于系统为线性系统，可以采用叠加原理，即将给定作用U_n^* 和扰动作用$-I_dR$ 看成两个独立的输入量，先按它们分别作用下的系统（图 3-10a 和 b）求出各自的输出与输入关系方程式，然后把二者叠加起来，即得系统静特性方程式，与式（3-12）相同。

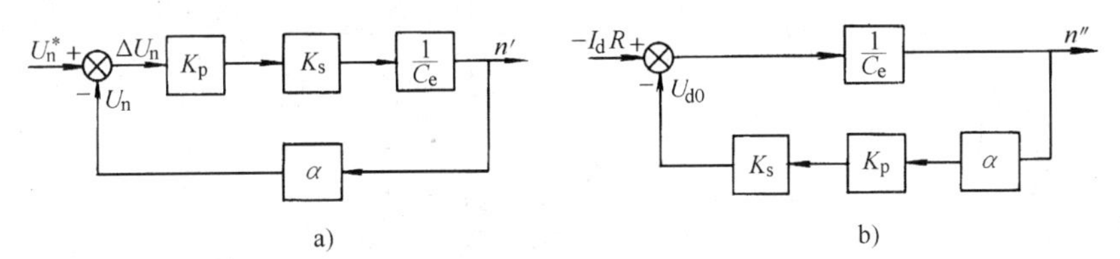

图 3-10　转速负反馈闭环调速系统稳态结构图的分解

下面，我们把开环系统的机械特性与闭环系统的静特性做一下比较，这就会更清楚地看出反馈闭环控制的优越性。

将反馈线断开，系统即成为开环系统，其机械特性方程为：

$$n=\frac{U_{d0}-I_dR}{C_e}=\frac{K_pK_sU_n^*}{C_e}-\frac{RI_d}{C_e}=n_{0op}-\Delta n_{op} \tag{3-13}$$

为方便比较，闭环系统的静特性可写成：

$$n=\frac{K_pK_sU_n^*}{C_e(1+K)}-\frac{RI_d}{C_e(1+K)}=n_{0cl}-\Delta n_{cl} \tag{3-14}$$

其中 n_{0op}与 n_{0cl}分别表示开环和闭环的理想空载转速；Δn_{op}与 Δn_{cl}则分别表示开环与闭环时的稳态速度降落。

将式（3-13）与式（3-14）相比，显然可得到如下结论：

首先，若设开环与闭环系统带有相同的负载，两者的转速降分别为：

$$\Delta n_{op}=\frac{RI_d}{C_e}$$

$$\Delta n_{cl}=\frac{RI_d}{C_e(1+k)}$$

由两者间的关系不难看出：

$$\Delta n_{cl}=\frac{\Delta n_{op}}{1+K} \tag{3-15}$$

这就是说，Δn_{cl}比 Δn_{op}小得多，K 越大时两者间相差越多。

若将开环与闭环系统的理想空载转速调整为相同值，即使 $n_{0op}=n_{0cl}$时，可由静差率的定义分别得到

$$S_{cl}=\frac{\Delta n_{cl}}{n_{0cl}}$$

$$S_{op}=\frac{\Delta n_{op}}{n_{0op}}$$

考虑到 $n_{0op}=n_{0cl}$，且 $\Delta n_{cl}=\Delta n_{op}/(1+K)$，则有

$$S_{cl}=\frac{S_{op}}{1+K}$$

这就是说，在相同理想空载转速下，闭环系统的静差率要小得多。

考虑到上述情况，当系统给出明确的静差率要求后，两种系统能够达到的调速范围会有明显的差别，若 D_B 为满足静差率要求的闭环系统允许的调速范围；D_K 为满足静差率要求的开环系统允许的调速范围，则由式（3-9）：

$$D_B=\frac{n_{nom}S}{\Delta n_{cl}(1-S)}=\frac{n_{nom}S}{\frac{\Delta n_{op}}{1+K}(1-S)}$$

即

$$D_B=(1+K)\frac{n_{nom}S}{\Delta n_{op}(1-S)}$$

$$D_B=(1+K)D_K \tag{3-16}$$

式中　n_{nom}——电动机的额定转速，也是调压调速时电动机的最高转速值。

上式表明有转速负反馈的闭环系统的调速范围 D_B，是开环系统调速范围 D_K 的（$1+K$）倍。放大系数 K 愈大，稳态速降愈小，调速范围就愈大。因此提高系统开环放大系数是减小稳态速降，扩大调速范围的有效措施。但是放大系数不宜过大，过大时系统可能难以稳定工作。

概括起来说：当负载相同时，闭环系统的稳态速降 Δn_{cl}减小为开环系统转速降落 Δn_{op}的 1/（$1+K$）；如果电动机的最高转速相同，而对静差率要求也相同时，那么，闭环系统的调速范围 D_B 是开环系统的调速范围 D_K 的（$1+K$）倍。即闭环系统可以获得比开环系统硬得多的特性，从而可在保证一定静差率要求下，大大提高调速范围。图 3-11 给出了取相同 n_0 值的转速负反馈闭环调速系统的静特性与开环调速系统的机械特性。比较可见，在相同负载下，转速降落有明显不同，闭环速降比开环速降小得多。

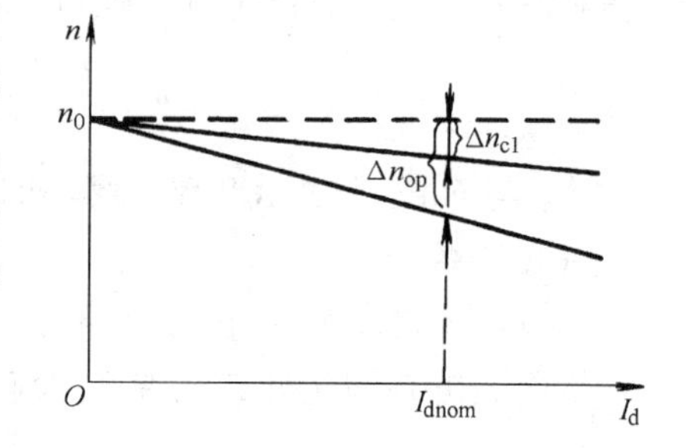

图 3-11　闭环静特性与开环机械特性的比较

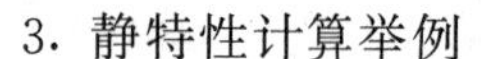

3. 静特性计算举例

某龙门刨床工作台采用 V—M 转速负反馈调速系统。已知数据如下：

电动机：Z_2—93 型，$P_{nom}=60\text{kW}$、$U_{nom}=220\text{V}$、$I_{dnom}=305\text{A}$、$n_{nom}=1000\text{r/min}$、电枢电阻 $R_a=0.066\Omega$；

三相全控桥式晶闸管整流电路，触发器—晶闸管整流装置的等效电压放大倍数 $K_s=30$；

电动机电枢回路总电阻：$R=0.18\Omega$；

速度反馈系数：$\alpha=0.015\text{V}/(\text{r}\cdot\text{min}^{-1})$；

要求调速范围：$D=20$，静差率：$S\leqslant 5\%$。

如果采用开环控制，则电动机在额定负载下的转速降落为：

$$\Delta n_{nom}=\frac{RI_{dnom}}{C_e}=\frac{0.18\times 305}{0.2}\text{r/min}=275\text{r/min}$$

其中 $$C_e=\frac{U_{nom}-I_{dnom}R_a}{n_{nom}}=\frac{220-305\times0.066}{1000}=0.2$$

开环时额定转速下的静差率为：

$$S=\frac{\Delta n_{nom}}{n_o}=\frac{\Delta n_{nom}}{n_{nom}+\Delta n_{nom}}=\frac{275}{1000+275}\%=21.6\%$$

显然，这一静差率已远超出了小于或等于5%的要求，如果根据调速要求再降速运转，那就更满足不了要求。采用转速负反馈闭环系统就可满足要求。可分析计算如下：

如果满足 $D=20$，$S=5\%$，则额定负载时电动机转速降落应为：

$$\Delta n_{cl}=\frac{n_{nom}S}{D(1-S)}=\frac{1000\times0.05}{20(1-0.05)}\text{r/min}=2.63\text{r/min}$$

∵ $$\Delta n_{cl}=\frac{\Delta n_{op}}{1+K}$$

∴ $$K=\frac{\Delta n_{op}}{\Delta n_{cl}}-1\geqslant\frac{275}{2.36}-1=103.6$$

∵ $$K=\frac{K_pK_s\alpha}{C_e}$$

∴ $$K_p=\frac{KC_e}{K_s\alpha}\geqslant\frac{103.6\times0.2}{30\times0.015}=46$$

这就是说，采用闭环控制后，只要使放大器的放大倍数大于或等于46，就能满足所提的调速指标要求了。

三、电压负反馈和电流正反馈自动调速系统

在调速系统中采用转速负反馈是最基本的反馈形式。若采用转速负反馈必须有反映转速的检测装置，对于模拟量控制系统来说，速度检测装置通常是测速发电机。由于测速发电机结构比较复杂，维护、安装都不太方便。因此在调速指标要求不很高的情况下，人们常采用其他形式的反馈来代替转速负反馈，这不但可以简化系统的结构，也可在一定程度上降低系统的造价。常用的其他反馈形式有电压负反馈和电流正反馈。

1. 电压负反馈

在忽略直流电动机电枢电阻引起的压降时，电枢端电压就等于电动机反电动势。而在恒磁调速的情况下，电动机转速与其反电动势不过差一常数 C_e。这就是说，只要设法保持电动机电枢端电压不变，就能使反电动势接近不变，电动机转速也就接近不变了。所以，采用电压负反馈可以收到克服扰动对转速的影响，在一定程度上可以使转速维持不变的效果，而这也正是采用转速负反馈所要达到的目的。

从图3-12中可以看出反馈信号从接在电枢两端的电位器RP上取出，反馈到放大器的输入端与给定电压进行比较，而且两者极性相反。因此这种反馈称电压负反馈。

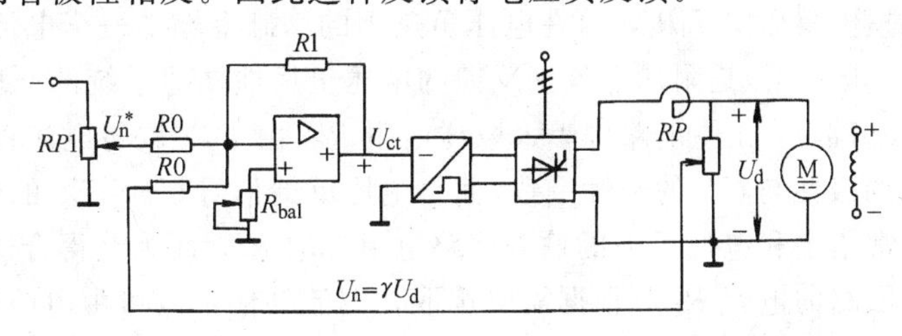

图3-12 电压负反馈闭环调速系统原理图

电压负反馈在负载变化时的调整过程如下：

在某一给定电压 U_n^* 下，加在放大器输入端的控制信号为给定电压与反馈电压进行比较后得到的差值电压 $\Delta U=U_n^*-U_u$，经放大器放大，使晶闸管整流器输出一定电压，使电动机工作于某一转速。当负载增加时，即 I_d 增大，整流器等效内阻及平波电抗器电阻上压降也相应增大，从而引起电动机电枢两端电压降低，这会使与其成正比的反馈电压减少（$U_u=\gamma U_d$）。这样一来加在放大器输入端的电压 ΔU 增加，使整流器输出电压增加，调整的结果是电枢两端的电压接近恢复到负载增加前的值上。由于电枢两端的电压几乎不变，使得电动机的转速也会不受负载变化的影响而接近不变。

为了更明确电压负反馈的稳态调整作用，我们可以用求转速负反馈闭环系统静特性的方法得到电压负反馈调速系统的静特性方程来，其式如下：

$$n=\frac{K_pK_sU_n^*}{C_e(1+K)}-\frac{R_{rec}I_d}{C_e(1+K)}-\frac{R_aI_d}{C_e} \tag{3-17}$$

式中 $K=K_pK_s\gamma$——电压闭环的开环放大系数；

$\gamma=\frac{U_u}{U_d}$——电压反馈系数；

R_{rec}——电枢回路中除电枢电阻外的其他电阻总和。

从静特性方程可以看出来，电枢电流引起的转速降落被分成了两部分。其中整流装置等效内阻、平波电抗器电阻等引起的转速降落减小到开环时的 $1/(1+K)$，由电枢本身电阻引起的转速降落 R_aI_d 仍和开环系统的一样。之所以有这样的结果，是由于电压负反馈本质上是一个恒压调整系统，它只尽可能维持电枢两端的电压 U_d 不变。由于电压负反馈调速系统对电枢电阻引起的转速降落无法补偿，所以该系统的调整效果远不如转速负反馈调速系统，但比开环系统要好一些。

电压负反馈信号的引出方法分直接引出与间接引出两种。在图 3-12 中，反馈信号是直接从主回路电动机电枢两端取出后送到放大器输入端的。这种方法虽然简单，但把主回路的高电压和控制回路的低电压直接混在一起，没有隔离开，易出故障。因此这种方法仅适用于小容量的调速系统中。在主回路电压较高，电动机容量较大的调速系统中，常采用直流电压隔离器。电压隔离器可以使主回路的电压（隔离器的输入端）与控制回路的电压（隔离器的输出端）在电路上隔开，而又能正确的传递电压信号。

电压负反馈调速系统，由于调整效果不够理想，一般仅适用于调速范围 $D<10$，静差率 $S>15\%$ 的场合。图 3-13 中，同时给出了开环系统的机械特性及电压负反馈、转速负反馈调速系统的静特性，从中可以看出三种系统的稳态性能来。其中转速负反馈最好，开环系统最差，而电压负反馈调速系统则处于两者之间。

2. 电压负反馈加电流正反馈调速系统

前已述及，电压负反馈调速系统转速降落比转速负反馈调速系统的转速降落大，即静特性不够理想，这是因为电动机电枢电阻压降所造成的转速降落未得到补偿的结果。为了补偿电枢电阻压降 I_dR_a，可在电压负反馈的基础上增加一个电流正反馈环节，如图 3-14 所示。

图 3-14 是附加电流正反馈的电压负反馈调速系统的原理图。它是在电压负反馈调速系统的基础上，在主电路中串入取样电阻 R_s，由 I_dR_s 取得电流正反馈信号。接线时应保证 I_dR_s 信号的极性与 U_n^* 的极性一致，而与电压反馈信号 $U_u=\gamma U_d$ 的极性相反。在运算放大器的输入端通常给定和电压反馈的输入回路电阻都取 R_0，而为获得合适的电流补偿强度，电流正反馈输入回路的电阻 R_2 应根据需要选取。电流补偿强度可由电流反馈系数 β 来反映，其定义为：

$$\beta=\frac{R_0}{R_2}R_s \tag{3-18}$$

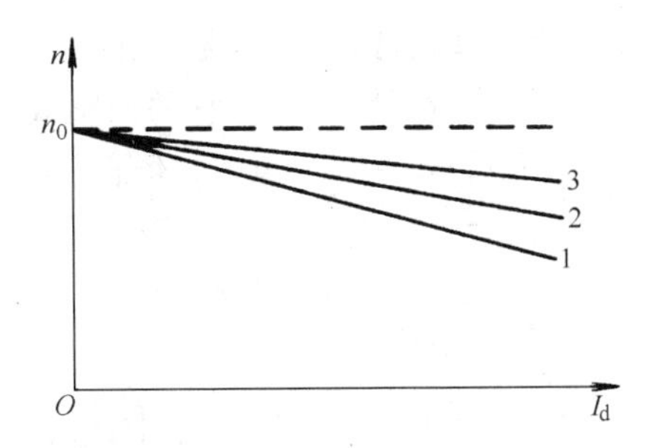

图 3-13　几种系统的特性比较

1—开环系统机械特性　2—电压负反馈系统静特性　3—转速负反馈系统静特性

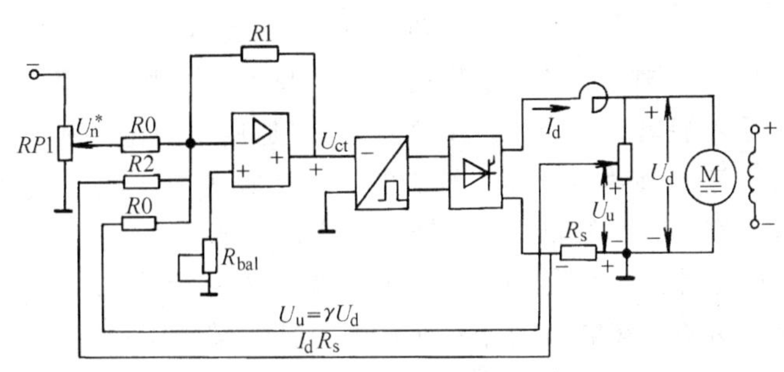

图 3-14　带电流正反馈的电压负反馈调速系统原理图

调速系统在稳态工作时，忽略空载损耗后电枢电流就是负载电流。当负载增加而使转速降落增大时，电流正反馈信号也相应增大，通过运算放大器使触发器输入的控制信号U_{ct}增大，晶闸管整流装置输出的整流电压升高，从而补偿了转速的降落。因此，电流正反馈又被称作电流补偿控制。

按求取调速系统静特性的前述方法，可以求出带电流正反馈的电压负反馈调速系统的静特性方程如下：

$$n=\frac{K_pK_sU_n^*}{C_e(1+K)}-\frac{(R_{rec}+R_s)}{C_e(1+K)}I_d+\frac{K_pK_s\beta}{C_e(1+K)}I_d-\frac{R_a}{C_e}I_d \tag{3-19}$$

由静特性方程式（3-19）可见，表示电流正反馈作用的一项$K_pK_s\beta I_d/C_e(1+K)$能够适当补偿另两项稳态速降，这样，总的转速降落要比只有电压负反馈时小了许多，系统的静特性改善了很多，从而扩大了调速范围。

应该指出，正反馈的补偿控制本质上与负反馈控制不同。正反馈只是靠参数的配合关系有针对性的对某一干扰量造成的偏差进行适当的补偿，比如电流正反馈在稳态时对负载引起的转速降落进行了适当的补偿，但它对其他干扰量造成的被调量偏差不一定有补偿作用。而负反馈控制，它能对负反馈所包围的系统前向通道上出现的所有扰动都有抑制作用，使它们对被调量造成的影响大大缩小。

还应该指出，在系统调整时，电流正反馈的补偿强度不应太大，当参数配合关系出现

$$\beta>\frac{R+KR_a}{K_pK_s}$$

的情况时，静特性将上翘，系统根本无法稳定工作。还因为电路参数将会随环境温度的变化而变化，所以β值还应适当减少。也就是说，采用电流补偿控制后，电压负反馈调速系统的静特性可以适当改善，但它的调整效果就整体而言不如转速负反馈调速系统。

但当系统的工作环境比较稳定时，若选择参数使其满足式（3-20）时：

$$K_pK_s\beta=KR_a \tag{3-20}$$

则电压负反馈加电流正反馈调速系统的静特性方程将变为：

$$n=\frac{K_pK_sU_n^*}{C_e(1+K)}-\frac{R}{C_e(1+K)}I_d \tag{3-21}$$

在形式上，此时的静特性方程就与转速负反馈系统的静特性方程〔式(3-12)〕完全一样了。此时电压负反馈加电流正反馈的合成反馈信号与电动机反电动势成正比，所以又称电动势反馈。

但是，这只是参数的一种巧妙配合，系统的本质并未改变。虽然可以认为电动势是正比于转速的，但这样的"电动势负反馈"调速系统决不是真正的转速负反馈调速系统。它的调整效果不可能真正相当于转速负反馈，只适用于调速范围 $D=20$ 以下，静差率 $S\geqslant 10\%$ 的场合。但由于它比转速负反馈系统省掉了一个测速发电机，因此，在中、小容量系统中还是有应用价值的。

电流反馈信号由电枢回路中串入的一个附加电阻 R_s 上取出，在电动机容量较大时，在这一附加电阻上的电能损耗是相当大的，因此当电动机容量较大，一般超过 10kW 时，电流反馈信号可以从电动机换向极绕组两端取出。该信号必须进行滤波后才能反馈到放大器输入端，以克服换向极绕组中的谐波电动势对系统工作的影响，如图 3-15。

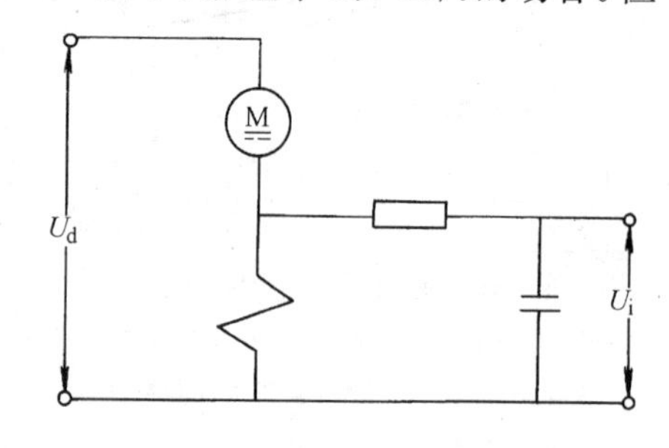

图 3-15　电动机换向极绕组两端取电流反馈信号

四、具有电流截止负反馈的自动调速系统

采用闭环控制的直流调速系统，在起动开始的一段时间内，由于转速还没来得及建立或转速很低，所以速度反馈信号很小，放大器入口电压 $\Delta U_n=U_n^*-U_n$ 会很大，接近稳态时的（$1+K$）倍。又由于放大器、触发和整流装置等环节的时间惯性非常小，所以整流器几乎在瞬间达到最高输出电压。这相当于直流电动机满压直接起动。直流电动机满压直接起动时，因起动开始，反电动势很低，整个电枢回路的电流只受限于回路总电阻 R，通常 R 值很小，结果造成电枢电流在很短的时间内急剧上升到一个相当大的值。此外，在电动机正常运转情况下，如机械故障等原因，可能使电动机堵转，此时出现的现象将与起动瞬间的情况相似，电枢电流也会急剧上升到一个相当大的值上。在上述诸情况下，电动机电枢电流往往超过最大允许电流值。过大的电流冲击对直流电动机的换向十分不利，尤其对于过载能力差的晶闸管来说，更是不能容许的。因此，必须对起动或堵转电流加以限制。

但另一方面，许多生产机械出于提高生产效率的考虑，常常希望调速系统能够充分利用电动机的短时间过载能力以加快起制动过程。这就是说，在起制动过程中，设法使电动机工作于短时允许的最大电流值上，就会使电动机转速变化率尽可能大一些。那么，如何做到在起动的过程中使电动机电枢回路电流尽可能大而又不超过最大允许电流呢？人们由负反馈的控制规律想到了采用电流负反馈的方法。对于负反馈闭环调整系统来说，只要给定量不变，在闭环调整作用下系统能克服各种干扰，使被调量尽可能保持不变。当把电枢电流做为被调量，组成电流负反馈的闭环控制时，只要控制量选得适当，就可以使电枢电流保持在适当值上。但对于调速系统来说，转速才是系统最终的被调量，而电枢电流只不过是系统的一个中间参量而已。为限制起动或堵转电流而采用电流负反馈控制后，调速系统的静特性会大大变软，使系统难以满足一般的稳态性能要求。解决这一矛盾的办法是采用所谓电流截止负反馈。当电动机电枢电流比较大时，令电流负反馈发挥作用，以使电流被限制在一定范围内，而当正常运行时，电枢电流一般不超过电动机的额定电流或略大于额定电流的情况下，设法使电流负反馈去掉。这样，正常运行时，只有转速负反馈，以使系统具有足够的稳态调整精度；在电动机起动或堵转时，电流负反馈起主要的调节作用，使电枢电流受到有效的限制，使其不超过最大允许值。带有电流截止负反馈的转速负反馈闭环调速系统就基本上能够达到这样的控制效果。

带有电流截止负反馈的转速负反馈调速系统原理如图 3-16。

在图 3-16 中，电流负反馈信号是从电枢回路中附加的电阻 R_s 上取出，其值 $U_i=I_dR_s$，显然 U_i 与 I_d 成正比。若设 I_{dcr} 为临界截止电流，当电流大于 I_{dcr} 时将电流负反馈信号加到放大器的输入端，当电流小于 I_{dcr} 时将电流反馈切断。为了实现这一作用，须引入比较电压 U_{com}。比较电压的设置可有不同的方法。图 3-16 中是利用独立的直流电源通过电位器 RP 得到比较电压的。调节电位器就可改变 U_{com}，相当于改变临界截止电流 I_{dcr}，在 I_dR_s 与 U_{com} 之间串接一个二极管 VD，利用其单向导电性，当 $I_dR_s>U_{com}$ 时，二极管导通，电流负反馈信号 U_i 即可加到放大器上去；当 $I_dR_s<U_{com}$ 时，二极管截止，U_i 即消失。显然，在这一线路中，截止电流值为 $I_{dcr}=U_{com}/R_s$。

调速系统加有电流截止负反馈后，其静特性要分段进行求取，以临界截止电流 I_{dcr} 为界，可分别得到两个静特性方程：当 $I_d\leqslant I_{dcr}$ 时，电流负反馈被截止，系统只是单纯的转速负反馈闭环调速系统，其静特性方程为：

$$n=\frac{K_pK_sU_n^*}{C_e(1+K)}-\frac{R}{C_e(1+K)}I_d \tag{3-22}$$

当 $I_d>I_{dcr}$ 时，电流负反馈起作用，此时系统同时有转速负反馈和电流负反馈，静特性为：

$$\begin{aligned}n&=\frac{K_pK_sU_n^*}{C_e(1+K)}-\frac{K_pK_s}{C_e(1+K)}(R_sI_d-U_{com})-\frac{RI_d}{C_e(1+K)}\\&=\frac{K_pK_s(U_n^*+U_{com})}{C_e(1+K)}-\frac{(K_pK_sR_s+R)}{C_e(1+K)}I_d\end{aligned} \tag{3-23}$$

将式（3-22）、式（3-23）画成静特性，如图 3-17 所示。

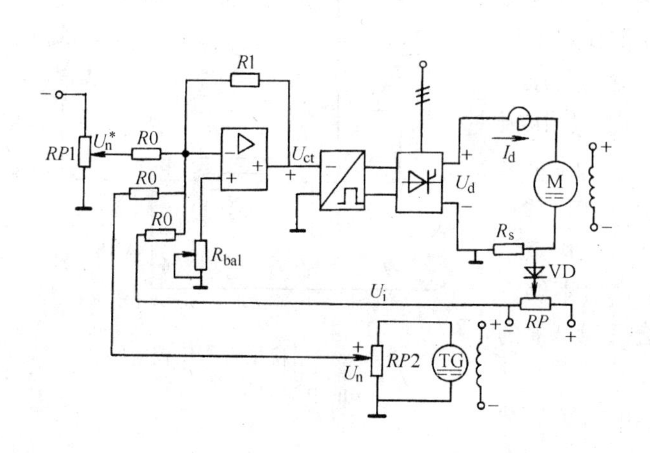

图 3-16　带有电流截止负反馈的转速负反馈调速系统

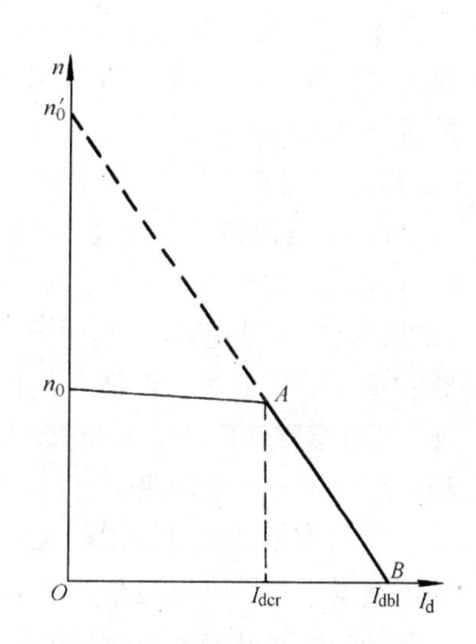

图 3-17　带电流截止负反馈的转速闭环调速系统的静特性

电流负反馈被截止的式（3-22）相当于图中的 n_0—A 段，此时只有转速负反馈，显然特性比较硬，这意味着系统在正常工作时具有较好的性能。而电枢电流大于临界截止电流 I_{dcr} 时，特性为图中的 A—B 段，此时由于电流负反馈的作用，随着电枢电流的增大，转速急剧下降，直到电动机转速为零，而当堵转时，电流为 I_{dbl}，此电流称为堵转电流，设计时应使其在系统允许的范围内。

这样的两段式静特性常被称作下垂特性或挖土机特性。当挖土机遇到坚硬的石块而过载时，电动机停转，电流也不过等于堵转电流 I_{dbl}，在式（3-23）中，令 $n=0$ 得

$$I_{dbl}=\frac{K_pK_s(U_n^*+U_{com})}{R+K_pK_sR_s}$$

一般 $K_pK_sR_s \gg R$，因此

$$I_{dbl}\approx\frac{U_n^*+U_{com}}{R_s} \tag{3-24}$$

一般为保证系统有尽可能宽的正常运行段，取临界截止电流略大于电动机的额定电流，通常取 $I_{dcr}=(1.0\sim1.2)I_{nom}$；而堵转电流应小于电动机的最大允许电流，通常取 $I_{dbl}=(1.5\sim2)I_{nom}$。

电流截止负反馈，不仅在电动机处于堵转状态起作用，而且在起动过程中也能起限制起动电流的作用。电流截止负反馈是怎样限制起动电流的呢？在起动刚开始的瞬间，放大器输入端只有给定电压 U_n^*，速度反馈电压 U_n 为零，因此放大器输出值迅速趋于限幅值，整流器输出达最大值，主回路电流急剧上升，当 I_d 超过临界截止电流 I_{dcr}后，$I_dR_s>U_{com}$，电流负反馈开始起作用，在电流反馈信号作用下，放大器输出下降，整流器输出电压下降，电枢电流的增加受抑制，使其峰值不会超过堵转电流 I_{dbl}。当电流减小时，电流负反馈电压也减小，使晶闸管整流器输出电压增加，这样闭环调整的结果，基本上能使起动过程中的电枢电流保持在一个较大的值上，从而加快了电动机的起动过程，直到电流下降至小于 I_{dcr}，电流负反馈被截止，电动机过渡到 n_0—A 段工作。

图 3-16 电流截止负反馈中，比较电压 U_{com}是由比较电源取出，而图 3-18 采用稳压管获取比较电压的线路更为简单，而且更容易办到。稳压管的稳压值 U_{dw}相当于比较电压，当反馈信号 I_dR_s 低于稳压值 U_{dw}时，反馈回路只能通过极小的漏电流，电流负反馈被截止，当 I_dR_s 大于 U_{dw}时，稳压管被反向击穿，反馈回路有反馈电流通过，得到下垂特性。采用该线路省掉了比较电源，但临界截止电流的调整不够方便，且因稳压管稳压值的分散性，选取合适稳压值的稳压管也常有一些困难。

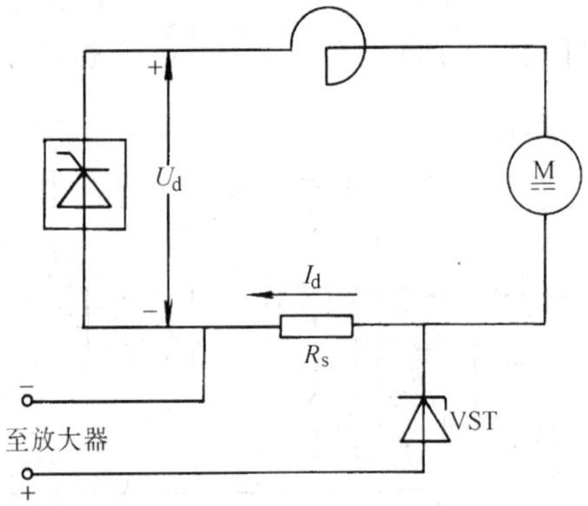

图 3-18 用稳压管作比较电路的电流截止负反馈

以上我们已经讨论了转速负反馈，电压负反馈和电流正反馈、电流截止负反馈等等。这些反馈信号都是直接反映某一参量的大小的，即反馈信号强弱与其反映的参量大小成正比，这些反馈都统称为硬反馈。

还有另一种形式的反馈，这种反馈是与某一参量的一次导数或二次导数成正比，这种反馈只在动态时起作用，在稳态时不起作用，称之为软反馈。例如为了自动调速系统能稳定工作，系统常加电压微分负反馈环节。

第三节 无静差直流调速系统

在上节介绍的调速系统中常遇到这样的问题，要提高系统的稳态性能指标，就要增大闭环系统的开环放大系数 K，而 K 增大时，系统往往不能稳定工作。怎样才能使系统具有要求

的稳态精度、能稳定工作且动态指标又好呢？前节讨论的自动调速系统是采用一般按比例放大的放大器调节系统，尽管放大倍数很大，但毕竟为有限值，所以在负载改变后，它不可能维持被调量完全不变，这种系统称为有静差系统，这种系统正是靠误差进行调节的。在有静差系统中，放大器只是一个完成比例放大的调节器，靠被调量（转速）与给定量之间的偏差工作的。若偏差 $\Delta U_n=U_n^*-U_n=0$ 时，放大器的输出电压 $U_{ct}=0$，晶闸管整流器输出的整流电压平均值 U_{d0} 也会为零，电动机便要停止转动，系统无法进行工作，因为这种系统的正常工作是依靠偏差来维持的。在负载变化时，闭环调整只能使被调量转速的变化被减少到开环系统在同样情况下转速变化的 $1/(1+K)$，但不可也不能调整到负载变化前的转速值上。所谓无静差调节系统，就是系统的被调量在稳态时完全等于系统的给定量，其偏差为零，这就是说，在无静差系统中，电动机转速在稳态时与负载无关，只取决于给定量。要想使偏差为零，系统又能正常工作，必须使用有积分作用的调节器。

一、比例（P）、积分（I）、比例积分（PI）调节器

集成电路运算放大器具有开环放大倍数高、输入电阻大、输出电阻小、漂移小、线性度好等优点，所以它在模拟量控制系统中作为调节器的基本元件得到了广泛应用。运算放大器配以适当的反馈网络就可组成比例、积分、比例积分等调节器，可得到不同的调节规律，满足控制系统的要求。

1. 比例调节器

在电工学课程中已讲授过运算放大器的一般原理及比例调节器的性能。在自动调节系统中，往往有几个信号同时加在调节放大器的输入端进行综合，如图 3-19 所示的比例调节器有两个输入信号，它们采用电压并联，在放大器输入端电流以相减的方式完成运算。

为便于运算，在自动控制系统中使用运算放大器组成调节器时，信号一般从运算放大器反相输入端输入。由于运算放大器本身的电压放大倍数极高，当其输出端通过 R_1 电阻完成对输入端的负反馈后，则其反相输入端，即图中 A 点的电位极接近工作电源的地电位，为此人们常把图中的 A 点称为虚地点。此外，因运算放大器本身输入电阻达几兆欧姆，可近似看成在工作时无电流进入其输入端，这样，当我们对 A 点列写电流运算式时，可有下列结果，由 $\Sigma i=0$，可得

$$\frac{U_{in}}{R_0}-\frac{U_f}{R_0}=\frac{U_{sc}}{R_1}$$

$$U_{sc}=\frac{R_1}{R_0}\ (U_{in}-U_f)$$

令 $\frac{R_1}{R_0}=K_p$，则得

$$U_{sc}=K_p\ (U_{in}-U_f) \tag{3-25}$$

在此式中，没有考虑输入与输出间的反相关系，实际上，这里的 K_p 可看成是输出与输入之间的绝对值之比，通常把其极性配合关系放到具体系统中进行考虑。

2. 积分调节器

积分调节器又称 I 调节器。由运算放大器构成的积分调节器如图 3-20，由虚地点 A 的假设，可以很容易得到

$$U_{sc}=\frac{1}{C}\int i\mathrm{d}t=\frac{1}{R_0C}\int U_{in}\mathrm{d}t=\frac{1}{\tau}\int U_{in}\mathrm{d}t \tag{3-26}$$

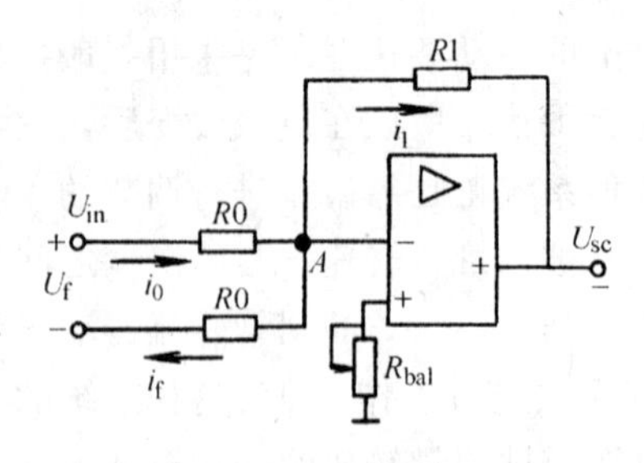

图 3-19　比例调节器线路

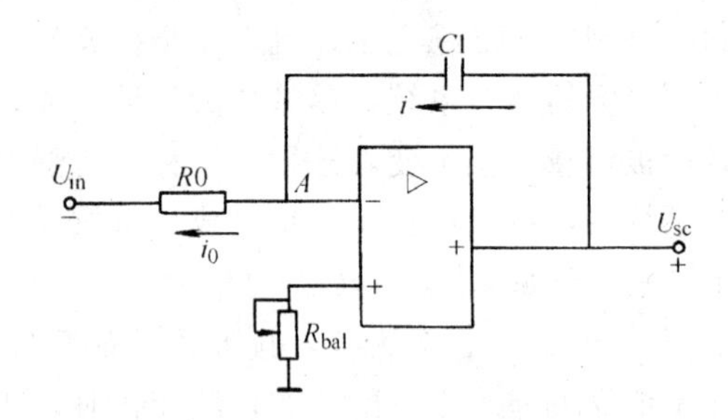

图 3-20　积分调节器线路图

式中　$\tau = R_0C$—— 积分时间常数。

由式(3-26)可见,积分调节器输出电压 U_{sc} 与输入电压 U_{in} 的积分成正比。当然,这里暂也不考虑输入与输出两者的反极性关系。

当 U_{sc} 的初始值为零时,在阶跃输入下,对式(3-26)进行积分运算,得积分调节器的输出时间特性(图 3-21a)

$$U_{sc} = \frac{U_{in}}{\tau}t \qquad (3\text{-}27)$$

在采用比例调节器的调速系统中,调节器的输出是晶闸管装置的控制电压 U_{ct},且 $U_{ct} = K_p(U_n^* - U_n) = K_p\Delta U_n$。只要电动机在运行,$U_{ct}$ 就不能为零,也就是调节器的输入偏差电压 ΔU_n 不能为零,这是此类调速系统有静差的根本原因。

如果采用积分调节器时,因其输出积分的保持作用(图 3-21b),则在系统稳态工作时,尽管调节器的输入偏差电压 $\Delta U_n = U_n^* - U_n = 0$,而其输出 U_{ct} 仍可是不为零的某一电压,而这一电压正是维持该运行状态所必要的电压值。积分的保持作用是系统无静差的根本原因。

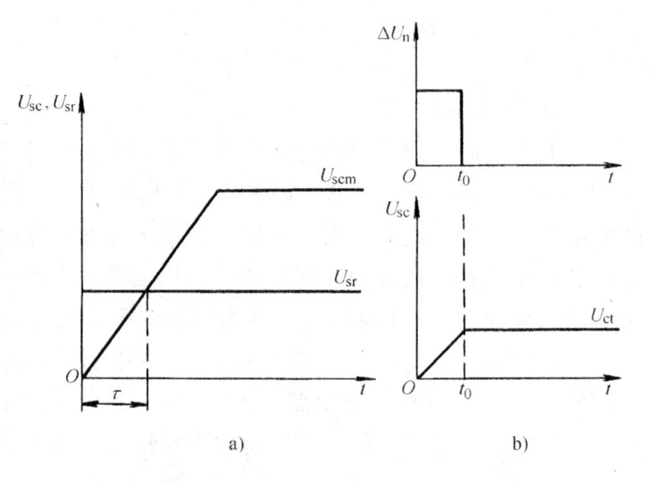

图 3-21　积分调节器输入输出特性

a) 积分调节器阶跃输入时的输出特性

b) 积分调节器的输出保持特性

由运算放大器组成的积分调节器的工作原理可简单解释如下:当 U_{in} 突加的初瞬,由于电容尚未充电以及其两端电压不能突变,相当于电容短路,使放大器输出全部电压都反馈到输入端,由于这是强烈的负反馈,在其作用下,使 U_{sc} 开始时为零,然后电容充电,电容两端电压 U_c 升高,负反馈逐渐减弱,U_{sc} 开始增长。因为电容充电电流接近为恒定值,所以 U_c 及 U_{sc} 都接近线 性增长。其上升斜率决定于 U_{in}/τ。积分时间常数越大,U_{sc} 增长越慢。显然,调速系统中加入积分调节器后系统的反应速度会变慢。

3. 比例积分调节器

综上所述,自动控制系统采用比例调节器时,系统的动态反应速度很快,但在稳态工作时,必存在静差。而采用积分调节器时,系统的静差将为零,但系统的反应速度因受积分的影响而变慢。那么，即要使系统稳态精度高，又要有足够快的反应速度，该怎么办呢？只要把比例和积分两种控制规律结合起来就行了，这就是比例积分控制。

比例积分调节器又称 PI 调节器，其原理如图 3-22，与比例调节器和积分调节器不同的是在运算放大器的反馈回路中，串入电阻和电容。在不计输入和输出的反相关系，且利用 A 点的虚地概念后其输入和输出关系可推导如下：

$$i_0 = i_1, i_0 = \frac{U_{in}}{R0}$$

$$U_{sc} = i_1 R1 + \frac{1}{C1}\int i_1 dt = \frac{R1}{R0}U_{in} + \frac{1}{R0C1}\int U_{in}dt$$

$$U_{sc} = K_p U_{in} + \frac{1}{\tau}\int U_{in}dt \tag{3-28}$$

式中　$\tau = R0C1$——PI 调节器的积分时间常数；

$K_p = R1/R0$——PI 调节器的比例放大系数。

由式(3-28)可知，在输入电压 U_{in}（阶跃函数）的初瞬，输出电压有一跃变，以后随时间的延续线性增长，变化规律如图 3-23 所示。

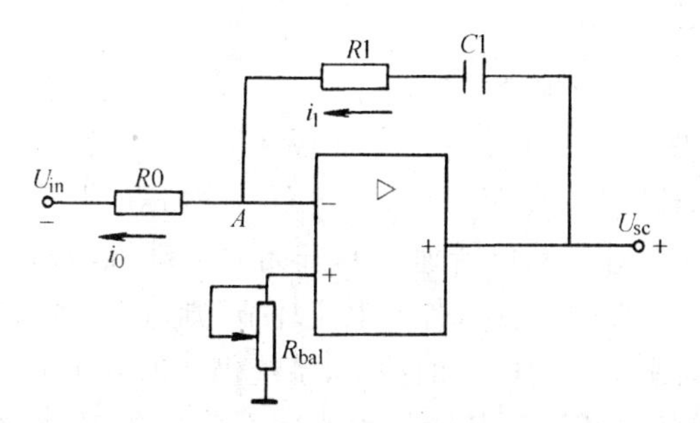

图 3-22　比例积分调节器线路图

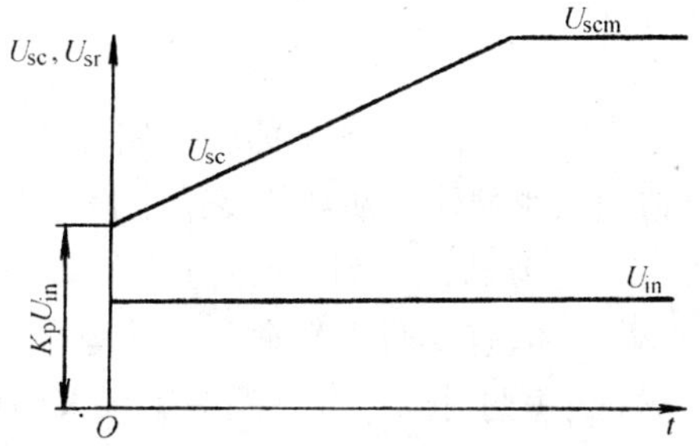

图 3-23　比例积分调节器的输入输出特性

显然，输出电压 U_{sc} 由两部分组成，第一部分为输入 U_{in} 的比例放大部分，在输入电压加上的初瞬，电容 C_1 相当于短路，此时只相当于比例调节器，输出电压 $U_{sc} = K_p U_{in}$，输出电压毫不迟延地跳到 $K_p U_{in}$ 值，因而调节速度快。第二部分是积分部分 $\frac{1}{R_0 C_1}\int U_{in}dt$，随着 C_1 被充电，U_{sc} 不断上升，上升快慢取决于 τ。调节器能实现比例、积分两种调节功能。可以证明，当输入信号不是阶跃量时，输出信号仍与输入信号保持比例、积分关系。综上所述，比例积分调节器有以下特点：

1) 由于有比例调节功能，才有了较好的动态响应特性，有了良好的快速性，弥补了积分调节的延缓作用；

2) 由于有积分调节功能，只要输入端有微小的信号，积分就进行，直至输出达限幅值为止，如图 3-23 所示。在积分过程中，如果输入信号变为零，其输出则始终保持输入信号为零前的那个输出值，如图 3-21b 所示，$t = t_0$ 时 $U_{in} = \Delta U_n = 0$，但输出 U_{ct}，在 $t = t_0$ 后仍保持在 $U_{sc} = U_{ct0}$ 的值。

正是因为有这种积累、保持特性，所以比例积分调节在控制系统中能够消除稳态误差。

二、采用PI调节器的单闭环自动调速系统

在一个调节系统中引入了比例积分调节器组成的反馈控制系统能够消除误差，维持被调量不变，这样的调节系统称为无差调节系统。

采用PI调节器的单闭环调速系统的原理图如图3-24所示。这个系统的被调量是电动机的转速，这里比例积分调节器在系统中起调节转速的作用，因此也叫做速度调节器。

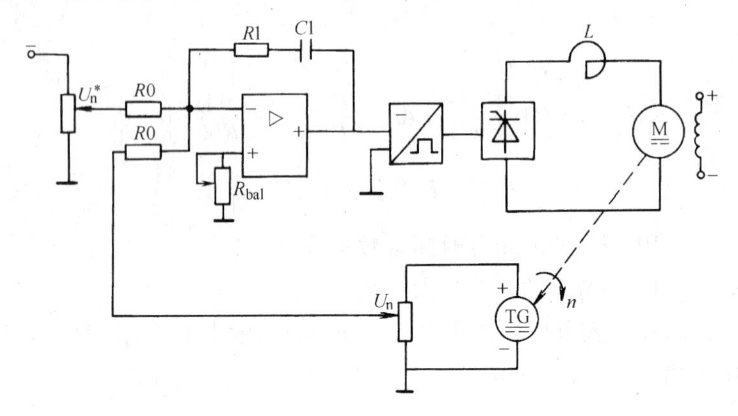

图3-24　采用PI调节器的单闭环调速系统

从图中可看到，电动机的转速实际值 n 通过测速发电机得到的反馈电压 U_n 反映出来，把 U_n 反馈到系统的输入端与速度给定信号 U_n^* 相比较，把差值 $\Delta U_n = U_n^* - U_n$ 作为速度调节器的输入。当电动机起动时，接通速度给定电压 U_n^*（相对电动机转速 n_1），开始时电动机转速为零，即 $U_n = 0$，速度调节器输入电压 $\Delta U_n = U_n^*$ 是很大的。此时，若无限流环节，则电动机电枢电流会在很短的时间内升高到一个很大的值上，为避免起动电流的冲击，系统仍需加电流负反馈来做限流保护。在电流负反馈环节的作用下，电枢电流达到某一最大值后不再升高。随着起动过程的延续，转速迅速上升，当电动机转速上升到给定转速 n_1 时，速度反馈电压 U_n 正好与给定 U_n^* 相等。也就是此时速度调节器的输入信号 $\Delta U_n = 0$。应该说明，在起动过程中，因电流负反馈与速度负反馈共用一个调节器，当电枢电流大于电流截止环节的临界截止电流 I_{dcr} 时，系统以电流调节为主，而当电动机转速已很高，电枢电流已下降到小于 I_{dcr} 时，则电流负反馈已被截止，系统为纯速度负反馈的闭环调整。本系统在起动过程结束时虽然速度调节器的输入信号 $\Delta U_n = 0$，但它的输出电压 U_{ct} 会保持在某一值上，由此使电动机维持在给定转速下运行。

上面讨论了电动机起动时系统的工作过程。下面进一步讨论一下负载突变时系统的调节过程。

假定系统已在稳定运行，对应的负载电流为 I_1，在某一时刻突然将负载加大到 I_2，由于电动机轴上转矩突然失去平衡，电动机转速开始下降产生一个转速偏差 Δn，如图3-25所示。这时速度反馈电压 U_n 相应减少，因给定量未变，从而使调节器的输入偏差电压 $\Delta U_n = (U_n^* - U_n) > 0$。我们知道比例积分调节器的输出电压是由比例和积分两部分组成的。

首先看它的比例输出部分的调节作用。比例输出是没有惯性的，由于产生偏差 $\Delta n(\Delta U_n)$ 使晶闸管整流输出电压增加了 ΔU_{d01}，如图3-25c曲线1所示。这个电压增量使电动机转速很快回升，速度偏差愈大，比例调节的作用愈强，ΔU_{d01} 就愈大，电动机转速回升也愈快。当转速回到原来转速 n_1 以后，ΔU_{d01} 也相应减少到零。

当负载增加时，电动机转速降低，调节器输入出现偏差电压 ΔU_n，在积分调节的作用下，晶

闸管整流器输出电压也要升高。积分作用产生的电压增量 ΔU_{d02} 对应于调节器对输入偏差电压 ΔU_n 的积分。偏差愈大，电压 ΔU_{d02} 增长速度愈快，即偏差最大时，电压增长速度最快。开始时 ΔU_n 很小，ΔU_{d02} 增长很慢，在调节后期 Δn 减小了，ΔU_{d02} 增加的也慢了。一直到 ΔU_n 等于零时 ΔU_{d02} 才不再继续增加，在这以后就一直保持这个值不变，如图 3-25c 曲线 2 所示。

因为在采用比例积分调节器时比例作用与积分作用是同时存在的，同时对系统起调节作用的。因此我们应该看它们的合成效果。图 3-25c 曲线 3 为其合成效果曲线。从这里可以看出，晶闸管整流电压增长的速度与偏差 ΔU_n 相对应，只要存在偏差，电压就要增长，而且电压增长的数值是积累的。因为 $\Delta U_{d0} = \Delta U_n \Delta t$，所以整流电压最后值不但取决于偏差值的大小，还取决于偏差存在的时间。因此不论负载怎样变化，积分调节的作用是一定要把负载变化的影响完全补偿掉，使转速回到原来的转速为止。在调节的开始和中间阶段，比例调节起主要作用，它首先阻止 Δn 的继续增大，并能使转速回升。在调节的后期转速偏差 Δn 很小了，比例调节的作用不显著了，而积分调节作用上升到主导地位，最后依靠它来完全消灭偏差 Δn。这就是无差调节的基本道理。

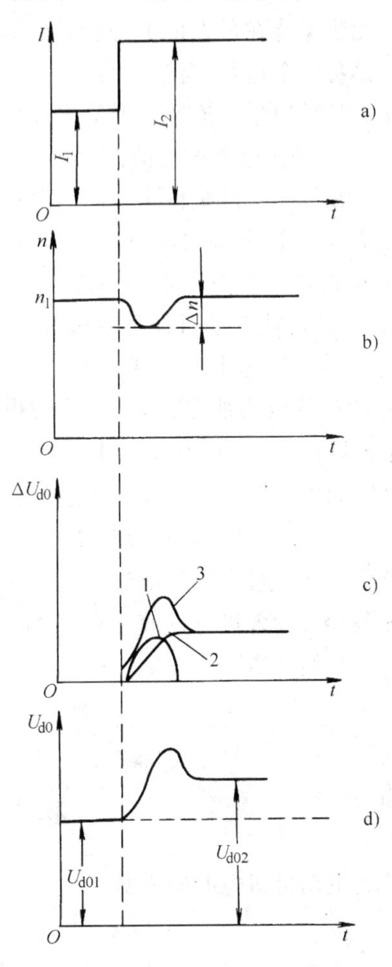

图 3-25　负载变化时调解过程曲线

从上边分析可知，在调节过程结束以后，电动机转速又回升到给定转速 n_1。速度调节器的输入偏差电压 $\Delta U_n = 0$。但速度调节器的输出电压 U_{ct}，由于积分的保持作用，稳定在一个大于负载增大前的 U_{ct1} 的新值上。晶闸管整流输出电压 U_{d0} 等于调节过程前的数值 U_{d01} 加上比例和积分两部分的增量 ΔU_{d01} 和 ΔU_{d02}。调节结束后晶闸管整流输出电压 U_{d0} 稳定在 U_{d02} 上，如图 3-25d 所示。增加的那部分电压正好补偿由于负载增加引起的那部分主回路压降 $(I_2 - I_1)R$。从这里也可以看出，电动机的负载愈大，速度调节器的输出电压 U_{ct} 和晶闸管整流输出电压 U_{d0} 也愈随之增高。但是由于速度偏差 Δn 等于零，因此速度调节器的输入偏差电压 $\Delta U_n = 0$。所以无静差系统在稳态时，虽然比例积分调节器的输入偏差电压 $\Delta U_n = 0$，但由于积分作用，仍然保持一定的输出电压 U_{ct}，用来维持电动机在给定速度下运转。

三、带有速度调节器和电流调节器的双闭环直流调速系统

前已述及，采用转速负反馈和 PI 调节器的单闭环调速系统可以在保证系统稳定的条件下实现转速无静差。如果对系统的动态性能要求较高，例如要求快速起制动、突加负载动态速降小等等，单闭环系统就难以满足需要。这主要是因为在单闭环系统中不能完全按照需要来控制动态过程的电流或转矩。

我们也已说明，在单闭环系统中，为了限制电枢电流不超过最大允许电流可以采用电流截止负反馈环节。但电流截止负反馈环节只是在超过临界电流 I_{dcr} 值以后，靠强烈的负反馈作用

限制电流的冲击，并不能很理想地控制电流的动态波形。带电流截止负反馈的单闭环调速系统起动时的电流和转速波形如图 3-26 所示。

由图可见，在整个起动过程中，电枢电流只在一点达到了最大允许电流 I_{dm}，而在其余的时间里，电枢电流均小于 I_{dm}，这使得电动机的动态加速转矩无法保持在最大值上，因而加速过程必然拖长。为了保护设备安全运行，且达到最佳过渡过程的目的，在实际线路中是采用带电流调节器的多环系统。

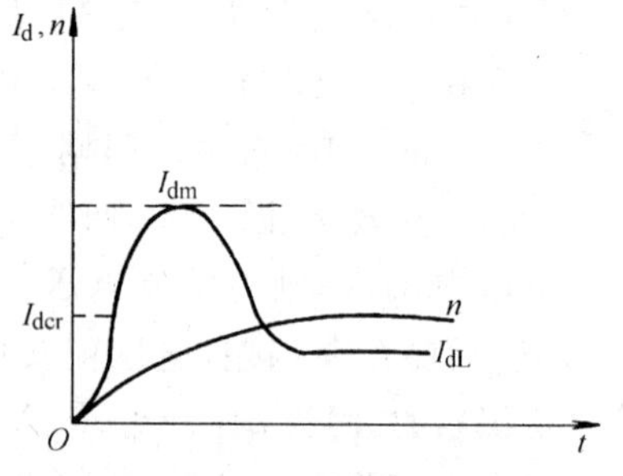

图 3-26　带电流截止负反馈的单闭环调速系统起动时的电流和转速波形

1. 最佳过渡过程的概念

在很多生产机械中，如龙门刨床、可逆轧钢机那样的经常正反转运行的调速系统，尽量缩短起制动过程的时间是提高生产率的重要因素。要达到过渡过程最短这个目的，就得使电动机在过渡过程中产生最大的转矩，以便使电动机转速上升最快，而电动机产生的最大转矩是由它的过载能力所定的，也就是说电动机的最大转矩有一个极限值。充分利用电动机这个极限值，使过渡过程时间最短，获得最高生产率的过渡过程叫做限制极值转矩的最佳过渡过程。

在起、制动的过渡过程中，尽量保持最大转矩不变，对于调压调速系统来说也就是保持电动机工作于最大允许电流 I_{dm} 上。在 I_{dm} 不变的情况下，电动机是怎样加速的呢？也就是说，从最佳条件出发来进行过渡过程，各量的变化规律又是怎样的呢？

我们知道

$$M_{dm} - M_{dL} = \frac{J^2}{375}\frac{dn}{dt}$$

即

$$\frac{dn}{dt} = \frac{M_{dm} - M_{dL}}{\frac{J^2}{375}} = \frac{C_M(I_{dm} - I_{dL})}{\frac{GD^2}{375}}$$

电动机机电时间常数：

$$T_M = \frac{GD^2R}{375C_eC_M}$$

于是

$$\frac{dn}{dt} = \frac{C_M(I_{dm} - I_{dL})}{T_MC_eC_M/R} = \frac{(I_{dm} - I_{dL})R}{T_MC_e} \tag{3-29}$$

式中　$\frac{dn}{dt}$—— 电动机加速度；

M_{dm}—— 电动机最大电磁转矩；

J^2—— 电动机飞轮惯量；

I_{dm}—— 电动机最大允许电流；

I_{dL}—— 电动机负载电流；

T_M—— 机电时间常数；

R—— 电枢回路总电阻；

$C_M = K_M\Phi$—— 电动机转矩常数；

$C_e = K_e\Phi$—— 电动机电动势常数。

如果电枢回路已定，R 为常数，对于恒磁调压调速系统 C_e 为常数，负载 I_{dL} 一定，而且过渡过程中维持电动机最大电流 I_{dm} 不变，这时电动机加速度 dn/dt 为常数。因此这种最佳系统是属于恒加速系统。从式(3-29) 可知，过渡过程的快慢与 T_M 成反比，T_M 越小，加速度越大，起动到某一确定的转速所用的过渡过程时间则越短。

我们可以求出速度变化规律：

由
$$n=\int\frac{(I_{dm}-I_{dL})R}{T_mC_e}dt$$

积分得
$$n=\frac{(I_{dm}-I_{dL})\ R}{T_MC_e}t \tag{3-30}$$

即 n 按线性增长，当速度 n 上升到稳定值时，加速度应为零，即 $dn/dt=0$，此时电动机电流 I_d 应等于负载电流 I_{dL}，即动态加速电流为零。也就是说加速结束时电枢电流应从最大值立即下降到稳态电流既负载电流 I_{dL}。

当电动机以最大恒加速升速时，晶闸管整流器输出的整流电压平均值 U_{d0}应怎样变化呢？我们知道：

$$U_{d0}=C_en+I_{dm}R$$

如果电枢回路电感值相对很小，在电流变化时的影响不计时，上式是成立的。这就是说因为 $I_{dm}R$ 为常数，C_e 为常数，即 U_{d0}也应与 n 一样变化而为一线性增长。最佳过渡过程中各量变化关系由图 3-27 可表示出来。但实际系统情况与理想情况是有差别的，由于电枢回路电感的存在，电枢电流不可能立即从零上升到最大值 I_{dm}，在起动过程结束，转速升到给定转速时，电枢电流同样不可能由最大电流 I_{dm}一下子降到稳态电流 I_{dL}上。实际过渡过程中各量变化关系应近似图 3-28 所示。

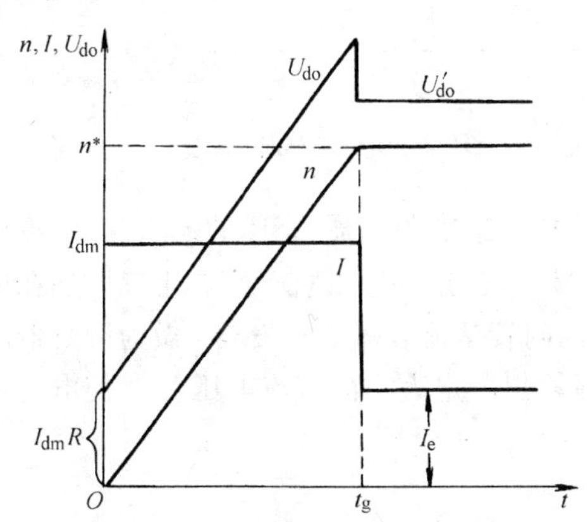

图 3-27　最佳条件下各量变化曲线

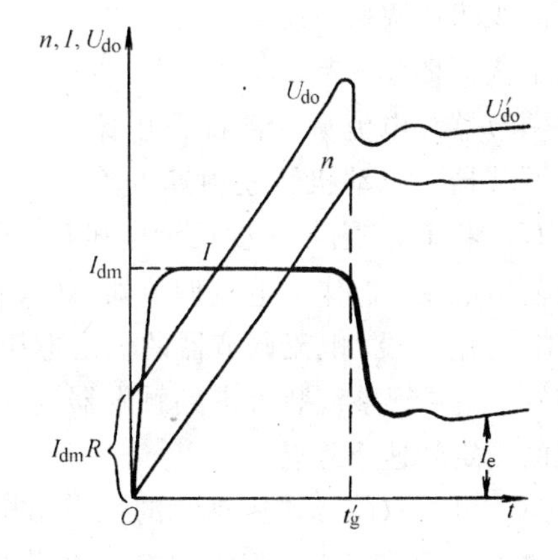

图 3-28　实际系统的最佳过渡过程各量变化曲线

从上面分析可知，要实现最佳过渡过程，必须满足下列要求：

1）电动机在起动过程中，电枢电流应一直保持在最大容许电流值 I_{dm}上，而在过渡过程结束时，要立即下降到稳态值即负载电流值 I_{dL}上。

2）电动机转速 n 是按照线性上升（即恒最大加速度上升）到给定转速 n^*，加速度的大小除与动态加速电流（$I_{dm}-I_{dL}$）成正比外，还与表示电动机惯性的机电时间常数 T_M 成反比。

3）为了在起动过程中使电枢电流 I_d 立刻由零升到最大允许值 I_{dm}，晶闸管整流器输出的整流电压平均值U_{d0}必须立即为$I_{dm}R$，以后按线性上升。在上升的过程中应始终保持$U_{d0}-C_e n=I_{dm}R$，以保证得到最大的dn/dt值。到转速n达到给定稳态转速n^*时，又要立刻下降到稳态所需要的值U'_{d0}上。

2. 双闭环系统的组成及其工作原理

前面已经说明，当采用电流截止负反馈后单闭环调速系统在起动时能限制电枢电流不超过某一最大值，但在起动的全过程中电枢电流无法始终保持在最大值上，从而造成起动时间过长的后果。究其原因，是由于在单闭环系统中，电流反馈信号与速度反馈信号同时作用于同一个调节器的入口端，在起动的过程中，电流反馈形成电流闭环调整的同时，速度反馈信号也一直存在，其作用破坏了电流负反馈的调整作用使得电枢电流无法维持在最大值上。能否在起动的大部分时间里只有电流的闭环调节，而速度反馈的闭环调节在此段时间内不发挥作用，只有在转速已达到稳态值后再使速度反馈调节发挥主要作用呢？双闭环系统正是用来解决这个问题的。

为了实现转速和电流两种负反馈分别起作用，在系统中设置了两个调节器，分别调节转速和电流，二者之间实行串级联接，如图3-29所示。这就是说，把转速调节器的输出当作电流调节器的输入，再用电流调节器的输出去控制晶闸管整流器的触发装置。从闭环结构上看，电流调节环在里面，叫做内环；转速调节环在外边，叫做外环。这样就形成了转速、电流双闭环调速系统。

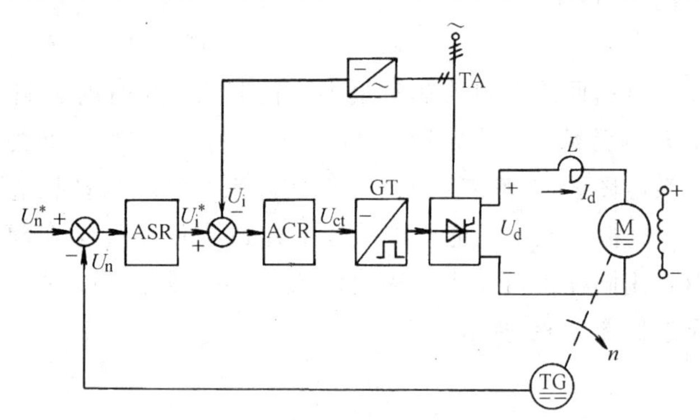

图3-29 转速、电流双闭环系统

为了获得良好的起、制动性能，通常速度调节器与电流调节器都采用比例积分调节器。电动机转速由速度给定电压U_n^*来确定，它与速度反馈电压U_n进行比较后加在速度调节器ASR的输入端。速度调节器的输出电压U_i^*作为电流调节器ACR的给定信号，它与电流反馈信号U_i比较后加在电流调节器的输入端。电流调节器的输出电压U_{ct}送到晶闸管整流装置的触发器，做为触发器的控制信号。晶闸管整流装置得到触发器送来的脉冲后输出一定大小的直流电压U_d，使电动机在系统的给定转速下运转。

转速、电流双闭环调速系统的稳态结构图如图3-30。

图中，速度调节器ASR和电流调节器ACR均采用了带有输出限幅环节的比例积分(PI)调节器。考虑到PI调节器在稳态工作时应满足输入偏差信号$\Delta U=0$，所以速度反馈系数α与电流反馈系数β可分别计算为：

$$\alpha=\frac{U_{nm}^*}{n_{max}} \tag{3-31}$$

$$\beta=\frac{U_{im}^*}{I_{dm}} \tag{3-32}$$

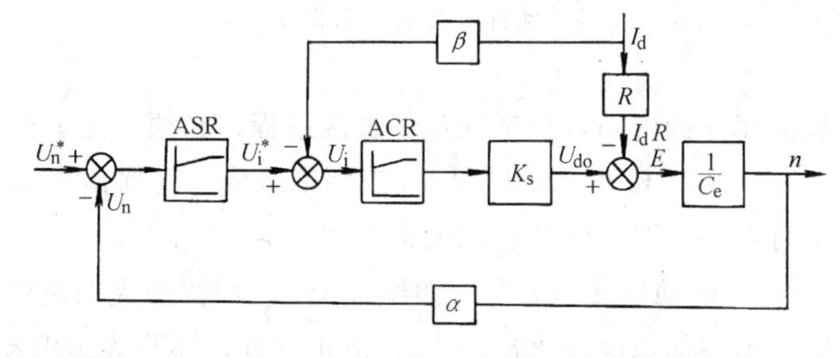

图3-30 转速、电流双闭环调速系统稳态结构图

式中，U_{nm}^*对应于电动机最高转速时所需的系统给定电压；U_{im}^*是速度调节器的输出限幅电压，其值与电枢最大容许电流相对应。U_{nm}^*、U_{im}^*的大小是选定的，选择时应注意运算放大器的允许输入电压限制。

由图 3-30 还不难看出，双闭环系统在稳定工作时，两个调节器均不应饱和，各量之间满足下列关系：

$$U_n^* = U_n = \alpha n = \alpha n_0$$

$$U_i^* = U_i = \beta I_d = \beta I_{dL}$$

$$U_{ct} = \frac{U_{d0}}{K_s} = \frac{C_e n + I_d R}{K_s} = \frac{C_e U_n^* / \alpha + I_{dL} R}{K_s}$$

综上所述，转速、电流双闭环系统由于两个调节器均采用 PI 调节器，从理论上讲，在稳态工作时调节器的入口电压均应为零，从而达到了转速的无静差调节。

下面具体分析一下系统工作过程：

（1）起动过程　突加给定电压起动时，速度给定信号 U_n^* 加到速度调节器的输入端。由于速度反馈信号 $U_n=0$，U_n^* 经调节器的比例积分运算后，使得调节器的输出几乎瞬间达到限幅值 U_{im}^*，也就是说，起动一开始，就可认为速度调节器工作于饱和限幅输出状态。U_{im}^*加到电流调节器的输入端，电流调节器的输出电压 U_{ct}很快增长，在其作用下晶闸管整流装置输出的整流电压 U_{d0}迅速上升，电动机立即起动。由于电动机有惯性，转速 n 和速度反馈电压 U_n 不可能立即达到相应 U_n^* 的值。因此在转速 n 从零上升到给定转速 n^* 的一段时间内，速度反馈电压 U_n 一直小于 U_n^*，速度调节器的输入偏差电压（$U_n^*-U_n$）>0，所以速度调节器的输出便一直处于限幅值不变。这种情况实际上相当于速度负反馈断开，速度闭环开路，不起作用。也就是说，电流环在起动的这一阶段得到的给定电压是固定不变的值 U_{im}^*。此时，调节系统相当于只有一个电流调节的闭环系统。因为电流调节环的给定就是速度调节器的输出，在速度调节器输出限幅电压值的作用下，电流调节环的给定为最大值，U_{d0}迅速上升，电枢电流经转换成电压后反馈到电流调节器的输入端与 U_{im}^*相比较，但只要电枢电流 I_d 小于 I_{dm}，就有电流调节器的输入偏差电压 $\Delta U_i=$（$U_{im}^*-U_i$）>0，此信号在调节器的积分作用下，使调节器的输出电压 U_{ct}不断增大，一直到电枢电流 I_d 增大到 I_{dm}为止。电流从零上升到最大允许电流 I_{dm}所需的时间是极短的。所以可以认为起动一开始，电流就达到了最大值 I_{dm}。当电流增加到 I_{dm}时，电流负反馈电压 U_i 正好等于电流环给定电压 U_{im}^*（在调整系统参数时速度调节器输出限幅电压值 U_{im}^*是根据最大电枢电流 I_{dm}转换成的电压 U_i 来确定的），此后，电动机在一最大电枢电流 I_{dm}下加速，转速迅速上升。随着电动机转速的增长，电动机反电动势也随着增加（$E_D=C_e n$），使电枢电流 I_d 下降，即电枢电流比 I_{dm}小了。此时 U_i 随之减小而低于了 U_{im}^*，即 $\Delta U_i=$（$U_{im}^*-U_i$）>0 了，电流调节器对该差值又进行比例积分运算，增加它的输出电压 U_{ct}，使 U_{d0}增加，电枢电流回升，使之重新达到 I_{dm}为止。这样的调节过程是连续的且调整速度极快，可以认为在起动过程的这一阶段中电枢电流一直保持在 I_{dm}上不变。在此电流的作用下，电动机在最大加速度下不断加速。双闭环调速系统起动过程中的上述特点实现了起动过程中电流波形接近最佳的要求。

在最大允许电流 I_{dm}下起动，电动机转速很快达到给定转速 n^*。在转速达到给定转速的瞬间，速度调节器的输入偏差电压 $\Delta U_n=$（$U_n^*-U_n$）$=0$，但对比例积分调节器来说，由于此前已工作于饱和限幅输出状态，$\Delta U_n=0$ 并不能使其退出饱和，于是速度调节器输出仍维持为

U_{im}^*，这相当于电流环仍为最大给定值，电枢电流自然仍是 I_{dm}，电动机的动态加速电流（$I_{dm}-I_{dL}$）仍然存在且为最大值，在这个动态加速电流作用下电动机转速 n 超过给定转速 n^*。电动机转速 n 超过给定转速 n^* 的现象我们称之为超调。在利用速度调节器饱和非线性特点从而得到起动过程恒最大电流升速的双闭环系统中，在起动过程行将完了的时候出现转速超调是不可避免的。当电动机转速超过给定转速 n^* 以后，即速度调节出现超调后，速度调节器的输入偏差电压 $\Delta U_n=(U_n^*-U_n)<0$，于是在这一反极性偏差电压的作用下，速度调节器将退出饱和限幅的输出状态，它的输出电压 U_i^* 将小于 U_{im}^*。这相当于电流调节环的给定信号在减小，电流环被控制量 I_d 相应跟随减小，动态加速电流减小，电动机加速度 dn/dt 减小，速度上升趋势减缓。在上述调整作用下，当电动机电枢电流 I_d 与负载所需电流 I_{dL} 相等时，转速的上升也达到了最高点。此后，因转速实际值 n 在其达到最高点后仍大于给定转速 n^*，速度调节器输入端仍为反极性偏差电压，其输出将进一步下降。电动机电枢电流将跟随 U_i 的下降而下降，I_d 将小于 I_{dL}，负载转矩将大于电动机的电磁转矩，在负载转矩的制动作用下，电动机的转速 n 将下降，在一个不太长的调整过程后，整个起动过程结束，系统进入稳态运行。稳态时速度调节器的输入偏差电压 $\Delta U_n=0$，但由于积分器的保持作用，它的输出电压 U_i^* 与电流反馈信号 U_i 相等。这时电动机的电枢电流等于负载电流 I_{dL}，电流调节器的输入偏差电压 $\Delta U_i=0$，而其输出电压 U_{ct} 也对应一个确定的值不再变化。从上述调节过程可知，在转速 n 上升到给定转速 n^* 以后，速度调节器开始进入线性调节状态，在其调整作用下电动机转速经过超调及几次衰减振荡后最终稳定在给定转速 n^* 上。这个过程中，电流环相当于一个随动系统，其主要作用是使电枢回路的电流 I_d 紧随速度调节器的输出 U_i^* 的变化而变化。但这还不是电流环的主要作用，电流环的主要作用还是在电枢电流过大，如起动、制动、过载时，保证电枢电流维持在最大允许值 I_{dm} 不变。在起动过程中，各参量变化情况如图 3-31 所示。从图中可以看出各参量的变化情况与图 3-27 给出的理想最佳情况很相似。

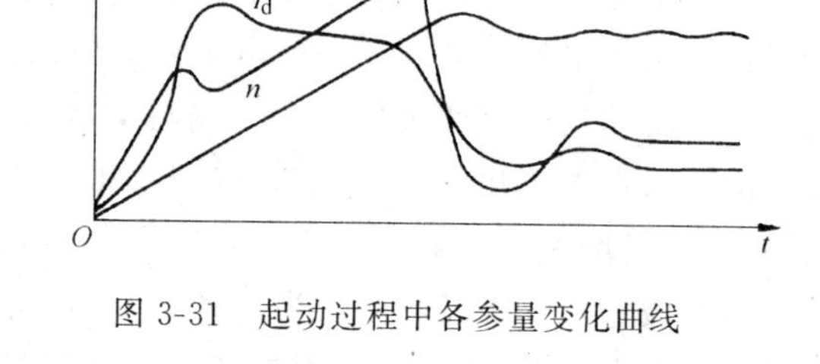

图 3-31　起动过程中各参量变化曲线

（2）负载变化时调节过程　先假定电动机正在稳定运行，转速等于给定转速 n^*，电枢电流等于负载电流 I_{dL}。现在，突然将负载由 I_{dL} 增至 I_{dL1}，系统的其他参量会如何变化呢？

首先，由于电枢回路电流 I_d 来不及变化仍为负载变化前的值，电动机的电磁转矩小于负载转矩，电动机的转速开始下降，造成转速调节器的输入偏差电压 ΔU_n 大于零。速度调节器的输出电压 U_i^* 增加，进而使电流调节器的输入端出现大于零的偏差电压 ΔU_i，其输出电压 U_{ct} 增大，晶闸管整流器输出的整流电压 U_{d0} 增加，电枢回路电流迅速增加，一直到电流增加超过负载电流 I_{dL1}。当 $I_d>I_{dL1}$ 时，电动机电磁转矩大于负载转矩，于是电动机转速 n 便开始回升，经过一段时间之后转速 n 经过几次衰减振荡后又重新回到稳态值 n^* 上。在转速 n 回升的过程中，速度调节器和电流调节器的输入偏差电压 ΔU_n 与 ΔU_i 都不断减少，当转速 n 达到 n^* 并稳定后，它们都重新变为零值。图 3-32 为负载有变化时调节系统各主要参量的变化情况。

（3）静特性　由于系统在稳态工作时无静差，所以系统在正常运行段特性与横轴平行。而当电枢电流大于或等于 I_{dm} 后，因速度调节器饱和限幅输出，相当于速度环开环，系统电流环在最大给定值U_{im}^*下做恒流调节，所以特性下垂。通常电流环设计成二阶系统，由于反电动势的线性变化作为电流环的一个干扰量存在，所以电流环在恒流调节时，有一固定的偏差存在。考虑到上述各种因素，转速，电流双闭环调速系统的静特性如图 3-33 所示。其中曲线 1 和曲线 2 为不同给定速度 n_1^* 和 n_2^* 时的静特性。当然，这里的无静差调节是从理论上讲的。但由于组成调节器的运算放大器本身开环放大系数并不是无限大，所以组成的 PI 调节器并不是纯粹的比例积分调节器，再加上系统存在的或大或小的非线性等因素的影响，因此实际系统仍有一定的静差，但静差很小，一般能满足稳态指标要求。这种系统，从上述分析可知，动静态指标都比有差调节系统好得多，因此在直流调速系统中应用广泛。

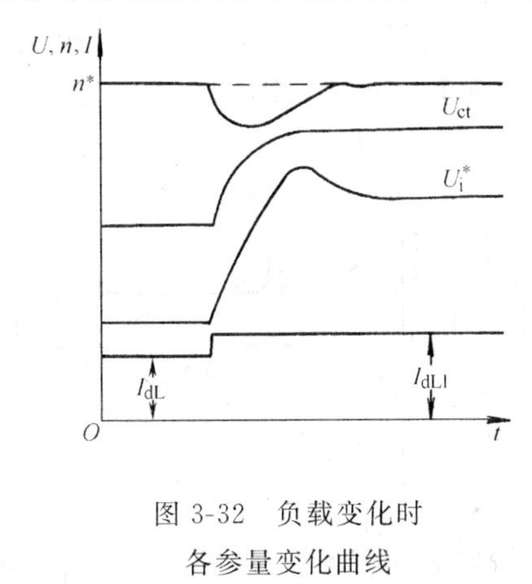

图 3-32　负载变化时各参量变化曲线

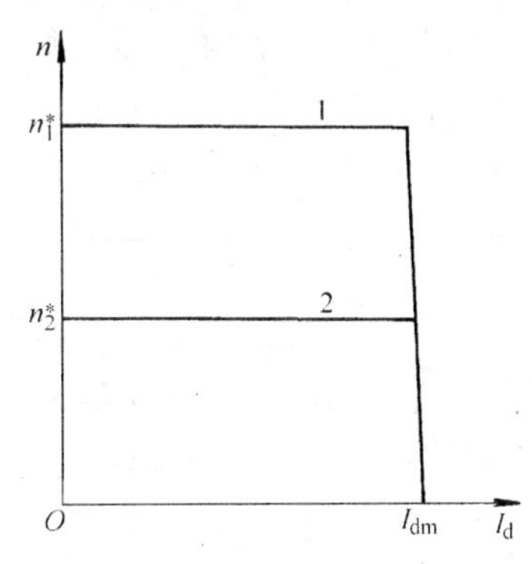

图 3-33　转速、电流双闭环调速系统的静特性

第四节　直流可逆调速系统简介

前几节所介绍的直流调速系统，电动机只能单方向运转，这类系统称为不可逆直流调速系统，它只适用于单方向运转且对停车快速性要求不高的生产机械。而在实际的生产过程中，有些还常要求电动机不但能平滑调速而且又能正、反转及快速起、制动等，能满足这类要求的调速系统被称做可逆调速系统。

要使直流电动机能够可逆运行，最基本的就是改变电动机的电磁转矩方向。由直流电动机的电磁转矩公式 $M_d=K_M\Phi I_d$ 可知，要想改变 M_d 的方向，无非有两种可能，这就是改变电动机励磁磁通 Φ 的方向，或者改变电动机电枢电流 I_d 的方向。磁通 Φ 的方向由励磁电流的方向所决定，而励磁电流的方向可由励磁电源的电压极性来决定，为此励磁电源反接可使直流电动机完成可逆运行。在磁通 Φ 方向不变，改变电枢电源的极性时，可使电枢电流 I_d 改变方向，这同样可完成电动机的可逆运行。上述两种可逆运行方案各有特点，适用于不同的场合，但就应用的广泛性而言，电枢反接可逆运行方案使用的更多一些，下面予以重点讨论。

一、电枢反接可逆线路

电枢反接就是按照控制要求改变电枢外接电源的电压极性。常用的有几种不同的方法。

1. 利用接触器进行切换的可逆线路

这种可逆运行线路如图 3-34 所示。晶闸管可控整流器作为电压可变的单方向的直流电源，电枢电流 I_d 方向的改变则由接触器 KMF 和 KMR 的切换来完成。当 KMF 闭合，KMR 打开时，U_d 的正端接图中的 A 点，而负端接在 B 点，电枢电流 I_d 的方向如图中实线所示，设电动机为正向旋转；若当KMF打开，而KMR闭合时，U_d为正端接到了B点，而负端接在了A点上，I_d的方向就会改变为图中的虚线所示，电动机的旋转方向也随之改变为反转。这种线路的特点是结构简单、经济且调整方便，不足之处是接触器的寿命比较短、运行噪声大，正反向切换过程缓慢，(接触器完成动作时间可长达数百毫秒)且难以获得快速制动的效果。因此，此种可逆线路只适用于不频繁快速正、反转的可逆调速系统中。

2. 利用晶闸管切换的可逆线路

为了克服接触器控制的缺点，可采用晶闸管做为无触头开关来代替图3-34中的接触器触头，形成的可逆线路如图3-35，这里共用了VS1～VS4四个晶闸管。由图可见，当VS1和VS4被触发导通时，U_d正端接A点，负端接B点，电枢电流I_d沿图中实线方向流动，电动机设为正转；而当VS2和VS3被触发导通时，电源反极性接到电枢两端，图中A点为负，B点为正，电枢电流I_d将沿图中虚线所示方向流动，电动机反转。

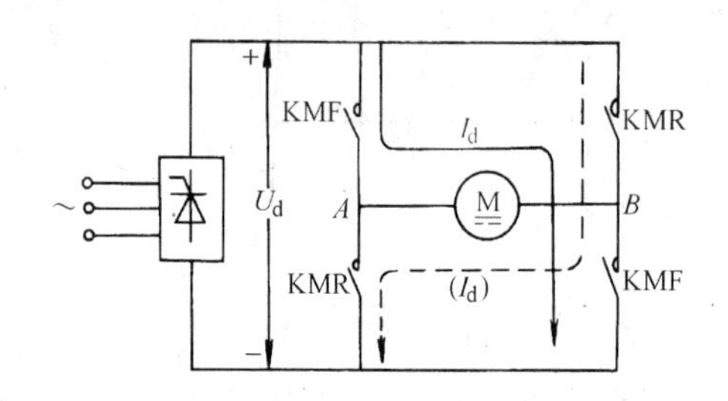

图3-34　用接触器切换的可逆线路

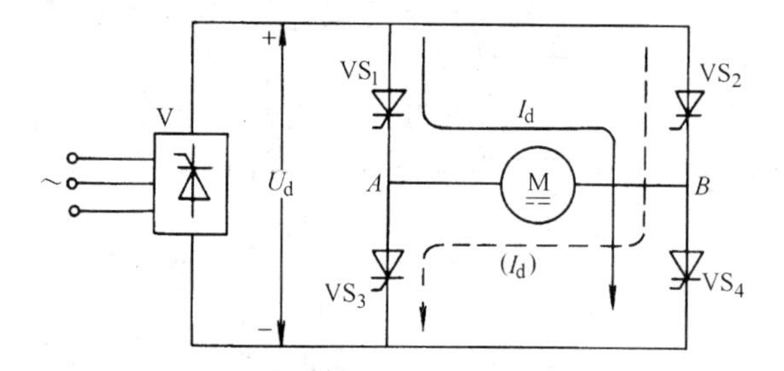

图3-35　用晶闸管切换的可逆线路

这种利用晶闸管切换的电枢反接可逆线路克服了接触器做开关的一些不足，但经济上与下面要介绍的线路相比没有明显的优势，且性能上还有些不足。所以，只适用容量较小的系统中。

3. 采用两组晶闸管整流器反并联的可逆线路

图3-36为采用两组晶闸管整流器反向并联给电动机电枢供电的可逆线路。

若设Ⅰ组为正向晶闸管整流器，则Ⅱ组即为反向晶闸管整流器，它们可分别为电枢回路提供不同方向的电流。当Ⅰ组整流工作时，输出的整流电压U_d的极性如图中所示，给电枢提供的电流方向则如图中的实线所示；当Ⅱ组整流工作时，提供的电枢回路电流方向就会如图中虚线所示方向。

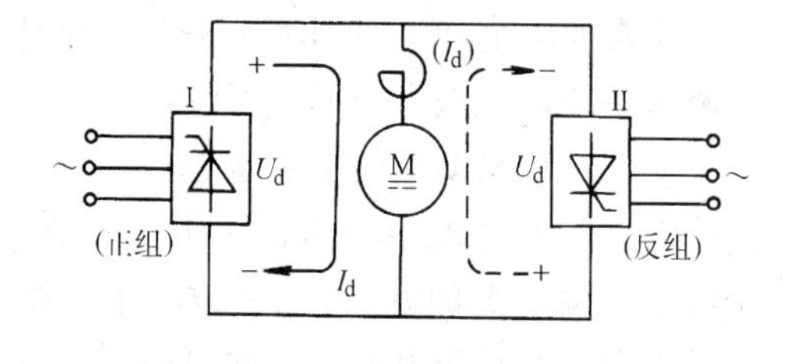

图3-36　两组整流器反并联可逆线路

由于电枢电流可以是两个方向，所以电动机的转速也为两个方向，当I_d为实线所示方向时，电动机正转，而I_d方向为虚线时，转速方向也就相反了。反并联可逆线路由于晶闸管本身反应的快速性而使电动机正、反向转速的切换变得相当快捷，从而使得该线路在要求频繁正、反向起、制动的场合得到了相当广泛的应用。

常用的两组晶闸管整流器反并联可逆线路有两种不同的接线形式。一种为普通的反并联线路，简称反并联连结；另一种称为交叉反并联连结。两种连接的主要区别在整流器交流侧的电源上。在反并联线路中，两组晶闸管整流器共用一套交流电源，也就是说整流变压器二次侧只设一套绕组，如图3-37a所示。而交叉反并联则不同，如图3-37b所示，整流变压器二次侧设两套互为独立的绕组，各自分别为Ⅰ组和Ⅱ组供电。反并联电路在控制上有较严格的要求，一般情况下都不允许两组整流器都工作在整流状态，否则的话就会造成电源短路。

在上述三种电枢反接可逆线路中，第一种原理简单，第二种应用不够广泛，第三种则带有较普遍的意义，下面我们重点介绍一下。

在反并联线路中，存在的一个重要问题就是如何处理环流问题。所谓环流就是指不流过电动机或其他负载，而直接在两组晶闸管之间流通的短路电流。由于导通的晶闸管内阻很小，如果不采取适当的措施抑制或消除环流的话，环流一旦产生，其值将是很大的。根据对环流处理原则的不同，反并联可逆调速系统可分为有环流（脉动环流、可控直流环流及脉动环流）和无环流（逻辑控制无环流、错位控制无环流）两种。就环流本身而言，又可分成两大类，即稳态环流和动态环流。稳态环流是指可逆线路工作在一定控制角的稳定工作状态所存在的环流，而动态环流则是指系统工作于过渡过程中，也就是控制角在变化过程中所产生的环流，该环流在稳态工作中并不存在。关于动态环流，本书不准备讨论，这里只简单介绍一下稳态环流。稳态环流又可分为两种：一种称作直流平均环流，在有环流系统中，当整流组输出的整流电压平均值大于逆变组输出的逆变电压平均值时即产生该种环流。另一种稳态环流称为脉动环流，它的产生是由于在有环流系统中，整流组与逆变组输出的电压瞬时值不等，当顺着晶闸管的导通方向出现正的电压差时，产生脉动式的电流。环流的存在，加大了系统的损耗，降低了系统的效率，所以一般应设法消除。对瞬时脉动环流通常采取在环流通路中加接电抗器的方法加以抑制。此处还应指出，环流产生的路数与反并联电路结构有关，例如普通反并联的两组三相全控桥式整流电路，产生环流的通路为两条，而交叉反并联的两组三相全控整流电路，由于两组整流装置各自采用独立的交流电源，环流的通路在任一时刻只能有一条。有鉴于此，在有环流系统中，普通反并联电路时，所需限制环流电抗器的数量将比交叉连接反并联电路多一倍。也正是此种原因，在有环流系统中，大多采用交叉反并联的连接方式，而在其他系统，一般采用普通反并联连接方式。

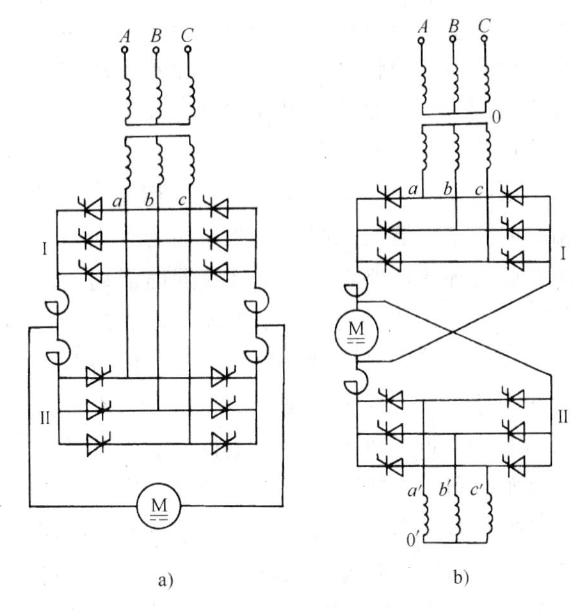

图 3-37　反并联可逆线路

a）普通反并联可逆线路　b）交叉反并联可逆线路

上面介绍的有关电枢可逆线路的讨论结果均可用于磁场可逆线路上，但使用时应适当注意励磁电路的工作特点，此处不再详细讨论。

二、有环流可逆直流调速系统

有环流可逆直流调速系统常用的有两种。一种是采用 $\alpha=\beta$ 工作制的存在脉动环流但不存在直流平均环流的系统；另一种是存在可以控制的直流平均环流兼有脉动环流的所谓可控环流系统。现分别简介如下。

1．采用 $\alpha=\beta$ 配合工作制的有环流可逆直流调速系统由电力电子变流理论可知，在反并联可逆连接线路中，只要设法保证当一组工作于整流状态时，另一组让其处于逆变工作状态，且使整流组的触发角 α 与逆变组的逆变角 β 在量值上相等，于是整流输出电压与逆变输出电压平均值相等且极性相反，这样直流平均环流将不会产生。按此原理组成的反并联无直流平均环流的可逆调速系统见图 3-38。

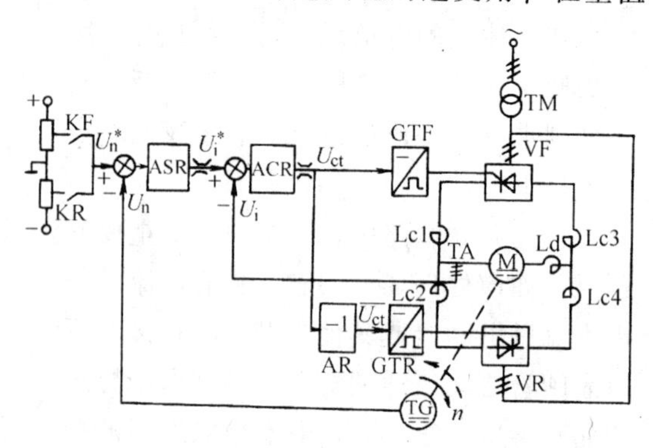

图 3-38　采用 $\alpha=\beta$ 配合工作制的有环流可逆调速系统

由图 3-38 可见，系统主电路采用两组三相晶闸管整流器反并联的线路，因为存在两条并联的环流通路，而每条环流通路需两个限制环流电抗器，其中一个因流过较大的负载电流而饱和，只有另一个起限制环流的作用，这样，共需四个限制环流电抗器 Lc1～Lc4。另外，同样因限制环流电抗器流过负载电流而饱和，为抑制电枢电流的脉动及防止电流断续，电枢中还要串入一个体积比较大的平波电抗器 Ld。控制线路采用典型的转速、电流双闭环系统。因电流反馈信号直接由检测电枢电流的检测装置取出，该信号不但能反映被测电流的大小，且能反映电流的方向，所以系统中电流调节器只用一个。速度调节器和电流调节器均需设置双向输出限幅，以限制最大动态电流和最小触发角 α_{min} 与最小逆变角 β_{min}。图中 AR 为反号器，其作用是保证正、反组触发器得到的控制信号大小相等，极性相反，即图中 $U_{ct}=-\overline{U}_{ct}$，在选择合适的触发器配合关系时，就能做到使正组的触发角 α 与反组的逆变角 β 相等，即前面提到的 $\alpha=\beta$ 配合关系。

可逆系统的给定电压 U_n^* 应有正负极性，给定信号极性不同时，对应电动机的不同转动方向。图 3-38 中，用了两个继电器来进行给定电压 U_n^* 极性的切换，当然也可用手动开关等来完成类似的控制。

$\alpha=\beta$ 的配合关系只是指控制角的工作状态。实际上，当正向组工作于整流工作状态时，反向组直流平均电流为零，严格地说，它只是处于“待逆变状态”。当需要制动时，因控制角的改变，使 U_{dof} 和 U_{dor} 同时降低，一旦电动机反电动势 $E>|U_{dor}|=|U_{dof}|$ 时，整流组电流被截止，逆变组才能真正投入逆变状态，使电动机在能量回馈电网的过程中实现制动降速。同样，当逆变组回馈电能时，另一组也是工作于“待整流状态”。所以，在这种 $\alpha=\beta$ 的配合工作制下，电动机的电流可以很方便地按正反两个方向平滑过渡，在任何时候，实际上只有一组晶闸管装置在工作，另一组则处于等待工作状态。

为了保证整流装置工作于逆变状态时不出现所谓逆变颠覆故障，要对逆变角 β 的最小值加以限制，而为了在任何时候都要保证整流组的触发角 α 不小于逆变组的逆变角 β，则 α 的最小值也要进行同样的限制，电流调节器输出的正反向限幅正是完成这项任务的。

应该指出，在实际系统中，由于参数的变化、元件的老化或其他干扰作用，实际控制角可能偏离 $\alpha=\beta$ 的配合关系。当出现 $\alpha>\beta$ 时，对系统的安全工作还不会有什么影响，一旦出现 $\alpha<\beta$，则会使整流组输出的整流电压平均值大于逆变组输出的电压平均值，既使它们的差值很小，但由于限制环流电抗器对直流不起限制作用，仍会产生较大的直流平均环流，如果没有可靠的保护措施，将是很危险的。为了避免可能出现 $\alpha<\beta$ 的现象，通常在触发器整定时，有意使 α 略大于 β，以确保在任何时候整流组输出的平均电压小于逆变组输出的平均电压，这

就保证了系统中不会出现直流平均环流。但如此处理的不利后果有两个，一是缩小了整流工作移相范围，降低了设备的利用率，二是造成控制死区，降低了系统的反应速度。

本系统可以在运行中进行正反向的相互切换，通过切换 U_n^* 的极性来完成。下面谨以正向运行时，突然将 U_n^* 由正极性切换到负极性为例，简述一下切换过程。在 U_n^* 为正极性给定时，正组（VF）处于整流状态，反组（VR）处于“待逆变状态”，直流平均环流为零，脉动环流在 Lc2。Lc4 的作用下被抑制到一个较小的值上，而 Lc1、Lc3 因流过负载电流处于饱和状态，不起限制脉动环流的作用。电动机稳定运行于转速 n 上。当突然使 U_n^* 为负极性电压时，系统先是正向制动，使转速下降到零，然后反方向起动，完成起动过程后，系统稳定运行于某一反方向的转速值上。在上述整个过程中，反向起动过程就是双闭环系统的起动过程，所以我们只需研究一下制动过程就可以了。当发出反向指令后，U_n^* 突然变负，速度反馈信号与给定电压极性相同了，速度调节器 ASR 的输出迅速改变极性且为限幅值，此时电流没来得及变化，U_i 仍为正极性电压，在 U_{im}^*与 U_i 同为正极性电压的作用下，ACR 的输出 U_{ct}迅速反向且达负限幅值——$-U_{ctm}$，在其作用下使正组 VF 由原来的整流状态很快变成逆变状态，且逆变角 $\beta_f=\beta_{min}$，同时反组 VR 由原逆变状态转为整流状态。此时在电枢回路中，VF 输出电压改变极性，而反电势仍为原极性，迫使 I_d 迅速下降，I_d 的迅速减小使电枢电路电感 L 两端感应出很大的电压 $L\dfrac{dI_d}{dt}$，其极性是力图阻止 I_d 下降的。这时

$$L\frac{dI_d}{dt}-E>U_{dof}=U_{dor}$$

由电感 L 释放的磁场能量维持原来的正向电流，大部分能量通过 VF 的逆变状态回馈电网，而反组 VR 尽管触发信号在整流区，但并不能真正输出整流电流。通常将制动的这个子阶段称作本组逆变阶段，有些书上称其为本桥逆变。理由就是在这一阶段中投入逆变工作的仍是原来处于整流工作的一组装置。当电枢电流 I_d 下降过零时，本组逆变终止，转到反组 VR 工作。从这时起，直到制动结束都是 VR 在工作，所以这个阶段又称它组制动阶段。在本组逆变终止时，速度调节器仍输出最大限幅值 U_{im}^*，因 I_d 为零，故 $U_i=0$，电流调节器输出也为限幅值 $-U_{ctm}$，从触发控制的角度看，正组 $\beta_f=\beta_{min}$，反组 $\alpha_r=\alpha_{min}$，即正组仍为逆变状态，反组为整流状态。此时，反组输出的整流电压 U_{d0}与电动机反电势的极性是相同的，在它们的共同作用下，产生反向电流 $-I_d$，电动机处于反接制动状态，开始迅速降速。在电流反向后，电流反馈信号 U_i 改变极性，当电流达 $-I_{dm}$并略有超过后，电流调节器退出饱和，其输出由 $-U_{ctm}$开始减少，又由负变正，然后再增大，使 VR 回到逆变状态，而 VF 变成待整流状态。此后，在电流环的调整作用下，力图维持 $-I_{dm}$不变，使电动机在恒减速条件下回馈制动，把动能转化为电能，其中大部分通过工作于逆变状态的 VR 反送回电网。

当转速下降到零后，若给定信号为零，则在 $-I_d$ 的作用下，转速出现一定大小的负值后使 $-I_d$ 减小，经过几次衰减振荡后转速稳定在零上。若给定信号为某一负值，则转速过零变负后，ASR 仍不能退出饱和，系统在电流环的作用下保持电枢电流为 $-I_{dm}$，电动机反向起动，其后续过程就是双闭环系统的恒流起动过程，本处不再赘述。

$\alpha=\beta$ 配合工作制的有环流系统的突出优点是制动和起动过程完全衔接起来，没有任何间断和死区，这对于要求快速正反转的系统是特别合适的。其缺点是存在脉动环流，因此需加限制环流电抗器，因此多用于中、小容量的系统中。

2. 可控环流的可逆调速系统

环流也有可以利用的方面。当电动机的负载较轻时，允许存在一定大小的直流平均环流可以在一定程度上避免电流断续，以改善系统的静特性，同时还可以使系统制动和反向过程更具平滑性和连续性，从而改善了系统的动态性能。但当电动机负载较重，负载电流本身已足以使电流连续时，环流的存在就只有坏处而无好处了。按着负载较轻时让系统存在适当的直流平均环流，随着负载的增加而自动减小，当负载大到一定程度，完全取消直流平均环流的原则组成的可逆调速系统被称作可控环流可逆调速系统。

可控环流可逆调速系统的原理如图 3-39。

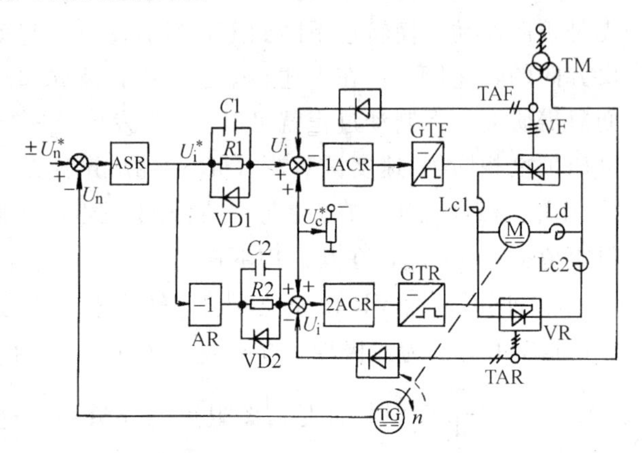

图 3-39　可控环流可逆调速系统原理图

系统主电路采用两组晶闸管交叉反并联线路。控制线路仍为典型的转速、电流双闭环系统。电流检测采用结构简单、造价低廉的交流互感器，这样电流调节器也需分别设置了，结果正反向电流环彼此独立。正、反组电流调节器 1ACR、2ACR 的输入端由负电源经分压得到的负极性电压 U_c^* 作为环流给定，其值大小直接决定了直流平均环流的最大给定值。二极管 VD、电容 C、电阻 R 配合环流给定电压 U_c^*，共同构成了环流的抑制环节。为了使 1ACR 和 2ACR 得到极性相反的给定信号，U_i^* 经反相后作为 2ACR 的电流给定。这样，当一组整流时，别一组就可作为控制环流来用。

本系统除了可控环流环节以外,其他部分的工作原理与 $\alpha=\beta$ 配合工作制的有环流系统相仿，此处不再重复，这里着重介绍一下可控环流环节的工作原理。

当速度给定信号 $U_n^*=0$ 时，ASR 输出电压 $U_i^*=0$，则 1ACR、2ACR 均输出一不大的正极性电压，两组整流器均处于整流状态，输出相等的电流 $I_f=I_r=I_c^*$（I_c^* 即为最大给定环流，其值由 U_c^* 决定），在原有脉动环流之外，又加上恒定的直流平均环流，而电动机的电枢电流为 $I_d=I_f-I_r=0$。当给定 U_n^* 为正时，U_i^* 为负，二极管 VD1 导通，负的 $-U_i^*$ 加在正组电流调节器 1ACR 上，使正组控制角 α_f 更小，输出电压 U_{dof} 升高，正组流过的电流 I_f 也增大；与此同时，反组的电流给定 $\overline{U_i^*}$ 为正电压，二极管 VD2 截止，正电压 $\overline{U_i^*}$ 只有通过与 VD2 并联的电阻 R 经衰减后加到反组的电流调节器 2ACR 上，$\overline{U_i^*}$ 与环流给定电压 U_c^* 的极性相反，故 $\overline{U_i^*}$ 抵消了 U_c^* 的作用，抵消的程度取决于电流给定信号的大小。我们知道，采用 PI 调节器的双闭环调速系统，稳态工作时电流环的给定信号 U_i^* 与电流反馈信号 U_i 是相等的，而 U_i 与电枢电流 I_d（稳态时 $I_d=I_{dL}$）成比例，为此，负载电流小时，正极性的 $\overline{U_i^*}$ 不足以抵消负极性的 U_c^*，所以反组还有较小的环流电流流过，电枢电流 $I_d=I_f-I_r$；随着负载加重，负载电流的增大，正极性的 $\overline{U_i^*}$ 继续增大，抵消负极性 U_c^* 的程度增大，当负载电流大到一定程度时，$\overline{U_i^*}=|U_c^*|$，环流就完全被遏制住了。这时正组流过负载电流，反组则无直流平均电流通过。与电阻、二极管并联的电容的作用是可以加快遏制环流的过渡过程。反向运行时，反组提供负载电流，正组控制环流。

可控环流系统的主电路一般都采用交叉反并联连接，变压器二次侧两套绕组分别接成Y形和△形，使两组装置电源电压的相位差30°。这样可使系统处于零位时（$U_n^*=0$）避开瞬时脉动环流的峰值，从而可使限制脉动环流电抗器体积大为减小。

可控环流系统充分利用了环流的有利一面，避开了电流断续区，使系统在正反向过程中没有死区，提高了系统的快速性；同时又克服了环流不利的一面，减少了环流的损耗。所以可控环流系统在对快速性要求较高的可逆调速系统和随动系统中得到了比较广泛的应用。

三、无环流可逆调速系统

在容量较大的系统中，为使生产更加安全可靠，常采用既没有直流平均环流又没有瞬时脉动环流的可逆调速系统。这类系统虽然在快速性上，在正反向过渡过程的平滑性上不如有环流系统，但它省去了限制环流的电抗器，消除了环流损耗，所以得到了广泛的应用。

按实现无环流控制的原理分，常用的无环流可逆调速系统有两类：逻辑控制无环流系统和错位控制无环流系统。

在逻辑控制无环流可逆调速系统中，采用的方法是，当一组整流装置工作时，用逻辑电路封锁另一组整流装置的触发脉冲，使其根本不能导通，这样，无论是直流平均环流还是瞬时脉动环流都不存在了。

而在错位无环流可逆调速系统中，采用的仍是配合控制，工作时，两组整流装置均可得到触发脉冲，但两组装置的触发脉冲的相位错开的比较远，这样，当一组工作时，另一组虽也得到触发脉冲，但因其晶闸管承受反压而无法导通，自然环流也就不存在了。

1．逻辑控制的无环流可逆调速系统

逻辑控制的无环流可逆调速系统原理如图3-40所示。

系统主电路采用两组整流装置反并联电路，由于没有环流，所以限制环流电抗器不再需要，但防止电流断续的电抗器L_d仍需要。电流检测不单可检测电枢电流的大小，且能反映电枢电流的方向，所以电流调节器只用一个。图3-40中，DLC为逻辑控制器，其作用为：根据系统的工作状态，适时发出正反两组触发脉冲的封锁和开放信号U_{bef}、U_{ber}。DLC的输入信号有两个，一个是速度调节器的输出U_i^*，其值的极性反映了电动机电磁转矩的给定极性，第二个信号U_{io}是反映电枢电流是否接近零值的，在实际系统中，当该信号为一个二极管管压降时，可认为电枢中有电流，而当信号小于二极管管压降时，就可认为电枢回路是零电流，所以该信号可称为零电流检测信号。

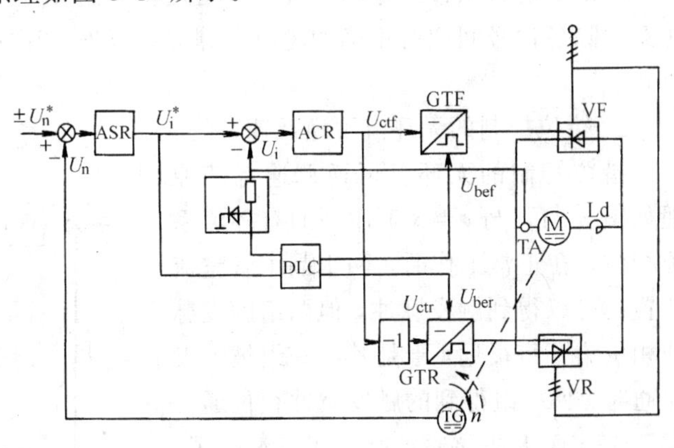

图3-40　逻辑控制无环流可逆调速系统

当U_n^*为正给定时，U_i^*为负，U_{ctf}为正，DLC通过U_{bef}开放GTF的脉冲输出，使正组整流装置VF工作于整流状态，电动机正向运行，同时DLC通过U_{ber}封锁GTR的脉冲输出，使反组VR的晶闸管全部处于关断状态。若当U_n^*为负给定时，U_i^*为正，则U_{ctr}为正，DLC通过U_{ber}开放反组脉冲，VR工作于整流状态，电动机反转运行，而正组触发脉冲被DLC通过

U_{bef}封锁。下面以正向制动为例，简单介绍一下制动过程，并由此了解一下 DLC 的工作特点。正向运行时，U_i^* 为负，DLC 通过 U_{bef}开放正组触发脉冲，通过 U_{ber}封锁反组触发脉冲，正组工作于整流状态，反组不工作。当将给定信号变为零时，ASR 输出迅速反向，由原来的 U_i^* 为负变为正，DLC 得到了封锁正组，开放反组触发脉冲的必要条件，但不是充分条件。此时系统的制动过程仍和有环流系统一样，首先要进行的还是本组逆变，为此，在这一阶段，仍不能封锁正组的触发脉冲。在本组逆变终了，电枢电流因接近零而断续时 DLC 才应准备封锁正组的触发脉冲，所以电枢回路电流是否接近零值是 DLC 封锁正组的另一条件，图 3-40 中的零电流检测信号 U_{io}正是起这种作用的。待判明电枢回路电流已断续后，大约等待 2～3ms 后，才能真正封锁正组触发脉冲，设置封锁等待时间的目的是为了确保电流已断续。否则的话，电流连续时就封锁触发脉冲会使工作于逆变状态的整流装置因失去触发脉冲而发生逆变颠覆故障。正组触发脉冲被封锁的同时，还不能立即开放反组的触发脉冲，需要 5～7ms 的延时时间才能开放反组的触发脉冲，这一时间常称为开放延时时间。设置开放延时时间的目的是由于已封锁组最后被触发导通的晶闸管应完全关断后才能开放另一组的触发脉冲，否则会造成两组都有导通的晶闸管而形成环流。此外，为了保证系统的工作安全，DLC 中还有相应的保护环节，确保在任何时候都不能同时开放两组的触发脉冲。

逻辑无环流可逆调速系统由于没有环流存在，所以可省去限制脉动环流的电抗器，同时也避免了附加的环流损耗，整流变压器和晶闸管整流装置的容量可以充分被利用。和有环流系统相比，因换流失败而造成的事故率大为降低。但由于系统设置了正反向切换过程中的延时控制从而造成了电流换向死区，在一定程度上影响了过渡过程的快速性。

本系统能否正常工作的关键环节是逻辑控制装置，即 DLC，在设计和调整时要充分加以注意，除各信号间应有正确的逻辑运算关系以外，还应保证装置的可靠性及较强的抗干扰能力。

2. 错位控制的无环流可逆调速系统

错位控制的无环流可逆调速系统原理如图 3-41，与 $\alpha=\beta$ 工作制的有环流系统相仿，在正常工作时，两组晶闸管整流装置都可以得到触发脉冲，但两组触发脉冲相位错开得很远，于是其中一组被触发导通时，另一组得到的触发脉冲相位通常大于 180°而无法导通，所以环流消除了。在 $\alpha=\beta$ 配合工作制的系统中，取 $\alpha_f+\alpha_r=180°$，而零位，即 $U_{ct}=0$ 时，$\alpha_{f0}=\alpha_{r0}=90°$，

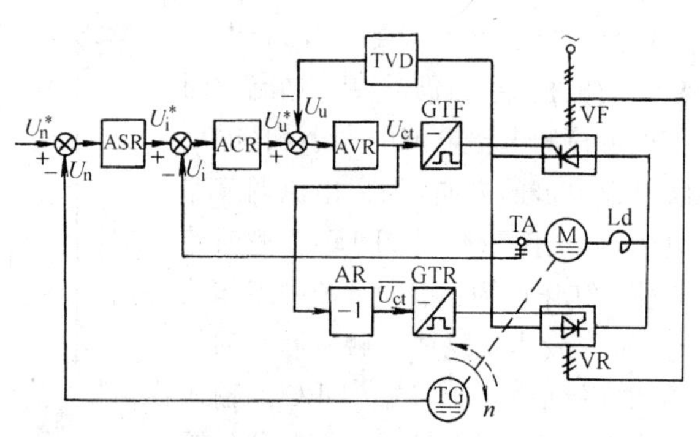

图 3-41　错位控制无环流可逆调速系统

前已证明，此系统没有直流平均环流，但瞬时脉动环流是存在的。但若取 $\alpha_f+\alpha_r=300°$（或 360°），即 $\alpha_{f0}=\alpha_{r0}=150°$（或 180°）时，可以证明，当 U_{ct}增加时，一组的触发角向小于 150°（或 180°）方向移动，而另一组得到的触发脉冲却移向大于 150°（或 180°）方向。事实上，当触发脉冲相位大于 150°（或 180°）时，晶闸管阳极对阴极间所承受的是反压，所以无法导通，此时触发脉冲不起作用，实际系统中，往往处理成，当一组的触发脉冲在控制信号的作用下移向小于 150°（或 180°），另一组触发脉冲相位移到 180°后停在该处或干脆停发脉冲。通过对环流形成的成因的分析可以发现，当触发脉冲零位定在 $\alpha_{f0}=\alpha_{r0}=150°$时，是系统有脉动环流

和无脉动环流的临界点，$\alpha_{f0}=\alpha_{r0}\geqslant 150°$后为无环流。为确保系统的有关参数变化而不破坏无环流的条件，大多数实用系统都取 $\alpha_{f0}=\alpha_{r0}=180°$，也就是取 $\alpha_f+\alpha_r=360°$的配合控制关系。

错位无环流可逆调速系统触发器的移相特性如图 3-42 所示。图中控制角大于 180°后，因使脉冲停在 180°或停发脉冲，所以控制角大于 180°后都用虚线画出。

图 3-41 中，在双闭环系统的基础上又在电流环内加了电压闭环，AVR 为电压调节器，其给定信号是电流调节器的输出 U_u^*，电压反馈信号取自电动机电枢端电压经电压隔离变换器 TVD 变换后得到。AVR 要进行双向限幅，其限幅值 U_{ctm}由最小逆变角 $\beta_{min}=\alpha_{min}$确定。

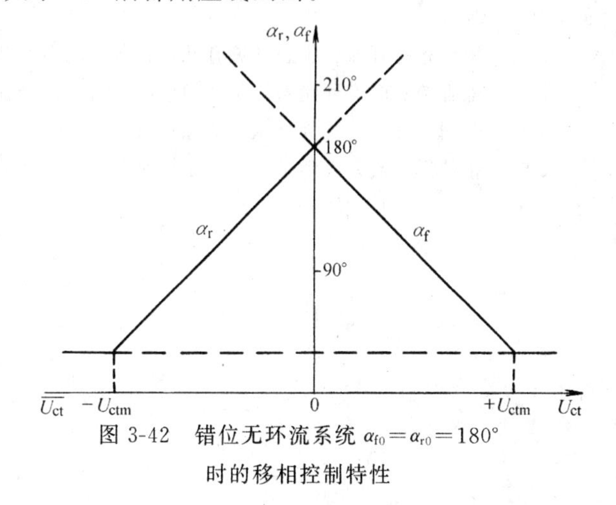

图 3-42 错位无环流系统 $\alpha_{f0}=\alpha_{r0}=180°$ 时的移相控制特性

在错位无环流系统中采用电压闭环是必要的。其作用大致为三个方面：

1）可以有效压缩因零位触发角过大造成的电压死区，加快起动或系统方向切换的过渡过程。在取 $\alpha_{f0}=\alpha_{r0}=180°$时，控制电压 U_{ct}在对应 α 为 90°～180°区间整流器输出直流平均电压因负载的电感性而为零，这一电压死区在采用电压闭环后会大大减小。

2）能有效抑制电流断续等非线性因素的影响，改善系统的动、稳态性能。

3）在正、反组切换过程中，能够确保电流安全换向，从而防止动态环流的出现。

在实用的错位无环流系统中，常根据其工作特点采用一些简化措施。比如将逻辑控制引入错位无环流系统可形成所谓错位选触无环流系统等等。

习　题

3-1 常见直流调速方案有哪些？各自的特点是什么？

3-2 开环系统和闭环系统有何区别？举例说明之。

3-3 某直流调速系统，其高、低速静特性如图 3-43 所示，$n_{01}=1450\text{r/min}$，$n_{02}=145\text{r/min}$。试问系统达到的调速范围有多大？系统允许的静差率是多少？

3-4 为什么加负载后电动机的转速会降低？它的物理概念是什么？

3-5 什么叫调速范围？调速范围与静差率及额定负载下的转速降落有什么关系？如何在满足静差率要求的前提下扩大调速范围？

3-6 某直流闭环调速系统的调速范围是 $D=1:10$，额定转速 $n_{nom}=1000\text{r/min}$，开环转速降落 $\Delta n_{nom}=100\text{r/min}$，如果要求系统的静差率由 15％减到 5％，则系统开环放大系数如何变化？试画出组成这种系统的原理图。

3-7 某闭环直流调速系统的速度可调节范围是 1500～150r/min，静差率 $S=5\%$，问系统允许的速降是多小？如果开环系统的稳态速降是 80r/min，则闭环系统的开环放大系数应有多大？

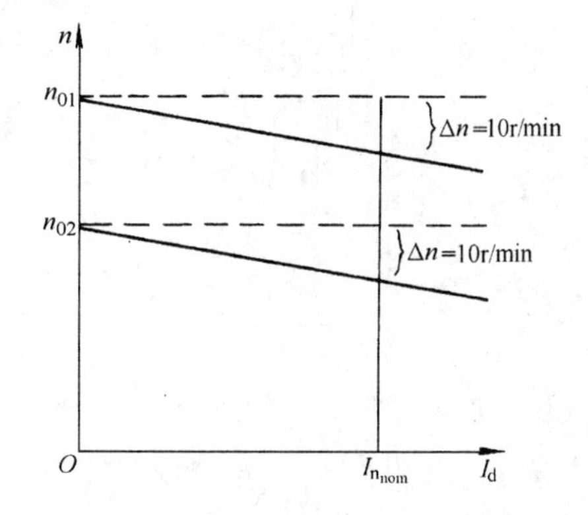

图 3-43 某直流调速系统的静特性

3-8　电流正反馈起什么作用？电流截止负反馈的作用是什么？截止电流应如何选？堵转电流应如何选？

3-9　积分调节器在调速系统中为什么能消除稳态偏差？在系统稳定运行，积分调节器输入偏差电压 ΔU 为零时，为什么它的输出电压仍能继续保持一定值？

3-10　在转速、电流双闭环系统中，ASR 和 ACR 各起什么作用？在稳定运行时，ASR 和 ACR 的输入偏差是多少？

3-11　何谓稳态环流？稳态环流有几种？各自的名称是什么？

3-12　配合控制的有环流系统是如何消除直流平均环流的？

3-13　逻辑无环流系统为什么能消除环流？

3-14　错位无环流系统消除环流的条件是什么？

第四章　交流电动机调速控制系统

第一节　概　　述

在电力拖动的发展历史中，交流与直流拖动两种方式始终并存于工业领域中。伴随着科学发展的进程，它们相互竞争，互相促进，推动着历史的发展。

在19世纪80年代以前，利用蓄电池的直流拖动系统占统治地位。80年代后，随着三相交流电的传输方式的应用而产生笼式交流电动机，并很快在工业生产及人民生活的各个领域获得广泛的应用。并占据主要地位。之后，随着科学技术的发展，对拖动系统提出更高的要求，特别在精密机械、冶金、国防工业等方面，要求调速精度高、调速范围宽、动态性能好，起、制动灵活等。交流拖动则难以满足以上要求。因此，过去很长一段时期，在高性能的电力拖动系统中，一直是直流拖动占主要地位。然而交流电动机与直流电动机相比也具有很多明显的优点。

1）交流电动机不存在换向器的转动速度的限制，也不存在电枢元件的电抗电势的限制，其转速可以设计得比相同功率的直流电动机转速更高。

2）直流电动机的电枢电流电压的值受换向器的限制，交流电动机则无此限制，它的单机功率可以比直流电动机更大。

3）直流电动机换向器制作工艺复杂，成本较高，相比之，交流电动机则成本低廉。

4）直流电动机高速范围运行时，由于受电抗电势的限制，一般最高速时（额定转速以上)，输出功率仅能达到额定功率的80%，交流电动机则不受限制，它可以在高速时以额定功率运行。

5）交流电动机无换向器之类经常需要保养维护的部分。维护方便，经久耐用。在某些恶劣的环境下，例如，易燃易爆场合，也能可靠地工作。

6）直流拖动系统的控制设备复杂，机构庞大，造价高。而某些简单的交流调速系统（特别是现在大量使用的变频器的调速系统）则具有设备简单、造价低、维护方便的优点。

7）现在大量使用的变频器的调速系统在节能方面有明显的优点（特别是在风机、泵类方面的应用中)。

由于交流拖动具有以上的优点，过去在一些性能要求不高的场合，仍有人愿意采用交流电动机调速，以求得体积小、系统简单、维护方便的优点。近年来，随着电子计算机的发展及新型电力电子器件的出现，使交流变频调速方式获得广泛的应用，许多过去采用直流电动机的精密设备、大型设备，现在改用交流拖动的例子不胜枚举。目前已有逐渐取代直流拖动的趋势。

一、交流调速的基本原理

1. 交流电动机的机械特性

由电动机学知，异步电动机有以下公式：

（1）转差率 S：

$$S=\frac{n_1-n}{n_1} \tag{4-1}$$

式中 n_1——同步转速；

n——电动机转速。

（2）电动机角速度 Ω

$$\Omega=\frac{2\pi}{60}n \tag{4-2}$$

（3）同步角速度 Ω_1 与速度 n_1：

$$\Omega_1=\frac{2\pi}{60}n_1=\frac{2\pi f_1}{p},n_1=\frac{60f_1}{p} \tag{4-3}$$

式中 f_1——定子频率；

p——定子极对数。

（4）传给转子的功率（又称电磁功率）P_M 与机械功率 P_{MX}、转子铜耗 P_{M2}之间有如下关系式

$$P_{MX}=P_M-P_{M2}=(1-S)P_M \tag{4-4}$$

（5）电动机的平均转矩 M_{CP}

$$M_{CP}=\frac{P_{MX}}{\Omega}=\frac{P_{MX}}{\frac{2\pi n}{60}}=\frac{P_{MX}}{(1-S)\frac{2\pi n_1}{60}}=\frac{P_M}{\Omega_1} \tag{4-5}$$

（6）电磁功率与转差率 S 的关系式：

$$P_M=\frac{m_1U_1^2\frac{r_2'}{S}}{\left(r_1+c_1\frac{r_2'}{S}\right)^2+(X_1+c_1X_{20}')^2} \tag{4-6}$$

式中 m_1——定子相数；

U_1——输入电压；

r_1——定子电阻；

r_2'——折算后的转子电阻；

c_1——系数$\left(c_1=1+\frac{r_1+jX_1}{r_m+jX_m}\approx1+\frac{X_1}{X_m}\right)$；

X_1——定子漏感抗；

X_{20}'——折算后的转子漏感抗。

（7）异步电动机的每相等值电路如图 4-1 所示。

图中：$Z_1=r_1+jX_1$——定子绕组阻抗。

r_1——定子绕组电阻；

X_1——定子漏感抗；

r_m——激磁电阻；

X_m——激磁电抗；

I_0——激磁电流；

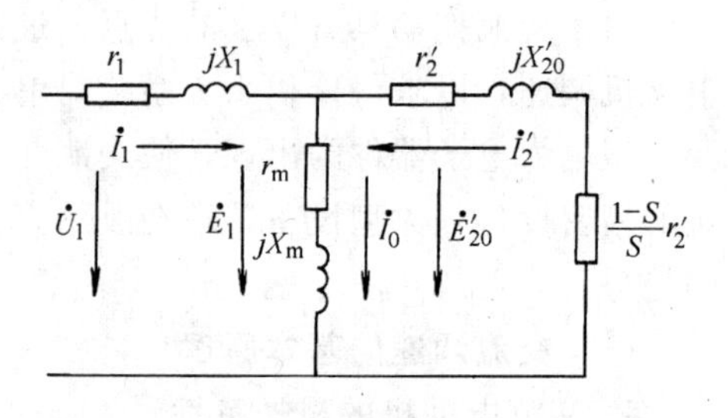

图 4-1 异步电动机的每相等值电路

U_1——定子绕组每相端电压（$\dot{U}_1$ 为 U_1 的复数表示，$|\dot{U}_1|=U_1$）；

$\dot{E}_1$——主磁通在定子绕组产生的电势；

r_2'——折合后的转子绕组电阻；

X_{20}'——折合后的转子漏抗；

$\dot{I}_2'$——折合后的转子电流；

$(1-S)/S)r_2'$——模拟在转差率为 S 时，电动机实际机械负载的模拟电阻；

$\dot{E}_{20}'$——折合到定子侧的转子每相电势。

由以上各公式可解出：

$$M_{CP}=\frac{m_1 p U_1^2 \frac{r_2'}{S}}{2\pi f_1\left[\left(r_1+c_1\frac{r_2'}{S}\right)^2+(X_1+c_1X_{20}')^2\right]} \tag{4-7}$$

此公式即是异步电动机的 $M—S$（转矩—转差率）关系式。它的 $M—S$ 曲线见图 4-2 所示。

由于 $S=1-n/n_1$，因此，图上曲线只要将 S 轴的刻度改变即获得异步电动机的机械特性曲线，其中：$S=0$ 点对应同步转速 n_1。图上曲线中 $S=0\sim1$ 一段称电动状态曲线。曲线峰值 M_m 称最大转矩。对应的点 S_K 称为临界转差率。$S>1$ 一段曲线称制动状态曲线。$S<0$ 一段曲线称发电状态曲线，电动机转速高于同步转速运行时，处于发电状态。

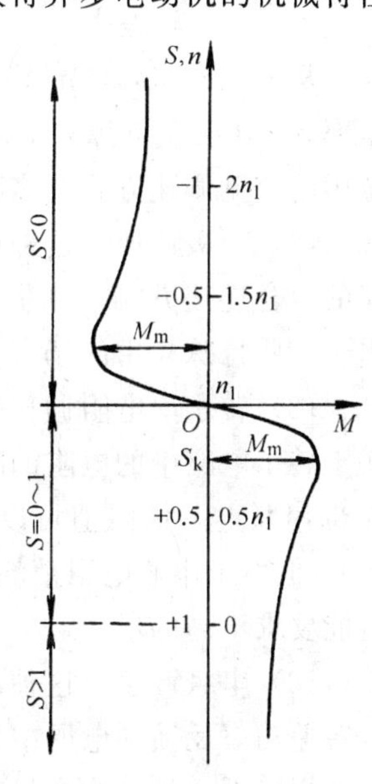

图 4-2　异步电动机的 $M—S$ 曲线与机械特性曲线

最大转矩 M_m，由 $\frac{dM_{CP}}{dS}=0$ 解出：

$$M_m=\frac{1}{2c_1}\frac{m_1 p U_1^2}{2\pi f_1[r_1+\sqrt{r_1^2+(X_1+c_1X_{20}')^2}]} \tag{4-8}$$

因 $r_1^2 \ll (X_1+c_1X_{20}')^2$

近似得：

$$M_m=\frac{1}{2c_1}\frac{m_1 p U_1^2}{2\pi f_1[r_1+(X_1+c_1X_{20}')]} \tag{4-9}$$

2. 生产机械的转矩特性

实际的生产机械是多种多样的，一般可将其分成三大类：恒转矩负载、恒功率负载和风机泵类负载。

（1）恒转矩负载　它的负载转矩是一个恒值，不随转速 n 而改变。它又可以分为两类：

1）摩擦类负载　它的特性曲线见图 4-3a 所示，位于 1、3 象限。例如，传送带、搅拌机、挤压机、采煤机、运输机和机床的进给机构等，属于这类负载。

2）位能恒转矩负载　它的特性曲线见图 4-3b 所示，位于 1、4 象限。例如，提升机、起重机和电梯等。它的负载转矩是由重物重力造成的。

（2）恒功率负载　这类负载的转矩 M 与转速 n 成反比。它的特性曲线见图图 4-3c 所示。例如车床的切削负载、轧钢、造纸机和塑料薄膜生产线的卷取等即是这类负载。

（3）泵类风机负载　这类负载的转矩随转速的增大而改变，可表示为 $M=kn^2$。例如：风机、水泵和油泵等。它的特性曲线见图 4-3d 所示。

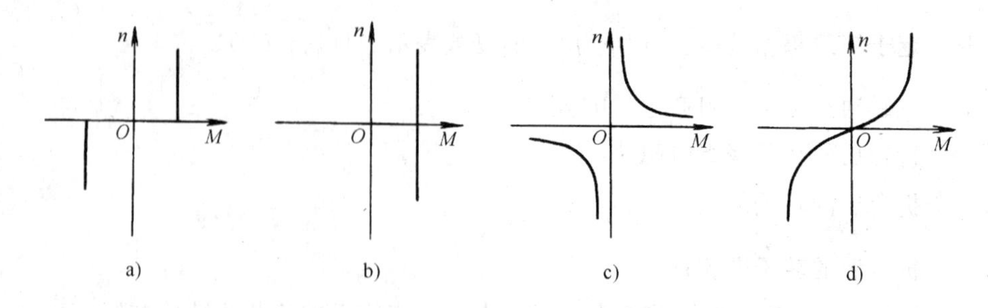

图 4-3 生产机械的负载特性

3. 常用的交流调速方式及性能比较

由式（4-1）得：$n=n_1(1-S)$，由式（4-3）有：$n_1=60f_1/p$，由上面的两式解出异步电动机转速的表达式：

$$n=\frac{60f_1}{p}(1-S) \tag{4-10}$$

式中 f_1——供电电源频率；

p——定子绕组极对数；

S——转差率。

从上式看来，对异步电动机的调速有三个途径。即：①改变定子绕组极对数 p；②改变转差率 S；③改变电源频率 f_1。对于同步电动机，转差率 $S=0$，它只具有两种调速方式。实际应用的交流调速方式有多种，仅介绍如下几种常用的方式。

（1）变极调速　这种调速方式只使用于专门生产的变极多速异步电动机。通过绕组的不同的组合连接方式，可获得二、三、四极三种速度，这种调速方式速度变化是有级的，只适用于一些特殊应用的场合，只能达到大范围粗调的目的。

（2）转子串电阻调速　这种调速方式只适用于绕线式转子异步电动机，它是通过改变串联于转子电路中的电阻的阻值的方式，来改变电动机的转差率，进而达到调速的目的。由于外部串联电阻的阻值可以多级改变，故可实现多种速度的调速（原理上，也可实现无级调速）。但由于串联电阻消耗功率，效率较低。同时这种调速方式机械特性较软，只适合于调速性能要求不高的场合。

（3）串级调速　这种调速方式也只适用于绕线式异步电动机，它是通过一定的电子设备将转差功率反馈到电网中加以利用的方法。在风机泵类等传动系统上广泛采用。这种调速方法常用以下几种结构方案：

1）电气串级方式　结构见图 4-4a。MA 的转子电流经 UR 整流后供给直流电动机 M，由 M 传动的交流发电机 G 将转差功率反馈给交流电源。调节直流电动机 M 的励磁电源即可改变 MA 的转速。这种方式具有恒转矩特性。

2）电动机串级方式　结构如图 4-4b 所示。它是由 MA 的转子电流经 UR 整流，供给与 MA 同轴连接的直流电动机 M，经 M 变为机械能施加到主异步电动机轴上的一种调速方式。调节 M 的励磁电流即可进行调速。这种方式具有恒功率特性。

3）低同步串级调速方式　如图 4-5a 所示。它是在图 4-4a 中接入逆变器和变压器，代替原来的直流电动机 M 和交流发电机 G，将转子电源变为与电源同频率的交流电，使转子侧的转差功率反馈给电源的一种调速方式。调节有源逆变器晶闸管的控制角即可进行调速。

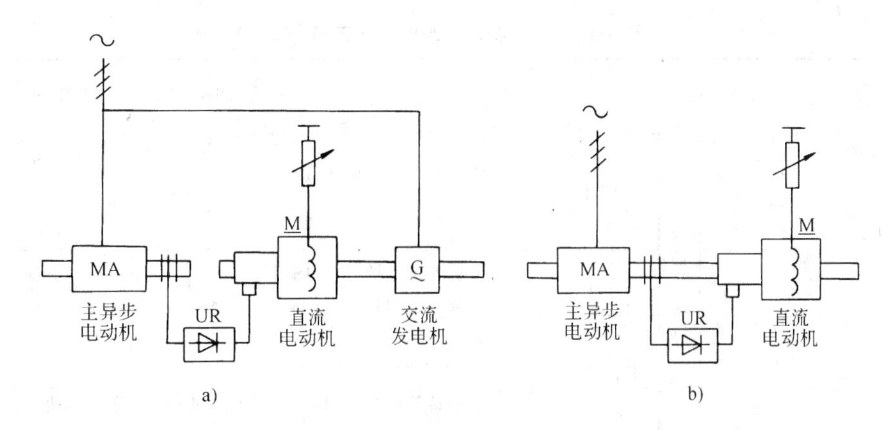

图 4-4　电气、电动机串级调速

4）超同步串级调速　如图 4-5b 所示。它是在图 4-4b 中接入一个交—交变频器（或交—直-交变频器），代替原来的不控整流器和逆变器。通过控制交—交变频器（或交—直-交变频器）的工作状态，可以使电动机在同步速度上下进行调速。与低同步串级调速相比，其变流装置小、调速范围大、能够产生制动转矩。

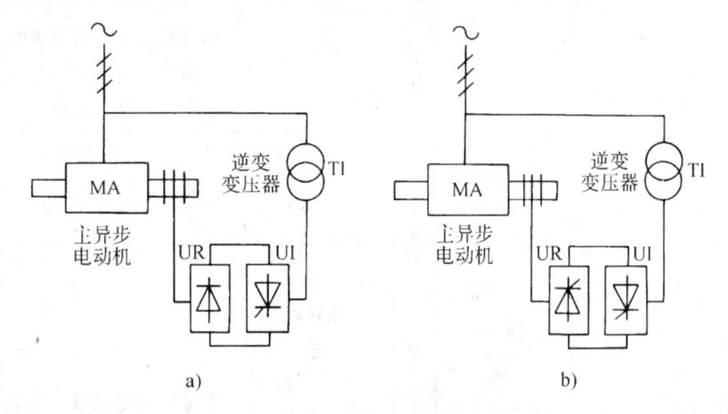

图 4-5　低同步、超同步串级调速

(4) 调压调速　如图 4-6 所示。这是将晶闸管反并联连接，构成交流调速电路，通过调整晶闸管的触发角，改变异步电动机的端电压进行调速。这种方式也改变转差率 S，转差功率消耗在转子回路中，效率较低，较适用于特殊转子电动机（例如，深槽电动机等高转差率电动机）中。通常，这种调速方法应构成转速或电压闭环，才能实际应用。

(5) 电磁调速异步电动机　这种系统是在异步电动机与负载之间通过电磁耦合来传递机械功率，调节电磁耦合器的励磁，可调整转差率 S 的大小，从而达到调速的目的。该调速系统结构简单，价格便宜，适用于简单的调速系统中。但它的转差功率消耗在耦合器上，效率低。

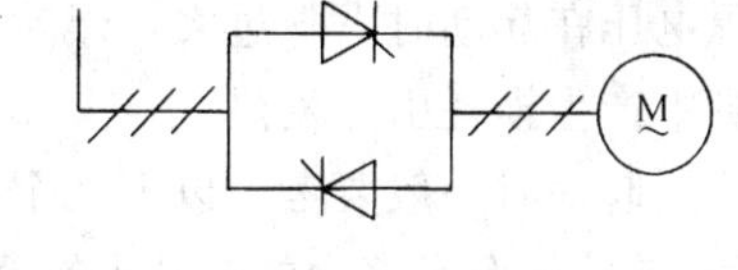

图 4-6　调压调速

(6) 变频调速　改变供电频率，可使异步电动机获得不同的同步转速。采用变频机对异步电动机供电的调速方法已很少使用。目前大量使用的是采用半导体器件构成的静止变频器电源。目前这类调速方式已成为交流调速发展的主流。

各种调速方式性能的比较见表 4-1 所示。

4. 交流电动机的起动

从图 4-7 的交流电动机的机械特性曲线可知，电动机的起动力矩必须大于电动机静止时的负载转矩，即 $M_0>M_n$，否则电动机无法进入正常运转工作区。

表 4-1 交流电动机各种调速方式的比较

<table>
<tr><th colspan="4">交流电动机种类与调速方式</th><th>调速设备</th><th>调速比</th><th>调速性能</th><th>效率</th><th>适用负载</th></tr>
<tr><td rowspan="8">异步电动机
$n=\frac{60f_1}{p}(1-S)$</td><td>调极对数 p</td><td rowspan="3">笼型电动机</td><td>变换极对数</td><td>变极笼型电动机，极数变换器</td><td>2∶1～4∶1</td><td>不平滑调速</td><td>高</td><td>恒转矩恒功率</td></tr>
<tr><td rowspan="5">调转差率 S</td><td>调定子电压</td><td>定子外接电抗器，电磁调压器，晶闸管交流调压器</td><td>1.5∶1～10∶1</td><td>不平滑调速或平滑调速</td><td>低</td><td>恒转矩</td></tr>
<tr><td>转差离合器调速</td><td>电磁转差离合器调速</td><td>3∶1～10∶1</td><td>平滑调速</td><td>低</td><td>恒转矩</td></tr>
<tr><td rowspan="3">线绕式电动机</td><td>调转子电阻</td><td>多级或平滑变阻器晶闸管直流开关</td><td>2∶1</td><td>不平滑调速或平滑调速</td><td>低</td><td>恒转矩</td></tr>
<tr><td>机械式串级调速</td><td>转差功率经整流器供电给直流电动机—交流发电动机组再反馈回电网</td><td>2∶1</td><td>平滑调速</td><td>较高</td><td>恒转矩</td></tr>
<tr><td>电气串级调速</td><td>转差功率经硅整流器—逆变器向电网反馈</td><td>2∶1～4∶1</td><td>平滑调速</td><td>较高</td><td>恒转矩</td></tr>
<tr><td rowspan="2">调定子频率 f_1 或转子频率 f</td><td>笼型电动机</td><td>调定子频率同时控制定子电压或转差率</td><td>变频器或整流器与逆变器</td><td>2∶1～10∶1</td><td>平滑调速</td><td>高</td><td>恒转矩恒功率</td></tr>
<tr><td>线绕式电动机</td><td>调转子频率同时控制转子电压</td><td>变频器或整流器与逆变器</td><td>4∶1～20∶1</td><td>平滑调速</td><td>高</td><td>恒转矩恒功率</td></tr>
<tr><td>同步电动机</td><td>调定子频率 f_1</td><td colspan="2">定子频率与定子电压协调控制</td><td>变频器或整流器与逆变器</td><td>2∶1～10∶1</td><td>平滑调速</td><td>高</td><td>恒转矩</td></tr>
</table>

交流电动机的起动电流一般为额定电流的 4～6 倍，直接起动时，过大的起动电流会使电源电压在起动时下降过大，影响电网其它设备的正常运行。另外一方面还会造成线路及电动机中产生损耗引起发热。

起动时一般要考虑以下几个问题：

1）应有足够大的起动力矩和适当的机械特性曲线。

2）尽可能小的起动电流。

3）起动的操作应尽可能简单、经济。

4）起动过程中的功率损耗应尽可能小。

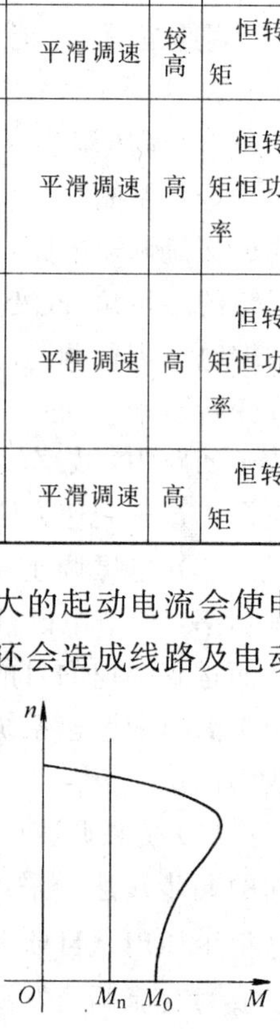

图 4-7 机械特性曲线

普通交流电动机在起动过程中为了限制起动电流，常用的起动方法有三种。即：串联电抗器起动、自耦变压器降压起动、星形—三角形换接起动。

目前，采用电子器件构成的“交流电动机软起动系统”以其良好的性能和平稳的起动过程而获得了迅速的发展和应用。

对于较高级的调速系统可采用矢量控制方式的电流、速度双闭环系统，能获得令人满意的动、静态性能。

5. 交流电动机的制动

具有良好制动性能的交流电动机可使电动机迅速停止，准确停车，提高控制性能。

交流电动机的制动方式有：①机械制动，它采用机械抱闸装置。②电磁力制动，采用电磁铁抱闸或电磁摩擦片等装置。③电力制动，它主要由电气系统的控制装置使电动机本身产生制动力。这种制动无机械磨损问题，减小维修工作量，因此获得广泛的应用。它可分为：回馈制动、反接制动和能耗制动三类。

（1）回馈制动　从图 4-2 的机械特性曲线知，如使电动机的转速 $n>n_1$ 时，电动机处于发电动机工作状态。此时电动机不消耗电能，而将能量反馈到供电系统中来。因此称为回馈制动，又称再生发电制动。

然而，异步电动机电动状态运行时，转子转速 n 永远小于同步转速 n_1，以转差率 $0<S<1$ 旋转。这是电动工作状态的正常情况。怎样才能做到 $n>n_1$ 呢？由公式（4-3）可知 $n_1=60f_1/p$，如改变供电频率 f_1 可获得不同的机械特性曲线。

下面以供电频率减小为 1/2 的情况说明制动过程：由公式（4-7）和（4-8）可知，当 f_1 减小为 1/2 时（供电电压不变），同步转速为 n_2，$M—S$ 曲线在 M 轴方向放大 2 倍，分别画出同步转速为 n_1、n_2（$n_1=2n_2$）的 $M—S$ 曲线如图 4-8a、b 所示，当利用公式（4-1）变换为 $M—n$ 曲线后，将两条曲线叠加在一起，如图 4-8c 所示。

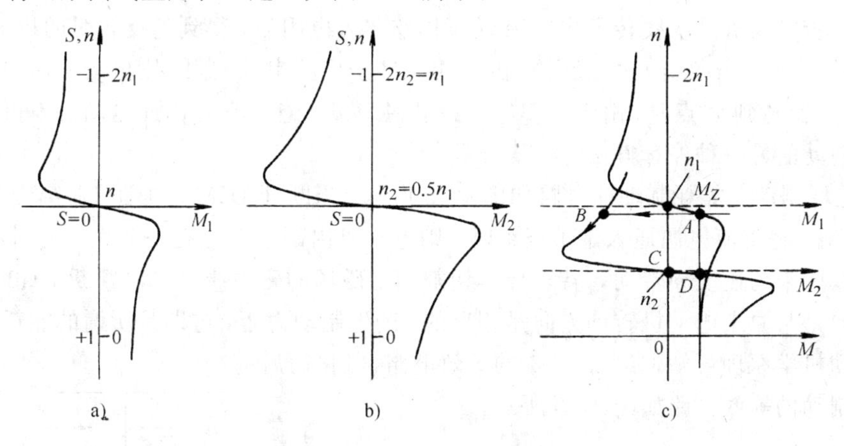

图 4-8　回馈制动特性曲线

如原来电动机以电源频率 f_1 运行，电动机处于曲线的 A 点（负载为 M_Z），此时如果将电源频率改为 f_2，因机械惯性原因，转速不能突变。此时运行状态将转至第二象限的 B 点，曲线处于 $S<0$ 的发电动机工作状态。于是电动机处于回馈制动状态。电磁转矩为负值，与转动方向相反为制动转矩。转速迅速下降，由 B 点运行至 C 点，达到同步转速 n_2，电动机转为电动状态。在负载转矩 M_Z 的作用下继续减速到 D 点稳定运行。于是，整个制动过程结束。

以上是利用降低电源频率的方法获得回馈制动。同理，利用改变电动机极对数的方法也可以获得回馈制动。制动的机理与上类同。

（2）反接制动　众所周知，如将三相交流电动机的三相交流电任意调换两个接线（改变相序，即换相)，即可使电动机反转。这是因为，换相后产生了反向旋转磁场。也就是说，将正在旋转中的电动机将其输入电源线任意调换两个接线后，即可产生与旋转方向相反的制动力矩。这就是所谓的反接制动。

如图 4-9a 所示，电动机正转时的机械特性为 1、4 象限的曲线，反转时机械特性曲线为原点对称的 2、3 象限曲线。

原来电动机正转时稳定在 A 点运行，当改变输入电源的相序后，电动机换为第 2 象限的 B 点运行。反向电磁力矩 M_B 与负载转矩 M_Z 共同作用于电动机产生制动力，使电动机迅速降速，沿曲线移动，由 B 降至 C 点，电动机转速 $n=0$。由于此时电动机的电磁转矩 $|-M_C|$（绝对值）大于负载转矩 $|-M_Z|$（绝对值），因此电动机不会停止，沿曲线继续反向加速到 D 点后稳定运行。如在 BC 段运行期间，设法加大负载使其大于 $|-M_C|$，那么电动机会停止在 $n=0$ 处，不再反转（这种方法很少使用）。如在 C 点及时断开电源，电动机也会停止，常常使用速度继电器来作为 C 点速度的检测控制停车时间。

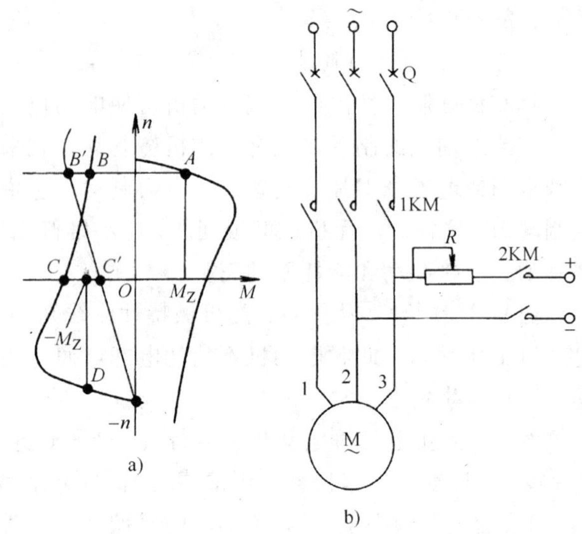

图 4-9 反接制动、能耗制动

如果异步电动机是绕线转子式，(在转子回路串入电阻后，得到的反转时的机械特性曲线是 2、3 象限的另一条曲线。可在反转同时，再在转子回路串入电阻，则电动机由 A 点转至 B' 点制动运行。当达到 C' 点时，由于 $|-M_Z|$ 大于电磁转矩（绝对值），因此电动机不再反向起动。这是反接制动的另一种停车方法。

(3) 能耗制动 能耗制动的电路如图 4-9b 所示。当断开 1KM，电动机脱离交流电源，同时关合 2KM，将直流电源通入定子绕组时，则电动机内部立即建立一个静止的固定磁场，而电动机仍以原来的速度 n 转动，转子导体切割固定磁场的磁力线。可以判断出此时产生的电磁转矩方向是与原来电动机转动方向是相反的，产生制动力矩，这即是所谓的能耗制动状态。

由电动机学原理可知，参照图 4-1 的等效电路，经化简后得到能耗制动的等效电路如图 4-10 所示。

图中，$\dot{I}_1$ 称为直流励磁电流的等效交流电流；X'_{20} 为折合到定子侧的转子漏抗；r'_2 为折合到定子侧的转子电阻；X_m 为电动机励磁电抗；$\dot{I}_0$ 为产生气隙磁通势的励磁电流；$\dot{E}_{20}$ 为折合的转子感应电势。

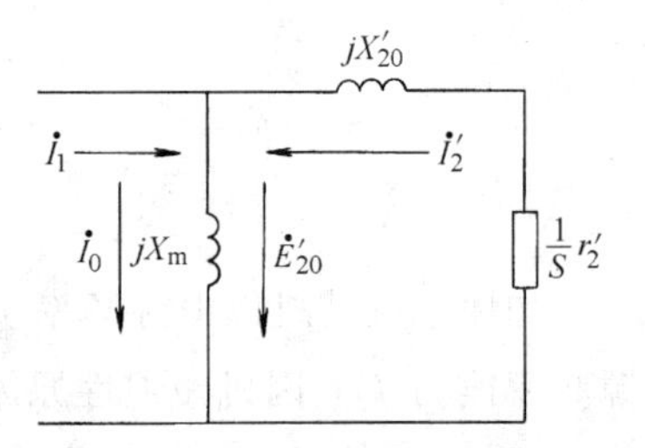

图 4-10 能耗制动的等效电路

此时电动机能耗制动时的电磁转矩表达式为：

$$M=\frac{m_1(I_1X_m)^2\frac{r'_2}{S}}{2\pi f_1\left[\left(\frac{r'_2}{S}\right)^2+(X'_{20}+X_m)^2\right]} \tag{4-11}$$

由$\frac{\mathrm{d}M}{\mathrm{d}S}=0$可求出最大电磁转矩为：

$$M_{\mathrm{m}}=\frac{m_1 I_1^2 X_{\mathrm{m}}^2}{2\Omega_1(X_{\mathrm{m}}+X_{20}')}\tag{4-12}$$

式（4-11）与电动时的公式（4-7）相比，可见二者具有相同的形式，由于电动时$S=(n_1-n)/n_1$，而能耗制动时$S=n/n_1$，所以能耗制动时的机械特性曲线如图 4-11 所示。曲线的最大转矩取决于制动电流 I_1，图中曲线 2 的电流大于曲线 1 的电流，对于转子绕线式电动机，当增大转子电阻 r_2 时，曲线也可以改变形状。图中曲线 3 的转子电阻大于曲线 1 的电阻。对于曲线 1 的能耗制动过程，按 A-B-0 的方向运行。

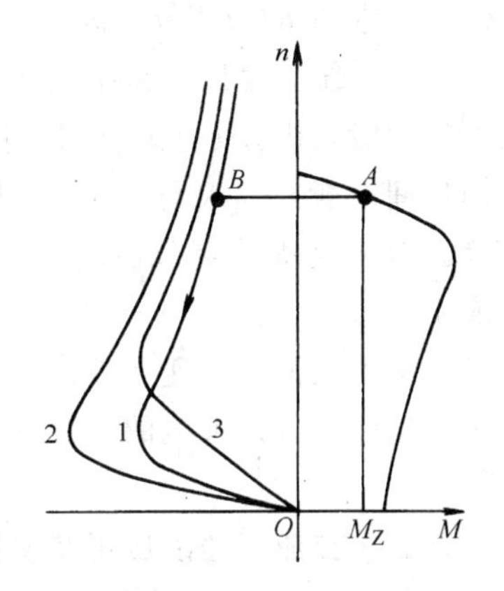

图 4-11　能耗制动曲线

二、开环调速与闭环调速

由式（4-7）可知，当只改变转子电阻 r_2 时，获得曲线如图 4-12 所示（详见本章第二节的推导）。其中：$r_2<r_2'<r_2''$。此时对某一固定的负载 M_1，可获得较宽范围的调速状态。此工作方式即是前面介绍的绕线式异步电动机串电阻调速工作方式的基本原理。具体线路见图 4-13 所示。同时改变 3 个电位器的动臂可改变转子电阻 r_2，而获得不同的转速。此种工作方式的机械特性很软。当负载增大时，电动机转速会迅速降低。

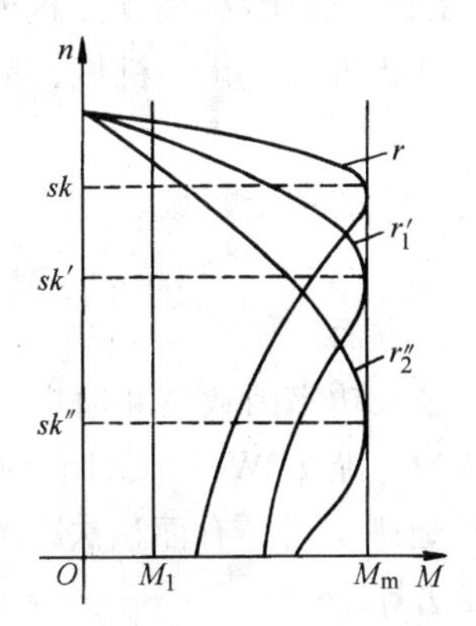

图 4-12　改变转子电阻曲线

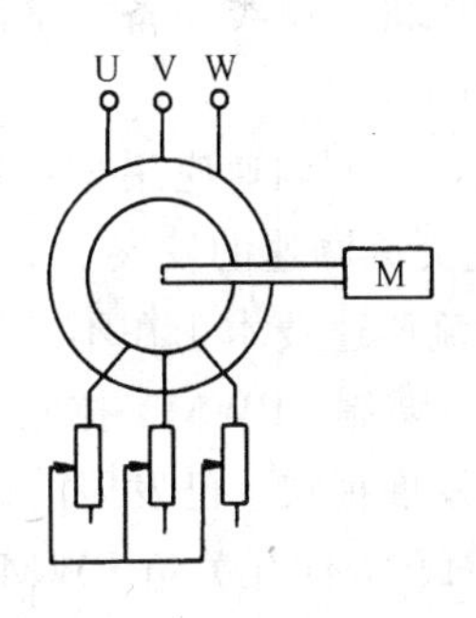

图 4-13　串电阻调速

这种只靠输入量对输出量进行控制的工作方式称开环控制。开环控制在某些特定的工作状态下是可以良好工作的。比如串电阻调速方式如能保证负载的变化不大，完全可以正常使用。在某些机械设备上，比如线材生产线的卷取部分，利用其较软的机械特性会具有良好的保护特性。

要想获得优良的动、静态工作特性，必须采用闭环控制。如在上述开环系统电动机轴上增加一直流测速发电动机，它发出的直流电压与电动机的转速成正比，再增加一个控制器及相应电路，即可组成图 4-14 所示的速度闭环控制系统。输入量 $R(t)$ 为设定转

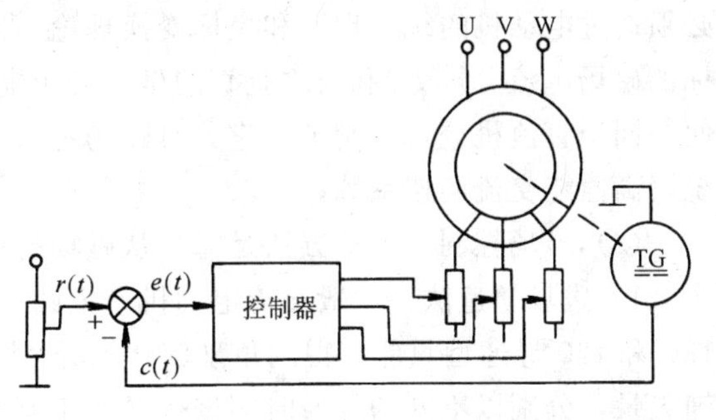

图 4-14　速度闭环控制系统

速，$C(t)$为测量出的实际电动机转速，二者偏差$e(t)$作为控制量。当系统稳定时，反馈的转速$C(t)$基本与给定转速相等。偏差$e(t)$很小或为0（这与采用控制器的结构有关）。当电动机的负载增大造成转速降低时，$C(t)\downarrow$使$e(t)\uparrow$，控制器调整电位器阻值减小，使转速上升，直到$C(t)$基本与$R(t)$相等，构成新的平衡状态。调速结果是基本维持电动机的转速不变。这种闭环调速系统，可以使系统的机构特性变硬，获得良好的调速性能。

一般来讲，具有无级调速功能的系统，都可用测速元件构成闭环系统。但偏差$e(t)$与控制输出间一般要加入调节器，才能获得比较理想的动、静态性能。常用的调节器有PID调节器等。对于高级的调节器的设计，需要扎实的控制理论知识及工业自动化专业的知识才能完成。

除了上面用测速元件构成的速度闭环系统外，采用位置检测元件，也可构成位置闭环系统。例如，跟踪天线的角位移控制，轧钢设备的“活套装置”的位置控制及水塔的水位控制等。

三、交流调速的应用及发展

1. 交流电动机调速的应用

由于交流电动机具有：便于使用和维护方便，易于实现自动控制等特点。在节能、减少维修、提高质量、保证质量等方面具有明显的经济效益，尤其是交流变频技术已日趋完善，使交流电动机的应用领域不断扩大。在拖动系统中占有明显的优势。目前交流调速在国防、钢铁、造纸、卷烟、高层建筑供水、建材及机械行业的军事装置、机床/金属加工机械、输送与搬运机械、风机与泵类设备、食品加工机械、水泵设备、包装机械、化学机械、冶金机械设备得到广泛的应用。

可以说，交流调速应用是不胜枚举的。它渗透到国民经济的各个领域。

2. 近代交流调速的发展

近代交流调速技术正在不断的丰富发展，下面仅举几个方面。

(1) 脉宽调制（PWM）控制　脉宽调制型变频器具有输入功率因数高和输出波形好的特点，近年来发展很快。已发展的调节方法有多种，如SPWM、准SPWM、Delta调制PWM、失量角PWM、最佳开关角PWM、电位跟踪PWM等。从原理上讲，有面积法、图解法、计算法、采样法、优化法、斩波法、角度法、跟踪和次谐波法等。

电流型变频器也逐渐开始采用PWM技术。

(2) 矢量变换控制　矢量变换控制是一种新的控制理论和控制技术。其控制思想是设法模拟直流机的特点对交流电动机进行控制。为使交流电动机控制有和直流机一样的控制特点，必须通过电动机的统一理论和坐标变换理论，把交流电动机的定子电流I_1分解成磁场定向坐标的磁场电流分量I_{1M}和与之垂直的坐标转矩电流分量I_{1T}，经过控制量的解耦后，交流电动机便等同于直流机进行控制了。它分有磁场定向式矢量控制和转差频率式矢量控制等，这类系统属高性能交流调速系统。

(3) 磁场控制　这种方法是完全从磁场的观点控制电动机，仅介绍以下几种：

1）磁场轨迹法　一般交流电动机产生圆形旋转磁场。开关型逆变器只能获得步进磁场，180°和120°导通型只能获得六角型旋转磁场。如以这些已有的电压矢量为基础，组成主矢量、辅矢量，分别以不同的导通时间进行PWM调制求矢量和，则可获得许多中间电压矢量使之形成逼近圆形旋转磁场。改变旋转磁场的速度即可调节电动机的转速。

2)异步电动机的磁场加速法　磁场加速法是防止励磁电路发生电磁暂态现象对电动机定子电流进行控制的一种方法。由于消除暂态现象，因此可提高电动机的响应速度。首先计算出的保持励磁电流无暂态过程的定子电流控制条件，利用这一条件来控制电动机。

(4)微机控制　近年来交流调速领域已基本形成以微机控制为核心的新一代控制系统。并从以往的部分采用微机的模拟数字混合控制向着全面采用微机的全数字化方向发展，除具有控制功能外，还具有多种辅助功能。如监视、显示保护、故障诊断、通讯等功能。采用微机的性能也不断提高，已由 8 位机转向 16 位、32 位方向发展。

(5) 现代控制理论的应用　现代控制理论在交流调速中的应用发展很快。

1) 自适应控制　磁通自适应　断续电流自适应等模型参考自适应控制。

2) 状态观测器　磁通观测器、转矩观测器。

3) 二次型目标函数优化控制、变结构控制、模糊控制等。

(6) 直接转矩控制　其特点是不需要坐标变换，将检测来的定子电压和电流信号进行磁通和转矩运算，实现分别的自调整控制。它可以构成以转矩磁通的独立跟踪自调整的一种高动态的 PWM 控制系统。

(7) 多变量解耦控制　利用现代控制理论中的多变量解耦理论将电动机中的多变量、强耦合非线性系统解耦成两个单变量系统，再用古典控制理论进行调节器的设计。

交流调速的技术发展方兴未艾，各种新型控制技术的发展正在深入的研究之中。交流调速的发展分支也有多个方向，比如：变频调速、串级调速、双馈电动机、无换向器电动机，交流步进拖动系统、交流伺服系统、高频化技术、无功补偿和谐波抑制、节能技术等。

第二节　简易交流调速及控制线路

一、变极调速

这种调速方式适用于特殊构造的变极电动机。这种电动机具有多种结构的绕组，通过改变绕组的极对数达到调速的目的。目前常用的变极电动机可获得 2～4 种转速。

1. △—丫丫形变换（△/2 丫接法）

这种调速接法具有恒功率特性，适用于各种机床上。这种调速原理如图 4-15 所示。以 A 相绕组为例，A 相绕组分为两部分，当 A_1—X_1 与 A_2—X_2 顺次串联时（见图 4-15a）产生的磁场为 4 极。当两个绕组并联后（见图 4-15b）产生的磁场为 2 极。图 4-15c 中当三相交流电接入到 1、2、3 端时为△接法，为低速接法。图 4-15d 中 1、2、3 接在一起，三相交流电接入到 4、5、6 端时为丫丫接法，可获得较高的同步转速。

一个应用的线路如图 4-16 所示。

SB1 按下时，KM1 闭合，电动机低速运行。按下 SB 后电动机停机。SB2 按下时，KM2、KM3 吸合，定子绕组接成 2 丫联接，电动机高速运行。

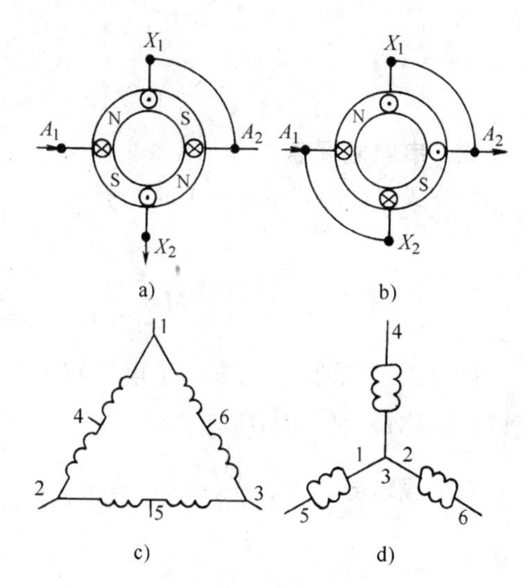

图 4-15　变极调速的调速原理

2. 三速、四速变换

如上双速电动机，如果再增加一组双速绕组，则成为 4 速电动机。例如，12/8/6/4 极四速接法。如增加一组单速绕组，则成为 3 速电动机。国产 YD 系列电动机电气控制原理图，如图 4-17、图 4-18 所示（电路略去部分辅助电路，如：热继电器保护、转换开关、电流表、电压表等）。图 4-17 为三速电动机电气控制原理图、图 4-18 为四速电动机电气控制原理图。一般变极电动机目前只有最多四速产品。如将此种调速方式作为粗调，再加以其它调速方式作为细调，即可获得性能优良的宽调速控制系统。

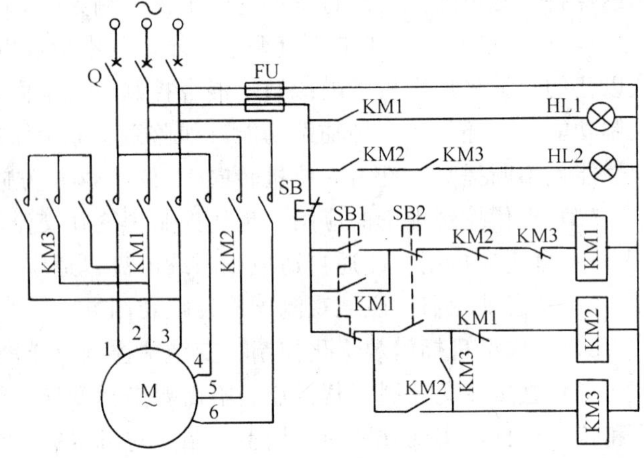

图 4-16 变极调速的一个应用线路

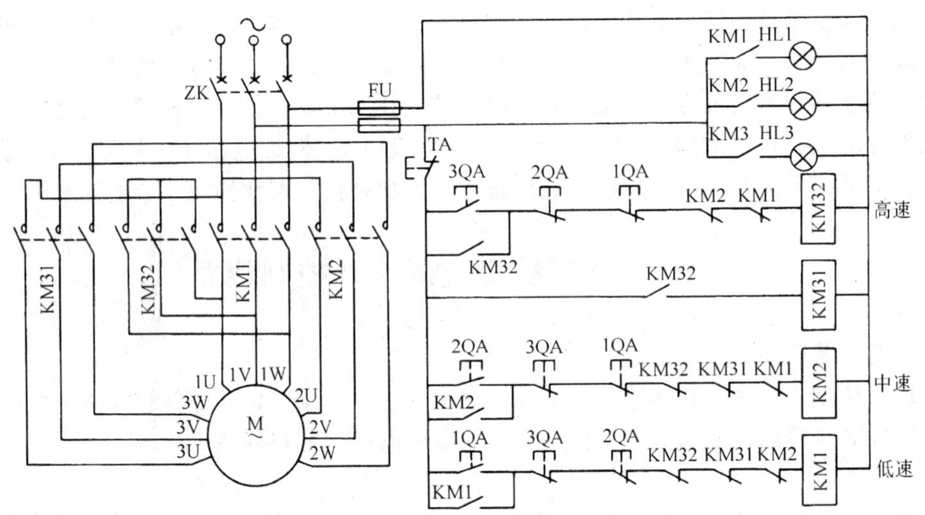

图 4-17 三速电动机电气控制原理图

二、串电阻调速

由公式（4-7），取 $c_1=1$ 时，有：

$$M=\frac{3pU_1^2\frac{r_2'}{S}}{2\pi f_1[(r_1+r_2'/S)^2+(X_1+X_{20}')^2]} \tag{4-13}$$

可得 $M—S$ 曲线，它表示了电磁转矩与转差率的关系。曲线的转折点 S_k 称临界转差率，对应的转矩称最大转矩 M_m。

对上式求导，令：$\frac{dM}{dS}=0$，解出：

$$S_k=\frac{r_2'}{\sqrt{r_1^2+(X_1+X_{20}')^2}} \tag{4-14}$$

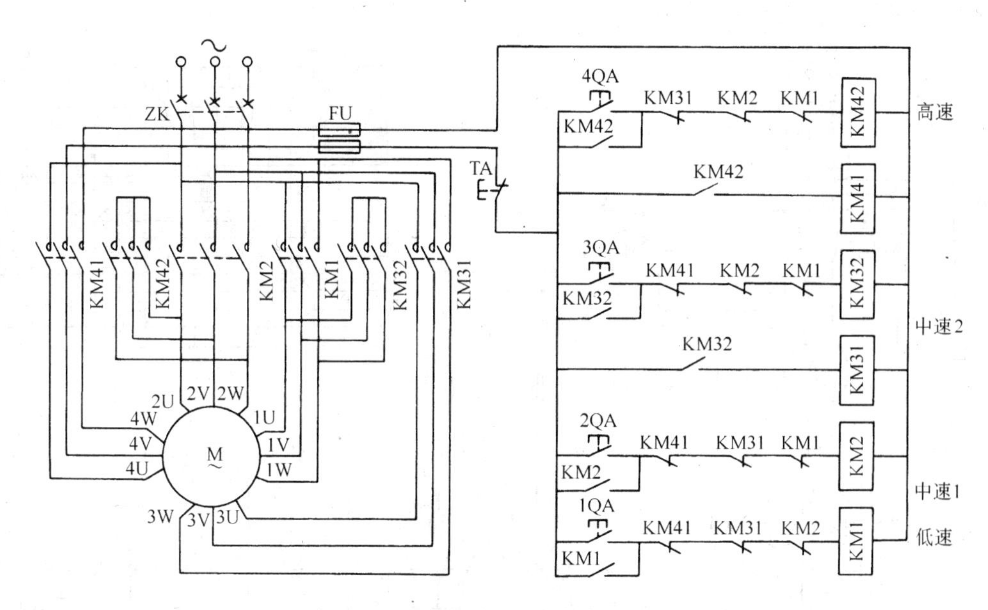

图 4-18　四速电动机电气控制原理图

将 S_K 代入原式，解出：

$$M_m = \frac{\frac{3}{2}PU_1^2}{2\pi f_1[r_1 + \sqrt{r_1^2 + (X_1 + X_{20}')^2}]} \tag{4-15}$$

由上两式可知，改变转子电阻 r_2，即可改变临界转差率 S_K，而最大转矩 M_m 不变。这时转速 n 的机械特性曲线是图 4-19 一族曲线。实际应用电路可通过转子电路中串联附加电阻的方法改变 r_2，阻值越大，机械特性越软；转差率越大，速度也越低。这种方法依靠增加转差率的方法来降低转速，损耗主要消耗在附加电阻上，效率低。

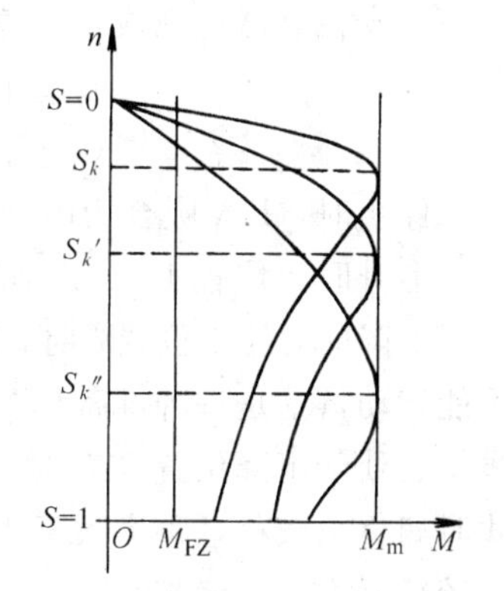

图 4-19　串电阻的特性曲线

从特性曲线可知，这种工作方式的调速适用于固定负载（如图上的 M_{FZ}）或负载变化不大的场合。负载较轻时，串联的电阻值应作大范围的改变，才能获得较宽的调速范围。而负载较重时，则需要较小变化范围的串联电阻即可。但应小于 M_m 才能工作。而负载太轻时，则不能用这种方法调速。实际应用时某些起动电路也采用类似的电路。它们之间的区别是：调速用变阻器必须满足长期运行的条件，应采用较大功率的电阻，以防止温度太高。

图 4-20 是实用控制线路的例子，它由主令控制器和磁力控制盘等组成。图中 KM2 用于电动机接通正序电源，使电动机正传；KM1 用于电动机反转。KM3 用于接通制动电磁铁 YA。电动机转子电路共串有七段电阻（R1～R7），其中 R7 为常串电阻，用于软化机械特性。其余各段电阻的接入与切除分别由 KM4～KM9 来控制。YA 是控制电磁抱闸，断电时抱住电动机轴使电动机停转。

主令控制器本身有 12 对触头，按一定的不同组合对电动机进行控制。此线路用于重物的提升与下放。

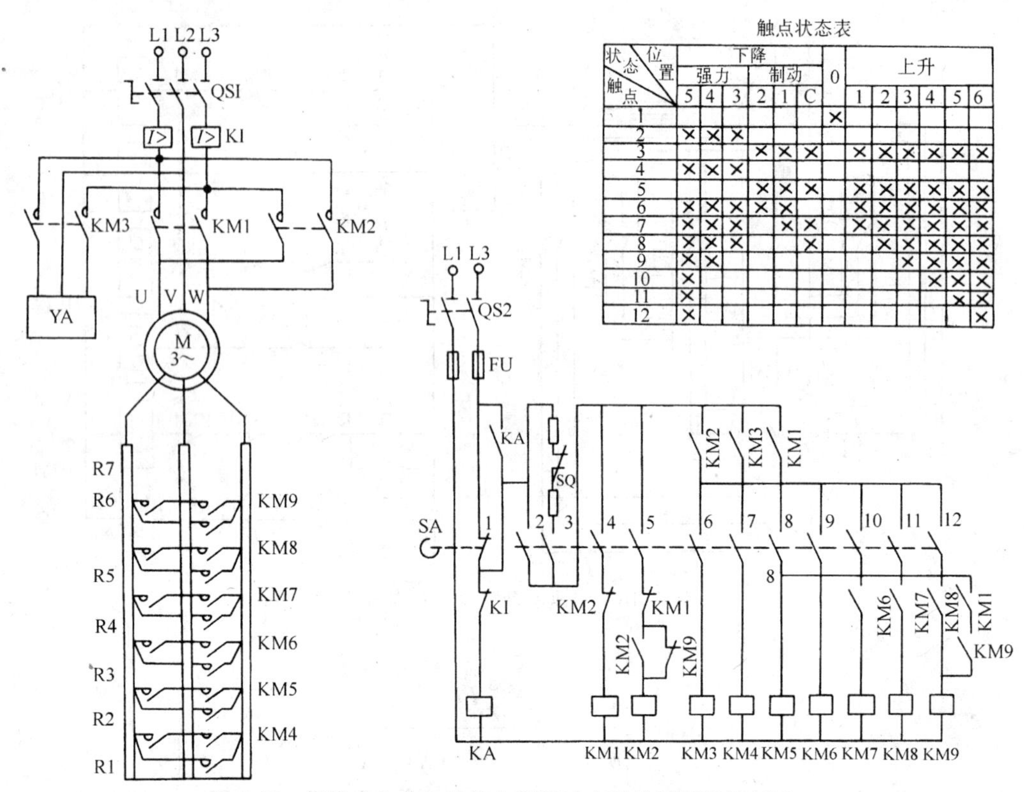

触点状态表

触点＼状态位置	下降 强力 5	下降 强力 4	下降 强力 3	下降 制动 2	下降 制动 1	下降 制动 C	0	上升 1	上升 2	上升 3	上升 4	上升 5	上升 6
1							×						
2	×	×	×										
3				×	×	×		×	×	×	×	×	×
4	×	×	×										
5				×	×	×		×	×	×	×	×	×
6	×	×	×	×	×			×	×	×	×	×	×
7	×	×	×		×	×		×	×	×	×	×	×
8	×	×	×			×			×	×	×	×	×
9	×	×								×	×	×	×
10	×										×	×	×
11	×											×	×
12	×												×

图 4-20　绕线式电动机外接电阻调速实用控制线路的例子

主令控制器可完成：①停止（位置 0）

②上升（位置 1，2，3，4，5，6）

③下降（位置 c，1，2，3，4，5）

停止时，KA 吸合为电动机起动运行做好准备。

上升时，位置 1～6 分别短接外电阻 $R1$～$R6$，得到不同的提升速度。

下降时，处于位置 c 时，KM2 吸合，电动机正传，但 KM3 没接通，YA 失电，使电动机不能转动，这是一种准备档。

当处于下降位置“1”时，KM2 吸合，电动机正传产生向上提升力，KM3 吸合打开抱闸，此时如负载较重，重力大于提升力，电动机处于倒拉反转制动状态，以低速下放重物（如负载较轻仍为上升状态）。

当处于下降位置“2”时，与“1”状态基本相同，只是串联的电阻值大些，可获得比“1”快些的下降速度。

当处于下降位置“3”、“4”、“5”时，KM1 吸合电动机反转，可获得更快的下降速度。

三、串级调速

参照图 4-1 的定子等值电路，可推导出转子等值电路如图 4-21 所示。图 4-21a 和 4-21b 分别对应转子视为不动和转动的情况。根据电动机学原理可知，当交流电动机加上交流

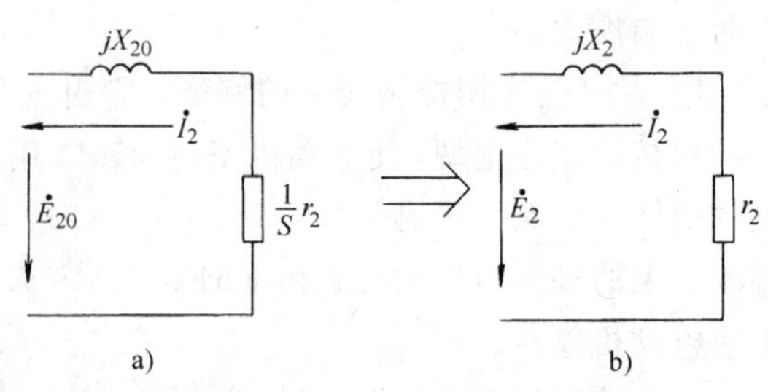

图 4-21　异步电动机转子等值电路

电压后，产生旋转磁场。它与转子绕组相交链，并在转子绕组中产生感应电势 E_2 和感应电流 I_2。感应电流与旋转磁场相互作用产生转动力矩，根据电磁定律，有：

$$M=C_M\phi I_2\cos\varphi_2 \tag{4-16}$$

式中 ϕ——气隙中磁通量；

C_M——转矩常数；

$\cos\varphi_2=r_2/\sqrt{r_2^2+X_2^2}$，称为转子电路功率因数；

X_2——转子漏感抗。

如设电动机转子不动时产生的感应电势为 E_{20}（漏感抗为 X_{20}），当电动机以转差率 S 旋转起来以后，有 $E_2=SE_{20}$，$X_2=SX_{20}$，转子电流为：

$$I_2=\frac{E_2}{\sqrt{r_2^2+X_2^2}}=\frac{SE_{20}}{\sqrt{r_2^2+(SX_{20})^2}}=\frac{E_{20}}{\sqrt{\left(\frac{r_2}{S}\right)^2+X_{20}^2}} \tag{4-17}$$

当转子串联电阻时，$\frac{r_2}{S}\gg X_{20}$，X_{20}可以忽略，由上式解出：

$$S=\frac{I_2 r_2}{E_{20}} \tag{4-18}$$

由于 I_2 近似与负载成正比，因此，对固定负载，I_2 为常数。则转差率与转子电阻值成正比，调整转子电阻的大小，即调整了转差率，进而得到不同的转速。这就是串电阻调速的原理。

对于转子串电阻调速电路，如不串联电阻，而引入一频率和转子电势 SE_{20}频率相同，而相位相反的外加电势 E_f（见图 4-22），则有下式存在：

$$I_2=\frac{SE_{20}-E_f}{\sqrt{r_2^2+(SX_{20})^2}} \tag{4-19}$$

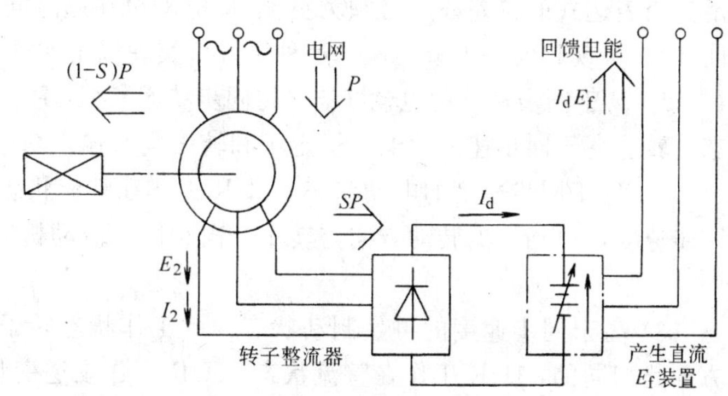

图 4-22 串级调速的原理

由于反相位 E_f 的串入，引起转子电流 I_2 的减小，而电动机产生的转矩为：$M=C_M\phi I_2\cos\varphi_2$，$I_2$ 的减小使电动机的转矩值亦相应减小，出现电动机转矩值小于负载转矩值状态，稳定运行条件被破坏，使电动机降速 S 增大。由上式可知，I_2 回升，M 亦回升，一直到电动机转矩与负载转矩相等时，达到新的平衡，减速过程结束。当系统平衡时，$M=M_{fZ}$，而 C_M、ϕ、$\cos\varphi_2$ 基本为常数，因此对固定负载，M_{fZ}、I_2 为常数。如忽略式（6-19）分母中 SX_{20}，则有 $SE_{20}-E_f=$常数。于是改变外加电势 E_f 就可改变转差率 S，使电动机转速发生变化，从而实现调速。这即是低同步（或称次同步、欠同步）串级调速的基本原理。如引入的 E_f 与转子电势同相位，则可得到高于同步转速的调速，这就是超同步串级调速的基本原理。按串级调速的原理，可构成多种串级调速的方案。

下面仅介绍两种常用的方案。

(1) 晶闸管低同步串级调速　串级调速转子回路外加电势 E_f 的频率是要与转子的转动频率同步的，这在技术上实现有困难。采用整流器将转子电势变为直流电势，再在直流回路中串入一晶闸管直流电势，即可间接解决这一问题。这种串级调速系统的组成如图 4-23 所示。系统中的附加反电势 E_f 采用晶闸管元件组成的有源逆变电路来获得。改变 β 角的大小即调节了逆变电压值，亦就改变了直流附加电势 E_f 的值。转差功率 P_S 只是小部分在转子绕组本身的 r_2 上消耗掉，大部分被串入的附加电势 E_f 所吸收，回馈到电网中。这种调速系统具有恒转矩特性。

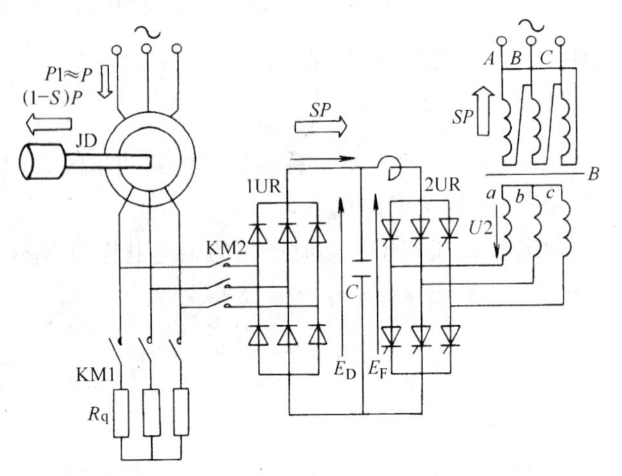

图 4-23　串级调速系统的组成

(2) 晶闸管超同步串级调速　在图 4-23 中，如将转子侧的 6 个整流二极管 1UR 改为晶闸管，则组成晶闸管超同步串级调速电路。前面讨论的晶闸管低同步串级调速电路中，由于转子侧的 6 个整流二极管 1UR 只能吸收转差功率，而由直流侧将其传送出去，回馈给电网。这属于低同步串级调速工作方式。当转子侧采用可控的变流器后，如使 1UR 工作在逆变状态、2UR 工作在整流状态，它可将电功率输出给电动机，此时，电动机轴上的输出功率为 $P_M=P_1+P_s$，满足这个表达式的转差率 S 必须为负值，即电动机在超过同步速度的速度下运行(参考图 4-2 的曲线)，实现超同步串级调速。这种系统可实现以下四种工作状态：

1) 高于同步速度的电动状态（超同步状态）　1UR 工作在逆变状态、2UR 工作在整流状态，转速高于同步速度，电动机定子和转子同时输入功率。

2) 低于同步速度的电动状态　1UR 工作在整流状态、2UR 工作在逆变状态。转速低于同步速度，电动机的转动方向与转矩方向相同。电动机定子输入功率，转子功率回馈到电网中。

3) 高于同步速度的再生制动状态　此工作状态转子功率传送方向与低同步串级调速的方向是相同的，1UR 工作在整流状态、2UR 工作在逆变状态。只是电动机的转动方向与转矩方向相反。它一般是由运行过程中，状态转换而形成的。电动机定子和转子功率同时回馈到电网中。

4) 低于同步速度的再生制动状态　此工作状态转子功率传送方向与超同步串级调速的方向是相同的，1UR 工作在逆变状态、2UR 工作在整流状态，只是电动机的转动方向与转矩方向相反。它一般是由运行过程中，状态转换而形成的。此时，由电动机的定子将电能回馈到电网中，转子向电动机输入功率。

以上介绍的只是这种串级调速系统的基本原理，实际的主回路和控制回路是很复杂的。

四、滑差电动机调速（电磁转差离合器调速）

图 4-24 为滑差电动机调速系统原理结构图。它主要由异步电动机电磁转差离合器、晶闸管（可控硅）整流电源等组成。通过改变晶闸管的控制角可以方便地实现改变输出直流电压

的大小。转差离合器包括电枢和磁极两部分，两部分之间无机械联系，全靠磁力联接。电枢受异步电动机驱动旋转，称为主动部分。磁极与负载相联接，称为从动部分。磁极上绕有励磁绕组。由晶闸管整流电源供电，而产生磁场。当电动机带动杯形电枢旋转时，就会切割从动部分磁极产生的磁场的磁力线而感应出涡流，这涡流与磁场作用产生电磁力，此电磁力所形成的转矩将使磁极跟着电枢同方向旋转，从而带动工作机械旋转。在某一负载下，磁极的转速由其磁场的强弱而定。因此，只要改变励磁电流的大小，即可改变负载的转速。

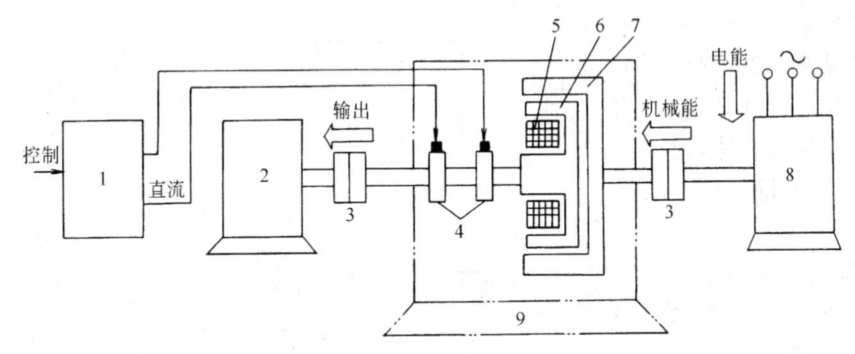

图 4-24 滑差电动机调速系统原理结构图

1—晶闸管整流器 2—负载 3—联轴节 4—滑环 5—励磁绕组

6—磁极 7—电枢 8—异步电动机 9—电磁转差离合器

转差离合器调速系统的机械特性就是离合器本身的机械特性，如图 4-25 所示。(理想)空载转速不变，随负载转矩的增加，转速下降很快，机械特性很软。为提高调速性能，一般这类系统都要加入速度反馈，构成速度闭环系统。具有速度反馈的调速系统及机械特性曲线如图 4-26 所示。这种调速系统控制简单、价格低廉，广泛应用于一般的工业设备中。目前我国已有系列产品供应市场，功率从 0.6kW～30kW。

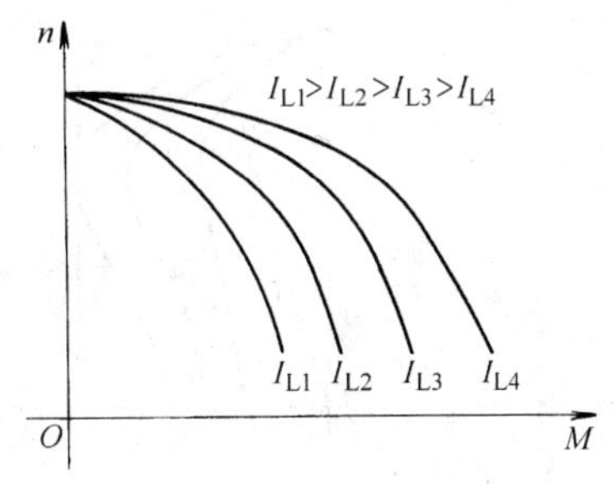

图 4-25 离合器本身的机械特性

图 4-27 为上海电气成套厂生产的 JZT_1 型的转差离合器电动机控制装置。它是由给定比较环节、单结晶体管触发电路、晶闸管整流电路等所组成。

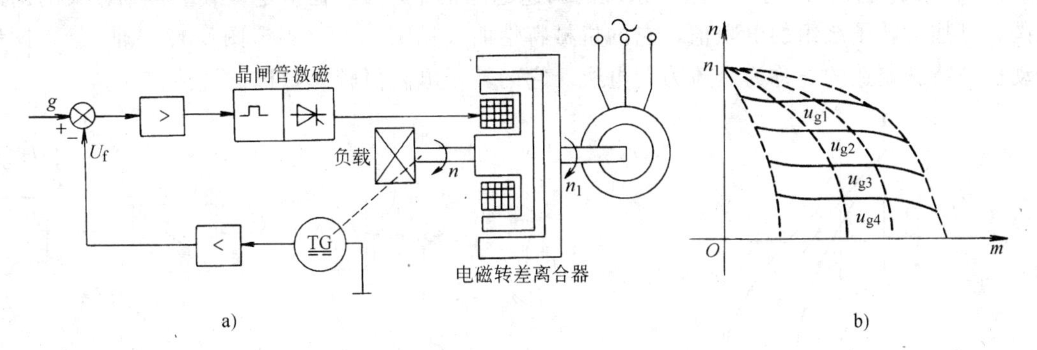

图 4-26 具有速度反馈的调速系统及机械特性曲线

晶闸管整流电路采用单相半波整流，输出给转差离合器的励磁绕组。并用压敏电阻 RV 及 C_1R_1 作过压保护。给定电压由电源变压器提供的 38V 电压整流后提供。它由电位器 RP_2 上获得。测速机上输出的速度反馈信号经整流电路后由电位器 RP_4 提供。晶闸管的触发脉冲的移相角受给定与反馈信号的差控制，构成速度闭环系统。R_7、RP_1、C_6、C_7 等元件构成电压微分反馈电路，它的作用是用以改善系统的动态特性。

五、调压调速

由异步电动机的 M-S 关系式（式 4-7、式 4-8）可知，转矩与定子绕组电压 U_1 的平方成正比。参见图 4-28，对于恒定负载 M_1，当降低输入电压 U_1 时，可得到不同的转速，对于风机类负载 M_2 可得到较大的调速范围。

实际调速系统的主回路可由：自耦变压器、可控饱和电抗器或晶闸管调压器组成。图 4-29 为采用晶闸管调压器的调速系统的主回路。

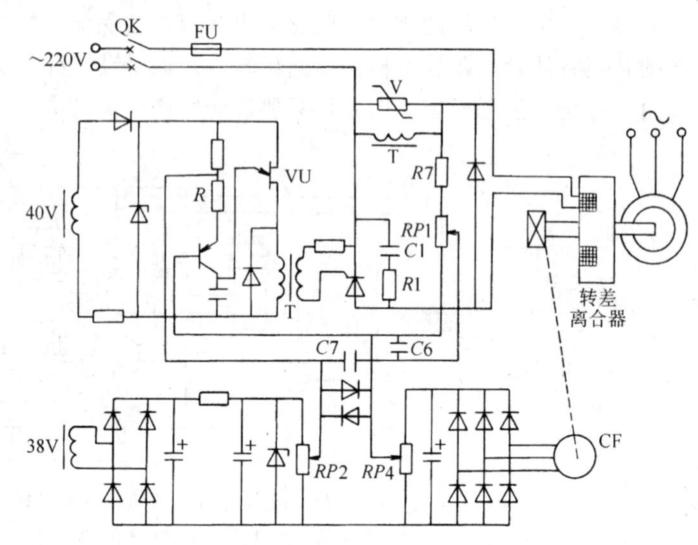

图 4-27　JZT_1 型的转差离合器电动机控制装置

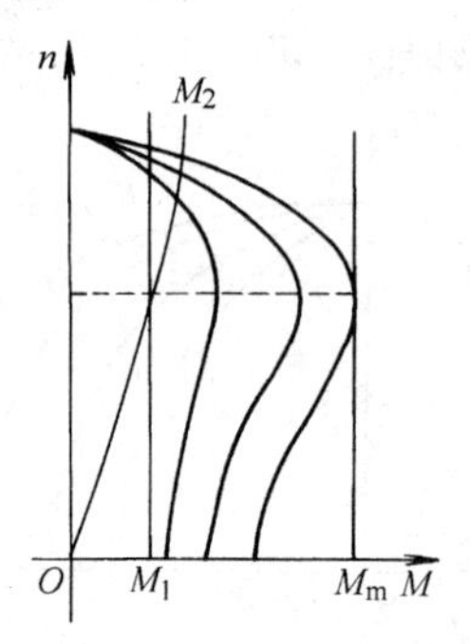

图 4-28　调压调速的特性曲线

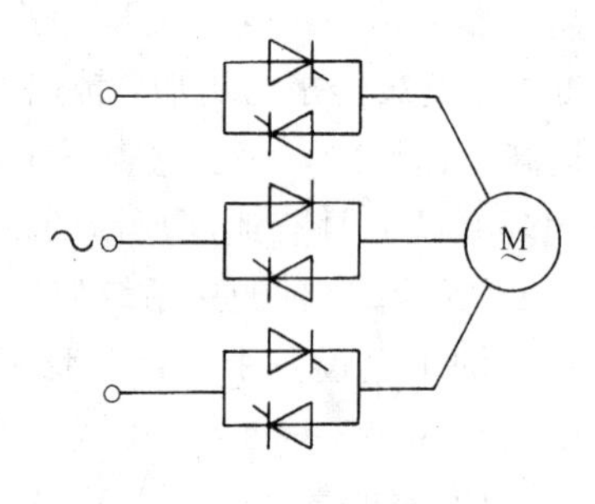

图 4-29　采用晶闸管的调速系统

由图 4-28 特性曲线可见，这类系统的调速范围很小。为了在恒定负载下得到较大的调速范围，可加大转子绕组的电阻值，它的机械特性曲线见图 4-30（参考图 4-12 的曲线）。这种电动机是特殊制造的，称为交流力矩电机。它的转子电阻值较大，机械特性较软。

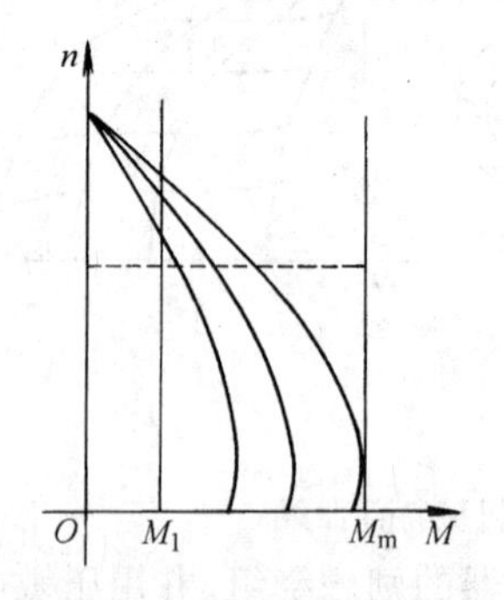

图 4-30　高转子电阻的调速曲线

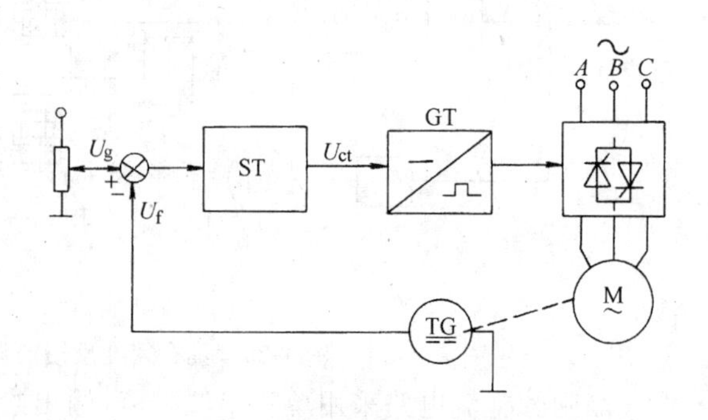

图 4-31　带转速负反馈的闭环系统

为了克服调速范围小或机械特性较软的缺点，可采用带转速负反馈的闭环系统。这种系统的方框图如图 4-31 所示。图中，BR 为测速发电机，GT 为晶闸管触发电路，ST 为速度调节器。当负载增大时，造成转速下降，由于转速负反馈的作用，可使定子绕组电压 U_1 增大，最后使转速回升到近似于原来的设定转速。当负载减小时，调整过程类同。负反馈的结果使系统的机械特性变硬。

第三节　变频器原理

一、变频器的各种分类

由公式 $n=60f_1(1-S)/p$ 可知，改变定子频率 f_1 可实现调速方式。如将三相 50Hz 交流电经过一定电子设备变换，得到不同频率的三相交流电，则可使普通交流电动机获得不同的转速。这种设备我们称之为变频器。变频器可分为交—交和交—直—交两种方式。

交—交变频器主要用于特大功率、较低频率的运行。应用面较窄，没形成通用的大量使用的产品。而交—直—交变频器目前已形成通用产品，大量使用，这里我们主要介绍这种形式的变频器。

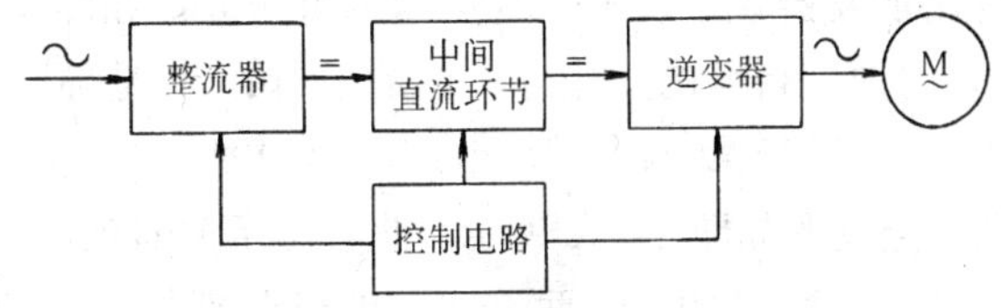

图 4-32　变频器的基本组成

变频器的基本组成如图 4-32 所示，它由整流器、中间直流环节、逆变器、控制电路组成。整流器的作用是将三相（或单相）交流电整流成直流。中间直流环节负责将整流器输出的交流成分滤除掉获得纯直流电提供给逆变器。逆变器将直流电重新逆变为新的频率的三相交流电，驱动负载电动机转动。

控制电路由检测电路、信号输入、信号输出、功率管驱动、各种控制信号的计算等部分组成，目前这部分环节主要由高性能的微机与外围设备组成的微机控制系统完成。它具有控制功能强、硬件简单的特点，目前的变频器实际是一个高性能的计算机系统，但对用户来讲，完全不必了解计算机系统的内部组成如何，只把它看成一个黑箱，了解它怎样使用即可。

交—直—交变频器可分为电流型和电压型两类。电流型变频器的中间直流环节采用电感元件作滤波元件。这种形式变频器的突出优点是当电动机处于再生发电状态时，可方便的把电能回馈到交流电网。它的缺点是电感元件对整流器输出的电压的交流成分的滤除受负载的影响较大。这种变频器主要用于频繁加减速的大容量传动中，目前应用面不如电压型广。

电压型变频器的中间直流环节采用电容元件作滤波元件，这种结构可获得平稳的直流电压，提供给逆变器。这种结构受负载的影响较小，可在空载至满载范围内均获得良好的性能。它的缺点是当电动机处于再生发电状态时，回馈到直流侧的电能难于回馈到交流电网，必须采用相应的电路加以解决。

二、PAM（Pulse Amplitude Modulation）方式

电压型交—直—交变频器又可分为脉冲幅值调制（PAM）方式和脉冲宽度调制（PWM）方式。图 4-33 为 PAM 变频器的主回路原理图。晶闸管 V_1～V_6 组成全控桥式整流电路，得到直流电 U_d，电容 C 起滤波作用。控制 V_1～V_6 的导通角可获得不同幅值的 U_d。可关断晶闸管

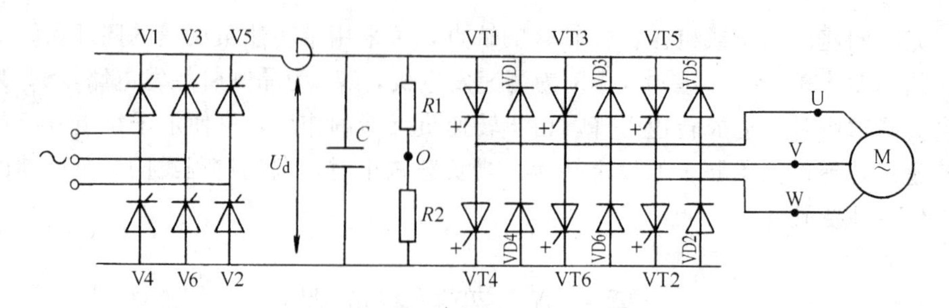

图 4-33 PAM 变频器的主回路原理图

(GTO) $VT_1 \sim VT_6$ 与二极管 $VD_1 \sim VD_6$ 组成逆变器，$VD_1 \sim VD_6$ 又称续流二极管，它主要完成由于电动机电感作用下，电路过渡过程中的续流电路通路作用。R_1，R_2 是等值的，目的是取得 U_d 的中间电位点。PAM 工作方式分 120°导通和 180°导通两种方式。这里以 120°为例，每个 GTO 导通时间为 120°。对 VT_1 和 VT_4 组成的 U 桥臂来讲，首先 VT_1 导通 120°，隔 60°后，VT_4 导通 120°，再隔 60°后，VT_1 导通 120°，以此方式周而复始工作。此时用示波器观察 U、O 两点间的电压波形如图 4-34a 所示。另两个桥臂的工作方式也是相同的，只是导通时间各相差 120°。V、O 两点间的电压波形如图 3-34b 所示。W、O 两点波形如图 4-34c 所示。此时用示波器观察 U、V 两点，V、W 两点，W、U 两点间的波形分别如图 4-34d、e、f 所示。这种波形的电压加入到交流电动机后，由于电动机电感的作用及二极管 $VD_1 \sim VD_6$ 的续流作用，可获得变化的电流，而形成旋转磁场，使电动机转动。

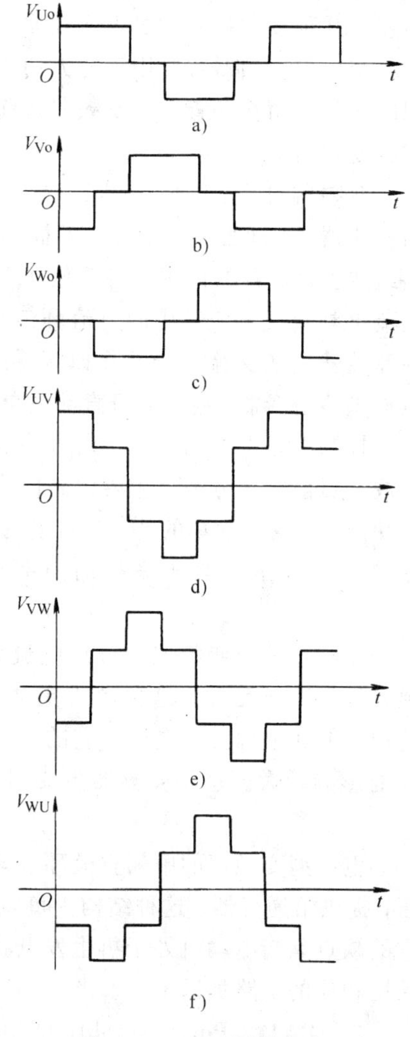

图 4-34 PAM 调制方式

通过控制电路控制 GTO 导通的频率即可获得不同同步转速的旋转磁场，达到变频调速的目的。控制整流器晶闸管的导通角，可获得不同整流电压 U_d，进而控制输出三相交流电压的幅值。因此，这种控制方式又称为脉冲幅度调制方式 (PAM)。

这种调制方式的逆变器功率器件还可用普通晶闸管 (SCR)、功率晶体管 (GTR) 等组成。但要配以相应的辅助电路方可。

PAM 在大容量变频器中有着广泛的应用。这类电路的优点是每周期内开关次数少。电路相对简单、对功率器件的要求不高、容易实现大功率变频器。缺点是：输出电压的谐波成分较高，在低频时，由于电流的断续，不能形成平滑的旋转磁场，造成电动机的蠕动步进现象。

三、PWM 方式 (Pulse Width Modulation)

交—直—交变频器要求具有两个基本特点：即输出电压的频率可变和输出电压的幅度可变，所以一般称为 VVVF 方式 (Variable Voltage Variable Frequency)。前面介绍的 PAM 方式中逆变器完成 VF 作用，整流器完成 VV 作用。如在变频器环节中，将每个半周的矩形分成许多小脉冲，通过调整脉冲的宽度的大小，即可起到VV的作用。这即所谓的PWM方式。PWM方式又可分为：等脉宽PWM法、正弦波PWM（SPWM）法、磁链追踪型PWM法、电流跟踪型PWM法、谐波消去PWM法、优化PWM法、等脉宽消谐波法、最佳PWM法等多种方式。目前常用的是SPWM法。这种方法输出的电压经滤波后，可获得纯粹的正弦波形电压，达到真正的三相正弦交流电压输出的目的。

SPWM变频器的电路原理如图4-35所示。整流器由不可控器件（二极管）组成。它输出的电压经电容 C 滤波后，提供恒定直流电压供给逆变器，逆变器由6个可控功率器件GTR及反并联的续流二极管组成。图b是控制回路。参考信号振荡器产生三相对称的三个正弦参考电压，其频率决定逆变输出电压的频率，其幅值满足逆变器输出电压幅度的要求。即这个振荡器可发出VVVF信号。三角波振荡器能发出频率比正弦波高出许多的三角波信号。这两种信号经电路的作用后，产生PWM功率输出电压。在通讯技术中，这里的正弦波称之为调制波（Modulating Wave）。三角波称为载波（Carrier Wave）。输出为PWM（Pulse Width Modulation）信号。SPWM调制方式可分为：单极性式和双极性式的。单极性式的同一相两个功率管在半个周期内只有一个工作。另一个始终在截至状态。例如，U 相正半周时，当 $u_c < u_{RU}$ 时，VT_1 导通；$u_c > u_{RU}$ 时，VT_1 截止，形成正半个周波的SPWM波形如图4-36所示。经电动机电感滤波后获得的等效正弦波如图中虚线所示。对负半周时，则 VT_4 工作，VT_1 截止，获得负半周的SPWM波形。

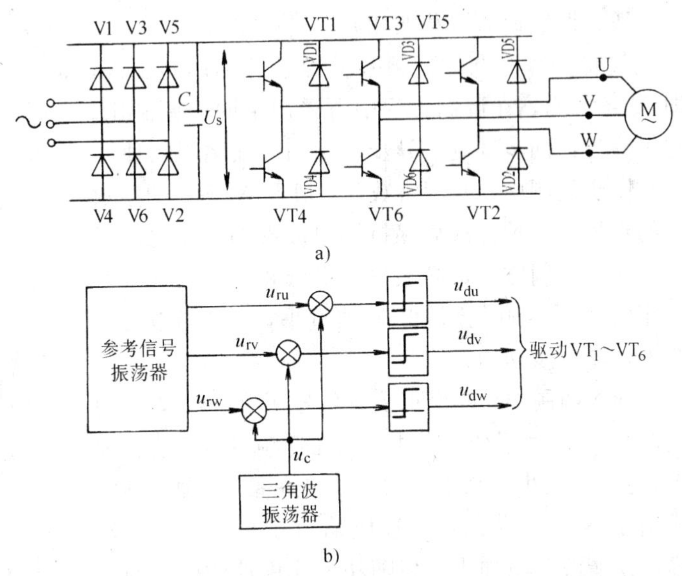

图4-35　SPWM变频器的电路原理图

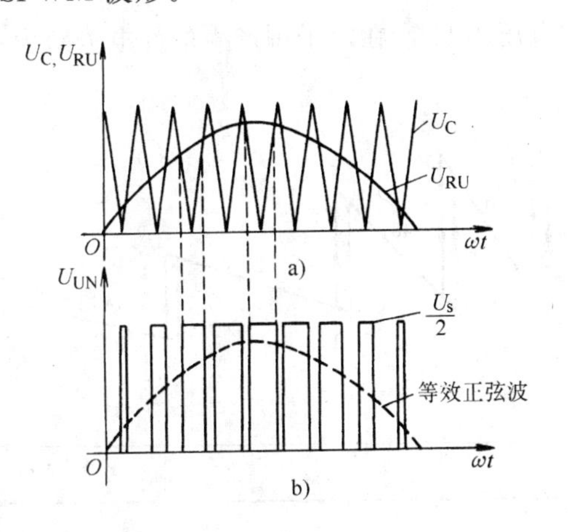

图4-36　正半周SPWM波形

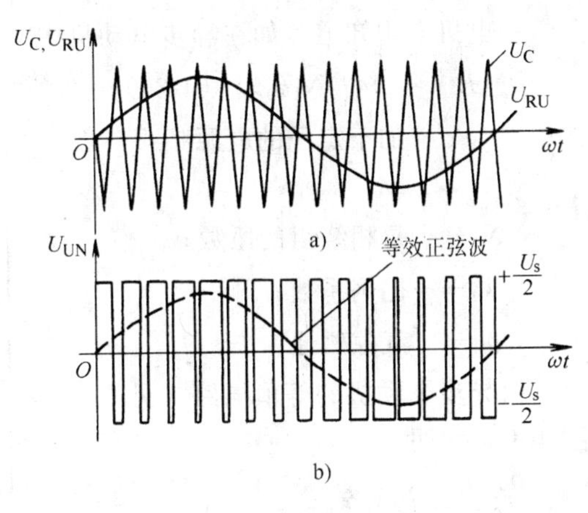

图4-37　双极性调制输出波形

所谓双极性工作方式是输出的半个周期内每个桥臂的两个功率管轮流工作。当 VT_1 导通时，VT_4 截止；当 VT_1 截止时，VT_4 导通。这种工作方式要求三角载波信号也为双极性，其输出波形如图 4-37 所示。采用双极性调制输出的相电压及 UV 之间的线电压输出波形如图 4-38 所示。

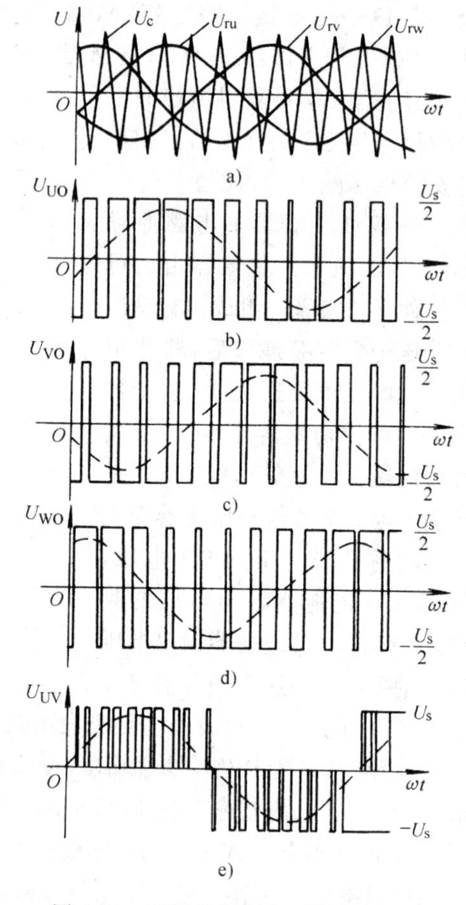

图 4-38　双极性调制电压输出波形

四、调制比 N（载波比）

载波频率 f_c 与调制频率 f_r 之比称为调制比 N，即 $N=f_c/f_r$，在调制过程中可采用不同的调制比。它可分为：同步调制、异步调制和分段调制三种。

同步调制中，N 为常数，一般取 N 为 3 的整数倍的奇数。这种方式可保持输出波形的三相之间对称，这种调制方式最高频率与最低频率输出脉冲数是相同的。低频时会显得 N 值过小，导致谐波含量变大，转矩波动加大。

异步调制中，改变正弦波信号 f_r 的同时，三角波信号 f_c 的值不变。这种方式在低频时，N 值会加大，克服了同步调制中的频率不良现象。这种调制方式由于 N 是变化的，会造成输出三相波形的不对称，使谐波分量加大。但随功率元件性能的不断提高，如能采用较高的频率工作，以上缺点就不突出了。

分段同步调制是将调制过程分成几个同步段调制，这样就既克服了同步调制中的低频 N 值太低的缺点，又具有同步调制的三相平衡的优点。这种方式有在 N 值的切换点处出现电压突变或振荡的缺点，可在临界点采用滞后区的方法克服。

一种分段同步调制的例子，见图 4-39 所示。

五、U/f 控制的原理

在电机学中知道，如在异步电动机中，外加电压为 U_1，在定子中产生的反电势则为：

$$E_1=4.44f_1N_1k_0\phi_M \quad (4\text{-}20)$$

式中　f_1——加于定子的电源频率；

N_1——每相绕组的匝数；

k_0——比例系数；

ϕ_M——气隙磁通。

由异步电动机的等值电路（见图 4-40）可见：

$$\dot{U}_1=-\dot{E}_1+\dot{I}_1(r_1+jX_1) \quad (4\text{-}21)$$

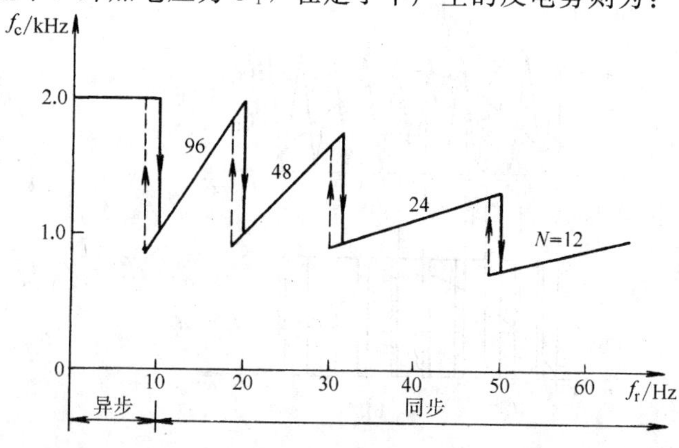

图 4-39　一种分段同步调制的例子

式中　r_1——定子绕组内阻；

　　X_1——定子漏抗。

上式中的 $\dot{E}_1$ 为：

$$\dot{E}_1=\dot{I}_0(jX_m+r_m)=\dot{I}_0(j2\pi f_1 L_m+r_m) \tag{4-22}$$

式中　L_m——产生气隙主磁通的等效电感；

　　r_m——激磁电阻（很小）；

　　$\dot{I}_0$——激磁电流。

当忽略 r_m 时，$\dot{E}_1$ 主要取决于电源频率 f_1，第二项 $\dot{I}_1(r_1+jX_1)=\dot{I}_1(r_1+j2\pi f_1 L_1)=\dot{V}_1$，此 $\dot{V}_1$ 项称为定子阻抗压降，当频率很高时，$\dot{V}_1$ 的值主要取决于第二项。即 $\dot{V}_1\approx\dot{I}_1 jX_1$，而 $L_1\ll L_m$，因此，高频时 $\dot{U}_1\approx\dot{E}_1$。对电动机来讲，气隙磁通 Φ_M 值的大小会影响到电动机的工作效率。如 Φ_M 太小，电动机效率太低，不能充分发挥电动机的作用，造成输出功率不足。当 Φ_M 太大时，电动机磁路处于过饱和状态，电动机发热厉害，损耗太大，造成电动机烧毁。因此，电动机的最佳工作状态应是磁通 Φ_M 处于额定值。因此，一般来讲式 (4-20) 中的 Φ_M 为常值时，必须保持 E_1 与 f_1 成比例的变化。即 $E_1/f_1=4.44N_1k_0\Phi_M=$常数。

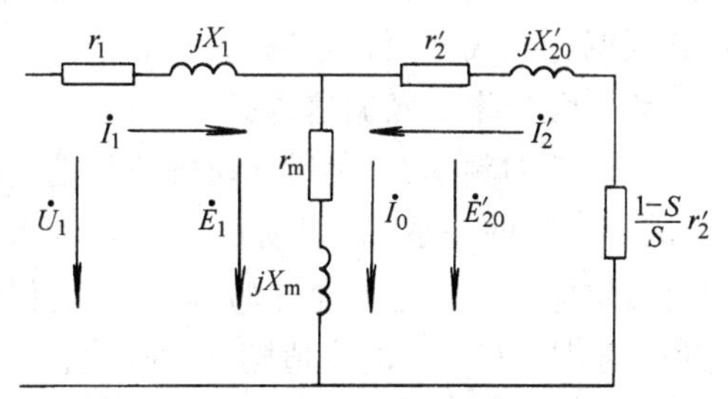

图 4-40　异步电动机的等值电路

由上分析可知，在较高频率时，有：$U_1\approx E_1$，因此一般可控制 $U_1/f_1=$常数，即可获得恒定磁通的工作状态。这即所谓的 U/f 控制方式变频器的工作原理。

上述结论在较高频率时是成立的，而随着频率 f_1 的降低，$\dot{I}\,jX_m$ 减小，造成 $\dot{E}_1$ 不断减小，$\dot{I}_1 jX_1$ 减小造成 $\dot{V}_1$ 的减小，而此时 $\dot{I}_1 r_1$ 一项则逐渐占有比较大的分量，不能再被忽略，在等式 $\dot{U}_1=-\dot{E}_1+\dot{V}_1$ 中，$\dot{V}_1$ 则不能再被忽略，此时若增加一定的输入电压，补偿掉定子阻抗的压降，则可保持 E_1/f_1 为常数的关系。这一定子阻抗压降的补偿即所谓的"转矩提升"。

由等值电路可知：$\dot{I}_0=\dot{I}_1+\dot{I}_2'$，$\dot{I}_2'$ 是转子折合到定子侧的电流，它的大小与负载有关。负载增大时，$\dot{I}_2'$ 也增大，一般 $\dot{I}_0$ 为较小的定值，因此 $\dot{I}_1$ 的值取决于 $\dot{I}_2'$ 的大小，即 $\dot{I}_1$ 的大小与负载有关。

即 $\dot{V}_1=\dot{I}_1(r_1+jX_1)$ 中 $\dot{V}_1$ 的大小与负载有关，当负载增大时，$\dot{I}_2'$ 增大，$\dot{I}_1$ 增大造成 $\dot{V}_1$ 增大，负载较轻时 $\dot{V}_1$ 减小。因此，在 U/f 控制中，所谓的转矩提升是受负载与定子阻抗的影响的。只有根据现场实测出负载的大小及定子阻抗才能做到精确补偿。

转子形成的反电势公式为：

$$E_2=4.44f_1N_2k_{02}\Phi_M \tag{4-23}$$

机械功率：

$$P_{MX}=m_1(1-S)E_1I_2'\cos\varphi_2=m_2(1-S)E_2I_2'\cos\varphi_2 \tag{4-24}$$

电抗同步频率为：$f_1=\frac{n_1P}{60}$，转子转速为：$\Omega=(1-S)\frac{n_1 2\pi}{60}$

因此，电动机平均力矩为：

$$M_{CP}=\frac{P_{MX}}{\Omega}=\frac{m_2(1-S)I_2'\cos\varphi_2}{(1-S)\frac{n_1 2\pi}{60}}\times 4.44N_2k_{02}\Phi_M\frac{n_1P}{60}=kI_2'\Phi_M\cos\varphi_2 \tag{4-25}$$

其中，

$$\cos\varphi_2=\frac{\frac{r_2}{S}}{\sqrt{\left(\frac{r_2}{S}\right)^2+X_{20}^2}} \tag{4-26}$$

由上式可见，当转差率 S 较小时，$\cos\varphi_2\approx1$，转矩 M_{CP}与转子电流 I_2' 成正比（$\dot{I}_2'$ 为转子折合到定子侧的电流），而 I_2' 与转差率 S 成正比。仿照直流电动机调速系统，一般将这种具有恒磁通调速方式称恒转矩调速。

六、恒功率变频调速方式

当变频的频率 f_1 达到电动机的额定电源频率（例如 50Hz）时，如再增加 f_1 则不能保持 U_1/f_1=常数的关系，而提高 U_1 了。因为再提高 U_1 已超过额定电压。这是不允许的，此时只能保持 U_1 为额定值。于是，U_1/f_1 的比值随 f_1 的增高而减小，造成主磁通 Φ_M 的不断减小，导致电动机转矩减小，机械特性如图 4-41 所示。这种特性，类似于直流电动机的弱磁调速方式，一般称为恒功率调速。

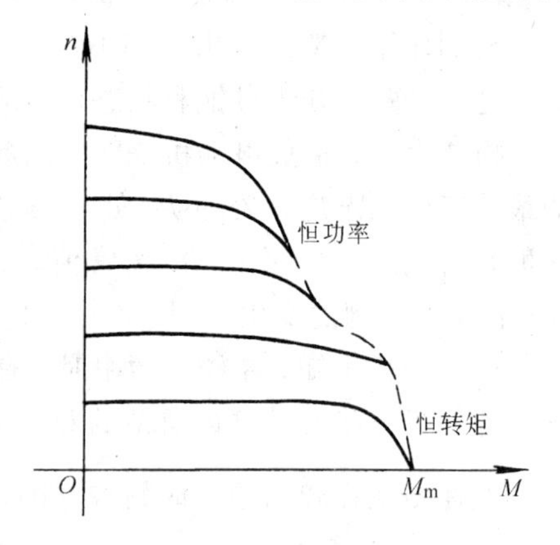

图 4-41　U/f 机械特性

因此在变频调速过程中，如保持 $U_1/f_1(E_1/f_1)$为常数时，可近似认为是恒转矩调速方式。如保持 U_1 不变，而只改变 f_1 可近似认为是恒功率调速方式。

七、U/f 变频器的 U/f 曲线的使用

目前变频器都具有 U/f 曲线设置功能，如图 4-42 所示。图中 U_e 称最大电压（或额定电压），f_e 为基本频率，f_{max}为最大频率，U_e、f_e、f_{max}均可通过软件功能来设置。曲线与纵轴的交点称转矩提升值。

曲线 2 对应空载情况，曲线 3 对应较轻负载情况，曲线 1 对应较重负载，曲线 4、5 对应风机和泵类负载。

f_{max}为电动机允许的最高工作频率，在 f_e 至 f_{max} 一段曲线，输出电压为额定工作电压 U_e，此段工作属恒功率调速。

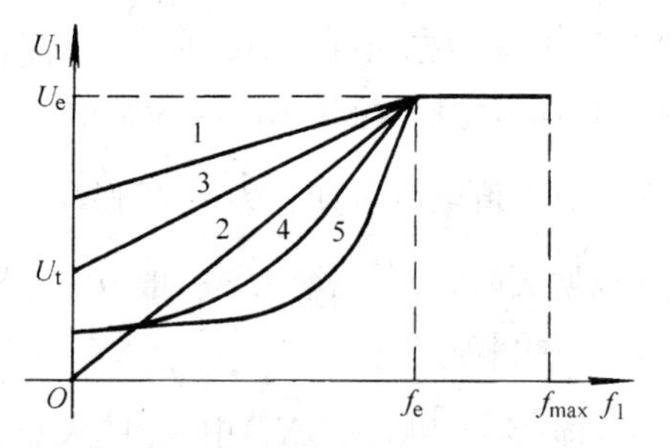

图 4-42　变频器 U/f 曲线设置

由于定子阻抗压降受负载变化的影响，当负载较重时，可能补偿不足，负载较轻时，可能产生过补偿，造成磁路过饱和，因此做到准确的补偿是很困难的。这是 U/f 变频器的一个缺点。它的另一个缺点是 U/f 控制只能控制定子电压，对转子转速来讲，属开环控制，因此，很难对转速进行准确的控制。它的第三个缺点是，转速极低时，从机械特性曲线可以看出，由于曲线的弯曲，造成转矩不足。

八、高功能型的 U/f 变频器

针对普通变频器的缺点，经过不断研究改进，提出所谓高功能性 U/f 变频器，富士公司的 FRENIC500G7/G9、三恳公司的 SAMCO—L 均属这类产品。由于各公司的产品的处理方法不尽相同，对各种机理进行深入分析已超出本书范围，这里仅对这类变频器作简要介绍。这种变频器采用了磁通补偿器、转差补偿器和电流限制器。

1. 磁通补偿器

在变频器中利用定子电压和电流的检测值，通过一定的运算，计算出激磁电流 I_0 和转子电流 I_2'，在低频运行时，利用这二个量，计算出负载变化引起的转子磁通 Φ_2 的变化量，并控制使其维持基本不变，克服了低转速转矩不足的缺点。

2. 转差补偿器

电动机负载增大后，会使转差率 S 增大，引起 I_2' 增大，使转速下降。这是由于这种 U/f 变频器是开环控制造成的。如将电动机加上一个测速机构，并反馈到系统中来构成速度闭环，即可获得较硬的特性曲线。但增加测速机构形成转速闭环，会增加系统的复杂性。通过测出 I_2' 的变化量也可对转差率进行补偿，如补偿得当，不构成速度闭环也可实现精确的速度控制。

3. 电流限制器

转子电流 I_2' 的大小会反映出负载转矩的大小。因此，如负载 T 超过最大值后，保持 I_2' 在最大允许值不变，可使电动机维持在最大转矩 T_{max}上，实现挖土机特性。在这种特性下，如负载达到 T_{max}后继续增加，会造成电动机转速迅速下降，以至停止转动，但转子电流却维持在最大允许值不变，不会引起变频器过载跳闸事故。这种功能又称“转矩限定功能”。

具有以上功能的实验结果如图 4-43 所示（图中带%的参数表示相对于额定值的百分数，T——转矩，M——负载，T_{nom}——额定转矩，M_{nom}——额定负载）。

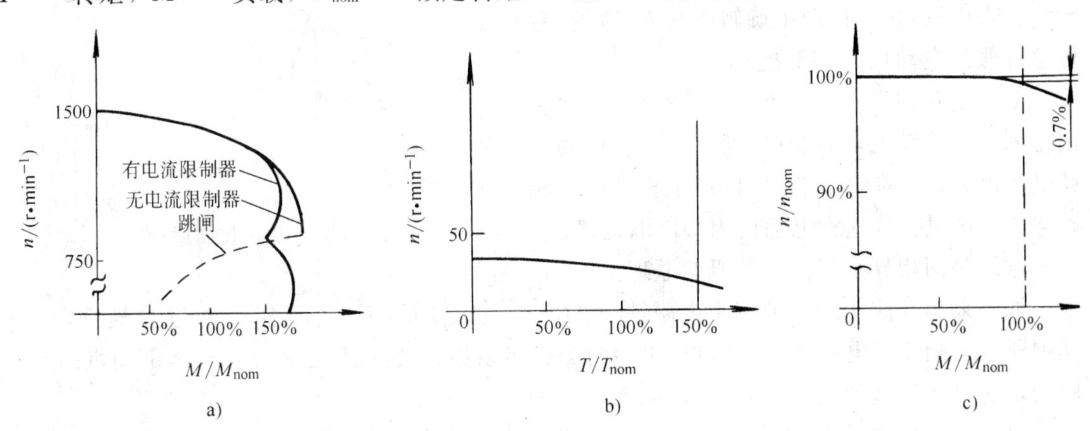

图 4-43 高功能型的变频器实验结果

图 b 表示低速（$f_1=1\text{Hz}$，$n=30\text{r/min}$）时的转矩特性，转矩由 0%增至 150%转速基本不变。

图 c 表示具有转差补偿的机械特性，负载由 0～100%变化时，转速仅降低 0.7%，获得较硬的特性曲线。

图 a 表示具有电流限制器的机械特性曲线，当负载超过 100%以后，特性曲线迅速变软，防止了跳闸。另一条无电流限制器的曲线中，负载增大引起电流增大，造成跳闸。

九、矢量控制变频器

由于直流电动机的构造特点，它的定子磁场 Φ 与转子电流 I_a 是分别控制的，控制定子励磁电流 I_f 即可控制磁通 Φ，由于转矩 $T=C_T\Phi I_a$，因此控制 I_a 的大小即可获得不同的电磁转矩。由于 I_a 与 Φ 控制是解耦的，因此只要控制 I_a 即可控制 T，不影响到 Φ 的改变。所以直流电动机的调速系统控制灵活，容易构成具有较高的动、静态性能的调速系统。

而普通的异步交流电动机只能靠定子电压、频率或转差率的控制来控制电动机的转速。当输入量改变时，会影响到磁通 Φ 和转子电流 I_2 同时改变，很难对 Φ 和 I_2 进行独立控制，即它的控制量是耦合在一起的，它构成的调速系统动静态性能较差。

如仿照直流电动机的控制，通过一定的运算，将异步电动机的磁场分量和转矩分量分离开，分别控制，而不互相影响的话，也可用交流电动机类似于直流机一样构成高性能的调速系统。这即是异步电动机矢量控制的思路。

在普通物理中，曾经介绍过，当将一个 U 形磁铁放在支架上，使其旋转后即可构成旋转磁场，如在 U 形磁铁中放一个可转动的“一”字形磁铁，即可带动其旋转起来，这就是同步电动机的转动原理。如将转动部分改为“口”形软铁，也可带动其旋转起来，这就是异步电动机的转动原理。

这一旋转磁场可用旋转磁势 F 表示（见图 4-44）。它可用以同步速度转动的、外部绕有线圈的铁心通上直流电 I_f 产生。暂称这种假想电动机为 F 电动机。如采用相互垂直的两个电磁铁 M、T，分别通以 I_M 和 $-I_T$ 电流，使其合成磁势为 F 的话，那么，这两种电磁铁同时以同步速度转动起来以后，也可以产生旋转磁势 F。这里，暂称这种假想电动机为 MT 电动机。

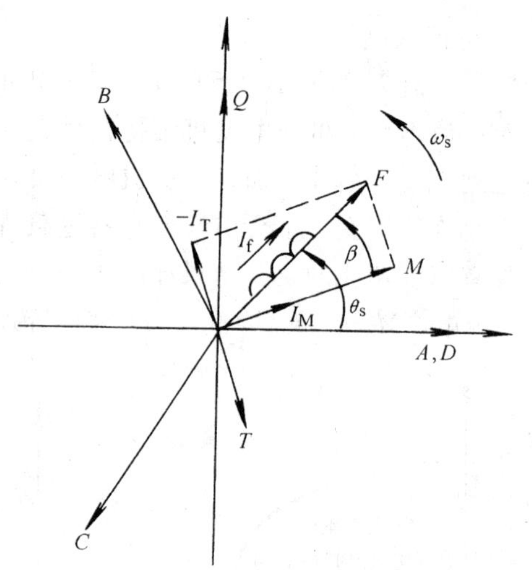

图 4-44　矢量控制原理

如采用互相垂直的两个电磁铁 Q、D，但它们是固定不旋转的，而在其中通以不同相位的正弦交流电 i_Q、i_D 的话，它也可以产生相同的旋转磁势 F。这里暂称这种电动机为 QD 电动机。

这即是两相异步交流电动机的原理。

如果采用互成 120°角的三个电磁铁 A、B、C，也是固定不动的，使 A 轴与 D 轴重合，在其中通以三相交流电的话，它也可产生相同的旋转磁势 F，这就是三相交流异步电动机的基本原理，这里暂称这种电动机为 ABC 电动机。

由上叙述可知，对于旋转磁势为 F 的异步电动机来讲，MT 电动机、QD 电动机、ABC 电动机是等价的，只是所需通入的电流不同而已。对于这几种电动机的等价关系，其实质是坐标变换关系。这里分别称为：两相旋转坐标系 M、T，两相静止坐标系 Q、D 和三相静止坐标系 A、B、C。它们之间的转换关系如下：

$$I_{QD}=RI_{ABC} \tag{4-27}$$

$$I_{QD}=SI_{MT} \tag{4-28}$$

由上式有：

$$I_{ABC}=R^{+}I_{QD} \tag{4-29}$$

$$I_{MT}=S^{-1}I_{QD} \tag{4-30}$$

其中
$$I_{QD}=[i_D \quad i_Q]^T \tag{4-31}$$
$$I_{ABC}=[i_A \quad i_B \quad i_C]^T \tag{4-32}$$
$$I_{MT}=[I_M - I_T]^T \tag{4-33}$$
$$R=\sqrt{\frac{2}{3}}\begin{bmatrix}1 & -\frac{1}{2} & -\frac{1}{2}\\ 0 & \frac{\sqrt{3}}{2} & -\frac{\sqrt{3}}{2}\end{bmatrix} \tag{4-34}$$
$$R^+=\sqrt{\frac{2}{3}}\begin{bmatrix}1 & 0\\ -\frac{1}{2} & \frac{\sqrt{3}}{2}\\ -\frac{1}{2} & -\frac{\sqrt{3}}{2}\end{bmatrix} \tag{4-35}$$
$$S=\begin{bmatrix}\cos(\theta_S-\beta) & \sin(\theta_S-\beta)\\ \sin(\theta_S-\beta) & -\cos(\theta_S-\beta)\end{bmatrix} \tag{4-36}$$

式中　β——负载角，$\beta=\tan^{-1}\frac{I_T}{I_M}$；$\theta_S=\omega_S t$，

ω_S——旋转角频率。

由上式可知，$S=S^{-1}$，R^+表示 R 的广义逆。

各电动机间的电压之间也有上关系式。

如上 MT 电动机中，选择$-I_T$对应异步电动机的转矩电流分量，I_M对应励磁电流分量，那么，对 I_M 和$-I_T$ 的控制与直流电动机中控制磁场电流及转子电流的方法是相同的，也是解耦的。现可将矢量变换控制的基本原理进一步概述如下：

由所要求的每相气隙磁通链 Ψ_M 确定电流 I_M，由气隙磁通链 Ψ_M 和所要求的转矩 T 确定转子电流 I_T。由 I_M、$-I_T$ 经变换阵 S 确定电流 i_D、i_Q，再经变换矩阵 R^+得三相电流的瞬时值 i_A、i_B、i_C，控制异步电动机的定子线圈。于是单独调节 I_M 和$-I_T$ 即得到控制定子三相绕组电流。

矢量控制时的转矩表达式可以写成：
$$T_{em}=p\Psi_M I_T \tag{4-37}$$

式中　p——电动机极对数；

Ψ_M——气隙磁通链；

I_T——电流的转矩分量。

调节 I_M 相当调节气隙磁通链 Ψ_M，调节 I_T 相当于调节转子电流，这种控制相当直流电动机的控制。配上适当的结构组成，可获得良好的动静态性能。

如 u_D、u_Q 为定子电压，相当于在 DQ 机中的分量。那么，它可由变换阵 R 求出。如 Ψ_D、Ψ_Q 为定子磁通链在 D、Q 轴的两个分量，它可由下式求出：
$$\Psi_D=-\left(\int u_D \mathrm{d}t + R_S^*\int i_D \mathrm{d}t\right) \tag{4-38}$$
$$\Psi_Q=-\left(\int u_Q \mathrm{d}t + R_S^*\int i_Q \mathrm{d}t\right) \tag{4-39}$$

式中　R_S^*——定子每相电阻。

由此可计算出：

$$\Psi_M=\sqrt{\Psi_D^2+\Psi_Q^2},\sin(\theta_S-\beta)=\frac{\Psi_Q}{\Psi_M},\cos(\theta_S-\beta)=\frac{\Psi_D}{\Psi_M} \qquad (4\text{-}40, 41, 42)$$

根据上式可构成图 4-45 所示的单独控制气隙磁通链 Ψ_M 及转矩 T 的矢量控制系统框图。

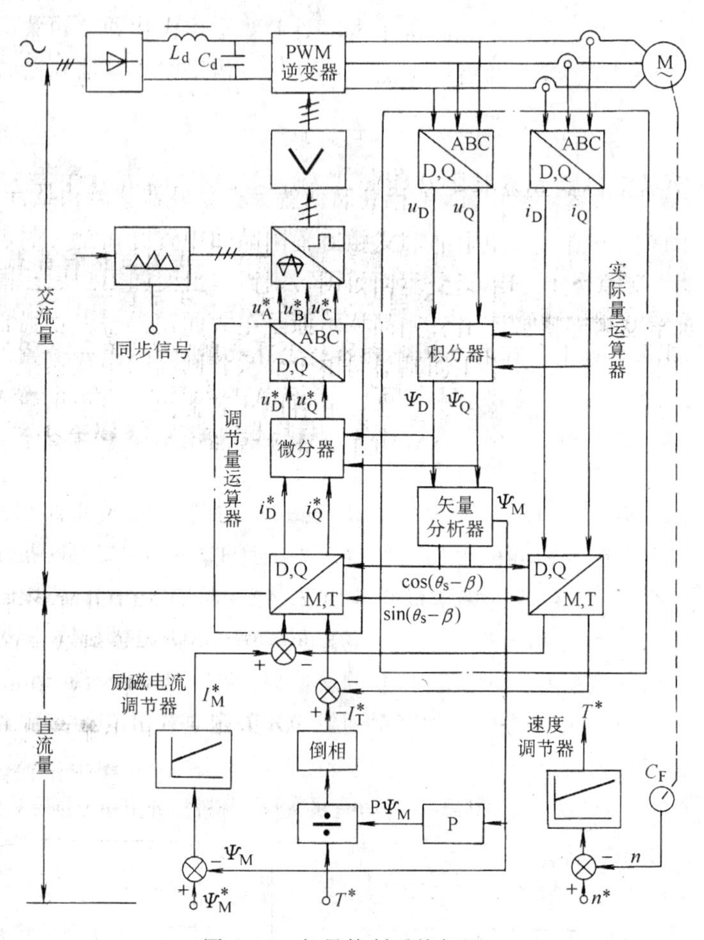

图 4-45 矢量控制系统框图

由检测出的电动机定子电压 u_A、u_B、u_C 和电流 i_A、i_B、i_C 经运算器求出 Ψ_D、Ψ_Q、$\cos(\theta_S-\beta)$、$\sin(\theta_S-\beta)$、I_M 和 $-I_T$ 的实际值。给定 Ψ_M^* 与实际 Ψ_M 相比较，误差 $\Delta\Psi_M$ 经励磁电流调节器计算出励磁电流 I_M^* 给定值，与实际 I_M 相比较后，误差 ΔI_M 送至调节量运算器。

由公式：$-I_T^*=\dfrac{-T^*}{P\Psi_M}$ (4-43)

求出 $-I_T^*$，与实际值 $-I_T$ 相比较，得出误差 $-\Delta I_T$ 送到调节量运算器。ΔI_M、$-\Delta I_T$ 经调节器计算后，得出矢量 I_{MI}，用公式 $I_{QD}=SI_{MT}$ 计算出 i_D^*，i_Q^*。再利用 Ψ_D，Ψ_Q，由公式：

$$u_D^*=-\left(\frac{d\Psi_D}{dt}+i_D^*R_S^*\right) \qquad (4\text{-}44)$$

$$u_Q^*=-\left(\frac{d\Psi_Q}{dt}+i_Q^*R_S^*\right) \qquad (4\text{-}45)$$

式中 R_S^*——定子每相电阻。

求出 u_D^*、u_Q^*。再经变换矩阵 R^+ 求出 u_A^*、u_B^*、u_C^* 这三个控制电压，经 PWM 逆变器求出电压控制电动机。此系统具有 Ψ_M、I_M、I_T 闭环，是具有分别控制 Ψ_M 和 T 的闭环矢量控制系统，称之为转矩矢量控制系统。如电动机加上测速机 C_F，测出实际转速 n 与给定速度相比较后，误差 Δn 经速度调节器计算后，输出量作为转矩 T^* 的输入，则构成速度闭环系统，这种系统称之为速度矢量控制系统。这种系统与典型的电流速度双闭环直流电动机系统是类似的，具有良好的动静态性能。

第四节　富士变频器简介

一、变频器的基本性能简介

日本富士电机有限公司生产多种电器产品，变频器也是它的产品之一，其中 FRENIC5000G9S/P9S 是它的最新产品，分为 200V 和 400V 两大系列。200V 表示输出为 3 相

200V50Hz，400V 表示输出为 3 相 380V50Hz。P9S 系列主要用于风机泵类设备，G9S 用于普通电气设备，较之 P9S 过载能力强、驱动转矩大、变频范围宽。配用的电动机为 0.2～280kW 共分 24 个规格。产品除具有高性能的 U/f 式变频功能外，还具有转矩矢量控制功能，根据负载状态计算出最佳控制电压及电流矢量。由于采用了新型的计算机芯片，大幅度地提高了低速区域内的运算精度和运算速度。在 1Hz 运算时，实现了＞150%的起动转矩，1min 过载能力达 150%；0.5s 过载能力达 200%。在全部工作频率范围内可自动提升转矩，转矩的响应速度也较老式有所提高。产品还采用了第三代 IGBT 功率元件，效率高噪声低，新开发的 PWM 控制技术改善了电流波形，可人为的选择 PWM 载波频率以适应环境要求的最小噪声状态。新产品采用新型的高密度集成电路和高效率冷却技术，产品的外形较小。

产品采用发光二极管式数字显示和液晶显示参数的组合式显示面板，采用对话式触摸面板的手工编汇器。显示器具有日语/英语/汉语三种显示方式，以适应不同国家的需要。监视器能显示运行频率、电流、电压、线速度、转矩、维护信息等 28 种参量。

变频器还具有自整定功能，可自动设定电动机的特性，适应高性能运转的要求，具有自动节能功能，能进行节能运转。具有内部速度设定和计时器功能，可实现 7 级速度曲线运转功能，可设定加速时间、运转时间、旋转方向等。

二、基本功能及使用操作

变频器的基本功能包括：控制功能、显示功能、保护功能和使用环境等。

1. 控制功能

（1）运转与操作　可用编汇器上的键盘操作起动与停止，也可用外部信号控制起停、正反转、加速、减速、多级频率选择等。

（2）频率设定　可用键盘操作设定，也可用外接电位器控制频率，还可用 4～20mA 电流信号控制频率。可用外部开关量信号控制电动机按某一频率运行，最多可进行 8 级选择。

（3）运转状态信号　设备可输出（集电极开路）开关量信号。指示系统的运转状态。如“正在运转中”、“频率到达”、“频率控制”、“转矩限制中”等。也可输出模拟信号指示某些状态的参数，如“输出频率”、“输出电流”、“输出转矩”、“负载量”等。

（4）加速时间/减速时间设定　设定范围为 0.2～3600s，能独立设定 4 种加/减速方式，并能由外部信号选择。能设定加/减速曲线的类型，如：直线型、曲线型等。

（5）上/下限频率　可由软件设定设备运转的上限频率及下限频率。

（6）频率设定的增益　可设定模拟信号（来自外电位器的）与输出频率之间的比例关系范围为 0～200%

（7）偏置频率　可将 0 频率设定为非 0 的偏置频率，满足特殊系统的要求。

（8）跳变频率　当系统运转的频率接近机械系统的固有频率时，会产生不良的共振现象，可人工设定跳变频率防止系统在此频率点运行。可设定最多 3 点和跳变频率的宽度。

（9）瞬间停电再起动　有四种选择方式，使正在运转的电动机瞬间停电后能平稳的重新起动运行。

（10）自动补偿控制　在 U/f 控制方式中，可自动设定转矩提升的补偿量，也可手动进行固定补偿设置。

（11）第 2 台电动机设定　通过软件控制一台变频器可控制 2 台电动机，可设定第 2 台电动机的各种参数。

(12) 自动节能运转　对于轻负载运行方式，能自动减弱 U/f 比，减少损失，节能运转。

2. 显示功能：

(1) 运转中（或停止时）　显示输出频率、输出电流、输出电压、电动机转速、负载轴转速、线速度、输出转矩等，并能显示单位，在液晶显示画面上能显示测试功能、输入信号和输出信号的模拟值。

(2) 在设定状态时　能显示各种功能码及有关数据。

(3) 出现故障跳闸时　能显示跳闸原因及有关数据。

3. 保护功能：

(1) 过载保护　根据设备的热保护电路进行过载保护。

(2) 过压保护　在系统制动时，当中间直流电路的电压过高时进行保护。

(3) 电涌保护　针对侵入到主电路电路电源线之间和接地之间的电涌采用保护措施。

(4) 欠压保护　当中间级电路的电压过低时起动保护电路。

(5) 过热保护　根据设备内的温度检测元件的信号保护设备。

(6) 短路保护　当输出端短路时保护设备。

(7) 接地保护　当输出端产生接地过电流时动作。

(8) 电动机保护　根据外部的电动机保护信号保护变频器。

(9) 防止失速　在加减速中限制过电流。

4. 使用环境

(1) 用于不含腐蚀性气体、易燃性气气，无灰尘，避免阳光直接照射的场合。

(2) 环境温度　－10～＋50℃

(3) 环境温度　20%～90%RH

5. 使用操作

5.5～7.5kW 的产品外形如图 4-46 所示，编程器装于前面板上。也可卸下用电缆连接，实行外部控制。前面板可卸下，内部装有外部连接线的接线端子。变频器驱动电动机的电源线及各种控制信号均由此处接出。变频器的各种功能均通过编程器进行软件设置。对设置完成的程序可自动保存在机内不丢失。

图 4-46　富士 FRENIC50000G9S/P9S 的外形图

图 4-47 是富士 FRENIC50000G9S/P9S 的内部接线图。各接线端子的功能如下：

(1) 主回路

1) R、S、T 为主回路电源端子，接 3 相 380V 交流电，不需要考虑相序。

2) U、V、W 为逆变器输出端子，按正确相序接至三相交流电动机，相序不正确会使电动机反转。

3) P_1、P(＋)为内部直流电路中为改善功率因数而外接的直流电抗器，一般应用可将其短路。

4) P(＋)、DB 为外接制动电阻端子。对于≤7.5kW 逆变器产品，自带制动电阻。如由于制动功率不够，可将内部电阻拆去，接入较大功率的电阻。

5）P(+)、N(−)对于≥11kW 的逆变器内部无内装制动电路和制动电阻，应在此二端子上接入外部制动电路（制动单元），而将制动电阻接至此制动单元上。

制动单元与制动电阻具有富士的配套产品出售。

6）E(G)是设备的接地端子，它可保护人身安全与减少噪声。

（2）控制回路

1）13、12、11 为频率控制输入端。可用一个 1～10kΩ 的电位器接入，调节可控制变频器输出频率的高低。

2）C1、11 为频率控制输入端。它为电流信号输入端，当电流变化为 4～20mA 变化时，输出频率可以从 0Hz 变化到最高频率。

3）FWD、CM 为正转/停止输入端。为开关量输入，即当二点短路时电动机正转，断开时电动机停止运行。

4）REV、CM 为反转/停止输入端，开关量输入。

5）THR、CM 为外部报警信号输入端，开关量输入。

6）HLD、CM 为自保选择信号。接通后可保持 FWD 或 REV 的信号。开关量输入。

7）RST、CM 为异常恢复。接通后可解除变换器的故障状态恢复正常运行。

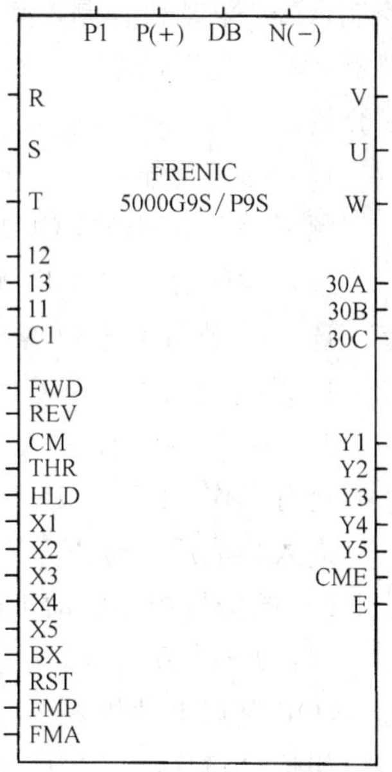

P1 P(+) DB N(−)
R S T
FRENIC
5000G9S/P9S
12 13 11 C1
FWD REV CM THR HLD X1 X2 X3 X4 X5 BX RST FMP FMA
V U W
30A 30B 30C
Y1 Y2 Y3 Y4 Y5 CME E

图 4-47　变频器内部接线图

8）BX、CM 为自由运转信号输入。接通后，变频器切断输出，电动机自由运转。

9）X_1、X_2、X_3、X_4、X_5、CM 是变换器的多种用途的开关量输入信号。

10）FMA、11 此两点接入直流电压表，可指示变频器的输出。可由软件设定为频率、电位、转矩、负载率等。

11）FMP、11 此两点输出脉冲信号。接入频率计，可监视变频器频率输出。

12）Y_1、Y_2、Y_3、Y_4、Y_5、CME 为变频器输出信号端，它具有多种功能（由软件设定），为三极管集电极开路输出信号。

13）30A、30B、30C 为变频器的报警信号输出触头。

图 4-48 为编程器外形图。分为三部分区域。上部显示窗为采用发光二极管的数字显示（LED），它可显示解等多种数据。中部显示窗为液晶显示器，它可显示文字、模拟波形等，它主要用于编程。下部为各种操作按键。其中包括：编程（PRG）、运行（RUN）、停止（STOP）、复位（RESET）、功能/数据（FUNC/DATA）、增量（∧）、减量（∨）、切换（≫）等。

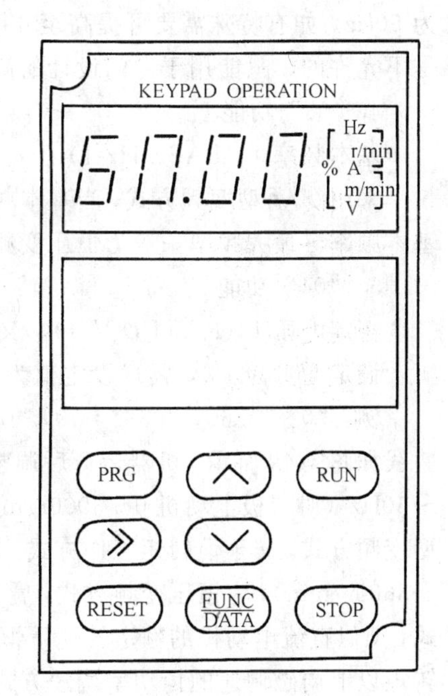

图 4-48　编程器

使用编程器可对变频器进行各种功能的软件设置，

对变频器进行运转控制、运行状态显示等。

三、常用功能的软件设计及举例

G9/P9 变频器共有 95 种软件代码功能。分为基本功能，输入端子（1），加速/减速时间控制，第 2 电动机控制，模拟监视输出，输出端子，输入端子（2），频率控制 LED 和 LCD 监视器，程序运行，特殊功能 1，电动机特性，特殊功能 2 等多种功能。现仅对几种常用功能加以介绍。

1．“00”功能

频率命令（FREQ COMND）。

进入功能后，选“0”则输出频率由编程器设定，采用增量（∧）、减量（∨）可进行调整。选“1”则外部电位器经（11、12、13）端子的输入电压控制输出频率。选“2”则由 11、12、13 端的输入电压与 C1、11 端输入电流联合控制输出频率。

2．“01”功能

运行操作（OPR METHOD）

进入功能后，选“0”，用编程器上的 RUN 和 STOP 键控制电动机运行。选“1”用 FWD 或 REV 端信号控制电动机运行。

例：如选‘00’：0：30、‘01’：0，通电后按 RUN 键，则电动机以 30Hz 的频率旋转。按 STOP 键后电动机停止。

如选‘00’：1、‘01’：1，则通电后短接 RWD、CM 后电动机正转，调整外接电位器的动臂则可控制电动机有不同的转速。

3．“02”功能

最高频率（MAX Hz）

可设定频率范围为 50～400Hz（G9 型）或 50～120Hz（P9 型），对普通电动机只能设定为 50Hz，如有特殊需要可提高至 60～70Hz。对更高频率的运行受电动机各方面参数的限制，是不允许的，只能用于专门设计的高速电动机才能使用。

4．“03”功能

基本频率 1（BASE Hz-1）

采用 U/f 型变频方式，当基本频率小于最大频率时，0～基本频率一般为 U/f 方式运转，基本频率～最大频率一般为恒压变频输出方式。

5．“04”功能

额定电压 1（RATED V-1），又称最大输出电压。

设定增量为 1V，需厂设定值为 380V。

例：“02”：60，“03”：50，“04”：380，输出曲线如图 4-49 所示。机器运行后调整输入电位器，0～50Hz（对二极电动机 0～3000r/min）一段为 U/f 型变频方式，属于恒转矩工作方式。50～60Hz（3000～3600r/min），为恒压变频方式，属于恒功率工作方式，类似直流电动机的额定转速下恒转矩调速，额定转矩以上弱磁调速的恒功率调速方式。

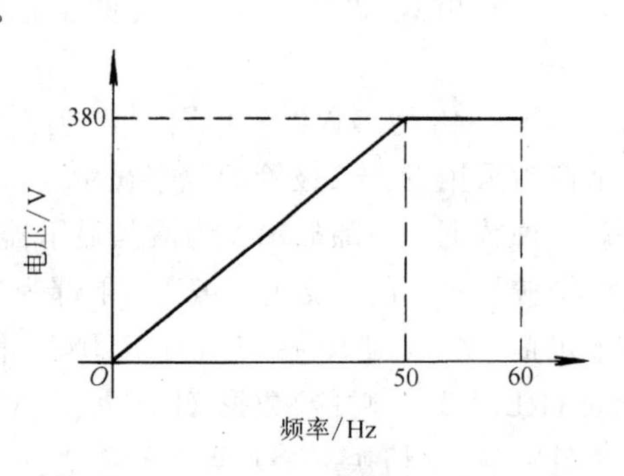

图 4-49 设定的输出曲线

6．“07”功能

转矩提升 1（TRQ BOOST1），选择数据范围：0～20.0

1）数据　0.0 变频器根据电动机的参数自动补偿转矩提升值。

2）数据　0.1～1.5 为非线性（递减）曲线（见图 4-50）。

3）数据　2.0～20.0 为线性提升曲线，数据为 0.1～20.0 一段时为手动设定转矩提升值。

7.“52”功能

这一功能是“53”～“59”功能的入口控制。只有 F52＝1时，才能修改“53”～“59”的功能。

8.“57”功能

起动频率（START Hz）

此功能仅当 F52（“52”功能）＝1 时才能被修改，设定值范围为：0.2～60Hz。

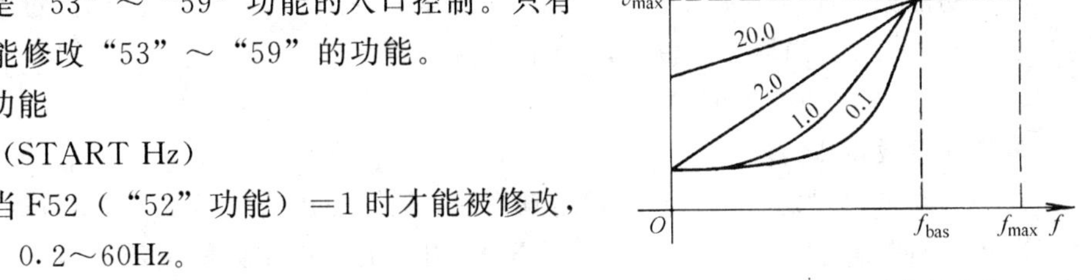

图 4-50　“07”功能的曲线

例：F52＝1，F57＝1，则变频器运行时，调整输入电位器的值，可控制输出频率。当电位器阻值从 0 开始增加，但阻值很小时电动机不动，只有阻值增大到使输出频率达到 1Hz 以上后，电动机才开始转动。这种设置可防止输入小电压时电动机爬行，或输入电压为 0 时，由于干扰信号造成的电动机爬行的不能“锁零”的毛病。

9.“59”功能

频率设定信号滤波器（FILTER）

仅当 F52＝1 时，F59 的参数才能修改。此功能用于系统有较强干扰信号混入到模拟信号输入端（当采用电位信号输入时，由于输入信号线较长会引入较强干扰）时，变频器内部可采用数字滤波器滤除干扰。设定范围为 0.01～5s。此设定值为数字滤波器的时间常数。但实际设定的参数应选的合适，太小不能起到滤波作用，太大则系统的响应时间过慢。

10.“05”、“06”功能

“05”功能：加速时间 1（ACC TIME1）

“06”功能：减速时间 1（DEC TIME1）

“加速时间”为从起动到达到最大频率所用的时间。设定范围为 0.01～3600s。“减速时间”为从最大频率达到停止所用的时间。设定范围同上。当设定值为“0.00”表示电动机滑行停止。

11.“60”功能为

F61～F79 功能的入口控制。

12.“73”功能

加速/减速方式的模式选择（ACC PTN）

0：线性加速和减速（见图 4-51）；

1：*S* 曲线加速和减速；

2：非线性加速和减速。

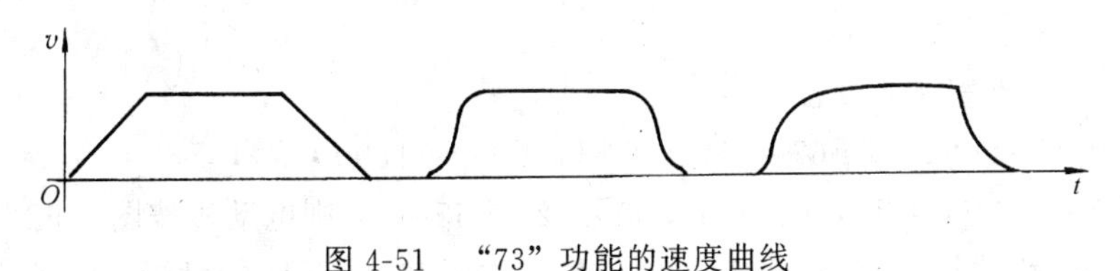

图 4-51　“73”功能的速度曲线

此功能与F05/F06功能配合可获得良好的起动性能曲线。达到起动平稳、无冲击、起动速度快的良好效果。

13.“15”、“16”功能

“15”功能：驱动时，转矩限制（DRV TORQVE）

“16”功能：制动时，转矩限制（BRK TORQVE）

此二功能用于驱动或制动时，使最大转矩限制在某一值上，防止电流过大跳闸。取值范围为20～180.999，当取180.999时为不限制。

14.“20”～“26”功能

多步速度设定1～7

每一种功能可设定一种速度，设定频率后，依靠外接信号端子X_1，X_2，X_3的组合控制信号可获得7种控制速度。组合方式由$X_3X_2X_1$组成的二进制数所决定（当取000时，速度由‘00’功能确定）。

15.“33”～“38”功能

“33”功能：加速时间2（ACC TIME2）

“34”功能：减速时间2（DEC TIME2）

“35”功能：加速时间3（ACC TIME3）

“36”功能：减速时间3（DEC TIME3）

“37”功能：加速时间4（ACC TIME4）

“38”功能：减速时间4（DEC TIME4）

以上功能用于程序运行时的多种速度的控制。设定范围为0.01～3600s，此功能受输入端子X_4，X_5的控制。

当X_4=OFF与X_5=OFF时，为加速时间1/减速时间1的设定。

当X_4=ON与X_5=OFF时，为加速时间2/减速时间2的设定。

当X_4=OFF与X_5=ON时，为加速时间3/减速时间3的设定。

当X_4=ON与X_5=ON时，为加速时间4/减速时间4的设定。

此功能与上功能结合在一起可由外部开关量信号通过端子控制电抗进行各种不同程序速度控制的功能。

16.“65”功能

程序运行时模式选择（PATTERN）

仅当F60=1时才能修改此功能。此功能有三种选择。0：一般运行；1：程序运行一个循环后结束；2：程序运行一个循环后按最后速度继续运行。这种功能是软件控制的程序运行方式。

17.“66”～“72”功能

程序运行第1步～第7步的每步运行时间和加/减速方式的设置。每步运行时间设置的范围为0.01～6000s。

加减速方式按下表4-2设置。

例：F66=10.00：F2，F67=11.00：F1，F68=11.00：R4，F69=11.00：R2，F70=11.00：F2,F70=11.00：F4，F70=11.00：F2，F65=1，则电动机按图4-52所示的速度图运行循环一次结束。图中的匀速度f_1～f_7的值取决于F20～F26的设置。T_1=10s，T_2～T_7=

11s，程序运行的起动和停止可实用编程器上的 RUN 和 STOP 键或使用 FWD/REV 端子用外信号控制。

表 4-2　加减速方式设置

代码	转向	加速/减速	代码	转向	加速/减速
F1	正转	加速 1/减速 1（取决 F05 和 F06 设置）	R1	反转	加速 1/减速 1（取决 F05 和 F06 设置）
F2	正转	加速 2/减速 2（取决 F33 和 F34 设置）	R2	反转	加速 2/减速 2（取决 F33 和 F34 设置）
F3	正转	加速 3/减速 3（取决 F35 和 F36 设置）	R3	反转	加速 3/减速 3（取决 F35 和 F36 设置）
F4	正转	加速 4/减速 4（取决 F37 和 F38 设置）	R4	反转	加速 4/减速 4（取决 F37 和 F38 设置）

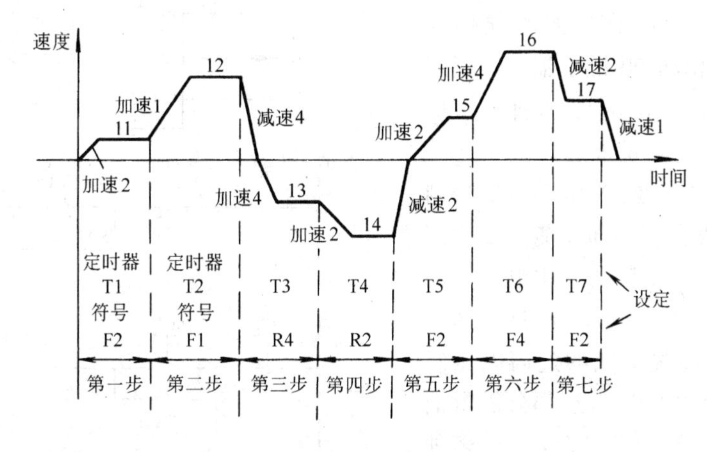

图 4-52　运行的速度图

18.“29”功能

转矩矢量控制（TRQ VECTOR）

当 F29=1 时，电动机运行于转矩矢量控制方式。

当 F29=0 时，电动机运行于普通工作方式。

19.“78”功能

语种设置仅当 F60=1 时，才能修改此功能。

F78=0 为英文，F78=1 为中文，F78=2 为日文（对于日语/英语型号的变频器，F78=0 为日文，F78=1 为英文）。

第五节　变频器典型电路设计及应用举例

一、变频器的基本接线及电路设计

图 4-53 为基本控制电路图。三相 380 交流电通过空气开关 QF_1，再经过交流接触器 KM_1 接入到变频器 BF 的电源输入端 R、S、T 上。变频器输出变频电压（U、V、W），经热继电器 RJ_1 接到负载电动机 M 上。

制动电阻 *R*2 通过制动单元 BU 接到变频器的制动电阻输入端 P(+)、N(−)上。对于 7.5kW 以下的变频器，无制动单元，直接将制动电阻 *R*2 接到端 P(+)、N(−)上即可。出厂时 7.5kW 以下的变频器机器上带有功率较小的制动电阻，对于频繁制动和转矩较大的情况应拆掉，换用较大功率的电阻。

空气开关（又称断路器）起到总电源开关的作用。同时它还具有短路和过载保护的作用。一般变频器的铭牌以它所驱动的电动机的容量为准，但实际的消耗功率应大一些。因此开关QF_1的选择应按表4-3的变频器容量来选择。

接触器一般来讲不是必须的，使用它的作用是：当整个设备需要停电时，比拉空气开关方便些，另外系统出现电气故障时（例如热继电器动作时）可以通过它来迅速切断电路。KM_1的参数的选择与QF_1的选择方法相同。热继电器RJ_1起到电动机过热保护的作用，参数选择方法应按实际电动机M的容量来选择。

制动电阻的作用是：当电动机出现制动情况时，电动机会有一部分能量回输到变频器内部来，造成变频器的主电路中的直流环节部分的直流电压上升。这一部分由于电动机回输能量造成的过高电压经电子开关接通制动电阻，将这部分能量消耗掉。这个电阻的选择较复杂，它受多种因素的影响（富士公司有标准的配套电阻出售）。

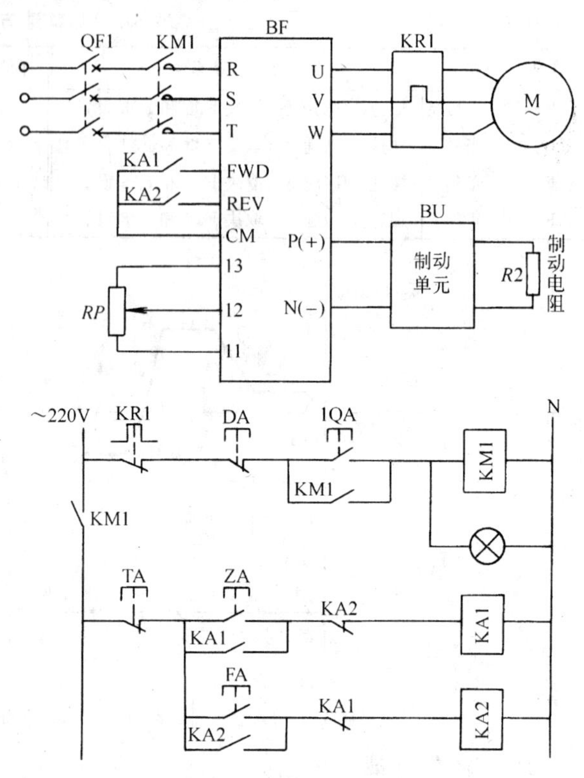

图4-53 变频器的基本接线电路

表4-3 400—V系列电动机功率与变频器消耗电功率的对照表

配用电动机/kW	0.4	0.75	1.5	2.2	3.7	5.5	7.5	11	15	18.5	22
变频器容量/kVA	1.1	1.9	2.8	4.2	6.9	10	14	18	23	30	34

实际选用时可由以下经验公式选取：

电阻功率：

$$W_R = W_D \times 0.13 \tag{4-46}$$

式中 W_D——电动机功率（kW）。

对400V系列变频器

电阻值：

$$R = 450/W_D \tag{4-47}$$

对200V系列变频器

电阻值：

$$R = 112.5/W_D \tag{4-48}$$

例：对于30kW电动机

$$W_R = 30 \times 0.13\text{kW} = 3.9\text{kW}$$

对400V系列：$R = 450/30\Omega = 15\Omega$

对200V系列：$R = 112.5/30\Omega = 3.75\Omega$

实际选用时，可按计算结果±10%选用。

正反转控制通过FWD、REV、CM的开关信号来进行。最简单情况可由普通开关来控制。本电路通过按钮控制继电器KA_1、KA_2来进行。这种电路可实现远程的控制。对于较高级的设备可由 PLC 可编程控制器来进行控制。电位器 RP 为变频器的输出频率控制电位器，它可选用 1～5kΩ，0.5W 的电位器。除上面介绍的变频器信号输入输出信号外，还包括 X_1～X_5、BX、RST 等输入信号端了，Y1～Y5、30A、30B、30C 等输出信号端子。各输入信号端子（包括前面介绍的 FWD、REV）变频器内部均为光耦合器，具体接线电路如图 4-54 所示。S_1 为外部控制开关，放在外部现场上，当外部接线较长时，应采用屏蔽线，防止引入干扰。输出信号 Y1～Y5、CEM 内部为三极管极电极开路输出。具体接线见图 4-55 所示，一般输出端 Y1 可接一继电器 KA，最大允许负载电流为 50mA，最大电压为 27V。一般可选用 24V，阻值大于 480Ω 的线圈的继电器。继电器 KA 线圈上并联的二极管起到保护内部三极管的作用。在电路的开关过程中，继电器线圈 KA 会产生反电势，可通过此二极管将能量放掉。此继电器 KA 的触头可控制外部的有关电路。

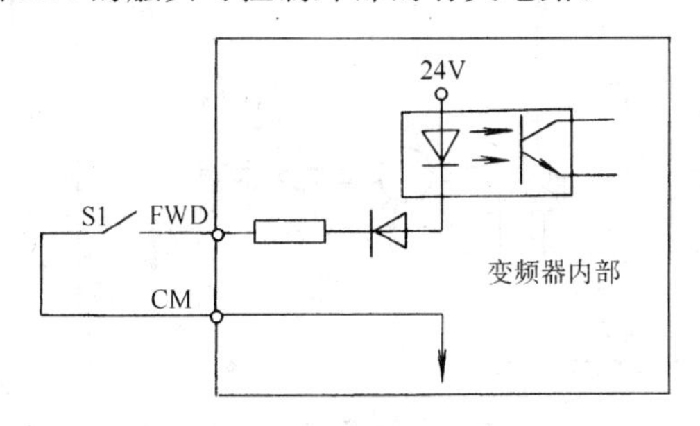

图 4-54　FWD 的具体接线电路

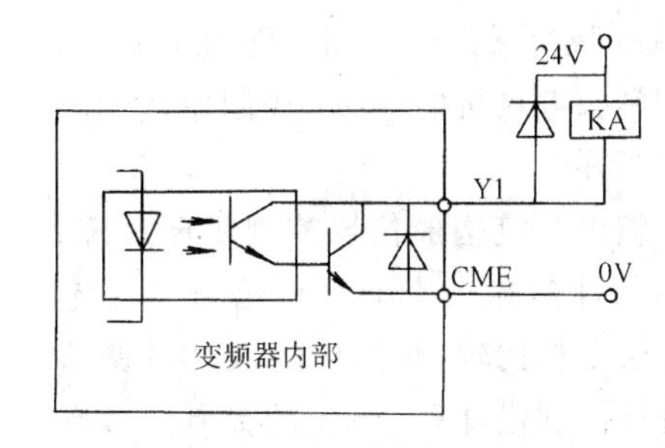

图 4-55　Y1，CME 的具体接线电路

输出信号 30A、30B、30C 为报警输出信号，变频器出现故障时，内部继电器动作，它的触头即为此三点。30C、30B 为常闭点，30C、30A 为常开点。接点容量为：250V、AC0.3A。

二、采用变频器的开环控制系统举例

采用变频器的开环控制系统应用的例子是很多的，下面举一个旋转平面磨床控制的例子。

图 4-56a 表示出平面磨床台面与砂轮的关系。如果电动机采用固定速度，那么砂轮在圆台中心与圆台外圆处的加工精度就不相同，影响了加工精度。如采用变频器控制电动机的转速，在外圆处速度较低些，随着砂轮向中心的移动而逐渐增加电动机的速度，而使研磨速度恒定，这样就提高了加工精度和生产效率。

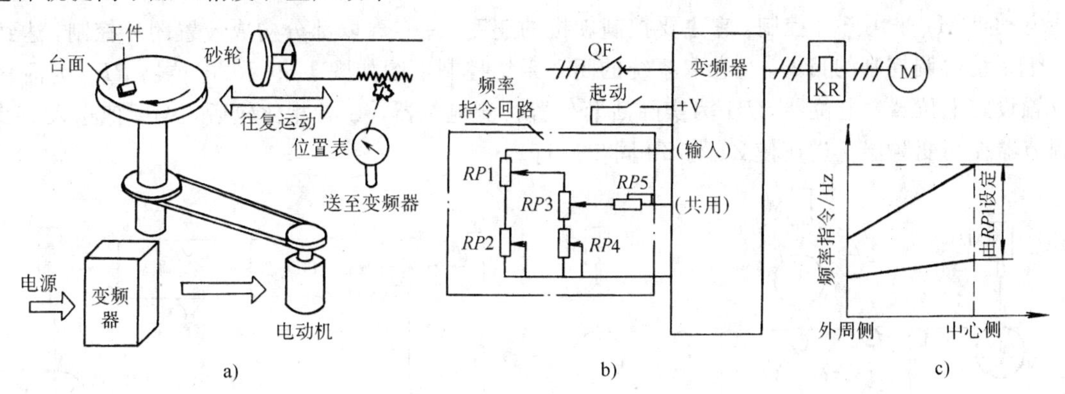

图 4-56　旋转平面磨床的 PLC 控制

旋转平面磨床变频器控制原理如图 4-56b 所示。图中的可变电阻 $RP1$～$RP5$ 用来设定变频器的输出频率，根据图 4-56c 所示的特性设定。可变电阻 $RP3$ 最大时调整 $RP5$，设定中心

速度，根据 $RP1$ 设定最大速度。

由于输入速度只取决于砂轮相对于轮台的物理位置，而电动机上并无实际速度参数反馈到系统中来，因此这种控制属于开环控制。当系统的负载变化时可能要影响电动机速度的变化。

三、采用变频器的闭环系统举例

例一：在污水处理厂，污水经过净化处理后，要在排水池中沉淀一段时间，再排入江河中。这就要求放入的水量与排出的水量相等，使水池的水位恒定。一种方法是对排水泵上的电动机进行起停控制。然而，这种控制方案电动机的起停过于频繁对于电动机的寿命不利。如果采用变频调速电动机，控制水泵的流量，则节能效果显著，又能延长电动机的寿命，控制原理见图 4-57 所示。

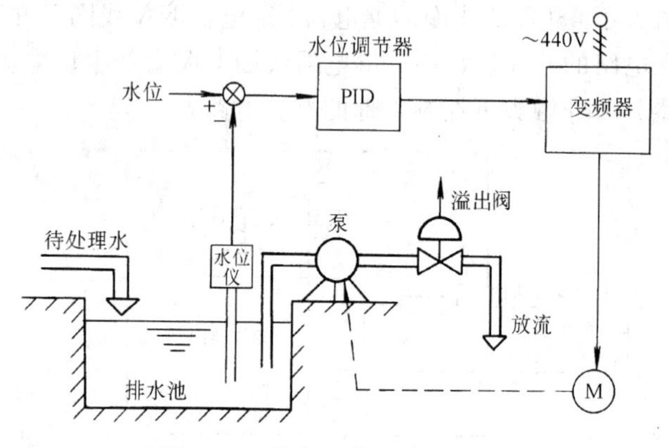

图 4-57　排水泵的变频器控制

整个系统构成位置控制闭环系统。由水位计检测出来的水位信号与设定水位信号相比较，偏差值送入 PID 调节器进行控制量计算。输出的控制信号作为变频器的输入，它的输出控制电动机运转，进而控制水泵进行排水运行。当排水量大于入水量时，必然造成水位低于设定水位，这时 PID 调节器输出较小的控制量使电动机 M 降低转速，使排水量减少，而使水位上升。反之，会使水位下降。自动调节的结果，使水平保持在设定值上。

例二：小型线材轧机变频调速控制。见图 4-58，图中 Z1 表示轧辊，它由两个支撑辊，两个工作辊组成。M1 电动机为交流电动机，拖动其运转。Z2 与 Z3 为左、右卷取辊，由交流电动机 M2、M3 拖动。由于所轧制的线材为特殊金属，只能用无张力控制的方案，因此采用卷取辊与轧制辊之间的线材产生活套的方法进行轧制。左右两边活套的位置由 P1 和 P2 的检测元件测出。只要控制活套的位置不变，即可保持主轧辊与卷取辊同步运行。在这个系统中，主轧电动机 M1 采用开环控制，它主要控制轧机的速度。左右卷取部分构成位置闭环控制，达到整个系统协调控制的目的。左卷取系统的闭环系统控制框图如图 4-59 示。电位器 $RP0$ 为活套位置设定电位器，电位器 $RP1$ 为实际活套位置检测电位器，二者相比较后，偏差值送入 PID 调节器控制变频器。进而使 Z1 与 Z2 同步运行。

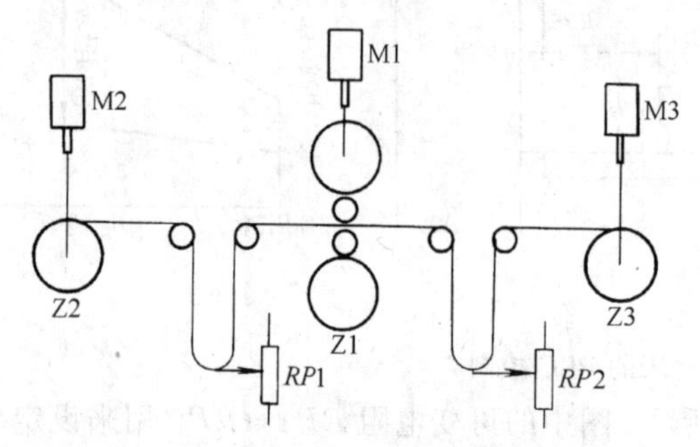

图 4-58　小型线材轧机变频调速控制

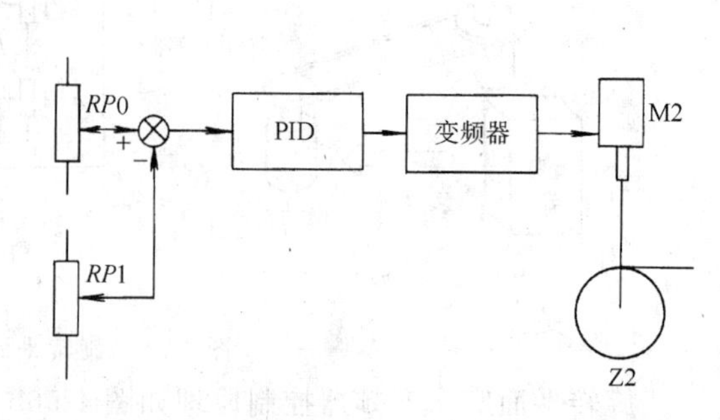

图 4-59　左卷取系统的闭环系统控制框图

这种控制系统由于全部采用交流电动机，克服了老式直流电动机系统的机构庞大、维护不方便的缺点，整个系统体积小、设备简单、维护方便、控制精度高。充分显示了交流变频调速的优点。

四、变频器的安装、运行及维护

由于变频器使用电子线路产品，如外界环境恶劣，会造成内部电子元件损坏。故变频器应放在灰尘和油性灰尘少、无腐蚀性气体、无易燃气体、无水蒸气、无水滴、无日晒、不含盐分的场合。变频器的周围应留有一定空间保持空气流畅，以便充分散热。

由于逆变器使用了高性能的计算机系统，如果配线安装不正确、干扰噪声的影响会造成系统工作不正常。实际按装配线时，主电路配线与控制电路配线要分开安放，中间至少隔开10cm以上。如产生交叉，应采用垂直交叉，控制线应采用双绞线或屏蔽线以便使引入的干扰最小。

普通电动机在变频运行时，由于低速时自身风扇的散热效果差，会造成电动机温度升高，故室温度过高时，应另加冷却风扇进行散热。

在某些频率运转时，接近机械系统的固有频率会产生共振，可采用一定的防震措施，或在软件设置时，将此频率的工作点越过去。

如在运转中感到调制噪声过大，可用软件设置改变其调制频率，以达到最佳效果。

单相电动机不适用于变频调速运转。当使用电容方式的单相电动机时，由于高频电流的原因，可能会破坏电容器，使电动机不能正常运行。

变频器运行中一般不要设计成通断总电源（R、S、T输入端）的方式起动、停止电动机。因为，经常性的频繁的通断电源会降低变频器的寿命或造成损坏。而应采用开关量控制输入信号的方法（如FWD、REV、CM端）来控制。

一般应用时，可选用变频器的容量与电动机相符。对于频繁起/停或迅速加/减速运行的情况应选择加大一级容量的变频器。

习　　题

4-1　画出异步电动机的M-S曲线，说明不同转差率s的电动机特性及与转速n之间的关系。

4-2　常用的生产机械转矩特性分几类？举例说明。

4-3　异步电动机的转速表达式是什么？常用的调速方法有几种，举例说明。

4-4　交流电动机的起动过程中应考虑哪些问题？常用的起动方法有几种。

4-5　交流电动机常用的制动方法有几种？举例说明。

4-6　变极调速的原理是什么？画出一个变极调速的电路图。

4-7　串电阻调速适用什么电动机？结合一个实际调速的例子说明其工作过程。

4-8　串级调速的基本原理是什么？

4-9　说明滑差电动机调速的原理。它有什么优缺点？

4-10　变频调速有几种？什么叫PAM和PWM方式？

4-11　U/F控制的原理是什么？什么叫恒转矩调速与恒功率调速？

4-12　矢量控制变频器的基本原理是什么？

4-13　FRENIC500/G9S富士变频器有哪些基本功能？

4-14　FRENIC500/G9S富士变频器的软件有哪些基本功能？

4-15　画出采用富士变频器控制一个交流电动机的电路图，并说明其工作过程。

4-16　设计“图4-51旋转平面磨床的控制的例子”的硬件电路图及变频器的软件。

附录A　电气设备常用基本图形符号（摘自GB/T 4728）

名　称	符　号
直　流	
交　流	
交 直 流	
接地一般符号	
无噪声接地（抗干扰接地）	
保护接地	
接机壳或接底板	或
等电位	
故障	
闪络、击穿	
导线间绝缘击穿	
导线对机壳绝缘击穿	或

名　称	符　号	
导线对地绝缘击穿		
导线的连接	或	
导线的多线连接	或	
导线的不连接		
接通的连接片		
断开的连接片		
电阻器一般符号	优选形	其他形
电容器一般符号		
极性电容器	+	+
半导体二极管一般符号		
光电二极管		

名　称	符　号
电压调整二极管（稳压管）	
晶体闸流管（阴极侧受控）	
PNP 型半导体三极管	
NPN 型半导体三极管	
换向绕组	
补偿绕组	
串励绕组	
并励或他励绕组	
发电机	G
直流发电机	G
交流发电机	G
电动机	M
直流电动机	M
交流电动机	M

（续）

名　　称	符　　号
直线电动机	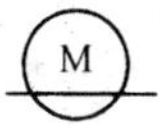 M
步进电动机	 M
手摇发电机	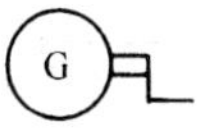 G
三相绕线转子异步电动机	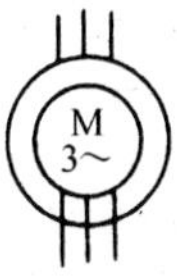 M 3~
三相笼型异步电动机	 M 3~
他励直流电动机	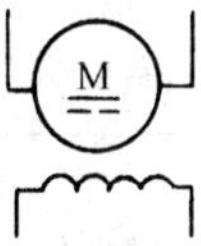 M
并励直流电动机	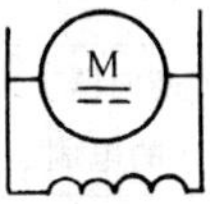 M
复励直流电动机	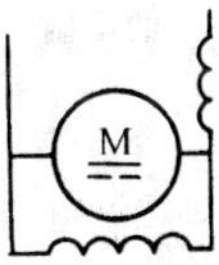 M
串励直流电动机	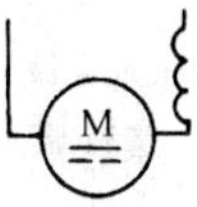 M
单相变压器	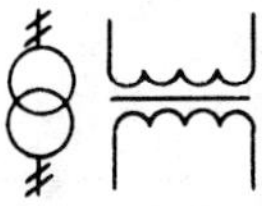
有中心抽头的单相变压器	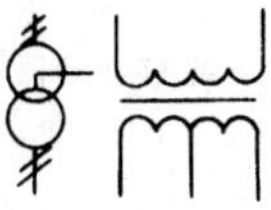
三相变压器星形-有中性点引出线的星形连接	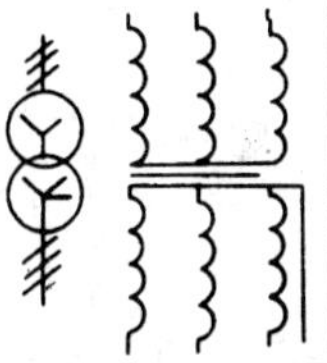
三相变压器有中性点引出线的星形-三角形连接	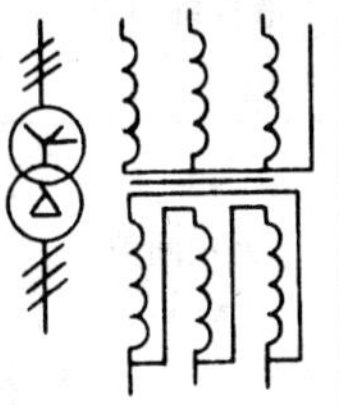
电流互感器脉冲变压器	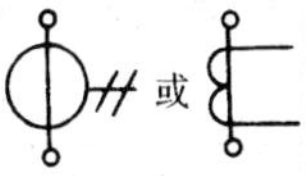 或
动合（常开）触点	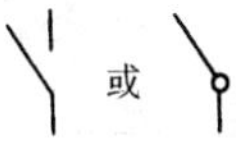 或
动断（常闭）触点	
先断后合的转换触点	
先合后断的转换触点	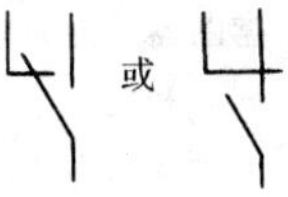 或
中间断开的双向触点	
延时闭合动合触点	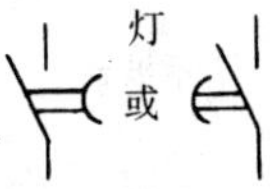 灯 或
延时断开动合触点	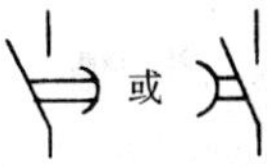 或
延时闭合动断触点	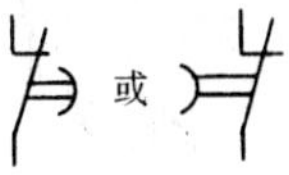 或
延时断开动断触点	 或
延时闭合和延时断开的动合触点	
延时闭合和延时断开的动断触点	
带动合触点的按钮	 E
带动断触点的按钮	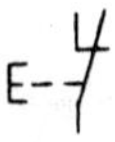 E
带动合和动断触点的按钮	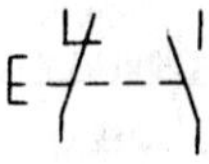 E
位置开关的动合触点	
位置开关的动断触点	
热继电器的触点	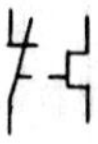
接触器的动合触点	
接触器的动分触点	

（续）

名 称	符 号	名 称	符 号	名 称	符 号
三极开关	或	温度继电器	θ 或 $t°$	电喇叭	
三极断路器		液位继电器		受话器	
三极隔离开关		火花间隙		扬声器	
三极负荷开关		避雷器		电铃	优选型 其他型
继电器线圈	或	熔断器		蜂鸣器	优选型 其他型
热继电器的驱动线圈		跌开式熔断器		原电池或蓄电池	
时间继电器		熔断器式开关		等电位	
灯		熔断器式隔离开关		换向器上的电刷 / 集电环上的电刷	
电抗器	或	熔断器式负荷开关		桥式全波整流器	或
速度继电器	n	示波器		荧光灯起动器	
压力继电器	p	热电偶	或 +		

附录B 电气设备常用基本文字符号（摘自GB/T 7159—1987）

名称	符号		名称	符号		名称	符号	
	单字母	双字母		单字母	双字母		单字母	双字母
发电机	G		互感器	T		电磁铁	Y	YA
直流发电机	G	GD	电流互感器	T	TA	制动电磁铁	Y	YB
交流发电机	G	GA	电压互感器	T	TV	牵引电磁铁	Y	YT
同步发电机	G	GS	整流器	U		起重电磁铁	Y	YL
异步发电机	G	GA	变流器	U		电磁离合器	Y	YC
永磁发电机	G	GM	逆变器	U		电阻器	R	
水轮发电机	G	GH	变频器	U		变阻器	R	
汽轮发电机	G	GT	断路器	Q	QF	电位器	R	RP
励磁机	G	GE	隔离开关	Q	QS	起动电阻器	R	RS
电动机	M		自动开关	Q	QA	制动电阻器	R	RB
直流电动机	M	MD	转换开关	Q	QC	频敏电阻器	R	RF
交流电动机	M	MA	刀开关	Q	QK	附加电阻器	R	RA
同步电动机	M	MS	控制开关	S	SA	电容器	C	
异步电动机	M	MA	行程开关	S	ST	电感器	L	
笼型电动机	M	MC	限位开关	S	SL	电抗器	L	LS
绕组	W		终点开关	S	SE	起动电抗器	L	
电枢绕组	W	WA	微动开关	S	SS	感应线圈	L	
定子绕组	W	WS	脚踏开关	S	SF	电线	W	
转子绕组	W	WR	按钮开关	S	SB	电缆	W	
励磁绕组	W	WE	接近开关	S	SP	母线	W	
控制绕组	W	WC	继电器	K		避雷器	F	
变压器	T		电压继电器	K	KV	熔断器	F	FU
电力变压器	T	TM	电流继电器	K	KA	照明灯	E	EL
控制变压器	T	TC	时间继电器	K	KT	指示灯	H	HL
升压变压器	T	TU	频率继电器	K	KF	蓄电池	G	GB
降压变压器	T	TD	压力继电器	K	KP	光电池	B	
自耦变压器	T	TA	控制继电器	K	KC	晶体管	V	
整流变压器	T	TR	信号继电器	K	KS	电子管	V	VE
电炉变压器	T	TF	接地继电器	K	KE	调节器	A	
稳压器	T	TS	接触器	K	KM	放大器	A	

（续）

名称	符号		名称	符号		名称	符号	
	单字母	双字母		单字母	双字母		单字母	双字母
晶体管放大器	A	AD	受话器	B		低	L	
电子管放大器	A	AV	拾声器	B		升	U	
磁放大器	A	AM	扬声器	B		降	D	
变换器	B		耳机	B		主	M	
压力变换器	B	BP	天线	W		辅		AUX
位置变换器	B	BQ	接线柱	X		中	M	
温度变换器	B	BT	连接片	X	XB	正	F	FW
速度变换器	B	BV	插头	X	XP	反	R	
自整角机	B		插座	X	XS	红	R	RD
测速发电机	B	BR	测量仪表	P		绿	G	GN
送话器	B		高	H		黄	Y	YE

参 考 文 献

1 吕炳仁等编著．断续控制系统．北京：电子工业出版社，1999

2 李仁主编．电器控制．北京：机械工业出版社，1997

3 郑铭芳等编．低压电器选用维修手册．北京：机械工业出版社，1999

4 王兆义主编．可编程序控制器教程．北京：机械工业出版社，1996

5 周军主编．电器控制及 PLC．北京：机械工业出版社，2001

6 齐占庆主编．机床电气控制技术．北京：机械工业出版社，1994

7 罗信才．可编程序控制器及其在工业上的应用．电子技术应用，1987（2）

8 陈伯时主编．电力拖动自动控制系统．北京：机械工业出版社，1997

9 卜云峰主编．机械工程及自动化简明设计手册（下册）．北京：机械工业出版社，2001

10 张明达主编．电力拖动自动控制系统．北京：冶金工业出版社，1983

11 黄俊主编．半导体变流技术．北京：机械工业出版社，1998

12 佟纯厚．近代交流调速．北京：冶金工业出版社，1997

13 姜泓等．电力拖动交流调速系统．武汉：华中科技大学出版社，1999

14 OMRON 公司．The CPM1 Operation Manual，1999

15 OMRON 公司．The CPM1A Pragrammable Contrallers Operation Manual，1999

16 富士电机有限公司．FRENIC5000G9S/P9S 使用说明书